U0273563

东北地区东部盆地群中新生代油气地质

周新桂　孟元林　李世臻　王丹丹　张交东　张文浩　著

地质出版社

·北　京·

内 容 提 要

本书主要研究了东北地区依兰－伊通断裂以东的东部盆地群中新生代的生、储、盖特征及其在区域上的变化规律，定量探讨了成藏动力学过程，总结了油气聚集规律。对研究区内的沉积盆地进行了分类排队，预测了有利的勘探地区。研究成果在勘探实践中取得了良好的效果，在通化盆地和红庙子盆地获得良好油气显示。

本书可供从事石油与天然气勘探与开发的科研、生产人员，以及有关管理部门工作人员和高等院校师生阅读参考。

图书在版编目（CIP）数据

东北地区东部盆地群中新生代油气地质／周新桂等著.
—北京：地质出版社，2017.12
ISBN 978－7－116－10691－8

Ⅰ.①东… Ⅱ.①周… Ⅲ.①沉积盆地－石油天然气地质－东北地区 Ⅳ.①P618.130.2

中国版本图书馆CIP数据核字（2017）第285684号

Dongbei Diqu Dongbu Pendiqun Zhongxinshengdai Youqi Dizhi

责任编辑：李凯明
责任校对：王洪强
出版发行：地质出版社
社址邮编：北京海淀区学院路31号，100083
电　　话：(010)66554646（邮购部）；(010)66554581（编辑室）
网　　址：http://www.gph.com.cn
传　　真：(010)66554582
印　　刷：北京印匠彩色印刷有限公司
开　　本：787mm×1092mm 1/16
印　　张：15.25
字　　数：400千字
版　　次：2017年12月北京第1版
印　　次：2017年12月北京第1次印刷
审 图 号：GS（2017）3534号
定　　价：78.00元
书　　号：ISBN 978－7－116－10691－8

前　言

我国东北地区中新生代盆地群包括松辽盆地及其外围盆地，由西部、中部和东部三大盆地群组成。研究区位于我国东北地区的东北部，包括依兰－伊通断裂以东的东部盆地群和中部盆地群的孙吴－嘉荫盆地，在构造上属于松嫩地块、布列亚－佳木斯－兴凯地块和那丹哈达地体，行政上隶属于黑龙江省、吉林省与辽宁省北部。在研究区内依舒地堑、延吉盆地、鸡西盆地和虎林盆地等的中新生界中已发现工业油气流和低产油气流，具有良好的含油气远景和很大的油气勘探潜力。加强这一地区的勘探，无疑对振兴我国东北地区老工业基地、保证我国现代化建设的能源安全，具有深远的历史意义和重大的现实意义。

为此，国土资源部中国地质调查局油气资源调查中心于2014—2017年，先后组织和实施了“松辽盆地东部外围断陷盆地群油气地质条件研究”和“松辽盆地东部外围中小断陷盆地群油气地质条件研究”两个项目。由油气资源调查中心具体实施，由东北石油大学承担。项目的主要任务是收集和整理前期区域地质资料、物探资料、钻（测）井资料和油气地质资料，进行野外地质调查和测试分析，评价松辽盆地东部以及北部外围中小断陷盆地群油气形成的基础地质条件，探索常规和非常规油气资源潜力，明确成盆和成烃演化规律，对中小盆地进行分类及排队，预测有利区带，优选勘探目标，力争在研究区常规以及非常规油气勘探方面取得突破。在这两个项目成果总结的基础上，结合作者多年来在这一地区的工作，完成了本专著。

在项目研究过程中，采取产学研紧密结合的方式，系统地研究了这一地区常规油气及非常规油气的聚集规律和成藏动力学过程，将通化盆地和红庙子盆地作为优选区，部署了通地1井、红地1井和辽新D1井，在下白垩统砂岩和泥岩裂缝中，见到了良好的油气显示，实现了吉林省东南部油气勘探的突破。与此同时，首次在三江盆地下侏罗统硅质岩裂缝中发现了轻质油，从而增强了东北地区中新生代盆地常规油气及非常规油气勘探的信心。

全书共分六章。第一章研究了区内深大断裂对成盆、成烃和成藏的控制作用，并提出了沉积盆地的分类方案，将研究区内中新生代沉积盆地划分为长期发育的叠合盆地和短期发育的单型盆地。在广泛收集前人地层划分对比成果的基础上，结合新的研究成果，完成了研究区内中新生代地层的划分与对比。在前人中新生代沉积相研究的基础上，结合野外石油地质调查和钻井资料，完成了中新生代主要勘探目的层的沉积相图或古地理图。第二章研究了中新生代烃源岩的生烃潜力及页岩气勘探潜力。其中下白垩统是区内的一套主力烃源岩层，生烃潜力从北到南逐渐变好，且具有页岩气的勘探潜力。下侏罗统硅质岩是一套值得重视的烃源岩层，那丹哈达地体广泛发育这套烃源岩。三江盆地硅质岩的生烃潜力最大，保存条件最好，已在裂缝中发现轻质油，可能成为将来这一地区油气勘探的一个新领域和新层系。古近系发育了一套优质的湖相烃源岩，但仅限于依舒地堑、敦密断裂带和虎林盆地，目前在依舒地堑内的古近系已投入开发。在吉林省东南部，上三叠统发育了一套湖沼相煤系烃源岩，具有一定生烃潜力和含油气远景。第三章重点讨论了下白垩统和古近系储层的储集能力，研究了储层的岩石学特征、孔隙类型、孔喉结构。通过热力学－化学反应自由能增量的计算，探讨了中新生代碎屑岩的成岩机理，并利用拥有自主知识产权的“成岩作用数值模拟与储层质量预测”软件，模拟了典型井的成岩演化史。探讨了大三江盆地储层岩石学特征与物性特征在平面上的演化规律与影响因素。第四章研究了下白垩统和古近系盖层的封盖能力和保存条件。在研究已发现工业油气流和低产油气流井直接盖层地质特征及其影响因素的基础上，进一步探讨了各盆地区域盖层的封闭能力及其在横向上的变化规律。研究结果表明，大多数中新生代盆地发育良好的区域盖层，具备形成中小型油气田的盖层条件。在研究区原生储盖组合的基础上，分别在研究区北部和南部，新发现了下侏罗统硅质岩和上三叠统煤系泥岩为烃源岩的生储盖组合。这样，在研究区北部和南部分别发育四套生储盖组合。在沉积盆地中，未遭受严重剥蚀的叠合盆地和单型盆地的保存条件最好，在这两类盆地中已发现了工业油气流；残留叠合盆地保存条件较差，但如果主要勘探目的层没有遭到破坏，仍可形成中小型油气田。第五章应用自编的成藏动力学软件，恢复了中新生代典型含油气盆地的成藏动力学过程，研究了常规油气和非常规油气的聚集规律；提出了在早期勘探中，通过研究烃源岩质量的区域变化规律，寻找有利区的勘探理念。第六章根据11 项地质参数对研究区内的盆地进行了排队分类，确定了有利的勘探目标。

全书主要由周新桂研究员和孟元林教授完成，并统编定稿。中国地质调查局油气资源调查中心李世臻博士参编了第一章、第六章；王丹丹博士参编了第二章、第五章；张文浩博士参编了第三章、第四章；张交东高工参编了第四章、第六章。东北石油大学博士研究生张磊参编了第三章；硕士研究生申婉琪参编了第二章和第四章，崔存萧参编了第五章和第一章，余麒麟参编了第三章，杨家义参编了第五章和第一章，周武、祝恒东、施立冬、赵紫铜参编了第一章，杜虹宝、张阳、代天娇、陈国松参编了第六章，梁洪涛参编了第五章和第一章，许丞、杨威、吴琳、宋丽环、王志轩、张伟、王世磊和李向阳等参加了烃源岩和储层的数据统计工作和图件清绘工作。

在项目研究与本书的编写过程中，得到了中国地质调查局油气资源调查中心的领导和多位院士、专家的悉心指导与帮助，在本书即将付梓之际，谨致以衷心的感谢！

作者

2017 年 6 月 10 日

目　　录

第一章 区域地质背景

第一节 构造特征

一、大地构造位置

东北地区处于西伯利亚板块和华北板块所夹持的中亚造山带中（图1－1），北以近东北向展布的蒙古－鄂霍次克缝合带为界与西伯利亚板块相邻，南以近东西向展布的西拉木伦河缝合带为界与华北板块为邻，东临日本岛弧，是古亚洲洋构造域与滨太平洋构造域叠加转换最具代表性的地区。

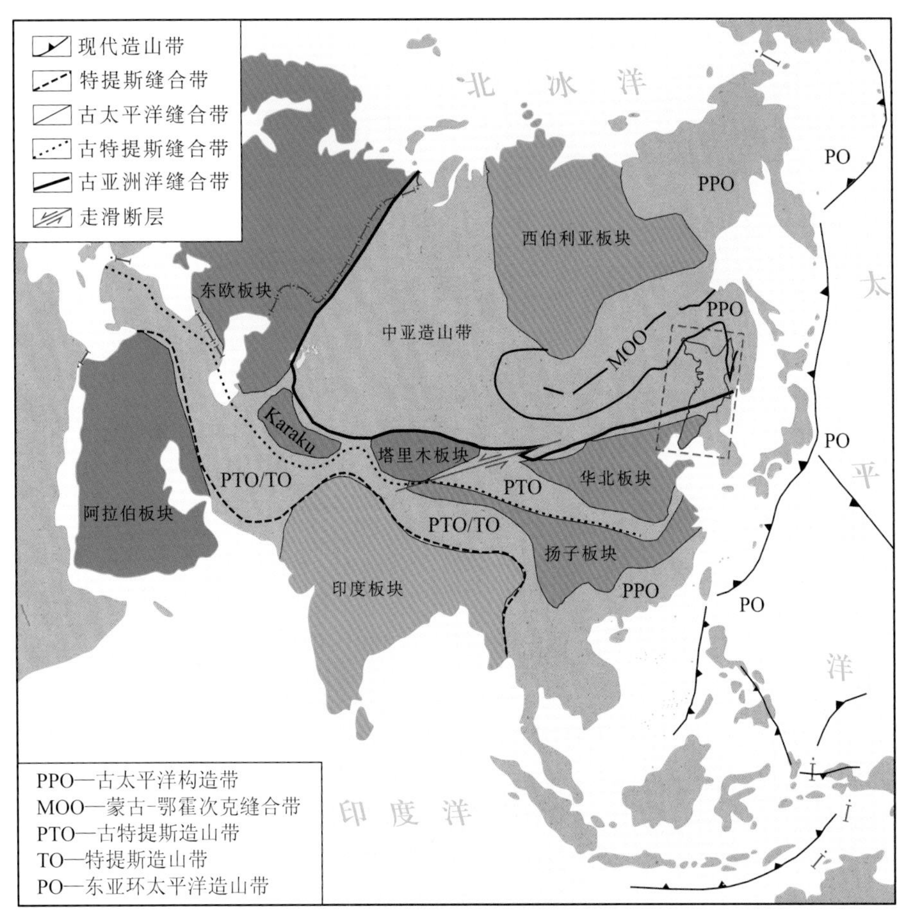

图1－1 研究区大地构造位置图

（据Li，2006，修改）

二、构造单元划分

在全国油气资源战略选区调查与评价过程中（2004—2009 年），综合区域地质、地球物理、地球化学等研究结果，由西向东以嫩江－开鲁断裂、嘉荫－牡丹江断裂和同江－密山断裂为界，将东北地区分为额尔古纳－兴安地块、松嫩地块、布列亚－佳木斯－兴凯地块和锡霍特－阿林增生杂岩带（那丹哈达地体）四个构造单元（图 1－2）（乔德武等，2013a）。前三个构造单元都具有早古生代变质作用和岩浆活动的年龄记录，年龄为 490～520Ma（宋彪等，1997；Wilde et al.，2000，2001），各单元变质地层的 Sm－Nd 模式年龄普遍小于 2100Ma，与华北板块 Sm－Nb 模式年龄普遍大于 2500Ma 明显不同，反映东北地区各地块早期具有完全不同于华北板块的演化历史，且具有近似的沉积源区。后一单元为中生代增生地体（杂岩），中侏罗世增生位于佳木斯地块东缘，并与之一起成为晚中生代盆地地形演化的基底。

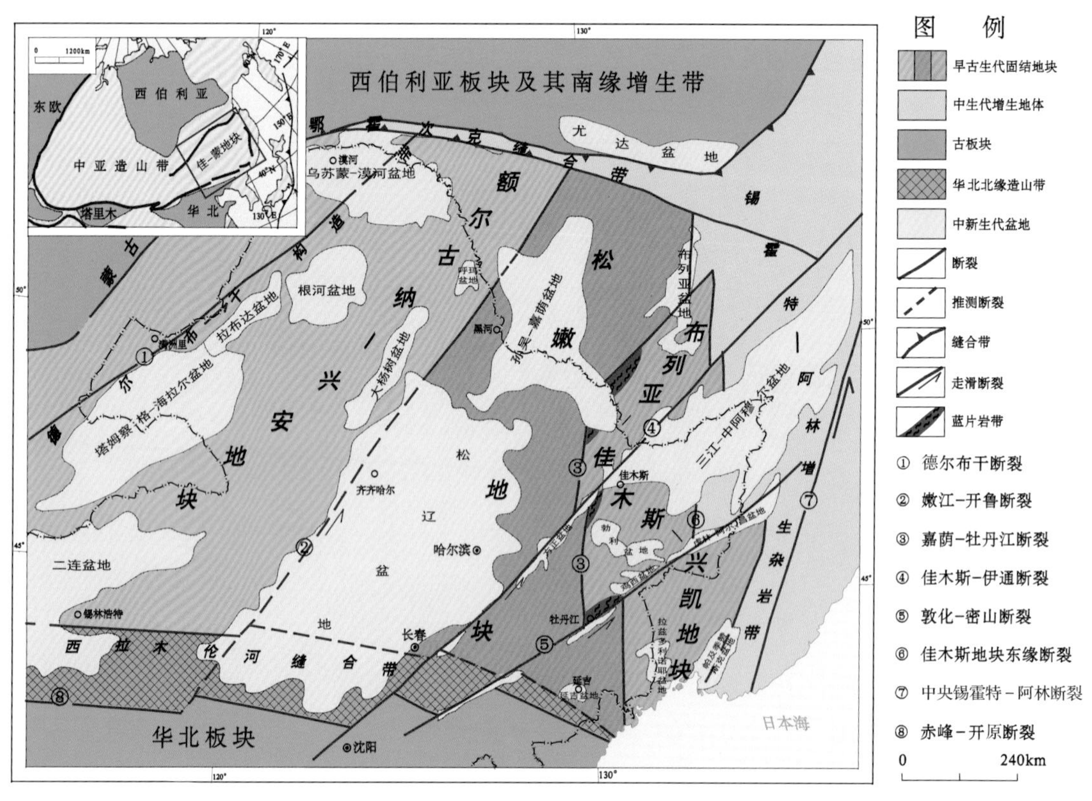

图 1－2　东北及邻区构造单元划分图

（据乔德武等，2013a）

中国东北地区的大地构造位置位于西伯利亚板块和华北板块之间，其构造演化可以明显区分为前中生代板块构造和中新生代陆内构造演化阶段。前中生代板块构造作用主要表现为北部的西伯利亚板块、南部的华北板块及它们之间的微陆块的拼合过程。例如：在早古生代，大兴安岭微陆块与额尔古纳微陆块沿塔源－喜桂图旗缝合带发生拼合，形成额尔古纳－兴安地块；而那丹哈达岭西缘俯冲作用属中生代板块边缘增生地体；兴凯地体在白垩纪晚期－古新世由南向北拼贴到佳木斯地体上。

东北地区中新生代盆地的分布总体受控于东北亚巨型盆－山体系，东戈壁－德尔布干断

裂、嫩江－开鲁断裂、佳木斯－伊通断裂带将东北地区的中新生代盆地分隔为西部、中部和东部三大盆地群（乔德武等，2013a）。西部盆地群包括东戈壁盆地、海拉尔－塔木察格盆地、大杨树盆地、漠河盆地、拉布达林盆地、根河盆地和二连盆地；中部盆地群包括松辽盆地和孙吴－嘉荫盆地；东部盆地群包括汤原断陷、方正断陷、三江盆地、虎林盆地、勃利盆地、鸡西盆地、宁安盆地和延吉盆地等盆地。研究区位于我国东北地区的东北部，在构造上属于松嫩地块、布列亚－佳木斯－兴凯地块和那丹哈达地体，包括东部盆地群的中小型断陷盆地和中部盆地群的孙吴－嘉荫盆地（图1－2，图1－3）。

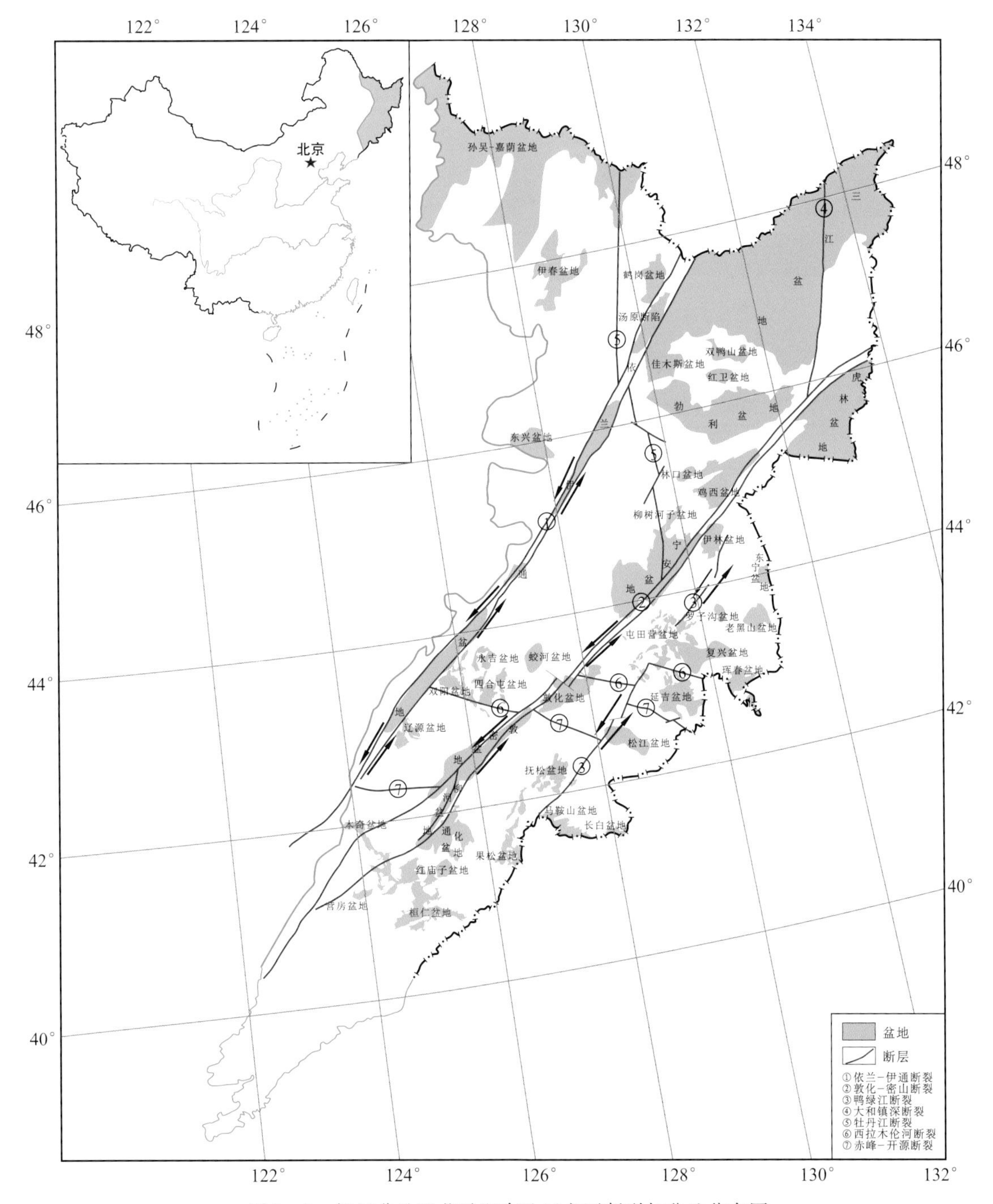

图1－3　松辽盆地以北及以东地区主要断裂与盆地分布图

三、深大断裂及其对成盆、成烃与成藏的控制作用

已有的研究表明，东北地区主要发育三条古亚洲域深大断裂：赤峰－开原断裂、西拉木伦河断裂、牡丹江断裂（图1－3），呈南北向、东西向延伸，主要形成和活动时间在印支期前，与古亚洲构造演化有关，对中新生代盆地的影响不大，但牡丹江断裂具有长期发育的特点，还控制着宁安盆地中生界的沉积。还发育四条滨太平洋构造域深断裂：依兰－伊通断裂、敦化－密山断裂、鸭绿江断裂和大和镇断裂，呈北东向、北东东向延伸，主要形成和活动时间在印支期后，与滨太平洋大陆边缘的构造演化有关，控制影响着本区中新生代盆地的形成、发育与破坏（图1－3）。

依兰－伊通断裂带控制着古近系的沉积，形成一个地堑式的盆地，从北向南，依次发育汤原断陷、方正断陷、岔路河断陷、鹿乡断陷和莫里青断陷。虎林盆地、鸡西盆地、宁安盆地、敦化盆地、敦密盆地、柳河盆地、通化盆地以及红庙子盆地沿敦密断裂带呈串珠状分布。果松盆地、抚松盆地、松江盆地、屯田营盆地和罗子沟盆地也均分布在鸭绿江断裂带周围，它们之间具有一定的成因关系。

这三条深大断裂均为郯庐断裂在东北地区的三个分支，影响与控制着东部盆地群的地层发育、沉积充填、火山活动、烃源岩发育、油气田形成、煤层和油页岩的分布（表1－1），对成盆、成烃与成藏具有明显的控制作用。

表1－1　依舒地堑、敦密断裂带和鸭绿江断裂带特征对成盆、成烃和成藏的控制作用

断裂特征及其控制因素		依舒地堑	敦密断裂带	鸭绿江断裂带
断层要素	走向	50°～55°	50°～60°	40°～50°
	长度	黑龙江段：800km 吉林段：260km	黑龙江段：900km 吉林段：360km	黑龙江段：800km 吉林段：510km
	倾角	70°	50°，38°～80°	
	发育盆地	莫里青、鹿乡、岔路河、方正、汤原	红庙子、通化、柳河、敦密、敦化、宁安、鸡西、虎林	果松、抚松、松江、屯田营、罗子沟
地层		南部：E＋N＋Q 北部：K_1＋E＋N＋Q	南部：K_1＋J 北部：J＋K_1＋E＋N＋Q	南部：T_3＋J_{1-2}＋K_1＋N 北部：T_3＋J_{1-2}＋K＋N
火山活动			K_1：柳河、敦密	K_1：果松、抚松
主要勘探目的层（烃源岩发育层段）		E：莫里青、鹿乡、岔路河、方正、汤原 K：方正、汤原	E：敦密、敦化、虎林 K_1：柳河、通化、宁安、鸡西	K_1：果松、马鞍山、抚松、屯田营 J_1：马鞍山 T_3：果松、马鞍山、抚松
发现的油田		莫里青、鹿乡、岔路河、方正、汤原	鸡西、虎林	
发现的油页岩矿		E：依兰断陷	E：虎林、敦密 K_1：柳河、通化	K_1：罗子沟、松江、老黑山、东宁、延吉
煤层		依兰	E：敦密 K_1：鸡西、敦密、柳河	K_1：果松 T_3：抚松、果松

四、盆地的分类

可以说，没有盆地，就没有石油。盆地是石油和天然气最主要的聚集场所。不同类型的沉积盆地具有不同的油气聚集规律，因此盆地的分类是油气勘探和油气地质研究中一项重要的内容。

1. 面积分类

沉积盆地的面积和基底埋深（沉积岩的厚度）与油气聚集的规模和资源量的大小密切相关。松辽盆地东部外围盆地现有残留盆地面积具有“北大南小”特征（表1－2）。单从这一点来看，北部黑龙江省境内的盆地可能具有更大的油气勘探潜力。松辽盆地东部外围盆地中，面积最大的是三江盆地，达$3.373\times10^4km^2$（表1－2）。大于$5000km^2$的较大型盆地有三江盆地、孙吴－嘉荫盆地、虎林盆地、依兰－伊通盆地、勃利盆地、宁安盆地和敦密盆地，除敦密盆地外均分布在黑龙江省境内。介于$1000\sim5000km^2$的中型盆地有延吉盆地、鸡西盆地、通化盆地、柳河盆地、果松盆地、四合屯盆地、东宁盆地、马鞍山盆地、伊春盆地、鹤岗盆地、佳木斯盆地、老黑山盆地、林口盆地、伊林盆地；其他盆地为小于$1000km^2$的小型盆地，这些小盆地主要分布在吉林省境内。

表1－2　松辽盆地东部外围盆地统计表

盆地或断陷名称	面积/km^2	沉积厚度/m	地层时代	勘探层系	盆地类型	油气显示
汤原	3320	6000	K、E－N	K、E－N	叠合－Ⅰ	工业油气流
方正	1460	6400	K、E－N	K、E－N	叠合－Ⅰ	工业油气流
三江	33730	4000	J、K、E－N	K_1	叠合－Ⅰ	煤
孙吴－嘉荫	20102	3950	J、K、E－N		叠合－Ⅰ	
敦化	370	6939	K、E－N	K_1、E－N	叠合－Ⅰ	
延吉	1900	3400	K、E－N	K_1	叠合－Ⅱ	工业油气流、油页岩
鸡西	3780	3700	K、E－N	K_1	叠合－Ⅱ	工业气流，煤
虎林	9400	3600	J、K、E－N	E	叠合－Ⅱ	低产油流，油页岩
敦密（辉桦）	7518	1426	K、E－N	K_1、E	叠合－Ⅱ	煤、油页岩
通化	1400	2721	J、K	K_1、J_{1-2}	叠合－Ⅱ	油页岩、沥青
红庙子	795		J、K	K_1、J_{1-2}	叠合－Ⅱ	油页岩、沥青
双阳	500	5500	T、J、K	K_1、T	叠合－Ⅱ	油页岩、煤
柳河	1300	6576	J、K	K_1	叠合－Ⅱ	煤，油页岩
勃利	9000	4600	J、K、E－N	K_1	叠合－Ⅱ	煤
果松	2532		T、K	K_1、T	叠合－Ⅱ	煤
四合屯	1334		T、J、K	T	叠合－Ⅱ	煤
东宁	1100	1000	J、K、E－N	K_1、N	叠合－Ⅱ	煤
马鞍山	1081	1000	T、J、K	K_1、T	叠合－Ⅱ	煤
永吉	920		T、J、K	T	叠合－Ⅱ	煤
抚松	780	2900	T、K	T	叠合－Ⅱ	煤
长白	578		T、K	T	叠合－Ⅱ	煤

续表

盆地或断陷名称	面积/km²	沉积厚度/m	地层时代	勘探层系	盆地类型	油气显示
宁安	5200	2000	J、K、E－N	K_1	叠合－Ⅱ	
伊春	2500	1400			叠合－Ⅱ	
鹤岗	1200	2000	K、E－N		叠合－Ⅱ	
蛟河	480				叠合－Ⅱ	
伊通	2400	5230	E－N	E－N	单型－Ⅰ	工业油气流
珲春	670	2000	K、E－N	E	单型－Ⅱ	工业气流，煤层气
屯田营	630		J	J	单型－Ⅱ	煤层气
松江	350	7500	K	K_1	单型－Ⅱ	油页岩
辽源	660	5000	K	K_1	单型－Ⅱ	煤
佳木斯	1200	2500	K_1	K_1	单型－Ⅱ	
复兴	740		K		单型－Ⅱ	
红卫	600	1800			单型－Ⅱ	
双鸭山	470	1900	K、E－N	K_1	单型－Ⅱ	
老黑山	1730	1000				油页岩
林口	1049	2000				油页岩
罗子沟	310		K	K_1		油页岩
伊林	1955	4800				
东兴	1300	3000				
柳树河子	773	1400				

研究区内的盆地主要为中小型断陷盆地，它们具有如下特征：

（1）规模小，分割性强，数量多，发育时间短，有较大的活动性，大多数呈北北东向展布（图1－3），在受东西向构造带影响较强的地区或由于走滑作用的影响则联合成弧形盆地，如勃利盆地等。

（2）与广泛而强烈的岩浆活动相共生，岩浆活动的产物直接地或间接地成为盆地中重要物质组分之一，在下白垩统沉积期间有三期火山活动，并在地层中形成了火山岩沉积，包括火石岭组（宁远村组、滴道组、果松组和义县组）、营城组（林子头组、安民组和包大桥组）、东山组。

（3）与断裂关系密切，大多属于断陷盆地，其中有些是地堑盆地。由于边缘断裂的长期活动，使盆地内的相带与断裂平行，沿盆缘断裂形成巨厚的冲积扇带。盆地内部构造也以断裂为主，缺乏规模较大的完整背斜。

（4）具快速沉降，快速沉积，岩性岩相急剧变化和沉积中心经常迁移的特点，仅在断陷中心半－深湖亚相，发育烃源岩。这样形成了巨大厚度的岩层，沉积物较粗、较杂，砂质岩占50%～70%以上，分选不好，磨圆度较差，常有一定数量不稳定矿物存在，有的长石含量多达30%～40%以上，泥砂或砂泥、砾石混杂，岩性、岩相无论在横向和纵向上都变化剧烈，并形成各种沉积岩相类型组合，即含煤类型、暗色泥页岩类型、红色碎屑岩类型和火山－沉积岩类型。

2. 成因分类

根据张岳桥等（2004）有关中国东部及邻区早白垩世裂陷盆地的成因分类方案，松辽盆地外围盆地可分为泛裂陷型盆地、狭窄型裂陷盆地和菱形状裂陷型盆地三大类。其中泛裂陷型盆地由一系列单个断陷盆地组成的、区域上广泛分布的裂陷盆地群，最典型的是蒙古断陷盆地系和燕－辽断陷盆地系，其南界大致位于阴山－燕山构造带南缘断裂带，东界为依兰－伊通断裂带，南西止于河西走廊带，向东北收敛于鄂霍次克海，形成了一幅宽大于1300km，长约3000km的巨型弥散型分布的裂陷构造系，研究区的孙吴－嘉荫盆地、佳木斯盆地等属于这一类。狭窄型裂陷盆地的显著特征是平面上呈线形展布，剖面上受断裂控制。

杨树锋（2016）根据板块构造理论，将研究区内的盆地按照不同地质时期的成因分为（弧后）断陷盆地、（弧后）坳陷盆地、（弧后）前陆盆地。这一盆地分类非常有利于构造成因的研究，但不适合于石油地质勘探。

在大庆油田公司勘探事业部（2003）盆地分类方案的基础上（李忠权等，2003），本书提出了新的分类方案。按盆地原型和叠合盆地的观点，将研究区中新生代沉积盆地划分为两种基本类型，即长期发育的叠合盆地和短期发育的单型盆地（表1－2，图1－4）。

在地史时期，盆地发展具有阶段性，不同地质时期相继出现过不同类型的盆地。现今的盆地包含了由不同沉降结构所组成的演化实体。它在剖面上具有不同层次的系统，平面上呈现多种形式的结构。特别是大型盆地，表现出结构上的多样性，生储盖层组合的多样性和盆地不同部位油气聚集条件的可变性。因此，必须研究某一特定地史时期内形成的原始状态意义上的沉积盆地，这就是所谓的原型盆地。古老的原型盆地往往被后来的构造运动所改造，甚至破坏，或者只残留一部分，从而形成所谓的“改造盆地”或“残留盆地”。这些盆地在剖面上的有机叠置，则形成叠合盆地。叠合盆地是指在一个较为漫长的地史时期内，由于多期构造变革形成的多个单型盆地经多方位叠加复合，而形成的具有复杂结构的盆地。叠合盆地一般具有多旋回构造演化史，其发展过程是分阶段的，即在不同的地史发展阶段中，具有不同的构造动力学背景与环境，其盆地原型和盆地性质也不尽相同。

（1）叠合盆地

叠合盆地系指盆地发育的历史较长，至少在一个纪或更长的历史时期中。盆地沉降接受沉积物堆积，层间可有沉积上的暂时间断，但无高角度不整合，后期上升不剧烈，含油岩系保存较好。因而，这类盆地往往沉积巨厚，成油条件优越，油气保存条件也佳，常成为有经济价值的含油气盆地。这类盆地根据后期演化的不同，又可分为叠合盆地－Ⅰ和叠合盆地－Ⅱ两个亚类。

1）叠合盆地－Ⅰ：盆地沉积面积大，沉积巨厚，成油条件优越，后期油气保存条件良好。松辽盆地、孙吴－嘉荫盆地、三江盆地、汤原断陷、方正断陷等盆地属于该类型（表1－1，图1－5）。

2）叠合盆地－Ⅱ（残留叠合盆地）：其沉积范围相对较小，后期改造破坏严重，对油气保存不利，包括延吉盆地、勃利盆地、宁安盆地、东宁盆地、伊春盆地、鹤岗盆地、呼玛盆地、蛟河盆地、双阳盆地、辽源盆地、通化盆地（图1－6）。例如：通化盆地主要由晚三叠世－中晚侏罗世构造层和早白垩世早－中期构造层叠合而成。前者发育的地层有中侏罗统侯家屯组（J_2h），后者发育的地层有下白垩统果松组（K_1g）、鹰嘴砬子组（K_1y）、林子头组（K_1l）、下桦皮甸子组（K_1x）、亨通山组（K_1h）和三棵榆树组（K_1s）（图1－6），属于

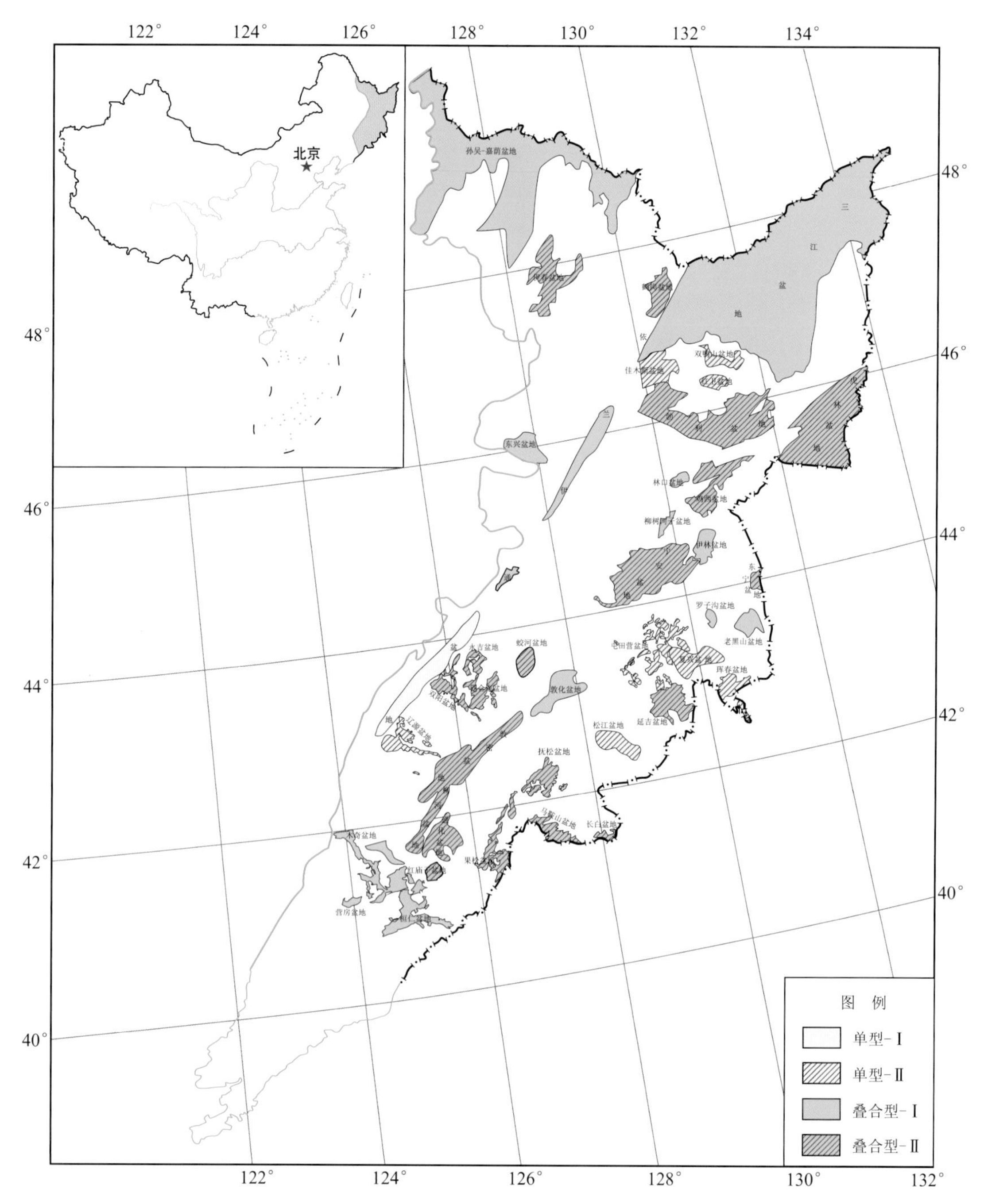

图1-4　松辽盆地外围东部和北部中小盆地群盆地分类图

典型的叠合盆地。但在后期遭受了长期的风化剥蚀，剥蚀厚度达1800m。因此，通化盆地属于残留叠合盆地（叠合型-Ⅱ型）。

（2）单型盆地

短期发育单层系沉积盆地（单型盆地），系指发育历史相对较短，一般只有一个世的历史。根据后期的保存和破坏程度又可分为单型-Ⅰ和单型-Ⅱ两个亚类。

1）单型-Ⅰ盆地：盆地发育早期沉降幅度可以很大或较小，基本上只有一个完整的沉积旋回，一个含油组合，故称短期发育单层系沉积盆地。在依舒地堑南部的伊通盆地属于单

型盆地（图1－7），它是在前古近纪花岗岩基底上形成的古近纪盆地，沉积盖层2000～6000m，在其中已发现工业油气流，并投入开发。

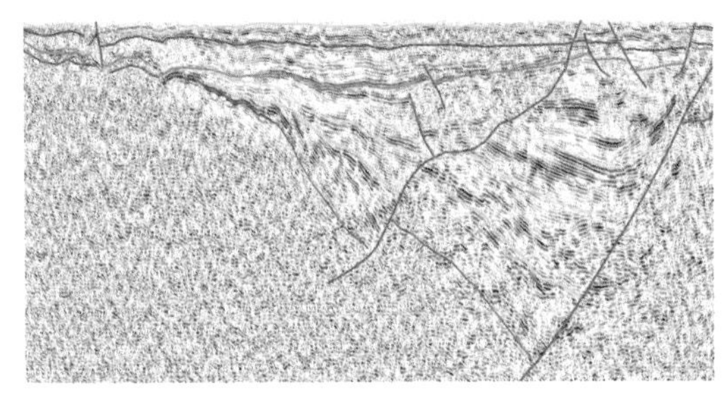

图1－5　叠合型－Ⅰ型盆地：孙吴－嘉荫盆地W－E地震剖面

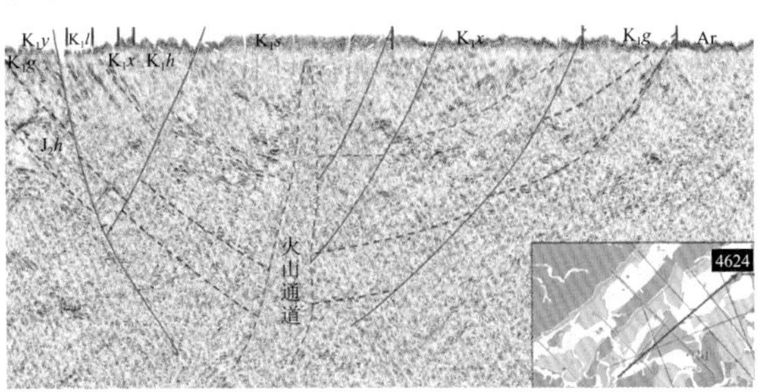

图1－6　叠合型－Ⅱ型盆地：通化盆地4628测线剖面图（据董清水，2016）

2）单型－Ⅱ盆地（残留单型盆地）：盆地只有一个纪的发育历史，而后期抬升较强，遭受剥蚀破坏严重。这类盆地无论从盆地早期成油条件或后期油气保存条件，都不及长期发育的叠合盆地有利，这类盆地有辽源盆地、嫩北盆地、佳木斯盆地、双鸭山盆地、红卫盆地等（图1－8）。

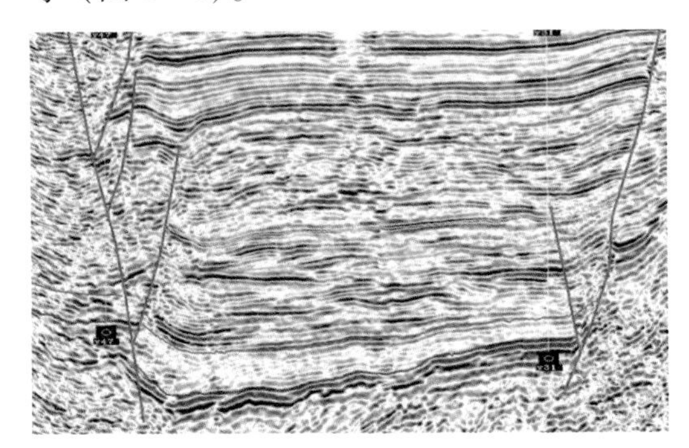

图1－7　单型盆地（单型－Ⅰ）：伊通盆地NW－NE地震剖面

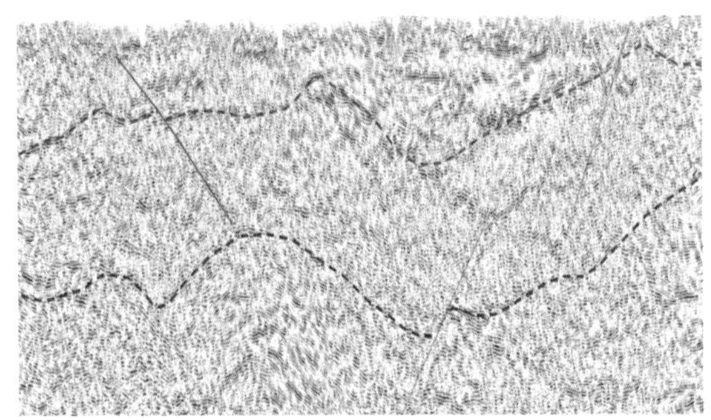

图1－8　残留单型盆地（单型－Ⅱ）：辽源盆地W－E地震剖面

第二节　区域地层

一、地层区划的依据及分区

全国油气资源战略选区调查与评价项目（2004—2009年）研究过程中，综合考虑构造、沉积、生物群面貌、火山活动、古气候、地层厚度及时代等因素，将东北地区的地层划分为西部、中部和东部三个地层区，西部地层区包括二连－海拉尔和大兴安岭地层分区，中部地层区包括松辽地层分区，东部地层区包括黑龙江东部和吉林东部地层分区（乔德武等，2013a）（表1－3，图1－9），各地层区的地层分布与厚度见表1－3。

1. 中部地层区

包括松辽、孙吴－嘉荫等盆地，主要发育侏罗系、白垩系、古近系和新近系。其中，白垩系发育齐全、厚度大、分布广，油气资源非常丰富。侏罗系只在松辽盆地西部边缘零星出露。

表 1－3　东北地区各地层区主要特征

地层分区名称	构造位置	地层发育状况	一般厚度/m	主要沉积盆地
松辽地层分区	新华夏系第二沉降带	白垩系分布广、发育全为主要特征	E＋N：500	松辽盆地、孙吴－嘉荫盆地、伊春盆地
			K：5000～7000	
			J：1000	
			T：1000	
黑龙江东部地层分区	新华夏系第二隆起带	海相－海陆交互相地层、早白垩世早中期地层、古近纪和新近纪地层较发育	E＋N：800～1500	三江盆地、勃利盆地、虎林盆地、鸡西盆地、鹤岗盆地、宁安盆地、佳木斯盆地
			K：1500～3000	
			J：1000	
			T：1500～3000	
吉林东部地层分区	新华夏系第二隆起带	白垩系较发育，古近系和新近系较发育	E＋N：1400～4800	依兰－伊通地堑、延吉盆地、敦化盆地、蛟河盆地、柳河盆地、通化盆地、红庙子盆地、果松盆地
			K：500～2200	
			J：500	
			T：1000～2000	

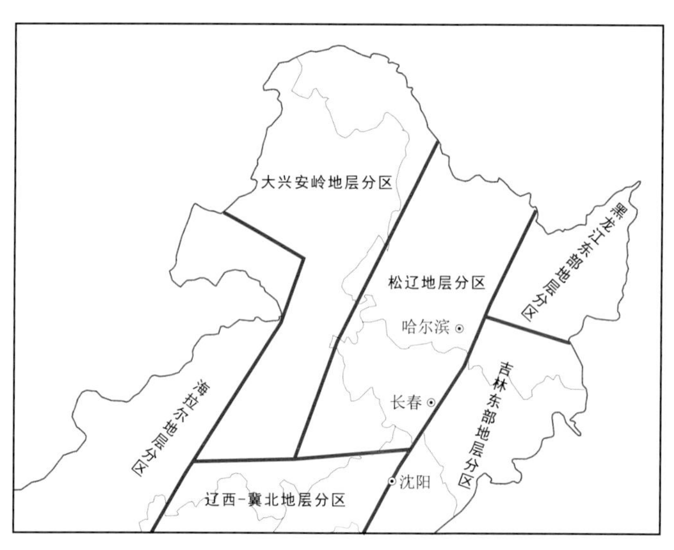

图 1－9　东北地区中新生界地层分区图
（据乔德武，2013a）

2. 东部地层区

（1）黑龙江东部地层分区

包括三江盆地、勃利盆地、虎林盆地、鸡西盆地、依兰－伊通地堑北部、鹤岗盆地、佳木斯盆地等，主要发育三叠系、侏罗系、白垩系和古近系。其中，侏罗系至下白垩统发育，厚度大，生物化石丰富。

（2）吉林东部地层分区

区内中小型断陷盆地众多，沿依兰－伊通断裂和敦化－密山等断裂带分布，主要包括宁安盆地、延吉盆地、桦甸盆地、梅河盆地、敦化盆地、珲春盆地、蛟河盆地等。地层以古近系和新近系较发育为主要特征，含有煤、油页岩、硅藻土、黏土等，上新统顶部被玄武岩所覆盖。侏罗系少见报道，白垩系主要在宁安盆地、延吉盆地、蛟河盆地等盆地中有分布。

二、地层划分与对比

1. 地层划分与对比方案

东北地区中新生界分布广泛，沉积盆地众多。三叠系－侏罗系只在局部地区零星分布。白垩系全区广泛分布，厚度大，大兴安岭地区以火山岩为主，盆地内主要以湖相沉积为主。古近系和新近系主要分布于松辽盆地以东地区，依兰－伊通地堑厚度最大。

长期以来，东北地区的各油田公司、高等院校和科研院所对松辽盆地东部外围中小型盆地中新生代的地层进行了研究，每个研究单位都有一套自己的地层划分与对比方案。本书在全面搜集各单位地层划分对比方案的基础上（吉林省地质矿产局，1988；李东津，1997；翟光明等，1993a，1993b，1993c；黑龙江省地质矿产局，1993；曲关生，1997；李忠权等，2003；张梅生等，2012；乔德武，2013a），结合我们的古生物资料（图版1－1～图版1－6），以松辽盆地为基准，实现了南北统层（图1－10）。

2. 外围盆地群地层宏观发育规律

三叠系主要发育在吉林省地层分区的山间或山前盆地，为一套火山－碎屑岩含煤沉积，在那丹哈达地体发育大岭桥组的海相硅质岩，夹有陆相碎屑岩（于健等，2015）。

中－晚侏罗世地层仅局部地区发育，东部盆地群发育陆相、海相及海陆交互相地层，中部和西部盆地群发育陆相地层。

早白垩世，尤其是早白垩世早期地层十分发育，早白垩世早期的火石岭组、德仁组、砬门子组、果松组、滴道组、裴德组、屯田营组和宁远村组发育的火山岩夹碎屑岩地层具有全区对比的意义。沙河子组、久大组、大沙滩组、鹰嘴砬子组、城子河组、云山组、长财组发育的煤系地层也可以全区对比，其中的烃源岩是研究区内主力烃源岩。营城组、穆棱组、珠山组发育火山岩及含煤地层，在中部盆地群和东部盆地群均可对比。松辽盆地登娄库组由粗到细的正粒序与延吉盆地头道组、铜佛寺组、大砬子组由粗到细的正粒序碎屑岩以及东山组的碎屑岩夹火山岩地层，在东部盆地群和中部盆地群也可以对比。早白垩世晚期具有全区对比意义的是泉头组。

晚白垩世地层在松辽盆地、孙吴－嘉荫盆地、三江盆地发育，其他盆地都不发育，其中上白垩统是松辽盆地的主力产油气层位。

古近系、新近系在依舒地堑十分发育，其他盆地不甚发育，具有全区对比意义的有达连河组、永庆组、虎林组、珲春组发育的煤系地层和道台桥组、船底山组发育的火山岩。

3. 中新生代六大勘探层系及其分布

在大庆外围各盆地中，最发育的层系是下白垩统，其次为上白垩统、中－上侏罗统、下白垩统和上三叠统，依舒地堑古近系最发育。前人的研究表明，松辽盆地外围盆地群的中部盆地群和东部盆地群发育古近系、上白垩统、下白垩统、中－上侏罗统四套勘探程序（乔德武等，2013a）。在我们的研究过程中，又发现了下侏罗统和上三叠统两套勘探层序（表1－4）。我们的初步研究表明（孟元林，2015），那丹哈达地体发育的下侏罗统硅质岩尚未变质，具有一定生烃能力，吉林省南部果松盆地、抚松盆地的上三叠统煤系泥岩也有生烃能力。这样，本次研究就又发现了两套勘探层序，研究区一共就有六套勘探层序（表1－4）。

（1）第一勘探层系（T_3）

上三叠统总体上属于一些小型山间盆地形成的火山岩－碎屑岩含煤沉积，主要发育在吉

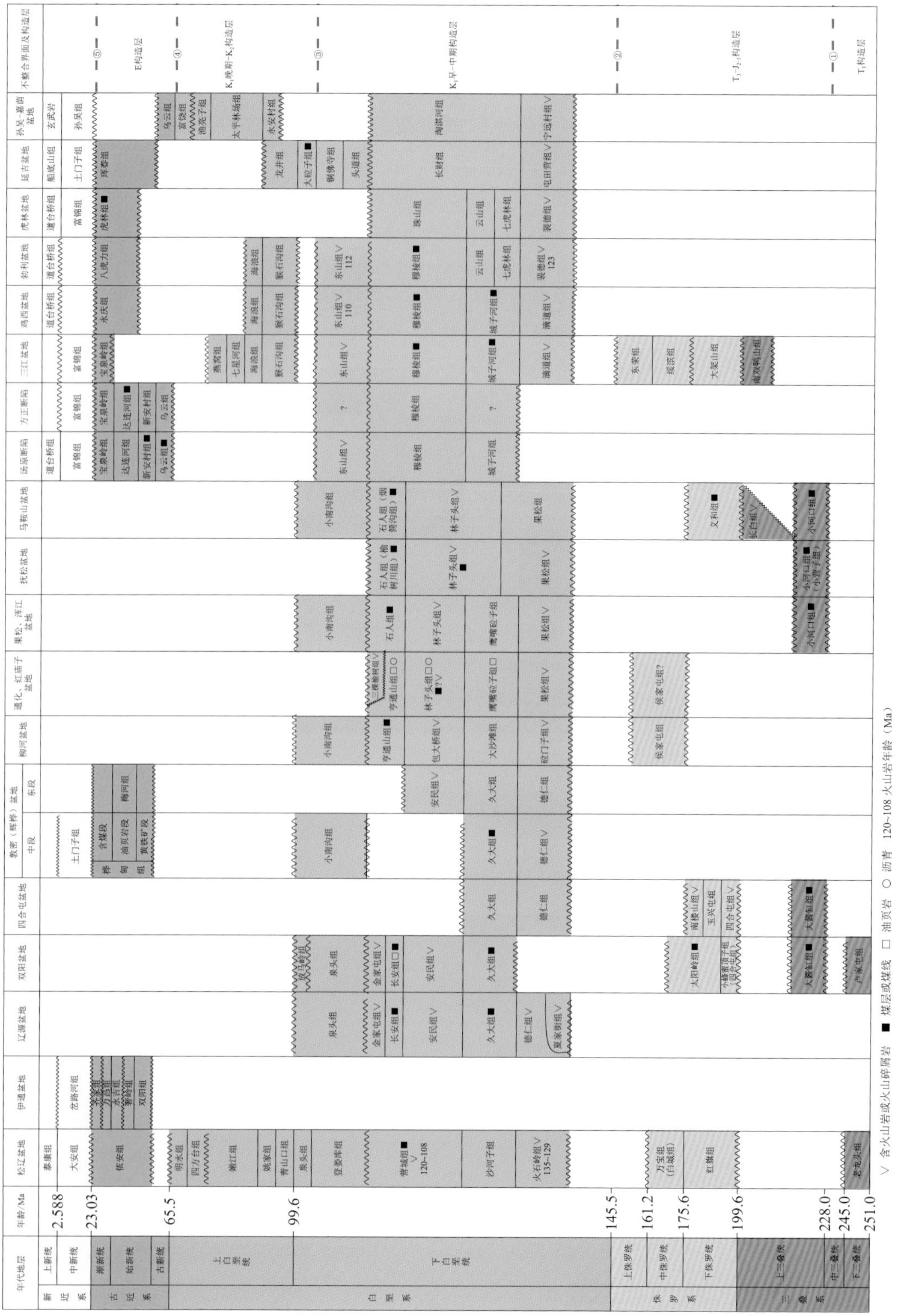

年代地层：新近系（上新统、中新统）；古近系（渐新统、始新统、古新统）；白垩系（上白垩统、下白垩统）；侏罗系（上侏罗统、中侏罗统、下侏罗统）；三叠系（上三叠统、中三叠统、下三叠统）

年龄/Ma：2.588、23.03、65.5、99.6、145.5、161.2、175.6、199.6、228.0、245.0、251.0

松辽盆地：泰康组、大安组、依安组、明水组、四方台组、嫩江组、姚家组、青山口组、泉头组、登娄库组、营城组■ ∨ 120~108、沙河子组、火石岭组∨ 135~129、万宝组（白城组）、红旗组、老龙头组

伊通盆地：岔路河组、齐家组、万昌组、永吉组、奢岭组、双阳组

辽源盆地：泉头组、金家屯组∨、长安组■、安民组∨、久大组■、德仁组∨、夏家街组∨

双阳盆地：放马岭组、泉头组、金家屯组∨、长安组□■、安民组∨、久大组■、太阳岭组■、小蜂蜜顶子组（四合屯组）、大酱缸组■、卢家屯组

四合屯盆地：久大组、德仁组、南楼山组∨、玉兴屯组、四合屯组∨、大酱缸组■

敦密（辉桦）盆地 中段：土门子组、桦甸组（含煤段、油页岩段、黄铁矿段）、小南沟组、久大组■、德仁组∨；东段：梅河组、安民组∨、久大组、德仁组

柳河盆地：小南沟组、亨通山组■、包大桥组∨、大沙滩组、砬门子组∨、侯家屯组

通化、红庙子盆地：三棵榆树组∨、亨通山组□○、林子头组□○ ■?∨、鹰嘴砬子组□、果松组∨、侯家屯组?

果松、浑江盆地：小南沟组、石人组■、林子头组∨、鹰嘴砬子组、果松组∨、小河口组■

抚松盆地：石人组（榆树川组）■、林子头组∨ ■、果松组∨、小河口组■（小营子组）

马鞍山盆地：小南沟组、石人组（烟筒沟组）■、林子头组∨、果松组、文和组■、长白组∨、小河口组■

汤原断陷：道台桥组、富锦组、宝泉岭组、达连河组、新安村组■、乌云组■、东山组∨、穆棱组、城子河组

方正断陷：富锦组、宝泉岭组、达连河组■、新安村组、乌云组、?、穆棱组、?

三江盆地：富锦组、宝泉岭组、燕窝组、七星河组、海浪组、猴石沟组、东山组∨、穆棱组■、城子河组■、滴道组∨、东荣组、绥滨组、大架山组、南双鸭山组

鸡西盆地：道台桥组、永庆组、海浪组、猴石沟组、东山组∨ 110、穆棱组■、城子河组■、滴道组∨

勃利盆地：道台桥组、八虎力组、海浪组、猴石沟组、东山组∨ 112、穆棱组■、云山组、七虎林组、裴德组∨ 123

虎林盆地：道台桥组、富锦组、虎林组■、珠山组、云山组、七虎林组、裴德组∨

延吉盆地：船底山组、土门子组、珲春组、龙井组、大砬子组■、铜佛寺组、头道组、长财组、屯田营组∨

孙吴-嘉荫盆地：玄武岩、孙吴组、乌云组、富饶组、渔亮子组、太平林场组、永安村组、淘淇河组、宁远村组∨

不整合界面及构造层：⑤、E构造层、④、K_1晚期-K_2构造层、③、K_1早-中期构造层、②、T_3-J_{2-3}构造层、①、T_1构造层

∨ 含火山岩或火山碎屑岩 ■ 煤层或煤线 □ 油页岩 ○ 沥青 120~108 火山岩年龄（Ma）

图1－10 松辽盆地以北及以东断陷盆地群地层对比图

林省东部地层区，为一套陆相沉积地层，其中的煤系泥岩、碳质泥岩和煤层具有一定生烃能力。双阳盆地和四合屯盆地发育大酱缸组，果松盆地、抚松盆地和马鞍山盆地发育小河口组。三江盆地富锦隆起北部的上三叠统南双鸭山组主要为一套层序稳定的滨-浅海相粗碎屑岩和深灰色泥岩及泥质粉砂岩（张兴洲和郭巍，2015），其中发育一套高成熟烃源岩。它们共同构成一套新的勘探层序。

表1-4 中新生代六大勘探层系及其分布

六大勘探层系	地层层位	重点勘探盆地	次要勘探盆地
第六勘探层系	古近系	依舒地堑	虎林
第五勘探层系	下白垩统	延吉、鸡西、三江、通化、红庙子	勃利、虎林、孙吴-嘉荫、松江
第四勘探层系	上白垩统	孙吴-嘉荫	三江
第三勘探层系	中-上侏罗统	三江、漠河	虎林、勃利
第二勘探层系	下侏罗统	三江、那丹哈达地体	
第一勘探层系	上三叠统	果松、抚松	双阳、辽源、马鞍山

（2）第二勘探层系（T_3-J_1）

在晚侏罗世中期，那丹哈达地体沿大和镇断裂拼贴于佳木斯地体之上，对东部盆地群的演化具有重要的影响。在三江盆地的前进坳陷、富锦隆起和饶河地区，广泛发育晚三叠世-早侏罗世的富含放射虫、牙形刺的硅质岩和硅质页岩半深海-深海相沉积。这套硅质岩具有良好的生烃能力（孟元林，2015），构成了东部盆地群的第二套勘探层序。

（3）第三勘探层系（J_{2-3}）

中晚侏罗世，在蒙古-鄂霍次克洋关闭及那丹哈达地体拼贴作用的影响下，形成了三江盆地、虎林盆地、勃利盆地。东部沉积区主要发育于三江盆地、虎林盆地等，其沉积中心在绥滨和七虎林等地，为一套海陆交互沉积，形成了1000m厚的沉积。在这套勘探层序中，尚未取得突破。

（4）第四勘探层系（K_2）

晚白垩世，随着板块俯冲的进行，拆沉也开始发生。同时，均衡调整也开始起作用。东北地区进入克拉通坳陷湖盆发育阶段，沉积了一套以湖相泥岩为主的沉积层。当时主要沉积区有两个，一个是在松辽盆地和孙吴-嘉荫盆地为中心，东至牡丹江断裂，西至嫩江断裂，北至黑龙江的广大范围内，形成了厚层泥岩夹砂岩的沉积，厚度在1000~3000m之间；另一个是在东三江地区的断陷湖盆沉积，厚度在88~1600m之间。这套地层与松辽盆地的青山口组至明水组相当。松辽盆地的主力油层就发育在这一勘探层序。

（5）第五勘探层系（K_1）

早白垩世，东北地区进入板块俯冲、热幔柱上拱的热拱张裂阶段，发生了大面积火山喷发，并形成众多的北东向弧后断陷盆地。在东部的三江、鸡西、勃利及虎林等地区沉积了煤系地层，厚度在580~3200m之间。这套地层与松辽盆地的火石岭组、沙河子组及营城组相当，其构造格局、沉积组合及成岩作用等方面也具有相类似的特点。在徐家围子断陷、鸡西盆地，在这套勘探层系中已发现了工业气流。是外围盆地群最重要的一套勘探层序。

（6）第六勘探层系（E）

古近纪，由于太平洋板块俯冲方向的变化，直接导致郯庐断裂走滑作用的加强，依舒地堑和敦密断裂带在中生代残留盆地的基础上，开始走滑拉分，形成典型的断陷深湖－半深湖相沉积。依舒地堑的汤原断陷、方正断陷、岔路河断陷、鹿乡断陷、莫里清断陷在这套勘探层序中已发现工业油气流。三江盆地、延吉盆地、珲春盆地、松江盆地、敦化盆地、辉桦盆地等盆地也发育了滨浅湖沉积，厚度在930～2530m之间。

第三节　沉积相和古地理特征

一、中小型断陷盆地群的沉积特征

1. 近源快速沉积

松辽盆地以东及以北外围中小型断陷盆地内各断陷的规模较小，加之断陷造成强烈的地形起伏，陆源碎屑供给充分，具有物源近、沉积快、厚度大、岩相变化快、相带窄、沉积体系规模小等沉积特征（图1－11）。在斜坡区常形成快速充填超覆尖灭带，矿物成熟度低，分选差。以发育径向流为主，水流长度小于宽度，相带窄，相变迅速。各断陷构造活动在时空上的不均匀性，使其沉积类型和厚度上有较大分异。

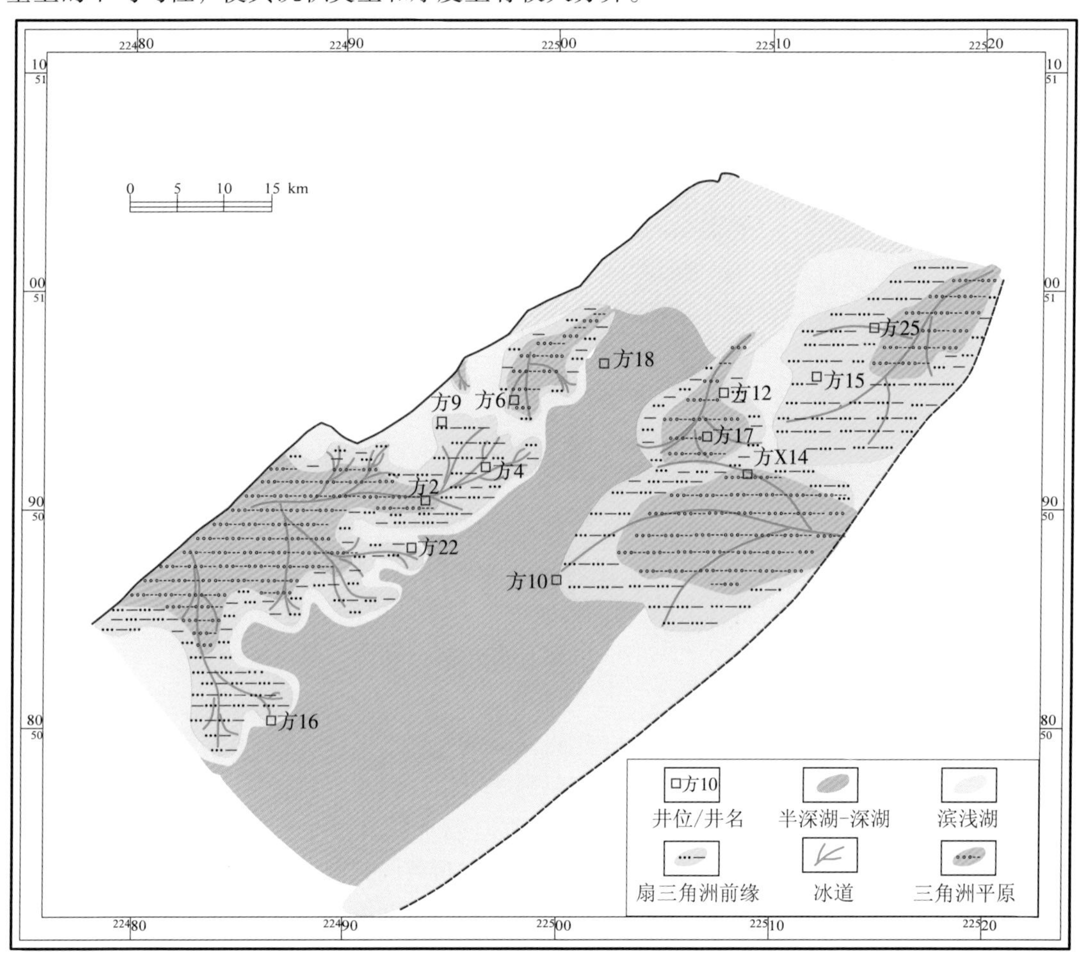

图1－11　方正断陷新安村组＋乌云组上部沉积相图

（据袁红旗等，2013）

2. 以淡水－微咸水湖盆为主

松辽盆地以东及以北外围中小型断陷盆地多为规模较小的狭长盆地，分割性极强，湖盆范围有限，陆源水流充分供给淡水，淡水与湖水充分交换，以发育淡水－微咸水湖泊（矿化度 <35g/L）为主（表1－5）。淡水湖泊水生生物繁盛，如淡水藻类、介形虫、小型双壳类等，湖盆边缘高等植物较发育，高等植物屑供给充分。仅在部分深断陷的中央，由于强烈火山作用及深部物质的加入，加之持续深水环境，可能发育深水半咸化湖泊沉积。但在三江盆地，白垩纪时期存在海相沉积。

表1－5　松辽盆地外围中小型断陷盆地勘探目的层地层水矿化度

盆地（断陷）名称	地层水矿化度/(mg·L^{-1})
方正断陷	1945～7600
汤原断陷	2700～6300
虎林盆地	4400
鸡西盆地	3400～5600
延吉盆地	2500～3000
鹤岗盆地	90～250
勃利盆地	2000～3000

3. 多种碎屑岩沉积体系

由于断陷盆地狭小，多个陆源水流充分供给碎屑，使湖泊区与各种碎屑沉积体系的比例约为1∶1～1∶2（周荔青和刘池阳，2004）。碎屑岩一般分布在构造高部位，深断陷成为深水湖相区，从而形成粗细相间格局。湖泊区范围有限，碎屑沉积体系，包括冲积扇、扇三角洲、水下扇等的比例较高。盆地内发育多种沉积体系，即冲积扇沉积体系、扇三角洲沉积体系、近岸水下扇沉积体系、深水重力流沉积体系及湖泊沉积体系（图1－12）。

不同地质时期，沉积体系空间配置具有明显的差异性和阶段性。在湖盆强烈扩张阶段，形成河流－扇三角洲－深水湖泊沉积体系；在拉张作用减弱阶段，发育扇三角洲－半深水湖泊体系；在挤压隆升阶段，发育辫状河－曲流河－泛滥平原沉积体系。

二、中新生代沉积相展布与演化

在广泛收集前人沉积相与古地理研究成果的基础上（李忠权等，2003；和钟铧等，2008；王峻，2012；陈延哲，2012；徐汉梁等，2013；乔德武等，2013），结合我们的野外露头、岩心、测井、录井资料沉积相研究成果（图1－13），总结了研究区内沉积相演化及其平面展布的规律。

1. 晚三叠世－中晚侏罗世

晚三叠世时，在研究区南部的双阳、四合屯、抚松、马鞍山、果松等盆地，为一套山间盆地内形成的火山－碎屑岩组合和湖沼砂泥岩组合（图1－14）；在北部地区仅在那丹哈达地体发育海相硅质岩，在富锦隆起发育滨－浅海相粗碎屑岩和深灰色泥岩及泥质粉砂岩。在早侏罗世时，基本延续了这种沉积特征。

在中晚侏罗世时期，三江地区晚侏罗世由于受北部鄂霍次克海海侵的影响，而在低洼处

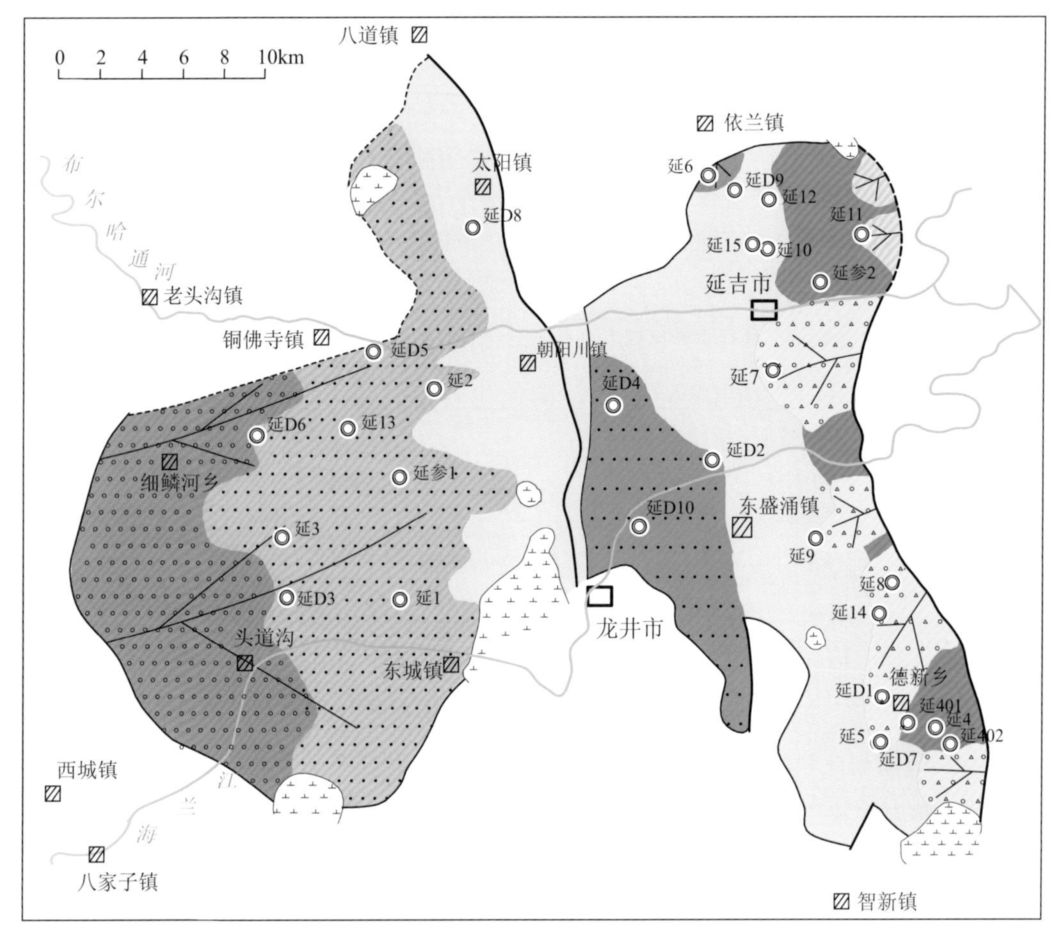

图 1－12　延吉盆地大砬子组一段沉积相图
（据张吉光，2014，修改）

绥滨坳陷北部沉积绥滨组＋东荣组滨浅海相，向西南过渡到扇三角洲，晚期受构造运动影响，海水退出该区；在南部地区，发育扇三角洲（辫状河三角洲）－滨浅湖相沉积，为一套紫红色碎屑岩和火山岩。

2. 白垩纪

早白垩世早期，滴道组（裴德组、屯田营组、宁远村组、果松组、德仁组、火石岭组）沉积时期，盆地初始断陷，发育冲积扇－扇三角洲－滨浅湖沉积，全区发育火山岩粗碎屑沉积。

城子河组（七虎林组＋云山组）及穆棱组时期，研究区北部大三江地区处于整体坳陷阶段，形成统一的近海盆地，水体逐渐加深，且穆棱组时期沉积范围达最大（图 1－15），主要发育（扇）三角洲前缘－滨浅湖－半深湖沉积体系，并且发育多期海侵事件，海侵方向来自绥滨坳陷北部和虎林盆地七虎林坳陷东部海域。在南部地区，发育多个湖盆，在其周围发育（扇）三角洲和辫状河三角洲。由于穆棱组沉积之后，有一次很强的构造挤压抬升，大三江盆地统一的原型盆地被破坏。

在早白垩世晚期东山组沉积时期，北部地区主要发育含大量火山碎屑岩扇三角洲前缘及滨浅湖相。在南部地区，早白垩世晚期发育冲积扇－扇三角洲（辫状河三角洲）－滨浅湖沉

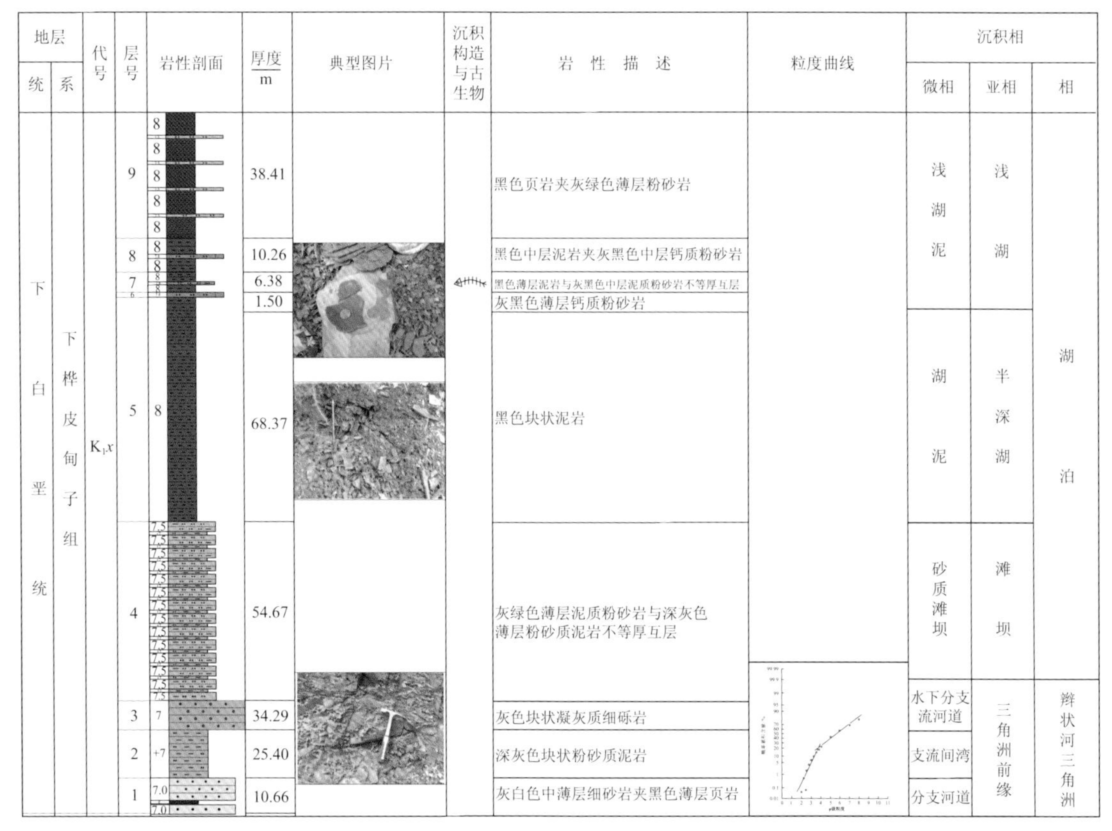

地层
统
系
代号
层号
岩性剖面
厚度 m
典型图片
沉积构造与古生物
岩 性 描 述
粒度曲线
沉积相
微相
亚相
相
下白垩统
下桦皮甸子组
K_1x
38.41
黑色页岩夹灰绿色薄层粉砂岩
10.26
黑色中层泥岩夹灰黑色中层钙质粉砂岩
6.38
黑色薄层泥岩与灰黑色中层泥质粉砂岩不等厚互层
1.50
灰黑色薄层钙质粉砂岩
68.37
黑色块状泥岩
54.67
灰绿色薄层泥质粉砂岩与深灰色薄层粉砂质泥岩不等厚互层
34.29
灰色块状凝灰质细砾岩
25.40
深灰色块状粉砂质泥岩
10.66
灰白色中薄层细砂岩夹黑色薄层页岩
浅湖泥
浅湖
湖泥
半深湖
砂质滩坝
滩坝
湖泊
水下分支流河道
支流间湾
分支河道
三角洲前缘
辫状河三角洲

图 1－13　通化盆地英额布镇北山下桦皮甸子组沉积相柱状图

积体系，常见红色砂泥岩沉积。

至晚白垩世时期，研究区北部，盆地处于挤压环境，遭受构造破坏作用，各盆地沉积轮廓逐渐接近现今盆地轮廓，整体水体变浅，以冲积扇－扇三角洲－滨浅湖沉积为主。

3. 古近纪

进入古近纪，研究区大部分地区处于隆升剥蚀状态，受古近纪走滑拉分作用，仅在依－舒断裂、敦－密断裂一侧发育断陷盆地，水体相对较深，相带变化快。而在东三江及虎林盆地南部兴凯地区以河流、湖沼、冲积平原相为主（图 1－16）。

第四节　中新生代盆地群演化

一、主要构造事件

东北地区中新生代岩石地层序列中，五个区域性构造不整合界面表明，在早三叠世末、晚侏罗世、早白垩世晚期、晚白垩世末和古近纪末发生过五次区域性沉积间断事件（图 1－10）。其中早三叠世末和晚侏罗世为大规模剥蚀夷平事件，之后的三次为挤压反转事件（乔德武等，2013a）。

1. 早三叠世末剥蚀夷平事件

早三叠世末剥蚀夷平事件之前，松辽盆地及其以西地区和东部地区构造环境明显不同，

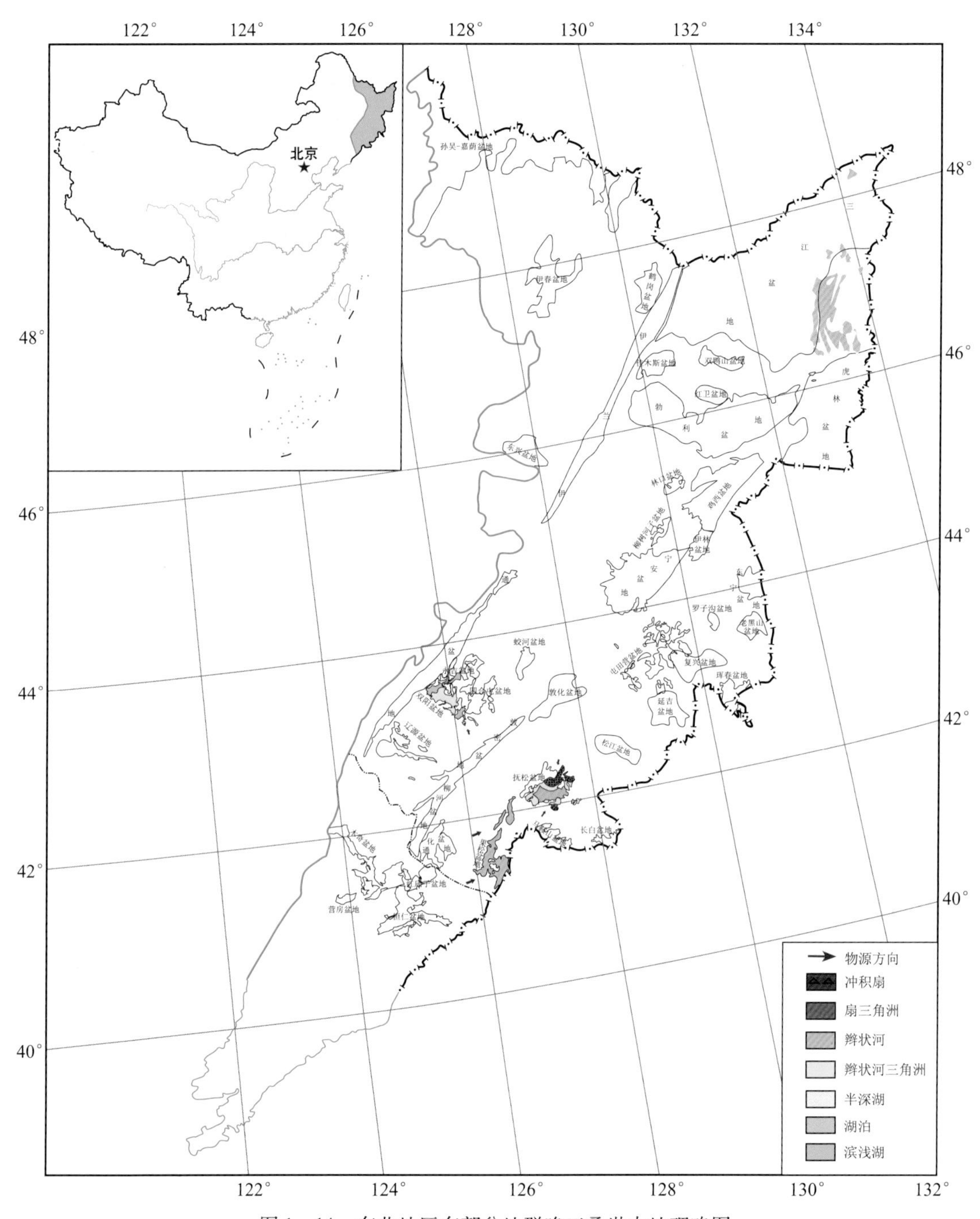

图 1－14　东北地区东部盆地群晚三叠世古地理略图

松辽盆地以西地区发育并较好保存了早－中侏罗世的煤系地层，而以西地区处于持续隆升剥蚀环境（乔德武等，2013a）。东部地区东缘上三叠统南双鸭山组海陆交互沉积的存在，说明东部地区的东缘当时处于大陆边缘环境。

2. 晚侏罗世剥蚀夷平事件

全区晚侏罗世沉积在大部分地区缺失，仅在东部盆地群三江盆地发育东荣组海陆交互相沉积，这进一步说明该区东缘仍处于大陆边缘环境（乔德武等，2013a）。

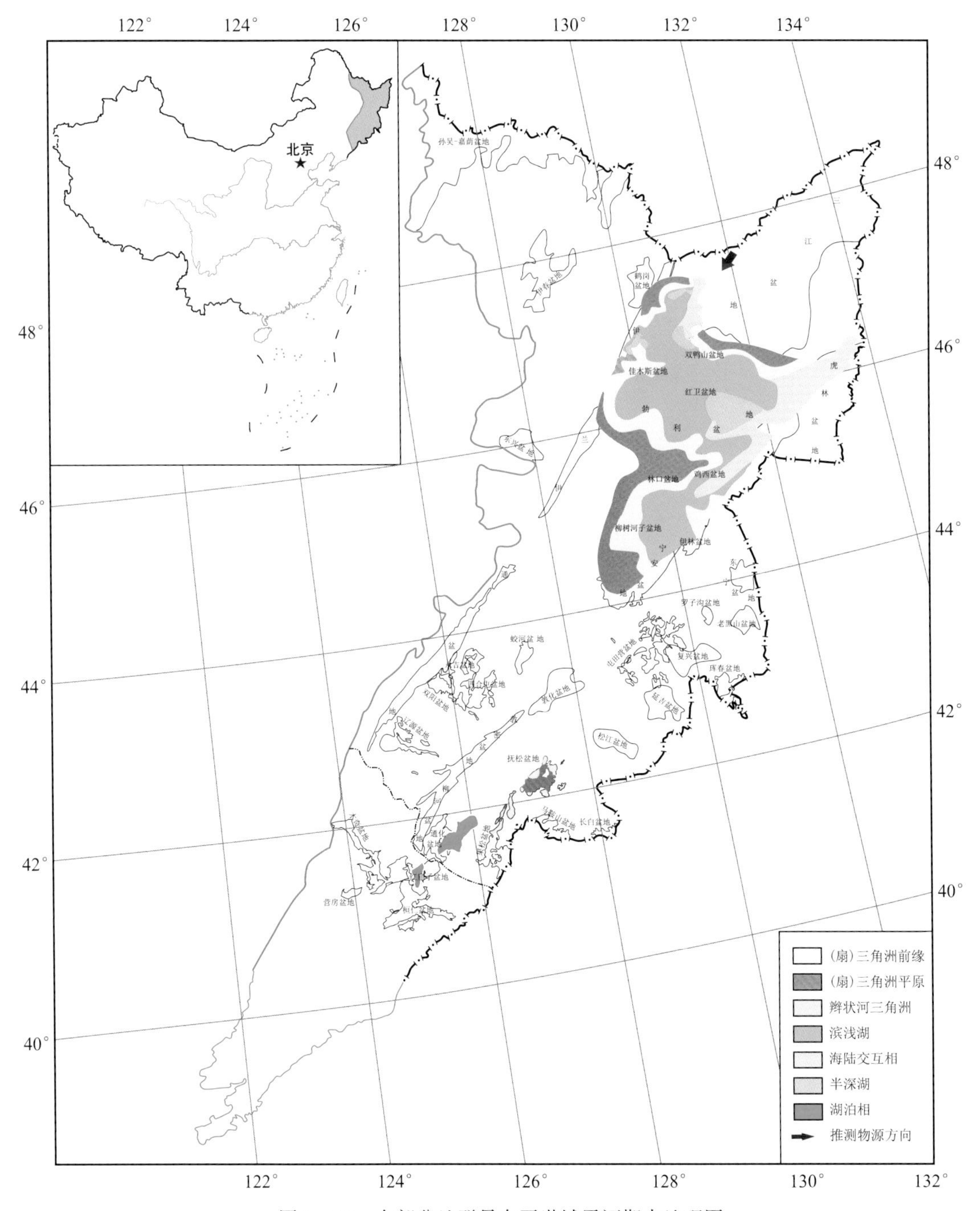

图1－15　东部盆地群早白垩世城子河期古地理图

晚侏罗世剥蚀夷平事件之后，虽然全区都接受了相同时代的早白垩世沉积，但东部和西部盆地的充填岩相特征明显不同。从岩相特征上，东、西岩相组合的差异似乎以大杨树盆地为界。西部盆地以火山岩和湖相（油页岩）沉积为主；而东部盆地以含煤建造为主，火山活动较西部弱，尤其是发育海陆交互相沉积，明显不同于西部。这种岩相特征表明，该区当时整体处于伸展构造背景，西部伸展作用强，属于大陆内部环境；而东部伸展较弱，属于近海大陆边缘环境。

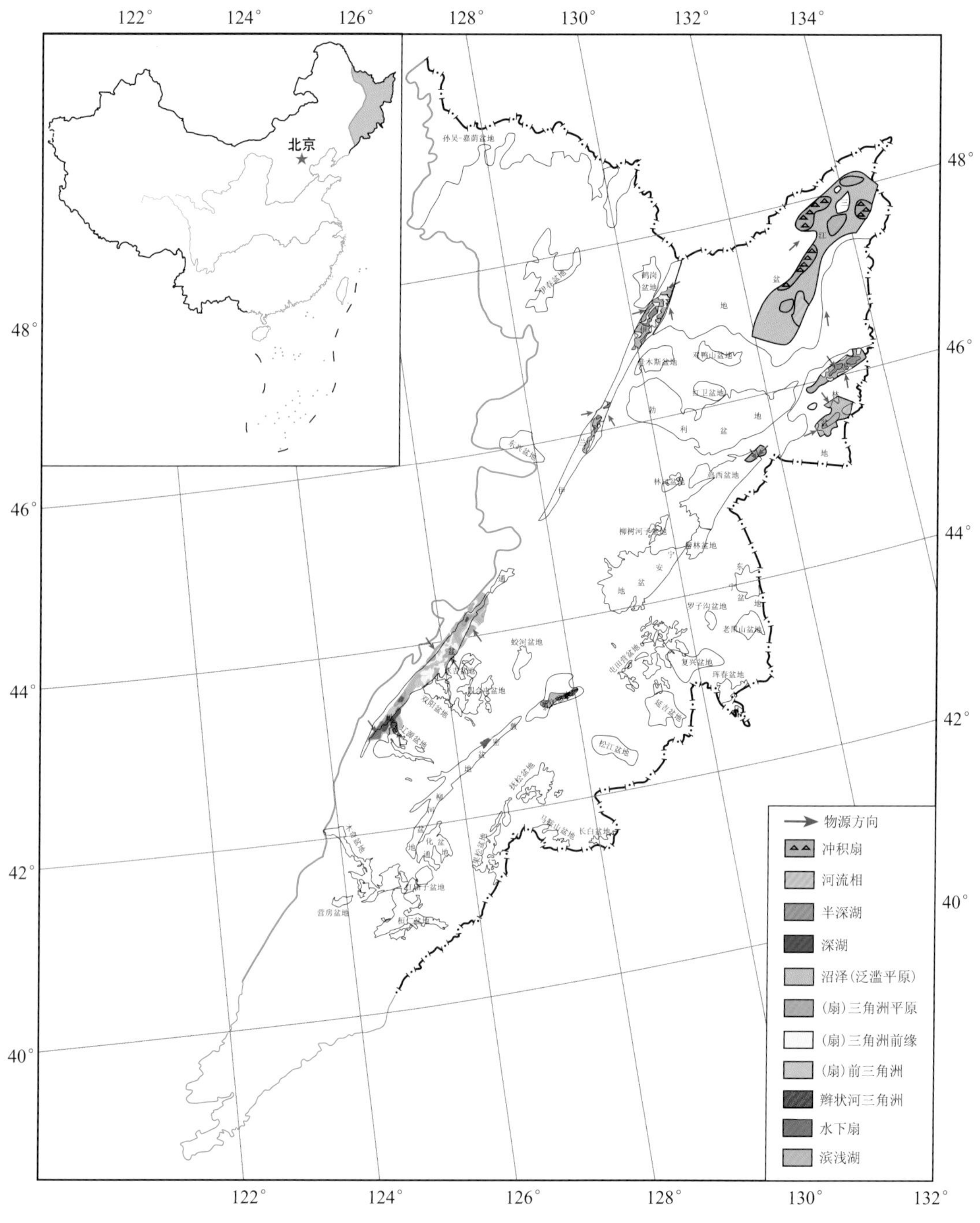

图1－16　东北地区东部盆地群古近系沉积相平面图

3. 早白垩世晚期构造反转事件

早白垩世大规模盆地形成之后的第一次区域性构造反转作用，发生在早白垩世晚期，这次事件使研究区构造格局发生了重大变化，西部、中部和东部完全不同的构造样式和沉积环境开始形成（乔德武等，2013a）。主要表现在，西部地区持续处于隆升剥蚀；中部地区的松辽盆地处于持续沉降，接受沉积，表现出大兴安岭与松辽盆地此时具有良好的盆地耦合关系；而东部地区经较长时间沉积间断后（早白垩世晚期东山组与猴石沟组沉积期之间），在晚白垩世早期形成了一套快速充填的杂色砂岩、砾岩及泥岩组合。这一特征说明，东部此时经历了快速的构造抬升，这也意味着对早期统一盆地发生了强烈的破坏改造，东部地区控制盆地南界的一系列近东西走向、南北逆冲的构造可能与此事件有关。由于这套快速堆积的杂色砂砾岩和砾岩均分布在牡丹江断裂以东地区（最西出现在宁安盆地东端），所以，此次构造抬升（或逆冲）事件并未影响到牡丹江断裂以西的盆地。

4. 白垩世末构造反转事件

第二次区域性的构造反转事件发生在晚白垩世末期（乔德武等，2013a）。由于西部持续处于隆升状态，所以这次事件只表现在松辽盆地及其以东地区。此次事件之后，以佳－伊断裂为代表的古近纪地堑开始形成，使东部地区普遍发育了以煤和油页岩为代表的湖沼相沉积。

5. 古近纪末构造反转事件

第三次区域性的构造反转发生在古近纪末期，此次事件波及全区（乔德武等，2013a）。反映全区已处于整体抬升环境，之上被残坡积砂砾岩和大面积玄武岩覆盖。

二、主要构造层划分

根据区域岩石地层分布、接触关系及岩相建造特征等综合分析，松辽盆地及外围中新生代盆地构造层次划分如下（乔德武等，2013a）。

1. 早三叠世构造层

以松辽盆地边缘分布的老龙头组为代表，以陆相碎屑岩沉积为主，并含有中性火山岩，局部夹少许海相层。所含双壳螺 *Palaeomutela-palaeonodonta* 组合的生态特征指示半咸水环境，具重要的构造古地理意义。下三叠统与二叠系为连续过渡沉积，同属一个构造层。

2. 晚三叠世－中晚侏罗世构造层

在东北地区晚三叠世－中侏罗世地层总体上属于一些小型山间盆地火山－碎屑岩含煤沉积，主要发育在吉林省东部地层区。中晚侏罗世，在研究区北部的三江盆地，发育中上侏罗统绥滨组（J_2s）和东荣组（J_3d）海相沉积的碎屑岩。

3. 早白垩世早中期构造层

沉积地层主要为陆相火山－沉积岩系，普遍发育湖相沉积和沼泽含煤沉积，是研究区内最重要的含油气层位。该期构造地层发育的一个重要特征是普遍分布有热河动物群生物组合。

4. 早白垩世晚期－晚白垩世构造层

该构造层主要以中部盆地群松辽盆地坳陷期沉积地层序列为代表，包括泉头组至明水组。松辽盆地以北的孙吴－嘉荫盆地也发育晚白垩世沉积，但松辽盆地以东的绝大多数地区晚白垩世沉积不甚发育。在研究区北部，这一构造层主要发育在三江盆地、鸡西盆地、勃利盆地、延吉盆地和孙吴－嘉荫盆地。

5. 古近纪构造层

在东北地区，新生代盆地主要沿依舒断裂、敦密断裂呈串珠状分布。如在依舒断裂带，汤原断陷、方正断陷、伊通断陷、岔路河断陷、鹿乡断陷和莫里青断陷等发育古近系；在敦密断裂带，虎林盆地、鸡西盆地、宁安盆地、敦化盆地、敦密盆地等发育古近系。

三、中新生代盆地群演化

东北地区中新生代盆地演化和分区明显，受不同活动期次的断裂构造所控制。由于佳－蒙地块在早三叠世与华北板块的碰撞和中侏罗世与西伯利亚板块的碰撞主要发生在松辽盆地及其以西地区。因此，在早三叠世－中侏罗世该区就已经出现了沉积分区，形成的早中生代构造层，在东、西部地区有明显区别。西部以早中侏罗世陆相含煤沉积为特征，而东部发育晚三叠世－中侏罗世海相－海陆交互相沉积（乔德武等，2013a）。然后，盆地进入了一个新的阶段。

1. 中晚侏罗世盆地演化

中侏罗世末－晚侏罗世初期，锡霍特－阿林地体的增生使该区东部的嘉荫－牡丹江蓝片岩带抬升剥露，成为控制该区西部和东部沉积分区的主要断裂。该区断裂将东北地区分为西部隆升剥蚀区，普遍缺失上三叠统；而东部处于近海大陆边缘沉积区，以发育上侏罗统海相沉积为标志。

2. 白垩纪盆地演化

由于大洋板块向北北西的斜向俯冲，导致嘉荫－牡丹江断裂带以西地区发生强烈的伸展事件。断陷和火山活动首先从西部蒙古东戈壁至大兴安岭地壳隆升区开始，并随着大洋板块向正北的转移逐渐向西部松辽地区迁移。西部盆地以火山岩和陆源碎屑沉积为主，而东部盆地以煤系地层，特别是发育海相和海陆交互相沉积明显不同于西部。

值得注意的是，在大兴安岭整体隆升、松辽盆地整体沉降的过程中，嘉荫－牡丹江断裂带以东地区正经历着强烈的构造挤压逆冲事件，早白垩世发育有海相沉积的盆地遭受强烈的破坏改造。由南东向北西逆冲的构造将基底变质岩系逆冲到中生代煤系地层之上。

3. 古近纪盆地演化

新生代古近纪是中国东部另一次重要的裂谷盆地发育期。松辽盆地以东新生代裂谷盆地的发育与北北东向大型走滑断裂（如郯庐断裂）的右旋走滑作用有关。在松辽盆地以东新生代盆地主要是沿依舒断裂、敦密断裂发育的串珠状地堑盆地。如在依舒断裂带，汤原断陷、方正断陷、岔路河断陷、鹿乡断陷和莫里青断陷等断陷发育古近系；在敦密断裂带，虎林盆地、鸡西盆地、宁安盆地、敦化盆地、敦密盆地等盆地发育古近系。

第二章　烃源岩特征

成盆、成烃和成藏是石油地质学研究中的三大基本问题。国内外的勘探实践也支持这一理论，在成熟烃源岩分布地区，油气勘探成功率较高，在25%～50%之间；而在没有成熟烃源岩分布地区，勘探成功率只有2.5%～5%；在过成熟烃源岩分布的地区，则以找气为主（陈建平等，1997；程克明等，1995）。在中新生代，我国东北区先后经历了印支运动、燕山运动和喜马拉雅运动，使地层不断沉积、抬升、剥蚀，并伴随着生物演化、气候多期循环等一系列的变化。这些变化控制了不同时期烃源岩形成的环境，也影响了纵向上烃源岩品质上的差异（关德师等，2000；谯汉生等，2003）。中国古气候多期的温暖、潮湿气候旋回控制了烃源岩纵向上多旋回的发育和分布（胡见义等，1991a）。东北地区中小型盆地群中新生代烃源岩的发育与古气候密切相关，发育上三叠统、中下侏罗统、下白垩统和古近系四套烃源岩（图2－1）。

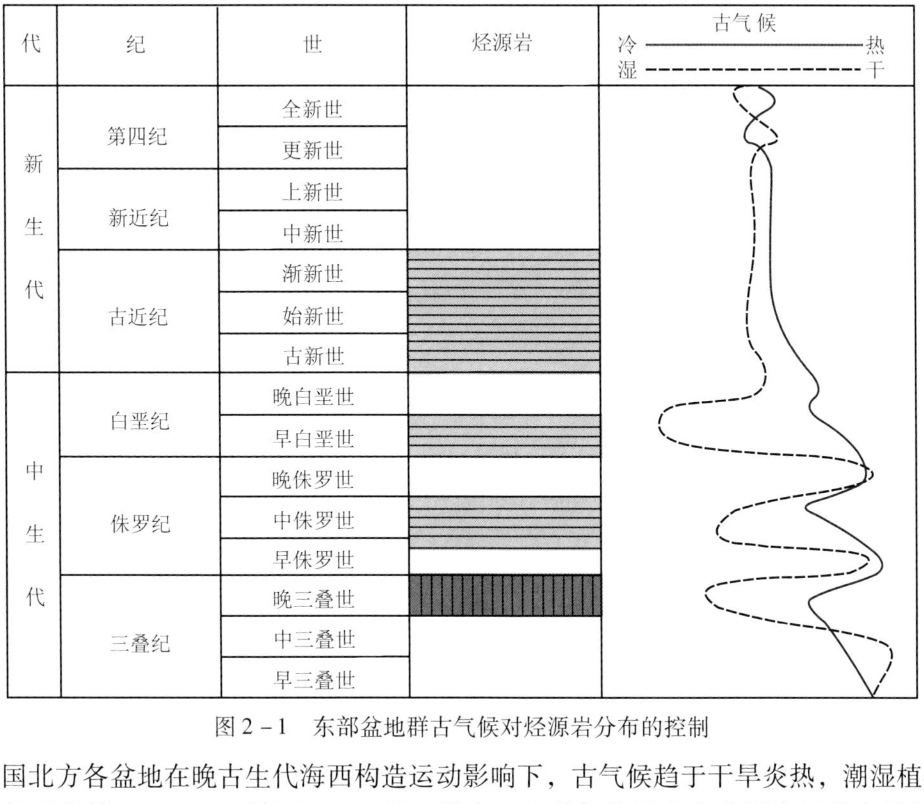

代	纪	世	烃源岩	古气候 冷 —— 热 湿 - - - 干
新生代	第四纪	全新世		
		更新世		
	新近纪	上新世		
		中新世		
	古近纪	渐新世		
		始新世		
		古新世		
中生代	白垩纪	晚白垩世		
		早白垩世		
	侏罗纪	晚侏罗世		
		中侏罗世		
		早侏罗世		
	三叠纪	晚三叠世		
		中三叠世		
		早三叠世		

图2－1　东部盆地群古气候对烃源岩分布的控制

中国北方各盆地在晚古生代海西构造运动影响下，古气候趋于干旱炎热，潮湿植物大量死亡（胡见义等，1991a；赵锡文，1992），早中三叠世各盆地内形成了广泛分布的红色砂、泥岩建造。到了晚三叠世，气候转为温暖潮湿，生物繁盛，出现内陆淡水湖泊，形成了良好的还原环境，有利于有机质的保存（刘招君等，2009），使得位于研究区南部的双阳盆地、四合屯盆地、果松盆地、抚松盆地和马鞍山盆地等盆地发育了一套暗色泥页岩、碳质泥岩和煤层组成的煤系烃源岩。但是，以前有关这套烃源岩的研究甚少，是研究区值得重视的一套新层系（图2-1）。在黑龙江省的那丹哈达地体和虎林盆地还发育了一套晚三叠世-早侏罗世的海相硅质岩和硅质泥岩。

早侏罗世早期，东北地区又经历了干旱气候，沉积了红色岩层。早侏罗世晚期至中侏罗世，气候又开始转为温暖潮湿，形成了重要的烃源岩发育时期，在双阳盆地小蜂蜜顶子组、太阳岭组和马鞍山盆地义和组沉积了一套煤系泥岩和煤层。在红庙子盆地、通化盆地和柳河盆地，也发现中侏罗统侯家屯组存在灰黑色泥岩和灰色泥质粉砂岩。在松辽盆地西部地区的突泉盆地已获得重大突破，已证实了中下侏罗统具有巨大的勘探潜力（陈树旺等，2015）。松辽盆地以东以北地区外围盆地中下侏罗统也蕴藏着很大勘探潜力，需要进一步的工作。

从中侏罗世晚期开始，结束了温暖潮湿的气候条件，长期发育红色砂泥岩层。因此，晚三叠世和早中侏罗世的潮湿温暖气候，控制了中国北方各沉积盆地上三叠统和中下侏罗统烃源岩的分布。

白垩纪早中期，古气候再次变得温暖潮湿和半潮湿，东北地区湖泊星罗棋布，形成大量断陷淡水湖盆。在三江盆地还发育海相和海陆交互相烃源岩。这些滨太平洋近海汇水盆地，湖中有机质来源丰富，有利于生物的大量繁殖和有机质的保存，发育暗色泥岩、油页岩和煤多种烃源岩。这一时期是中生代盆地最好的成烃期和成煤期。

古近纪，研究区北部气候温暖潮湿，在依舒地堑、三江盆地、虎林盆地、鸡西盆地、林口盆地、柳树河子盆地、宁安盆地、珲春盆地、敦化盆地、敦密盆地等盆地发育古近系湖相为主的暗色泥岩和油页岩。

第一节　三叠系烃源岩——一套值得重视的新层系

在全国油气资源战略选区调查与评价中，国土资源部油气资源战略研究中心在东北地区划分了中上侏罗统（J_{2-3}）、下白垩统（K_1）、上白垩统（K_2）和古近系（E）四大勘探层系（乔德武等，2013a）。但在我们的野外石油地质调查中发现（孟元林等，2015，2016），在研究区吉林省南部，抚松盆地、果松盆地、马鞍山盆地、四合屯盆地和双阳盆地等盆地广泛发育上三叠统大酱缸组和小河口组。上三叠统是一套河流-湖沼相的含煤地层，主要由砾岩、砂岩、粉砂岩、泥岩及煤层组成，夹有火山岩，发育煤系烃源岩，构成了研究区的另一套新的勘探层系。在野外石油地质调查的基础上，国土部油气资源调查中心在双阳盆地部署了双参1井。笔者在双阳盆地双参1井、抚松盆地和果松盆地野外露头采集了上三叠统的煤系泥岩、碳质泥岩和煤三种类型的烃源岩，并进行了烃源岩矿物成分和有机地球化学测试，试图研究上三叠统的生烃潜力和含油气远景，为下一步上三叠统的油气勘探提供科学的依据。

烃源岩评价中，一般从烃源岩岩石学特征和有机地球化学特征两方面进行。本书采用“二加三”的模式，评价东北地区东部盆地群烃源岩的发育程度，即从烃源岩的岩石学特征和沉积相两方面，定性评价烃源岩的发育程度；从有机质丰度、类型和成熟度三方面，定量评价烃源岩的生烃能力。

一、烃源岩岩石学特征

1. 抚松盆地

野外石油地质调查的结果表明，抚松盆地上三叠统小河口组发育暗色泥岩、碳质泥岩和煤三种类型的烃源岩，烃源岩厚度主要分布在2~3m之间，最大厚度50m，累积厚度为176m。湖相泥岩发育水平层理，碳质泥岩含有植物化石（图版2-1，图版2-2），烃源岩属于湖沼相沉积。抚松盆地暗色泥岩中脆性矿物含量高达52.25%（表2-1），脆性较大，可以作为页岩气储层。

表2-1 抚松盆地、果松盆地和双阳盆地三叠系烃源岩全岩XRD分析结果

盆地	层位	岩性	黏土/%	石英/%	钾长石/%	斜长石/%	方解石/%	白云石/%	菱铁矿/%
抚松盆地	小河口组（T_3x）	暗色泥岩	40~55 / 47.75（4）	30~41 / 35（4）	1~4 / 2（4）	2~9 / 4.5（4）	1~2 / 1.25（4）	1~3 / 2（3）	1~3 / 2（4）
果松盆地	小河口组二段（T_3x^2）	暗色泥岩	23.4~32.7 / 28.4（3）	52.1~67.8 / 58.0（3）	2.5~3.1 / 2.7（3）	3.1~4.7 / 3.8（3）	5.6	4.0~5.0 / 4.5（2）	1.2
		碳质泥岩	31.9	47.6	2.1	2.5	1.4		
双阳盆地	大酱缸组（T_3d）	暗色泥岩	26.3	48.6	2.1	13	1.9		1.1

盆地	层位	岩性	硬石膏/%	黄铁矿/%	方沸石/%	辉石/%	角闪石/%	脆性矿物/%	
抚松盆地	小河口组（T_3x）	暗色泥岩	1~2 / 1.5（2）	1~4 / 2.25（4）		2~7 / 4（3）		40~55 / 52.25（4）	
果松盆地	小河口组二段（T_3x^2）	暗色泥岩		1.0~2.2 / 1.6（2）				65.1~75.6 / 69.8（3）	
		碳质泥岩		14.4				53.7	
双阳盆地	大酱缸组（T_3d）	暗色泥岩		7.0				66.7	

2. 果松盆地

果松盆地上三叠统小河口组二段发育暗色泥岩和碳质泥岩两类烃源岩（表2-1）。烃源岩与灰绿色中-薄层细砂岩呈不等厚互层，同时夹有煤线，可见植物化石，发育于沼湖相沉积环境（图版2-3，图版2-4）。果松盆地暗色泥岩中脆性矿物含量高达69.8%，碳质泥岩脆性矿物含量达到53.7%（表2-1），这两种烃源岩的脆性均较大，都可作为页岩气储层。

3. 双阳盆地

双阳盆地上三叠统大酱缸组发育暗色泥岩、粉砂质泥岩。双参1井揭示的烃源岩厚度为大酱缸组38.1m，占地层的19.4%。属于湖相沉积。双阳盆地暗色泥岩中脆性矿物含量高达66.7%（表2-1），脆性矿物含量较高，烃源岩脆性较大，具备页岩气储层的岩性特征。

二、烃源岩有机地球化学特征

1. 有机质丰度

有机质丰度一般指单位质量烃源岩中所含有机质的质量，它是油气生成的物质基础，决定着一个沉积盆地的生烃量和含油气远景。在煤系地层烃源岩评价中，常根据岩石中有机碳（TOC）的含量，将其分为三大类：泥质类（TOC<6%）、碳质泥岩（6%≤TOC<40%）、

煤（TOC≥40%）（程克明等，1995；陈建平等，1997）。由于上三叠统发育的烃源岩属于煤系烃源岩，因此采用煤系烃源岩评价标准，对该层系烃源岩进行评价（表2-2～表2-4）（陈建平等，1997）。

表2-2　中国煤系泥岩生烃潜力评价标准

油源岩类型及级别		评价标准			
		TOC/%	S_1+S_2/(mg·g^{-1})	氯仿沥青“A”/%	总烃/10^{-6}
煤系泥岩	非	<0.75	<0.50	<0.015	<50
	差	0.75～1.50	0.50～2.00	0.015～0.030	50～120
	中	1.50～3.00	2.00～6.00	0.030～0.060	120～300
	好	3.00～6.00	6.00～20.00	0.060～0.120	300～700
	很好	3.00～6.00	>20.00	>0.120	>700

（据陈建平等，1997）

表2-3　煤系碳质泥岩生烃潜力评价标准

油源岩级别	评价指标			有机质类型
	I_H/(mg·g^{-1})	S_1+S_2/(mg·g^{-1})	TOC/%	
非	<60	<10	6～10	Ⅲ$_2$
很差	60～110	10～18	6～10	Ⅲ$_2$
差	110～200	18～35	6～10	Ⅲ$_1$
中	200～400	35～70	10～18	Ⅱ
好	400～700	70～120	18～35	Ⅰ$_2$
很好	>700	>120	35～40	Ⅰ$_1$

（据陈建平等，1997）

表2-4　煤生烃潜力评价标准

评价指标	生烃级别			
	非	差	中	好
I_H/(mg·g^{-1})	<150	150～275	275～400	>400
S_1+S_2/(mg·g^{-1})	<100	100～200	200～300	>300
氯仿沥青“A”/%	<7.5	7.5～20	20～55	>55
总烃/10^{-6}	<1500	1500～6000	6000～25000	>25000
有机质类型	Ⅲ$_2$	Ⅲ$_1$	Ⅱ	Ⅰ$_2$

（陈建平等，1997）

（1）抚松盆地有机质丰度

抚松盆地小河口组暗色泥岩有机碳含量较低，TOC分布范围主要在0.45%～1.51%之间，平均值为0.87%；生烃潜量也较低，S_1+S_2分布在0.02～0.89mg/g之间，平均值为0.46mg/g；氯仿沥青“A”值介于0.001697%～0.003843%之间，平均为0.00277%。综合评价抚松盆地小河口组暗色泥岩为差有机质丰度烃源岩（表2-5）。

表2-5 抚松盆地、果松盆地和双阳盆地实测烃源岩有机质丰度

盆地	地层	烃源岩	TOC/%	$\frac{S_1+S_2}{(mg \cdot g^{-1})}$	氯仿沥青“A”/%	总烃/10^{-6}	综合评价
抚松盆地	小河口组（T_3x）	暗色泥岩	$\frac{0.45 \sim 1.51}{0.87\ (13)\ 差}$	$\frac{0.02 \sim 0.89}{0.46\ (7)\ 非}$	$\frac{0.001697 \sim 0.003843}{0.00277\ (3)\ 非}$		差
		碳质泥岩	$\frac{6.7 \sim 14.41}{10.37\ (3)\ 中}$	$\frac{0.06 \sim 5.45}{3.25\ (3)\ 非}$	0.277 差		差
		煤	$\frac{27.75 \sim 62.63}{47.67\ (5)}$	$\frac{32.32 \sim 82.38}{58.57\ (5)\ 非}$			非
果松盆地	小河口组二段（T_3x^2）	暗色泥岩	$\frac{0.88 \sim 3.84}{1.97\ (3)\ 中}$	$\frac{0.22 \sim 1.74}{0.8\ (3)\ 差}$	$\frac{0.0066 \sim 0.0286}{0.0143\ (3)\ 非}$	$\frac{3 \sim 77}{29\ (3)\ 非}$	差
		碳质泥岩	6.56 很差	2.62 非	0.0448	122	非
双阳盆地	大酱缸组（T_3d）	暗色泥岩	$\frac{0.641 \sim 2.62}{1.75\ (5)\ 中}$	$\frac{0.06 \sim 0.14}{0.102\ (5)\ 非}$	0.0631 好		中等

抚松盆地小河口组碳质泥岩TOC平均值为10.37%，分布范围为6.7%~14.41%；S_1+S_2分布在0.06~5.45mg/g之间，平均为3.25mg/g；氯仿沥青“A”为0.277%。综合评价属于差有机质丰度烃源岩（表2-5）。

抚松盆地小河口组煤样的TOC分布范围为27.75%~62.63%，平均值为47.67%；S_1+S_2值介于32.32~82.38mg/g之间，平均值为58.57mg/g（表2-5），根据我国煤系烃源岩的评价标准（陈建平等，1997），抚松盆地上三叠统煤的有机质丰度没有达到烃源岩的标准。

（2）果松盆地有机质丰度

果松盆地小河口组二段暗色泥岩TOC分布范围为0.88%~3.84%，平均值为1.97%；S_1+S_2值介于0.22~1.74mg/g之间，平均值为0.8mg/g；氯仿沥青“A”分布范围为0.0066%~0.0286%；总烃值介于3×10^{-6}~77×10^{-6}之间，平均值为29×10^{-6}，综合评价为差烃源岩（表2-5）。

碳质泥岩TOC值为6.56%，S_1+S_2为2.62mg/g，氯仿沥青“A”为0.0448%，总烃值为122×10^{-6}，属于非烃源岩（表2-5）。

（3）双阳盆地有机质丰度

双阳盆地大酱缸组暗色泥岩TOC分布范围为0.641%~2.62%，平均值为1.75%；S_1+S_2值介于0.06~0.14mg/g之间，平均值为0.1mg/g，氯仿沥青“A”分布范围为0.0631×10^{-6}，有机质丰度达到中等烃源岩的有机质丰度水平（表2-5）。

由上可见，吉林省东南部上三叠统暗色泥岩的有机质丰度相对较高，属于差-中等烃源岩；碳质泥岩的生烃潜力较小，属于非-差烃源岩；煤的生烃能力很差，没有达到烃源岩的有机质丰度标准。从区域上看，双阳盆地上三叠统烃源岩的有机质丰度比抚松盆地和果松盆地高，其原因可能是由于双阳盆地上三叠统的烃源岩来自双参1井，而抚松盆地和果松盆地的烃源岩来自野外露头。露头烃源岩由于风化作用的影响，C、H元素流失，有机质丰度较低（孟元林等，1999）。由此可以推测，抚松盆地和果松盆地内部上三叠统烃源岩的有机质

丰度可能较高，甚至达到中等烃源岩的有机质丰度标准。

2. 有机质类型

有机质类型是评价烃源岩有机质生烃能力的质量指标，它决定着油气生成的数量和类型。一般来说，Ⅰ型干酪根有利于生成液态烃，Ⅲ型干酪根有利于生成气态烃，Ⅱ型干酪根油气皆可生成。

(1) 抚松盆地小河口组有机质类型

由 TOC 与 S_2 关系图可见（图 2-2），抚松盆地三叠系煤岩氢指数较低，一般小于 150mg/g，多数属于Ⅲ型干酪根，少部分属于$Ⅱ_2$型干酪根（图 2-2）；碳质泥岩样品氢指数较低（图 2-2），均分布在Ⅲ型干酪根区域；暗色泥岩氢指数更低，属于Ⅲ型干酪根（图 -2）。但烃源岩干酪根显微组分的鉴定结果表明，抚松盆地小河口组碳质泥岩和泥岩的有机质以镜质组、壳质组、惰质组为主，无腐泥组，不具荧光特征（图版 2-5，图版 2-6，表 2-6），具有Ⅲ型和$Ⅱ_2$型干酪根的特征。其原因是风化作用可使野外露头烃源岩的 C、H 元素流失，O 元素增加，干酪根碳同位素变重（孟元林等，1999）。用热解资料结果评价的三叠系烃源岩干酪根类型较差，为Ⅲ型干酪根。尽管风化作用改变了有机质的元素组成和同位素特征，但没有改变干酪根各显微组分的形貌特征。因此，干酪根显微组分鉴定的干酪根类型较好，属于Ⅲ型和$Ⅱ_2$型干酪根。由此可见，用干酪根显微组分，划分野外露头烃源岩有机质的类型更准确，可以排除风化作用的影响。

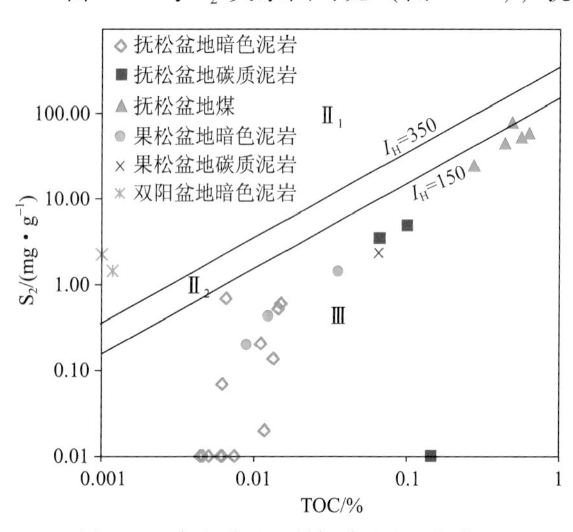

图 2-2 抚松盆地、果松盆地和双阳盆地上三叠统烃源岩有机质类型图

表 2-6 上三叠统烃源岩有机质显微组分

盆地	层位	岩性	腐泥组/%	壳质组/%	镜质组/%	惰质组/%	类型指数	有机质类型
果松盆地	小河口组二段 (T_3x^2)	暗色泥岩	0	65~75 / 70 (2)	20~25 / 22.5 (2)	5~10 / 7.5 (2)	4~18 / 11 (2)	$Ⅱ_2$
		碳质泥岩	0	65	25	10	4	$Ⅱ_2$
抚松盆地	小河口组 (T_3x)	暗色泥岩	0	36~75 / 55.5 (2)	23~54 / 38.5 (2)	2~10 / 6 (2)	-32.5~18.25 / -7.125 (2)	$Ⅱ_2$-Ⅲ
		碳质泥岩	0	20	72	8	-52	Ⅲ
双阳盆地	大酱缸组 (T_3d)	深灰色泥岩	0	1	99	0	-74	Ⅲ

(2) 果松盆地小河口组有机质类型

果松盆地小河口组二段（T_3x^2）暗色泥岩和碳质泥岩的氢指数均小于 150mg/g，落在Ⅲ型干酪根的范围内（图 2-2）。但干酪根有机质显微组分的鉴定结果表明，烃源岩干酪根中

壳质组的含量为65%（表2－6），属于$Ⅱ_2$型干酪根。考虑风化作用对有机质类型的影响，果松盆地小河口组二段烃源岩有机质类型应该为$Ⅱ_2$型。

（3）双阳盆地大酱缸组有机质类型

双阳盆地三叠系泥岩有机质中富氢组含量较低，5块样品均落在Ⅲ型干酪根的区域。干酪根镜下鉴定的结果也表明，显微组分中，镜质组的含量占绝对优势（表2－6）。

3. 有机质成熟度

有机质成熟度是烃源岩能否生烃的关键，丰度再高、有机质类型再好的烃源岩，如果没有达到一定的热演化程度、进入生烃门限，也不能生烃。

（1）抚松盆地小河口组有机质成熟度

抚松盆地小河口组暗色泥岩R_o值为0.95%～1.22%，平均为1.085%；T_{max}值分布范围为401～529℃，平均值为481℃；碳质泥岩R_o为1.44%，T_{max}值为472～478℃，平均值为475℃；煤的T_{max}值分布范围为449～476℃，平均值为462℃（表2－7）。由此可见，该盆地上三叠统烃源岩处于成熟－高成熟阶段。

表2－7　有机质成熟度实测参数统计表

盆地	地层	烃源岩	R_o/%	T_{max}/℃	有机质热演化
抚松盆地	小河口组（T_3x）	暗色泥岩	0.95～1.22 1.085（2）	401～529 481（12）	成熟－高成熟阶段
		碳质泥岩	1.44	472～478 475（2）	
		煤		449～476 462（5）	
果松盆地	小河口组二段（T_3x^2）	暗色泥岩	1.09～1.71 1.4（2）	455～488 470（3）	成熟－高成熟阶段
		碳质泥岩	1.2	474	
双阳盆地	大酱缸组（T_3d）	暗色泥岩	4.03	359～419 402.8（5）	成熟－高成熟阶段

（2）果松盆地小河口组有机质成熟度

果松盆地两块暗色泥岩的R_o平均为1.4%，碳质泥岩的R_o为1.2%（表2－7）。暗色泥岩T_{max}值分布范围为455～488℃，平均值为470℃。碳质泥岩的T_{max}值为474℃（表2－7）。两项指标显示，该盆地烃源岩处于成熟到高成熟阶段，主要产轻－中质油、凝析油气和湿气。

（3）双阳盆地大酱缸组有机质成熟度

双阳盆地双参1井暗色泥岩T_{max}值分布范围为359～419℃，平均值为402.8℃（表2－7），烃源岩有机质似乎处于未成熟阶段，有机质成熟度明显低于其他两个盆地。但R_o高达4.03%，有机质成熟度又似乎属于过成熟。两种地化参数得到的有机质热演化程度差很大。

双阳盆地是研究区南部唯一一口钻遇上三叠统的参数井，从下到上，依次发育上三叠统、下侏罗统、中侏罗统、下白垩统、上白垩统和第四系，其底界深度分别为29.0m、519.0m、1441.5m、1811.5m、2803.5.0m、3000.0m（未穿）。由图2－3可见，在450m，双参1井进入生烃门限，开始生烃；在2803.5m，双参1井进入上三叠统，R_o＝3.8%，T_{max}＝460℃。双阳盆地上三叠统大酱缸组暗色泥岩的有机质成熟度应该处于成熟－高成熟阶段。

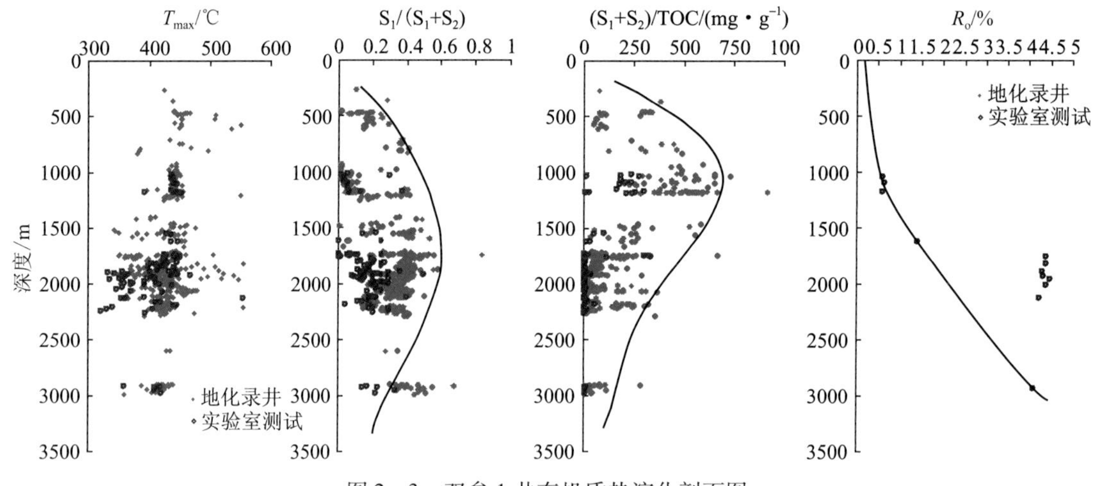

图 2－3　双参 1 井有机质热演化剖面图

4. 生烃潜力综合评价

（1）抚松盆地小河口组烃源岩综合评价

由上可见，抚松盆地小河口组烃源岩有机质丰度较低；有机质类型主要为Ⅲ型干酪根，各种烃源岩目前处于成熟－高成熟阶段。烃源岩累积厚度为 176m，具有一定生烃能力。

（2）果松盆地小河口组烃源岩综合评价

果松盆地小河口组暗色泥岩的有机质丰度属于中等烃源岩，有机质类型均属于Ⅲ型干酪根，目前处于成熟－高成熟阶段，生烃潜力较大。碳质泥岩的有机质丰度偏低，没有达到烃源岩的标准。

（3）双阳盆地大酱缸组烃源岩综合评价

双阳盆地上三叠统大酱缸组发育的烃源岩厚度为 395～610m，有机质丰度中等，发育Ⅱ型干酪根，有机质处于成熟－高成熟阶段，具有一定生烃能力。

由于大部分样品来自地表露头，风化作用造成 C、H 元素流失，O 元素富集，有机质丰度变低，类型变差（孟元林等，1999）。地下烃源岩的生烃能力可能比地表样品还要更好一些。而且泥岩的脆性较大，可以形成页岩气储层。

总之，研究区南部抚松盆地、果松盆地、马鞍山盆地、双阳盆地和四合屯盆地等盆地广泛发育的上三叠统均有烃源岩发育，是一套值得关注的新层系，需要进一步的勘探。

第二节　下侏罗统硅质岩——一个值得探索的新领域

在黑龙江省境内的那丹哈达地体，广泛发育晚三叠世－早侏罗世的硅质岩和硅质页岩。有人认为（冯增昭等，2013），硅质岩是一个不严格的概念，应该将自生硅质矿物含量达到 70%～80%的沉积岩，定义为硅岩。但目前大多数人仍应用硅质岩的概念，因此本书仍沿用了这一习惯用法。此外，在中华人民共和国石油天然气行业标准《岩石薄片鉴定》（SY/T 5368—2000）中，将硅质矿物含量大于或等于 50%的岩石，定义为硅质岩。本书应用这一标准。

目前，古生代放射虫硅质岩地层的油田已在加拿大、美国、澳大利亚和俄罗斯等地发现，特别是俄罗斯的 Domanik 层（上泥盆统）是目前正在开采的世界上最有名的顶级大油田（王玉净，2007；路放等，2011）。硅质岩油气藏分布非常广泛（表 2 –8）。据统计，仅古生界放射虫硅质岩地层油田在美国、澳大利亚、俄罗斯和加拿大北极等地区就有 14 处，包括著名的美国 Dollarhide、Wolf Springs 油田和俄罗斯 Domanik 含油气系统等（Morrison，1980；Ormiston，1993；Rogers，2001；Peter et al.，2005；Comer，2009）。古生代放射虫深水硅质岩地层，包括广海盆地相、斜坡相和台盆相三种类型。这些地层由硅质岩、硅质页岩、黏土岩、灰岩和泥质灰岩等组成，在地层中含有丰富的微体化石，如放射虫、牙形类、介形类、竹节石、菊石、浮游有孔虫和浮游植物化石。但是，在我国，硅质岩油气藏作为一种特殊类型的岩性油气藏，目前还不为广大石油地质勘探人员所认识和熟知，这类地层从未列入勘探目标，这些地层至今仍是一块油气勘探的盲区。只进行过一些沉积、构造和无机地球化学方面的研究（冯彩霞和刘家军，2001；马金萍等，2008；路放等，2011；姚旭等，2013）。此外，硅质岩的脆性强，非常适合于压裂，对于硅质（页）岩油气增产十分有利。我国一些有识之士呼吁对黑龙江东部的晚三叠世 – 早侏罗世放射虫硅质岩地层应引入构造地质学、石油地质学以及先进的勘探方法，对生、储、盖层进行全面系统的研究（王玉净，2007；马金萍等，2008）。近年来，国土资源部中国地质调查局（乔德武等，2013a）、大庆油田有限责任公司（冯志强等，2007）、中国地质科学院（许欢等，2015）、吉林大学（张兴洲等，2015）、江苏华东八一四地球物理勘查有限公司进行了野外地质调查和地球物理勘探（王佩业，2014）。本书试图在硅质岩野外石油地质调查（孟元林等，2015，2016）的基础上，进一步研究硅质岩的生烃潜力和含油气远景。

表 2 –8 世界各地硅质岩油气藏分布

国家	储集层	地层	所在盆地或地区	油田	圈闭类型
美国	Woodford 组	下泥盆统	Anadarko，Marietta – Ardmore，Arkoma	North Aylesworth	自生自储型
	Monterey 组	中新统	Ventura，Oxnard，San Joaquin	Belridge，Elk Hills，Cymric	裂缝型
	Ivishak 组	三叠系	North Slope，Alaska	Prudhoe Bay	古风化壳型
	Thirtyone 组	泥盆系	Permian	Three Bar，Dollarhide，University-Waddell，Bedford Devonian，Block 31，Crossett Devonian	古风化壳型，裂缝型
	Mississippian 硅质岩	石炭系	Sedgwick	Glick，Spivey – Grabs – Basil，SEKaw，Burrton，Ritz – Canton，Nichols，Rhodes	古风化壳型
	Amsden 组	上石炭统	Bull Mountains	Wolf Springs	古风化壳型，水动力型，侧向隔档型
	Huntersville 硅质岩	泥盆系	Appalachian	Brown – Lumberport	裂缝型
加拿大	Wabamun 组	泥盆系	Western Canada	Parkland	侧向隔档型
俄罗斯	Domanik 组	泥盆系	Timan – Pechora		自生自储型
阿曼	Al Shomou 组	前寒武系 – 寒武系	South Oman Salt	Al Noor，Sarrmad	自生自储型

一、那丹哈达地体的基本地质与油气保存条件分析

1. 那丹哈达地体基本地质特征

那丹哈达（完达山）地体位于黑龙江省东部边缘，西起宝清大和镇，东至乌苏里江边，南起虎林市东方红镇，北至抚远县黑龙江边，其东面和北面均与俄罗斯接壤（图2－4）。全区为一东西宽约80km，南北长约240km的长条形地带。构造位置处于跃进山断裂以东，敦（化）－密（山）断裂带以北的那丹哈达地区。另外，在那丹哈达地区的东部，俄罗斯的锡霍特阿林东部也有一部分发育海相中生代地层，可以和那丹哈达地体进行对比（冯志强等，2007；许欢等，2015）。

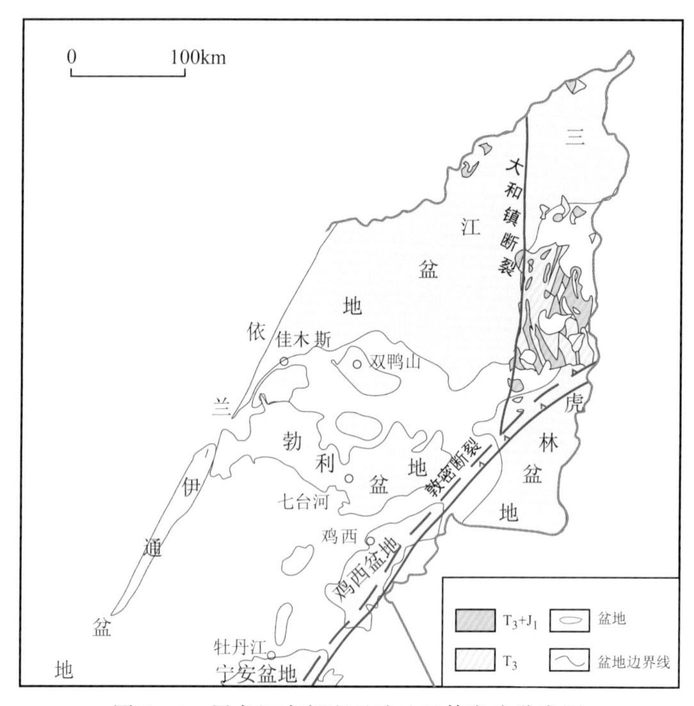

图2－4　黑龙江东部那丹哈达地体杂岩分布图

根据李朋武等（1997）古纬度数据（表2－9），中三叠世（T_2）时，那丹哈达地体在赤道附近（8.0°），然后逐渐向北漂移，从中三叠世（T_2）到新近纪（N），那丹哈达地体向北漂移了37.8°（＝45.8°－8.0°），约4150km（110km×37.8°），平均漂移速度约17.3km/Ma。从赤道附近，一直漂移的现今的位置。

那丹哈达地体基本上是一个大的构造－沉积混杂体，是由太平洋板块向欧亚板块俯冲拼贴而形成的增生杂岩带（许欢等，2015）。在野外石油地质调查的过程中发现，完达山增生杂岩主要由7部分组成，包括未变形沉积岩、剪切变形沉积岩、剪切变形火山岩、浊积岩、变形硅质岩、灰岩团块和基性－超基性岩。未变形沉积岩主要由泥岩、硅质岩和粉砂岩组成，局部含锰，还发育海底火山喷发迅速冷凝形成的枕状玄武岩，代表了深海沉积环境（图版3－1～图版3－4）。变形沉积岩和火山岩剪切变形构造发育（图版3－5，图版3－6，图版4－1，图版4－2），初步推测可能与古太平洋板块俯冲有关，为增生楔的主要组成物质。浊积岩由中薄层细－粉砂岩与泥岩组成（图版3－1），以A－B－C段和B－C段组合为

主，为海沟沉积产物。变形硅质岩呈薄层状，褶皱构造非常发育，有些地区形成尖棱褶皱（图版4－3，图版4－4），可能与古太平洋板块由西向东的挤压作用有关。灰岩团块呈块状产出于碎屑岩中，具有典型外来岩块特征，为洋壳俯冲过程中构造卷入的产物（图版4－5，图版4－6）。基性－超基性岩由橄榄岩、辉石岩、堆晶辉长岩、层状辉长岩、辉绿岩和枕状玄武岩等组成（图版5－1，图版5－2），具有蛇绿岩典型特征，代表了洋壳残片，而玄武岩、硅质岩和灰岩则组成了洋岛或海山。

表2－9 那丹哈达古地磁数据表

序号	时代	采点位置		剩磁方向/(°)				古纬度/(°)
		经度/(°)	纬度/(°)	D	I	a_{95}	K	
1	N	133.4	46.7	38.4	64.1			45.8
2	K_1	133.5	46.8	19.6	65.0			47.0
3	J_3-K_1	134.2	47.3	61.3	52.7	2.9	88.8	33.3
4	J_3	133.1	46.6	26.6	35.8	4.6	51.8	19.8
5	T_3	133.5	47.1	25.9	10.6	8.1	18.9	5.4
6	T_2	133.1	47.0		15.6			8.0

（据李朋武等，1997）

已有的研究表明（冯志强等，2007），根据混杂体中含有晚石炭世－二叠纪灰岩块体，推测该时期可为大陆边缘浅海陆棚环境。至中晚三叠世，该区逐渐扩张成为洋盆，主要发育放射虫硅质岩、泥质岩和蛇绿岩建造。那丹哈达地区早侏罗世－晚侏罗世早期仍为深海相含放射虫硅质岩建造（含深海锰结核）。其上不整合覆盖晚侏罗世晚期到早白垩世的一套陆相－海陆交互相－海相的沉积，统一分布于佳木斯地块、那丹哈达地区，并延伸到远东地区（冯志强等，2007）。

那丹哈达地体沿大和镇断裂于晚侏罗世中期拼贴于佳木斯地体之上，对黑龙江省东部盆地群的演化具有重要的影响。首先，由于那丹哈达地体的拼贴，使三江盆地东部前进坳陷和西部绥滨坳陷的基底明显不同，前进坳陷的基底为早中侏罗世的海相硅质岩系及其辉绿岩，与那丹哈达地体的岩性特征相似；其次，沉积充填序列也存在明显差异，地震剖面解释成果显示，前进坳陷内从早白垩世晚期的东山组开始沉积，而绥滨坳陷则从晚侏罗世绥滨组开始沉积。

2. 那丹哈达地体构造变形规律油气保存条件分析

大和镇断裂是那丹哈达地体向亚洲大陆活动陆缘拼接的界线。在野外石油地质调查的过程中发现，从大和镇断裂开始，自西向东，那丹哈达地体的挤压褶皱和岩浆活动逐渐减弱，动力变质作用和热接触变质作用减弱。在红旗岭附近，靠近大和镇断裂，挤压褶皱作用非常强烈，有些地方形成硅岩尖棱褶皱（图版4－4）。同时见到花岗岩、花岗闪长岩侵入体（图版5－3，图版5－4），保存条件很差，不利于油气的保存。

那丹哈达地体是规模更大的那丹哈达－锡霍特阿林地体的一部分，在我国境内褶皱成山（完达山），主要出露在黑龙江东部的红旗岭、饶河、东安镇等地，向北隐伏在东三江盆地之下，南侧隐伏于虎林盆地之下（图2－4）。由此可见，从完达山向北，那丹哈达地体挤压褶皱和岩浆活动逐渐减弱。在抚远地区，离板块碰撞带较远，挤压、褶皱很弱（图版5－5，图版5－6），地层基本未见到褶皱现象，偶见辉长岩侵入，保存条件较好，有利于油气保存。

饶河地区的构造挤压和褶皱作用见于红旗岭地区和抚远地区，但岩浆侵入作用较强，花岗岩侵入体发育，热接触变质作用较强。保存条件相对较差，不太有利于油气的保存。

总的来看，从大和镇断裂开始，自西向东，挤压变形和岩浆侵入减弱；从敦密断裂带自南向北，动力变质作用和热接触变质作用逐渐变弱。在南部的完达山地区褶皱强烈，地层严重变形，油气保存条件不好；而在北部的三江地区褶皱和岩浆侵入减弱，油气保存条件较好，是下一步硅质岩油气勘探的有利地区。

二、硅质岩岩石学特征

1. 三江盆地

2015 年以来，我们对三江盆地抚远地区黑龙江边的硅质岩进行了野外石油地质调查，实测剖面的硅质岩厚度大于540m，主要岩性有硅质岩、硅质泥岩、硅质粉砂岩、放射虫硅质岩等。采集了古生物和有机地球化学样品，并进行了分析化验。三江盆地硅质岩和硅质页岩发育良好，未见褶皱和变质现象，发育水平层理和块状层理（图版 5－5，图版 5－6），含有黄铁矿，富含放射虫、牙形刺等微体古生物化石，是一套深海相沉积。经中国地质大学（武汉）古生物实验室鉴定，放射虫属于早侏罗世中普林斯巴阶－下托尔阶（图版 1－1，图版 1－2）。

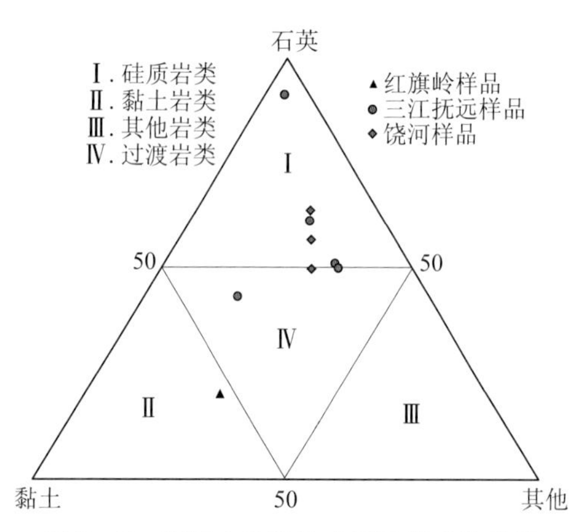

图 2－5　那丹哈达地体硅质岩类成分分类

全岩 XRD 的鉴定结果表明（图 2－5，表 2－10），三江盆地大架山组既有硅质岩（石英含量 >50%），也有硅质页岩（黏土 >50%）（图 2－5）。三江盆地硅质岩脆性矿物含量分布在 59% ~ 95% 之间，平均值为 75%；硅质页岩的脆性矿物含量为 42%，满足作为页岩气储层的条件。

2. 饶河地区

饶河地区大架山组（T_3-J_1d）发育硅质岩（石英含量 >50%）（表 2－10），脆性矿物含量介于 75.6% ~ 82.5% 之间，平均值为 79.4%（表 2－10），脆性非常高，完全满足页岩气储层的岩矿条件。但在饶河地区的那丹哈达地体，硅质岩已遭到严重的构造变形，甚至形成尖棱褶皱（图版 3－2），不利于油气的保存。

综上所述，硅质岩和硅质泥岩的主要矿物成分为石英，其次为斜长石（表 2－10），其他矿物的含量 <10%，脆性矿物的含量平均为 75% 和 79.4%。硅质页岩的脆性矿物也高达 45%。二者均可作为页岩气储层。

三、硅质岩有机地球化学特征

1. 有机质丰度

（1）抚远地区

抚远地区硅质岩有机碳平均含量为 0.64%，主要分布在 0.07% ~ 1.89% 之间；生烃潜量介于0.04～1.55mg/g之间，平均值为0.38mg/g；氯仿沥青“A”的含量在0.0051%～0.0067%之间，平均为0.0059%；总烃值分布在$6\times10^{-6}\sim8\times10^{-6}$之间，平均值为$7\times10^{-6}$（表2－11）。目前，国内尚无硅质烃源岩的有机质丰度评价标准。如果按照国内陆相咸水－超咸水烃源岩的有机质丰度评价标准（黄飞和辛茂安，1996）（表2－12），属于好烃源岩。但由于硅质岩中黏土矿物含量低，类似于碳酸盐岩，对有机质的吸附能力差，有机质丰度的标准应当低于泥岩，按照国外海相碳酸盐岩的烃源岩有机质丰度标准（表2－13）（陈建平等，2012），也达到好烃源岩有机质丰度的标准。

表2－10　三江盆地和饶河地区硅质岩全岩XRD分析结果

盆地（地区）	层位	岩性	黏土/%	石英/%	钾长石/%	斜长石/%	方解石/%	白云石/%	菱铁矿/%
三江盆地	大架山组（J_1d）	硅质岩	5～38 17.6（5）	43～91 59.2（5）	0～3 1.6（5）	1～19 10（5）	0～2 1.2（5）	0～2 1（5）	0～1 0.6（5）
		硅质页岩	53	20	1	11	2	5	1
饶河	大架山组（T_3-J_1d）	硅质岩	13.6～20.2 16.9（3）	49.8～63.6 56.6（3）	1.6～2.5 2.1（2）	15.9～21.0 18.9（3）	1.4～1.9 1.6（3）		1.2～1.8 1.5（2）

盆地（地区）	层位	岩性	硬石膏/%	黄铁矿/%	方沸石/%	辉石/%	角闪石/%	脆性矿物/%	
三江盆地	大架山组（J_1d）	硅质岩	0～4 1.2（5）	0～3 1.4（5）		0～8 5（5）	0～10 2（5）	59～95 75（5）	
		硅质页岩	2	2		3		42	
饶河	大架山组（T_3-J_1d）	硅质岩		1.1				75.6～82.5 79.4（3）	

表2－11　抚远、饶河和红旗岭地区硅质烃源岩有机地球化学特征

地区	地层	岩性	TOC/%	S_1+S_2/（$mg\cdot g^{-1}$）	氯仿沥青“A”/%	总烃HC/10^{-6}	有机质丰度	T_{max}/℃	R_o/%
抚远	J_3d	硅质岩	0.07～1.89 0.64（5）好	0.04～1.55 0.38（5）差	0.0051～0.0067 0.0059（2）	6～8 7（2）	好	446～492 463（5）	6.26
饶河	T_3-J_1d	硅质岩	0.09～0.81 0.43（14）	0.01～0.07 0.04（14）	0.0036～0.0127 0.0083（4）	16～54 31（3）	中等	450～556 484（14）	4.74～6.3 5.7（3）
红旗岭	T_3-J_1d	硅质泥岩	0.06～0.55 0.28（5）	0.02～0.09 0.05（5）	0.0070（1）	25	差	460～525 493（5）	2.06

表2－12　陆相烃源岩有机质丰度评价标准

指标	湖盆水体类型	非生油岩	生油岩类型			
			差	中等	好	最好
TOC/%	淡水－半咸水	<0.4	0.4～0.6	>0.6～1.0	>1.0～2.0	>2.0
	咸水－超咸水	<0.2	0.2～0.4	>0.4～0.6	>0.6～0.8	>0.8
氯仿沥青“A”/%		<0.015	0.015～0.05	>0.05～0.1	>0.1～0.2	>0.2
HC/10－6		<100	100～200	>200～500	>500～1000	>1000
S_1+S_2/（$mg\cdot g^{-1}$）			<2	2～6	>6～20	>20

（据黄飞和辛茂安，1996）

表 2-13 国外海相源岩分级评价标准（基于生油窗早期）

生烃潜力	页岩			碳酸盐岩
	TOC/%	S_1/(mg·g^{-1})	S_2/(mg·g^{-1})	TOC/%
差（Poor）	0~0.5	0~0.5	0~0.25	0~0.2
一般（Fair）	0.5~1.0	0.5~1.0	2.5~5.0	0.2~0.5
好（Good）	1.0~2.0	1.0~2.0	5.0~10.0	0.5~1.0
很好（Very good）	2.0~5.0	>2.0	>10.0	1.0~2.0
极好（Excellent）	>5.0			>2.0

（据 Peters，1986；Jarvie，1991 修改）

（2）饶河地区

饶河地区硅质岩有机碳平均含量只有 0.43%，主要分布在 0.09%~0.81% 之间；生烃潜量介于 0.01~0.07mg/g 之间，平均值为 0.04mg/g；氯仿沥青“A”含量在 0.0036%~0.0127% 之间，平均为 0.083%；总烃含量分布在 16×10^{-6}~54×10^{-6} 之间，平均值为 31×10^{-6}，属于中等有机质丰度的烃源岩（表 2-11）。

（3）红旗岭地区

红旗岭地区硅质泥岩有机碳含量介于 0.06%~0.55% 之间，平均值为 0.28%；生烃潜量主要分布在 0.02~0.09mg/g 之间，平均值为 0.05mg/g；氯仿沥青“A”为 0.007%；总烃为 25×10^{-6}。属于差——一般烃源岩（表 2-11）。

由上可见，那丹哈达地体的硅质岩有机质丰度较高，抚远、饶河和红旗岭三个地区的烃源岩分别达到好、中、差的有机质丰度标准。导致硅质岩有机质丰度这种差异的原因可能是风化作用，烃源岩在风化剥蚀的过程中 C、H 元素流失，O 元素富集，导致有机质丰度降低，类型变差（孟元林等，1999）。在那丹哈达地体的饶河地区和红旗岭地区，硅质岩遭受了强烈的挤压、变形，有些地方甚至有动力变质作用和热接触变质作用（图版 5-5，图版 5-6），硅质岩被抬到地表，遭受了严重的分化和剥蚀，所以有机质丰度较低。此外，如果烃源岩有机质的热演化程度太高，其中的有机质生成油气后，运移出去了，也可以导致残余有机质丰度变低。研究区硅质岩的有机质成熟度偏高，目前处于高-过成熟阶段（表 2-11）。这也是硅质岩有机质丰度较低的一个原因。无论如何，硅质岩是一套特殊的烃源岩，属于战略选区研究的一个新领域。

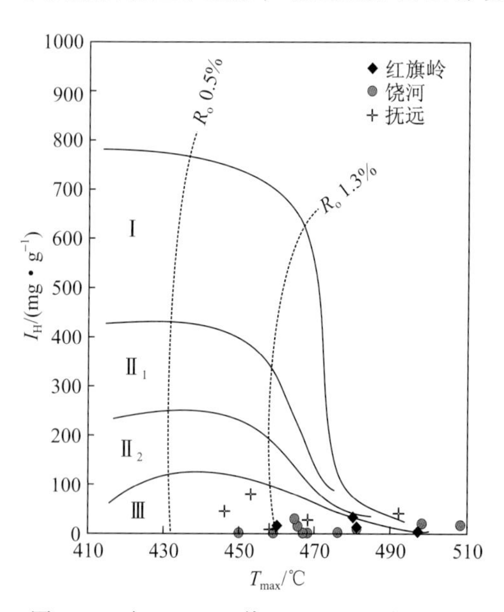

图 2-6 抚远地区、饶河地区和红旗岭地区下侏罗统硅质岩有机质类型

2. 有机质类型

由图 2-6 可见，三江盆地抚远地区、饶河地区和红旗岭地区发育的硅质岩有机质类型大多数属于Ⅲ型，有少量为Ⅱ$_2$型和Ⅰ型。但硅质岩属于深海相沉积，其中的有机质来源于放射虫等水生生物（图版 1-1，图版 1-2），干酪根类型理应属于Ⅰ型和Ⅱ型。造成这种现象的原因是，

风化作用使得烃源岩有机质中的C、H元素流失，O元素增加，类型变差，或者是有机质成熟度太高，生排烃使干酪根的C、H元素降低所致。

3. 有机质成熟度

（1）三江盆地（抚远地区）

为了研究硅质岩的有机质成熟度和热变质程度，测试了烃源岩的T_{max}、镜质组反射率R_o和伊利石结晶度（CIS）。抚远地区硅质岩T_{max}平均值为463℃，显示硅质岩处于高成熟阶段，而有机质成熟度R_o=6.26%，显示硅质岩达到了过成熟阶段（表2-11）；伊利石结晶度CIS=0.28~0.43（表2-14），CIS平均值为0.3525，根据伊利石结晶度指数与成岩阶段的关系（表2-15），这套硅质岩处于中成岩阶段B期-晚成岩阶段，可以产凝析油气、湿气与干气。

（2）饶河地区

由表2-11可见，硅质烃源岩的有机质成熟度高，饶河地区硅质岩T_{max}平均为484℃，硅质岩仍处于高成熟阶段；但有机质成熟度R_o=5.7%，显示硅质岩达到了过成熟阶段；而伊利石结晶度CIS=0.39（表2-14），根据伊利石结晶度指数与成岩阶段的关系（表2-15），这套硅质岩处于中成岩阶段B期，可以产凝析油气与湿气。

表2-14　三江盆地下侏罗统伊利石结晶度

地区	样品号	岩性	地质年代	伊利石结晶度
三江盆地（抚远地区）	FyD6n4-2	灰黑色硅质泥岩	J_1d	0.36
	FyD6n8-1	灰黑色硅质泥岩	J_1d	0.39
	FyD6n8-2	灰黑色硅质泥岩	J_1d	0.43
	FyD5n1-1	深灰色硅质泥岩	J_1d	0.28
	FyD4n2-9	深灰色硅质泥岩	J_1d	0.30
	FyD4b2-10	深灰色硅质泥岩	J_1d	0.28
饶河	RH-T12	灰黑色硅质岩	T_3-J_1d	0.39
红旗岭	HQL-T2	灰黑色硅质泥岩	T_3-J_1d	0.39

表2-15　划分成岩-变质作用的指标和界线

温度/℃	R_o/%	伊利石结晶度	成岩阶段	烃类相态
80~140	0.5~1.3	>0.5	中成岩阶段A期	石油及伴生气
140~170	1.3~2.0	0.5~0.38	中成岩阶段B期	凝析油-湿气
170~350	2.0~5.0	0.38~0.21	晚成岩阶段	干气
>350	>5.0	<0.21	浅变质	

（据赵志魁，2011，修改）

（3）红旗岭地区

红旗岭地区有机质成熟度R_o为2.06%，处于过成熟阶段（表2-11）；T_{max}平均为493℃，处于高成熟阶段；伊利石结晶度CIS=0.28~0.43，CIS平均值为0.39（表2-14），根据伊利石结晶度指数与成岩阶段的关系，这套硅质岩处于中成岩阶段B期，可以产凝析油气与湿气。

由上可见，T_{max}、R_o 和伊利石结晶度三种地化指标所反映的有机质成熟度不尽相同，三者确定的有机质成熟度分别为高成熟、过成熟和未变质－近变质。但 T_{max} 所反映的烃源岩有机质成熟度更符合地质规律。由表 2－11 可见，抚远、饶河和红旗岭硅质岩的 T_{max} 分别为 463℃、484℃和 493℃，虽然它们目前均处于高成熟阶段，但 T_{max} 有从西向东、从南到北逐渐降低的规律。有机质的这一演化规律与区域上动力变质作用和热接触变质作用由强到弱的变化规律相同。由此可见，T_{max} 的测试结果更具参考价值。无论如何，抚远、饶河和红旗岭三个区域内发现的硅质岩目前处于高－过成熟阶段，但热变质程度并不是很高，仍具有一定的生烃潜力。近来，在三江盆地抚远剖面硅质岩裂缝中，轻质油的发现进一步证明三江盆地硅质岩目前仍处于高成熟阶段，有液态烃的存在（图版 6－1 ~ 图版 6－6）。

4. 硅质烃源岩综合评价与烃源岩质量区域变化规律

由上可见，那丹哈达地体的三江盆地抚远地区和饶河、红旗岭地区硅质岩的有机质丰度较高，分别达到了好、中、差的有机质丰度标准；有机质类型以Ⅲ型干酪根为主，目前处于高－过成熟阶段，变质程度较低，目前仍可产出液态烃。但硅质岩属于深海沉积，其有机质类型应该以Ⅰ型和Ⅱ为主，有机质丰度也应该较高。造成这种测试结果的原因，可能是由于风化作用和高热演化程度造成的。

那丹哈达地体硅质烃源岩的质量与动力变质作用和热接触变质作用密切相关。从南到北、自西向东，那丹哈达地体硅质岩的动力变质作用和热接触变质作用逐渐变弱，地层的褶皱和岩浆侵入逐渐减弱；有机质丰度增高，有机质成熟度降低，油气的保存条件变好。抚远地区（最北边）、饶河地区、红旗岭地区（靠近大河镇断裂，最西边）硅质岩的有机质丰度分别达到好、中、差的级别；T_{max} 的值分别为 463℃、483℃、493℃。三江盆地前进坳陷（抚远地区）硅质岩有机质丰度高、成熟度不太高、保存条件好，是下侏罗统硅质岩勘探的有利地区。

四、硅质岩中轻质油的发现与石油地质意义

1. 硅质岩油气的光性特征、族组成和密度

在那丹哈达地体三江盆地下侏罗统的石油地质调查中，在抚远剖面下侏罗统的硅质岩中首次发现了轻质油。在荧光显微镜下，分别在透射光、绿光、蓝光和荧光下反复观察，在镜下发现硅质岩的裂缝中含有轻质油和沥青质沥青（图版 6－1 ~ 图版 6－6）。这显示了那丹哈达地体三江地区下侏罗统硅质岩具有良好的含油气远景，蕴藏着巨大的勘探潜力。

烃类物质在受到紫外光、紫光或蓝光照射时，会在极短的时间内发射出比照射光波长更长的光，这种光称为烃类的荧光。当有机分子受到这些短波长的光照射时，光量子打到有机分子上，并在大约 10^{-5}s 内被吸收，同时原来处于基态的电子受到激发而跃迁到较高的能级轨道上。跃迁后处于激发态的电子通过发射出相应的光量子释放能量回到基态，就发射出荧光（叶松等，1998；毛毳，2010），所以荧光成为在镜下鉴定有机质的有效方法。一般来说，随着烃类重烃成分含量增高，荧光颜色逐渐由黄色变为褐黄色、褐红色（卢焕章等，2004；赵艳军和陈红汉，2008），即“红移”，荧光光谱参数红/绿商 Q 值、λ_{max} 值等增大。相反，随着烃类中轻烃成分增加，荧光颜色逐渐偏蓝色，即所谓的“蓝移”，荧光光谱参数红/绿商 Q 值、λ_{max} 值等变小。荧光的颜色和强度与烃类中有机组成的分子结构类型有关，纯饱和烃不发荧光，含 C＝C 共轭双键的分子易发荧光。一般认为，随着油气演化程度的提

高，油气包裹体中液态烃的颜色由亮黄、浅黄→棕色、褐黄、褐色→暗蓝、蓝灰→蓝→乳白色。张鼐等（2007）曾对各种不同成分的石油做过荧光分析，发现饱和烃石油的荧光为灰到深灰色，芳烃的荧光颜色为黄绿色、蓝色，非烃为橘红色和蓝色，而沥青的颜色以褐色为主（表2-16）。一般来说，散发出的荧光与液相石油的密度有关联。低密度的液相石油其荧光在短波长的范围内呈蓝光；当液相石油的密度增加时，则发出的荧光是在长波长的范围内，呈橘色和红色。Goldstein & Reynolds（1994）统计了烃类的荧光与液相石油的相关关系（表2-17）。API度（γ）>34为轻质油，$20<\gamma<30$为中质油，$\gamma<20$为重质油。

表2-16　各种沥青的荧光颜色和波长

沥青类型	发光颜色	波长/nm	组成
油质沥青	黄、黄白、淡黄、绿、淡绿、蓝绿、绿蓝、蓝、淡蓝、蓝白、白	450~600	烃类化合物，包括芳烃及部分饱和烃（具有支链）
胶质沥青	以橙为主、褐橙、淡褐橙、淡褐、黄褐	450~600	以芳烃为主，包括部分非烃
沥青质沥青	以褐为主、橙褐、黄褐	>620，部分为600~620	少量非烃及沥青质
碳质沥青	不发光（全黑）		

表2-17　石油的密度与荧光颜色的关系

γ	荧光特征	γ	荧光特征
10	红色	35	绿色
15	橘黄色	40	蓝色
20	橘黄色	45	蓝色
25	黄色	60	白色
30	黄色		

三江盆地下侏罗统硅质岩裂缝的宽度一般在18~62μm之间（图版6-1~图版6-6），烃类物质的荧光颜色有蓝白色（图版6-2中，裂缝2上部；图版6-4中，裂缝2，裂缝3；在图版6-6中，裂缝3，裂缝4）和褐橙两种（图版6-2中，裂缝2下部）。对照表2-16和表2-17，裂缝中显示蓝白色的烃类物质，$\gamma>35$，属于轻质油，是油质沥青；蓝白色的烃类化合物包括芳烃及部分饱和烃（具有支链）。裂缝中显示褐橙的原油是重质油（图版6-2中裂缝2上部），$\gamma<20$，属于沥青质沥青，为少量非烃及沥青质，是原油在高温裂解后，形成的残余物。

2. 石油地质意义

在那丹哈达地体三江盆地下侏罗统硅质岩中，轻质油的发现具有如下石油地质意义：①证明在该地区硅质岩中发生过油气生成、运移和聚集的过程，具有良好的含油气远景与很大勘探潜力；②那丹哈达地体上三叠统-下侏罗统硅质烃源岩属于“新层系、新类型、新领域”。在东部盆地群，首次在下侏罗统中，见到油气显示，可谓“新层系”；硅质烃源岩是一种新型烃源岩，属于“新类型”；在那丹哈达地体硅质岩裂缝首次发现油气显示，属于非常规油气，属于“新领域”。

第三节 下白垩统烃源岩——一套主力烃源岩

早白垩世，东亚地区在张性应力作用下，形成一系列裂谷盆地（图2-7），构成一个巨大的裂谷系（冯志强等，2007）。在这些裂谷盆地中，广泛发育深湖-半深湖相沉积（图1-15），形成了东亚地区下白垩统一套主力烃源岩。在地史时期，这套烃源岩发生了油气的生成、运移和聚集，形成许多下白垩统中小型含油气盆地（断陷），例如：内蒙古自治区的二连盆地、海-塔盆地，黑龙江省的徐家围子断陷，吉林省的十屋断陷、延吉盆地，辽宁省的陆西坳陷和赤峰-彰武盆地。下白垩统是整个东亚地区最现实的一套有利勘探目的层系，其中蕴藏着巨大的勘探潜力。在研究区南部下白垩统的勘探也取得了突破，通化盆地已完钻的通D1井，在下白垩统亨通山组，有62.18m的砂岩中见到良好的油气显示；下桦皮甸子组15.28m厚的页岩裂缝中含油；通D1井水涌时带大量气泡，气测录井表明主要成分为甲烷。在红庙子盆地新完钻的红D1井，也见到了良好的油气显示，发现油气显示31层，共14.36m（孟元林等，2016a，2016b）。所有这一切，预示着东部盆地群下白垩统具有良好的常规油气和非常规油气勘探前景。但由于这些中小型断陷盆地面积不大，烃源岩主要发育在凹陷的深湖-半深湖区，油气运移距离短，和我国大多数陆相含油气盆地类似，生烃灶控制着油气藏的形成与分布，所以下白垩统烃源岩的研究具有极其重要的意义。

一、烃源岩岩石学特征

1. 烃源岩的岩性和厚度

在东北地区东部盆地群广泛发育下白垩统烃源岩，烃源岩类型包括暗色泥岩、碳质泥岩、煤层和油页岩。在野外石油地质调查的过程中发现，研究区南部的烃源岩颜色深、质纯、粉砂含量低，一般发育黑色泥岩、油页岩以及薄的煤层；研究区北部的烃源岩颜色较浅、质不纯，粉砂含量较高，多发育暗色泥岩、煤和碳质泥岩，不发育油页岩。

在东北地区东部盆地群中，下白垩统烃源岩累积厚度整体上具有“北厚南薄”的特征（图2-8）。北部地区下白垩统烃源岩累积厚度最厚可达1285m左右，最薄只有几米，厚度变化较大；南部地区各盆地面积较小，下白垩统烃源岩累积厚度在100~850m之间，各盆地烃源岩厚度相差较小。

2. 下白垩统页岩气储层特征

泥页岩不仅是最重要的烃源岩，还是封闭油气藏的盖层。目前，泥页岩的定义尚未确定。根据国内外有关页岩气以及非常规油气的文献对比发现，页岩气中的“页岩”是一个广义的概念（Curtis，2002；Scott，2005）；国外将粒径<3.9μm的细粒沉积岩统称为页岩（张顺等，2015）；Barnett页岩的定义并不是单一的指页理比较发育的泥岩，它包括硅质泥岩、泥质灰岩和泥质细粒屑灰岩三种岩石类型（Loucks，2007）。因此，本书中的泥页岩也是一个统称，主要包括泥岩和页岩。

（1）泥页岩的矿物组成与脆性特征

研究区下白垩统泥页岩主要形成于陆相沉积环境，包括海陆交互、滨浅湖、深湖-半深湖和滨湖沼泽等沉积环境。泥页岩的矿物组成主要包括黏土矿物、陆源碎屑矿物（石英和

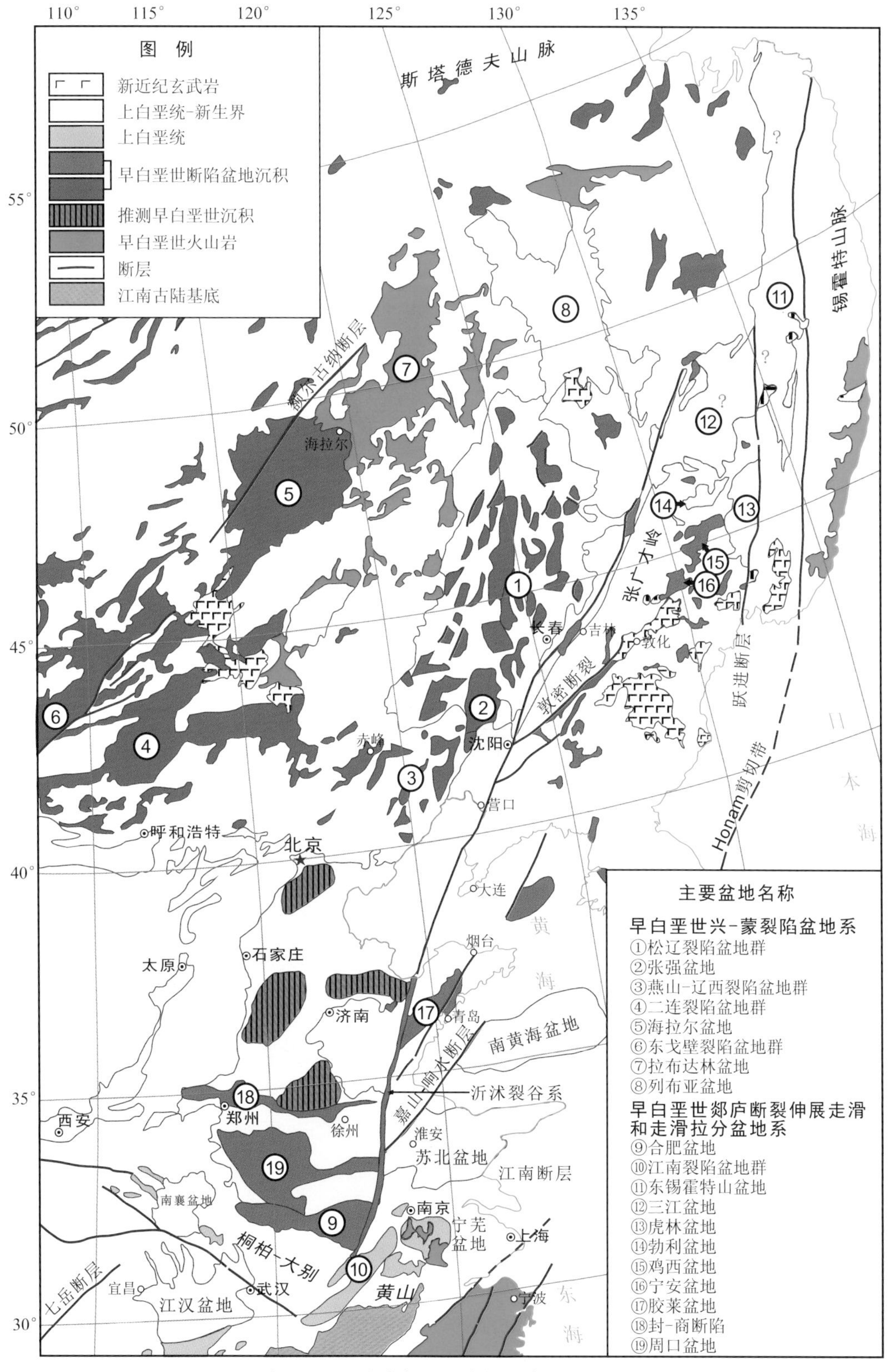

图2-7 亚洲东部地区中新生代盆地分布图

（据冯志强等，2007）

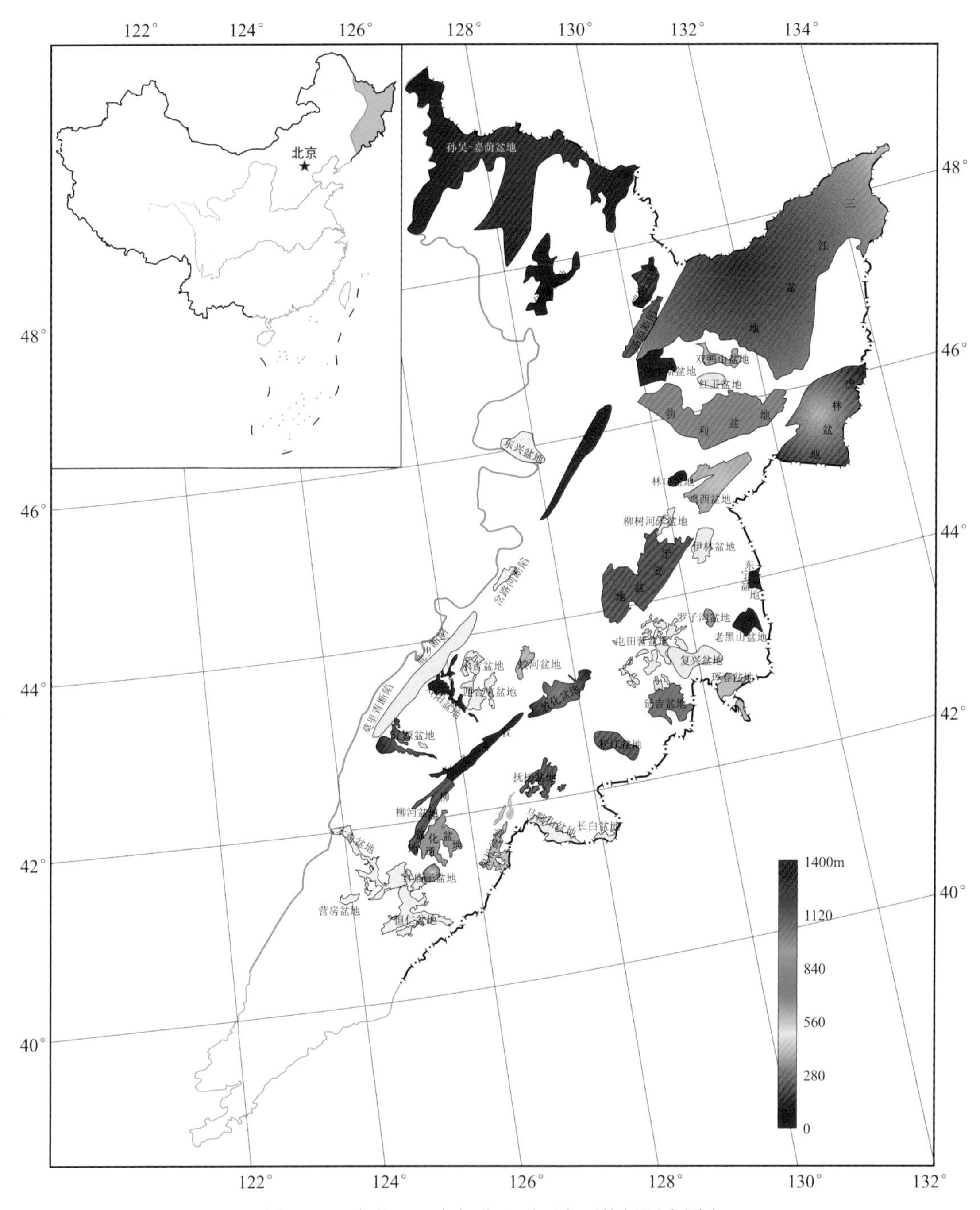

图 2－8　东北地区东部盆地群下白垩统烃源岩厚度

长石）、碳酸盐矿物（方解石、白云石和菱铁矿）、黄铁矿和其他矿物。在不同的时期、不同的盆地、不同的沉积环境中，泥页岩矿物含量不同。黏土矿物的含量影响着泥页岩吸附页岩气的能力。脆性矿物的含量影响着泥页岩的孔喉发育程度，脆性矿物含量（石英、钾长石、斜长石、方解石、白云石、菱铁矿和黄铁矿）越高，越易形成天然裂缝和诱导裂缝，孔缝密度越大，孔隙度越大，页岩气含量相对越高。一般来讲，脆性矿物含量大于 40.0% 的泥页岩，脆性较大，有利于压裂（邹才能，2013），具有形成页岩气储层的可能性。在野外石油地质调查和中国地质调查局的钻井过程中，在三江盆地、鸡西盆地、双阳盆地、果松

盆地、柳河盆地、通化盆地和红庙子盆地，采集了泥页岩样品，并完成了地球化学和岩矿测试（表2-18）。

1）黏土矿物和脆性矿物含量：研究区北部三江盆地下白垩统泥页岩中黏土矿物含量主要分布在50.0%~60.0%之间（图2-9），脆性矿物含量分布在30.0%~50.0%之间（图2-10）。穆棱组碳质泥岩和城子河组煤系泥岩中黏土矿物含量平均值分别为60.0%和58.0%，脆性矿物含量平均值分别为39.0%和38.0%（表2-18）。

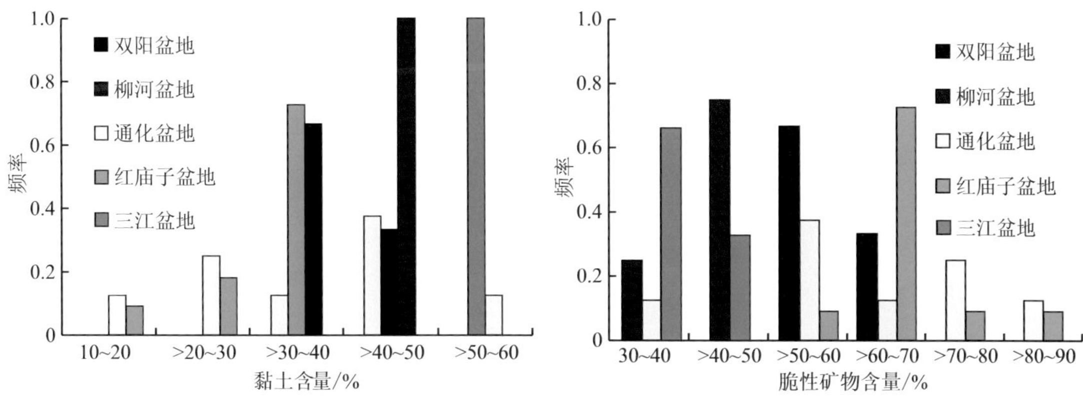

图2-9 东北地区东部盆地群下白垩统泥页岩黏土矿物含量

图2-10 东北地区东部盆地群下白垩统泥页岩脆性矿物含量

在研究区南部，双阳盆地下白垩统泥页岩中黏土矿物含量主要分布在30.0%~50.0%之间（图2-9），脆性矿物含量分布在50.0%~70.0%之间（图2-10）。采集的3块泥页岩样品中，金家屯组和长安组煤系泥岩的黏土矿物含量相似，分别为38.2%和35.3%，对应的脆性矿物含量为58.9%和64.7%，金家屯组碳质泥岩的黏土矿物含量高于其他两块样品，含量达到了40.5%；脆性矿物含量为59.5%（表2-18）。

柳河盆地下白垩统亨通山组暗色泥岩的黏土矿物含量的分布范围为40.0%~46.0%，平均值为42.5%（表2-18）；脆性矿物含量平均值与黏土含量平均值相近，平均值为42.0%，分布在30.0%~50.0%之间（图2-9，图2-10）。

通化盆地下白垩统泥页岩的黏土矿物主要分布在40.0%~50.0%之间（图2-9），脆性矿物含量主要分布在50.0%~60.0%之间（图2-10）。亨通山组和下桦皮甸子组暗色泥岩的黏土含量平均值均不超过30.0%，分别为28.9%和25.7%，脆性矿物含量平均值为71.1%和74.3%。鹰嘴砬子组的暗色泥岩黏土含量高于前两个组，平均值达到50.0%，脆性矿物含量均值为48.0%（表2-18）。

红庙子盆地下白垩统泥页岩的黏土矿物含量主要分布在30.0%~40.0%之间（图2-9），脆性矿物含量的分布范围为60.0%~70.0%（图2-10）。亨通山组的暗色泥岩和油页岩的黏土矿物含量平均值为33.2%和35.9%，对应的脆性矿物含量平均值为66.8%和64.1%。鹰嘴砬子组暗色泥岩的黏土矿物和脆性矿物含量平均值与亨通山组相近，分别为32.2%和60.4%。下桦皮甸子组的暗色泥岩黏土含量比亨通山组的低，均值为16.6%；脆性矿物含量较高，均值为83.4%（表2-18）。

综上所述，在研究区北部下白垩统泥页岩黏土矿物含量高于南部地区，脆性矿物含量低于南部地区，但绝大多数样品脆性矿物的含量大于40.0%（表2-18），达到页岩气储层脆性矿物含量的标准。

表 2－18　下白垩统烃源岩全岩 XRD 分析结果

盆地	层位	岩性	黏土/%	陆源碎屑矿物			碳酸盐矿物			硬石膏/%	黄铁矿/%	方沸石/%	辉石/%	角闪石/%	脆性矿物/%
				石英/%	斜长石/%	钾长石/%	方解石/%	白云石/%	菱铁矿/%						
三江盆地	穆棱组（K_1m）	碳质泥岩	60.0	21.0	6.0	2.0	3.0	4.0	1.0	1.0	2.0				39.0
三江盆地	城子河组（K_1ch）	煤系泥岩	56.0~60.0 / 58.0 (2)	22.0~28.0 / 25.0 (2)	6.0~6.0 / 6.0 (2)	1.0~2.0 / 1.5 (2)	1.0~1.0 / 1.0 (2)	1.0~1.0 / 1.0 (2)	1.0~1.0 / 1.0 (2)	2.0	2.0~3.0 / 2.5 (2)		3.0~3.0 / 3.0 (2)		35.0~41.0 / 38.0 (2)
双阳盆地	金家屯组（K_1j）	煤系泥岩	38.2	34.8	10.7	7.2	4.8		1.4						58.9
双阳盆地	金家屯组（K_1j）	碳质泥岩	40.5	35.6	14.9	4.6	3.6		0.9						59.5
双阳盆地	长安组（K_1c）	煤系泥岩	35.3	46.4	9.5	3.7	3.1				2.0				64.7
柳河盆地	亨通山组（K_1h）	暗色泥岩	40.0~46.0 / 42.5 (4)	8.0~15.0 / 11.0 (4)	13.0~18.0 / 15.3 (4)	8.0~15.0 / 11.0 (4)	2.0~4.0 / 2.8 (4)	4.0~7.0 / 5.5 (4)	1.0~3.0 / 1.8 (4)	2.0~4.0 / 3.0 (4)	2.0~4.0 / 3.3 (4)	5.0~16.0 / 8.5 (4)	3.0~50 / 4.0 (4)		38.0~47.0 / 42.0 (4)
通化盆地	亨通山组（K_1h）	暗色泥岩	16.6~41.2 / 28.9 (2)	43.6~67.0 / 55.3 (2)	7.3~10.0 / 8.6 (2)	2.9~4.4 / 3.6 (2)	2.1~3.5 / 2.8 (2)		1.5						58.8~83.4 / 71.1 (2)
通化盆地	下桦皮甸子组（K_1x）	暗色泥岩	20.8~30.0 / 25.7 (3)	50.0~55.3 / 52.8 (8)	11.9~15.0 / 13.4 (3)	2.6~6.2 / 4.3 (3)	1.4~1.9 / 1.6 (3)		0.9~1.3 / 1.0 (3)		1.5~2.1 / 1.8 (2)				70.0~79.2 / 74.3 (3)
通化盆地	鹰嘴砬子组（K_1y）	暗色泥岩	42.0~60.0 / 50.0 (3)	29.0~42.0 / 34.7 (3)	3.0~9.0 / 5.7 (3)	1.0~3.0 / 1.7 (3)	1.0~3.0 / 1.7 (3)	1.0~4.0 / 2.5 (2)	1.0~2.0 / 1.7 (3)	1.0~2.0 / 1.0 (3)	1.0		3.0		39.0~52.0 / 48.0 (3)
红庙子盆地	亨通山组（K_1h）	暗色泥岩	31.1~36.7 / 33.2 (5)	48.6~54.9 / 50.6 (5)	8.4~12.8 / 10.5 (5)	2.7~3.4 / 3.1 (5)	1.1~1.6 / 1.4 (4)		0.9		1.2~1.8 / 1.3 (4)				63.3~68.9 / 66.8 (5)
红庙子盆地	亨通山组（K_1h）	油页岩	35.4~36.4 / 35.9 (2)	45.5~47.6 / 46.6 (2)	11.1~11.9 / 11.5 (2)	3.4~3.5 / 3.4 (2)	1.4	1.5			1.1~1.3 / 1.2 (2)				63.6~64.6 / 64.1 (2)
红庙子盆地	下桦皮甸子组（K_1x）	暗色泥岩	10.7~22.5 / 16.6 (2)	57.2~61.2 / 59.2 (2)	9.4~10.2 / 9.8 (2)	3.8~5.5 / 4.7 (2)	1.9~8.8 / 5.4 (2)	2.0~2.5 / 2.3 (2)	0.8~1.0 / 0.9 (2)		1.1~1.4 / 1.3 (2)				77.5~89.3 / 83.4 (2)
红庙子盆地	鹰嘴砬子组（K_1y）	暗色泥岩	29.0~35.4 / 32.2 (2)	49.1~52.8 / 50.9 (2)	2.6~6.9 / 4.8 (2)	1.7~3.2 / 2.4 (2)	1.0~2.1 / 1.6 (2)		1.5						58.1~62.7 / 60.4 (2)

2）陆源碎屑矿物含量：研究区下白垩统泥页岩陆源碎屑矿物中，石英含量最高，斜长石含量次之，钾长石含量最低。研究区北部三江盆地下白垩统泥页岩中陆源碎屑矿物含量主要分布在30.0%～40.0%之间（图2－11）。穆棱组碳质泥岩中石英含量为21.0%。城子河组煤系泥岩中石英含量介于22.0%～28.0%之间，平均值为25.0%；钾长石和斜长石含量较低，均不超过10.0%（表2－18）。

在研究区南部，双阳盆地下白垩泥页岩中陆源碎屑矿物含量主频在50.0%～60.0%之间（图2－11）。金家屯组煤系泥岩和碳质泥岩的石英含量分别为34.8%和35.6%；斜长石含量分别达到了10.7%和14.9%；钾长石含量不超过10.0%。长安组煤系泥岩的石英含量比金家屯组稍高，含量达到46.4%，斜长石含量不超过10.0%，钾长石含量不超过5.0%（表2－18）。

柳河盆地下白垩统泥页岩中陆源碎屑矿物含量分布范围为20.0%～40.0%（图2－11），石英、斜长石和钾长石含量较低，平均值分别为11.0%、15.3%和11.0%（表2－18），但其他脆性矿物的含量较高，脆性矿物的总含量平均值为42.0%。

通化盆地下白垩统泥页岩中陆源碎屑矿物含量分布在40.0%～50.0%、60.0%～70.0%和70.0%～80.0%之间的频率相近（图2－11）。亨通山组和下桦皮甸子组暗色泥岩中石英含量平均值分别为55.3%和52.8%；鹰嘴砬子组暗色泥岩中石英含量相对前两个组稍低，石英含量为34.7%。亨通山组和鹰嘴砬子组泥页岩中发育的斜长石和钾长石含量均不超过10.0%，只有下桦皮甸子组暗色泥岩中斜长石含量平均值达到了13.4%（表2－18）。

红庙子盆地下白垩统泥页岩陆源碎屑矿物含量主要分布在60.0%～70.0%之间（图2－11）。亨通山组暗色泥岩和油页岩中石英含量平均值分别为50.6%和46.6%（见表2－18），斜长石含量为10.5%和11.5%，钾长石含量最低，不到5.0%。下桦皮甸子组和鹰嘴砬子组暗色泥岩中石英的含量平均值为59.2%和50.9%，钾长石和斜长石含量平均值均不超过10.0%。

从北到南，研究区下白垩统泥页岩中陆源碎屑矿物含量有逐渐增高的趋势。

3）碳酸盐矿物：下白垩统泥页岩碳酸盐矿物中方解石含量最大的是红庙子盆地下桦皮甸子组暗色泥岩，含量高达8.8%（表2－18），其余盆地方解石含量均小于5.0%；白云石含量最高是柳河盆地亨通山组暗色泥岩，最大值为7.0%，平均值为5.5%；菱铁矿的含量也很低，均不超过3.0%。由碳酸盐矿物含量柱状图可知（图2－12），研究区北部三江盆地

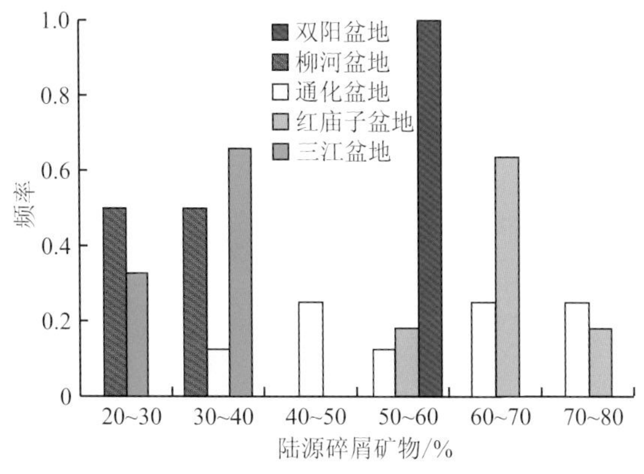

图2－11　东北地区东部盆地群下白垩统陆源碎屑矿物含量

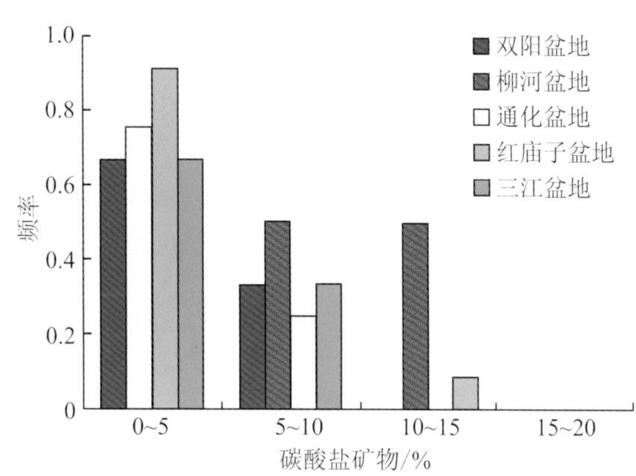

图2－12　东北地区东部盆地群下白垩统碳酸盐矿物含量

下白垩统泥页岩碳酸盐矿物含量主要小于5.0%；研究区南部的柳河盆地和红庙子盆地下白垩统泥页岩碳酸盐矿物含量较高，可达5.0%~10.0%，南部地区含量稍高于北部地区。

综上所述，研究区北部下白垩统泥页岩中碳酸盐含量相对较低，小于10.0%；南部地区相对较高，可达10.0~15.0%。

4）黄铁矿：研究区下白垩统泥页岩中，均含有一定量的黄铁矿，但含量较低，均不超过5.0%（表2-18），柳河盆地亨通山组暗色泥岩中黄铁矿的含量最高，达到4.0%。虽然黄铁矿含量很低，但在一定程度上反映了该地区下白垩统泥页岩发育的沉积环境处于还原环境，使得有机质可以保存，也有利于生烃。

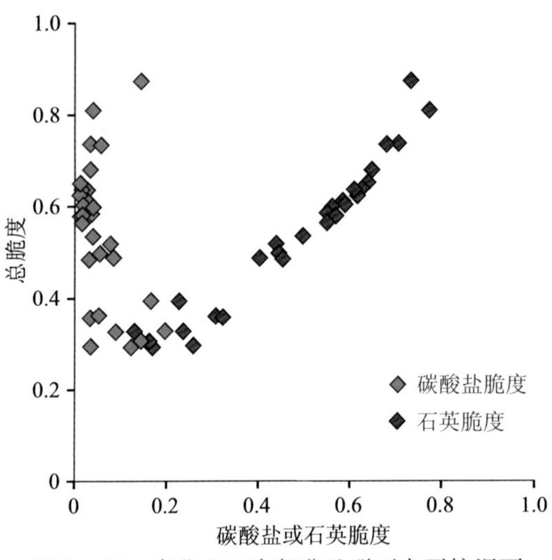

图2-13　东北地区东部盆地群下白垩统泥页岩石英脆度、碳酸盐脆度与总脆度的关系

5）脆度分析：研究区下白垩统泥页岩属于陆相沉积，李锯源（2013）采用石英脆度、碳酸盐脆度和总脆度的线性关系研究泥页岩的脆性。把石英/(石英+碳酸盐+黏土矿物）定名为石英脆度，将碳酸盐/(石英+碳酸盐+黏土矿物）定名为碳酸盐脆度，将（石英+碳酸盐)/(石英+碳酸盐+黏土矿物）定名为总脆度。研究结果表明，石英脆度与总脆度的正相关性比较好，碳酸盐脆度与总脆度的相关性较差（图2-13），因此，石英的含量是影响该地区泥页岩脆度的主要因素。另外，对比发现，研究区泥岩的石英-碳酸盐矿物-黏土矿物三角图与北美地区Barnett、Woodford和Ohio等含气页岩落在同一个区域，表明它们具有较好的可比性（图2-14）。

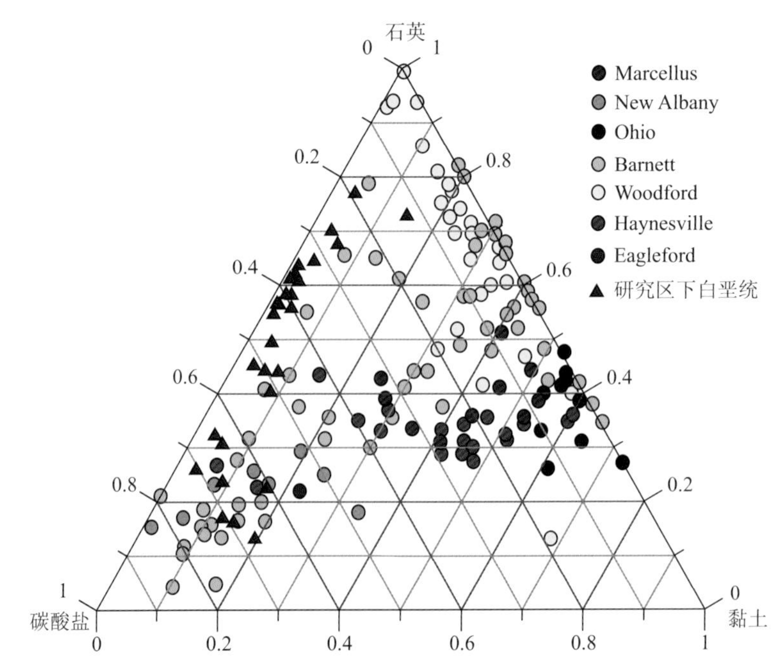

图2-14　东北地区东部盆地群下白垩统泥页岩与北美页岩矿物含量对比图

综上所述，研究区下白垩统泥页岩虽然是典型的陆相沉积岩，但石英含量高，脆度高，与国外页岩气储层矿物含量具有很好的对比性，易于在外力的影响下形成天然裂缝和人造裂缝，有利于非常规油气的开发。

（2）泥页岩的孔隙类型

对烃源岩氩离子抛光后，在场发射扫描电镜（FESEM）下观察了研究区内下白垩统泥页岩的孔隙类型。结果表明，烃源岩的孔隙类型主要包括黏土矿物间孔缝（图版7－1）、有机质和黏土矿物间裂缝（图版7－1）、粒内溶孔（图版7－2）、有机孔（图版7－3，图版7－4，图版7－5）和有机缝（图版7－6）等。有机孔大多数呈圆形（图版－3）、拉长的气泡状和椭圆形（图版7－4，图版7－5）；少数呈长条状裂缝（图版7－6），这是有机质生成和排出烃类之后，形成的收缩缝。

有机孔的发育受多种地质因素的影响与控制。最主要的影响因素是有机质成熟度。当有机质成熟度较低时，泥岩中仅发育有机质与黏土矿物之间的孔缝（图版7－1），随烃源岩有机质热演化程度的增高，干酪根生成和排出油气，形成有机孔、缝（图版7－3～图版7－6）。但不同学者有关有机孔开始出现的时间研究结果不同，有机孔开始形成的 R_o 对应于0.6%～0.9%之间（罗小平等，2015）。

造成这种差异的原因，是不同地区烃源岩的排烃门限不同。有机孔之所以形成是由于烃源岩发生了排烃，而排烃门限对应的 R_o 又受控于有机质丰度和类型。一般来说，有机质丰度越高、类型越好，生成的油气越多，进入排烃门限的时间越早（庞雄奇等，1995），所以形成有机孔对应的有机质成熟度就越低。随有机质成熟度的增加，油气的生成和排出持续进行，有机孔发育程度变好（图版7－1，图版7－3～图版7－6）。但当有机质成熟度达到某个临界值时，有机孔开始减少，并逐步消失。不同学者的研究结果有所不同，王飞宇等（2013）认为这一临界 R_o 为2.0%，而Curtis et al.（2012）认为是3.6%。实际上，当 R_o = 4.0%时，碎屑岩就开始变质，进入浅变质阶段（应凤祥等，2003，2004），烃源岩有机孔就不可避免地要减少。由此可以推测，有机孔开始减小的临界值可能是 R_o 在4.0%左右。

（3）泥页岩的孔喉结构与孔隙度

三江盆地滨页1井（By1－n－35）、通化盆地通D1井（TD1－164、TD1－130泥页岩）和鸡西盆地（JxD2m2－1）泥页岩液氮吸附法的分析结果表明（图2－15，表2－19），下白

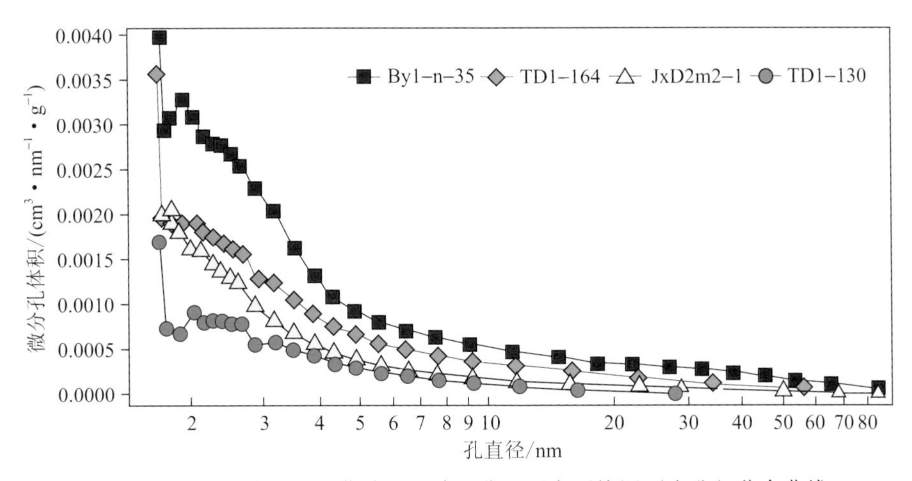

图2－15　三江盆地、通化盆地和鸡西盆地下白垩统泥页岩孔径分布曲线

垩统泥页岩孔径较小，以微孔（<2nm）-中孔（2~50nm）为主，平均孔径分别7.18nm、7.91nm、8.63nm、8.49nm，最可几孔直径≤2nm，页岩气主要呈吸附态存在于泥页岩中；泥岩的孔隙度分布在0.96%~5.24%之间（表2-19）。

表2-19　三江盆地、通化盆地和鸡西盆地下白垩统泥页岩孔隙结构参数

参数	样品			
	By1-n-35	TD1-164	TD1-130	JxD2m2-1
BET比表面/($m^2 \cdot g^{-1}$)	14.5964	6.4752	2.2239	8.0114
BJH总孔容/($cm^3 \cdot g^{-1}$)	0.0262	0.0128	0.0048	0.0170
孔隙度/%	5.24	2.32	0.96	3.4
BJH平均孔直径/nm	7.18	7.91	8.63	8.49
BJH（吸附）最可几孔直径/nm	1.88	1.72	2.00	1.80
R_o/%	0.84	0.96	0.99	1.56

二、烃源岩有机地球化学特征

1. 有机质丰度及影响因素

在三江盆地、鸡西盆地、双阳盆地、果松盆地、柳河盆地、通化盆地和红庙子盆地野外石油地质调查和钻井取心过程中，采集了烃源岩样品，实测了有机质丰度参数（表2-20）。参照《陆相烃源岩地球化学评价方法》（SY/T 5735—1995）以及煤系烃源岩有机质评价标准（陈建平等，1997），对上述七个盆地进行了有机质丰度评价。由于烃源岩只有在液态窗口时，氯仿沥青“A”和总烃的值较高，在其他有机质成熟阶段，这两个参数值偏低，所以，这两个参数常作为有机质丰度评价的辅助指标使用，有机质丰度评价一般以TOC和S_1+S_2评价结果为主。

表2-20　下白垩统烃源岩实测有机质丰度

盆地	地层	烃源岩	TOC/%	S_1+S_2/($mg \cdot g^{-1}$)	氯仿沥青“A”/%	总烃HC/10^{-6}	综合评价
三江盆地	穆棱组(K_1m)	煤系泥岩	0.25~3.80 / 1.22（106）	0.09~2.27 / 0.89（70）	0.003~0.044 / 0.018（32）	36~268 / 121（15）	差-中
		碳质泥岩	6.73~13.58 / 9.07（3）	11.36~93.81 / 36.08（4）	0.108~0.317 / 0.213（2）	509~2163 / 1336（2）	
	城子河组(K_1ch)	煤系泥岩	0.14~4.30 / 1.47（77）	0.02~5.80 / 1.04（60）	0.003~0.105 / 0.033（33）	47~488 / 207（18）	
		碳质泥岩	9.55	11.88			
鸡西盆地	穆棱组(K_1m)	煤系泥岩	0.12~5.02 / 1.36（112）	0.06~17.04 / 1.04（96）	0.003~0.116 / 0.022（56）	79~606 / 543（2）	差-中
		碳质泥岩	8.15~36.80 / 21.06（6）	1.62~96.19 / 43.25（6）	0.015~0.340 / 0.105（4）	164~1274 / 719（2）	
		煤	46.16~53.96 / 50.06（2）	89.53~114.45 / 101.99（2）	0.473	3363	

续表

盆地	地层	烃源岩	TOC/%	S_1+S_2/(mg·g^{-1})	氯仿沥青"A"/%	总烃 HC/10^{-6}	综合评价
鸡西盆地	城子河组(K_1ch)	煤系泥岩	0.30～5.96 1.84(75)	0.07～13.54 1.73(64)	0.003～0.156 0.034(62)	133～917 385(11)	差-中
		碳质泥岩	6.50～39.57 22.76(21)	0.54～105.78 35.09(21)	0.013～0.709 0.218(12)	327～3001 939(10)	
		煤	40.24～81.63 55.56(15)	36.00～243.58 86.88(15)	0.047～0.709 0.336(8)	847～2841 1341(7)	
双阳盆地	长安组(K_1c)	煤系泥岩	1.54～4.10 2.68(6)	0.19～9.34 3.33(6)	0.039	341	中-好
		煤	53.10	134.11			
	金家屯组(K_1j)	煤系泥岩	3.06～3.41 3.24(2)	0.30～5.53 2.92(2)	0.328	1375	
		碳质泥岩	6.10～32.80 19.77(7)	14.22～60.20 43.06(7)	0.307	747	
		煤	59.90	106.08			
果松盆地	林子头组(K_1l)	煤系泥岩	5.21	3.16			中-好
		煤	60.50	52.21			
柳河盆地	亨通山组(K_1h)	暗色泥岩	0.14～1.50 0.63(57)	0.01～1.12 0.37(45)	0.001～0.030 0.010(5)		差-中等
	下桦皮甸子组(K_1x)	暗色泥岩	0.07～1.67 0.53(172)	0.07～0.99 0.16(172)			
通化盆地	亨通山组(K_1h)	暗色泥岩	0.25～2.79 1.08(36)	0.08～10.33 2.57(36)	0.107～0.159 0.133(2)	762～976 869(2)	中等-好
	下桦皮甸子组(K_1x)	暗色泥岩	1.02～3.08 1.85(8)	1.19～9.65 4.42(8)	0.052～0.087 0.064(3)	195～576 334(3)	
	鹰嘴砬子组(K_1y)	暗色泥岩	0.06～2.14 0.94(21)	0.02～5.32 1.96(18)	0.005～0.086 0.037(7)		
红庙子盆地	亨通山组(K_1h)	暗色泥岩	3.39～5.03 4.07(6)	4.18～9.37 5.48(6)	0.069～0.174 0.100(5)	403～947 594(5)	中等-最好
		油页岩	6.62～6.68 6.65(3)	11.62～11.90 11.74(3)	0.118～0.137 0.128(2)	620～688 654(2)	
	下桦皮甸子组(K_1x)	暗色泥岩	0.64～3.92 2.08(4)	0.28～21.18 7.05(4)	0.002～0.234 0.114(2)	18～1708 799(2)	
	林子头组(K_1l)	暗色泥岩	0.20～3.33 0.91(44)	0.03～1.96 0.64(44)	0.004～0.095 0.040(2)	39～866 40(2)	
	鹰嘴砬子组(K_1y)	暗色泥岩	0.83～1.12 1.02(5)	0.31～0.95 0.54(4)	0.016～0.037 0.027(3)	61～167 114(2)	

(1) 三江盆地有机质丰度

1) 穆棱组（K_1m）：三江盆地下白垩统发育煤系泥岩和碳质泥岩两类烃源岩。穆棱组煤系泥岩TOC含量分布范围为0.25%～3.80%（表2-20），平均值为1.22%，达到差烃源岩的等级（图2-16）。S_1+S_2介于0.09～2.27mg/g之间（表2-20），平均值为0.89mg/g，生烃能力较差（图2-16）。氯仿沥青"A"分布范围为0.003%～0.044%（表2-20），平均值为0.018%；总烃分布范围为36×10^{-6}～268×10^{-6}，平均值为121×10^{-6}。结合氯仿沥青"A"和总烃频率分布图可知，穆棱组煤系泥岩样品属于差-中烃源岩（图2-16）。

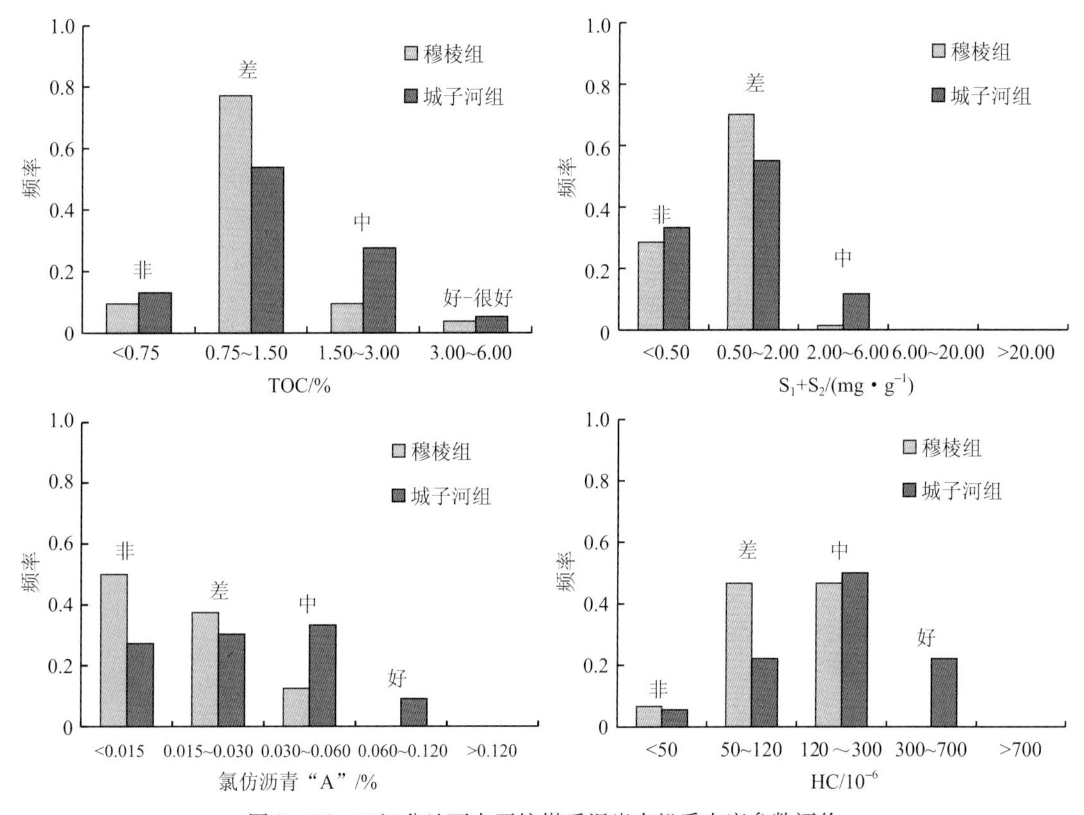

图2-16 三江盆地下白垩统煤系泥岩有机质丰度参数评价

穆棱组碳质泥岩TOC分布范围为6.73%～13.58%（表2-20），平均值为9.07%；S_1+S_2介于11.36～93.81mg/g之间，平均为36.08mg/g；氯仿沥青"A"分布范围为0.108%～0.317%，平均值为0.213%；总烃分布范围为509×10^{-6}～2163×10^{-6}，平均值为1336×10^{-6}，穆棱组碳质泥岩属于很差-差的烃源岩的评价标准，少数属于中烃源岩的评价标准（图2-17）。

2) 城子河组（K_1ch）：城子河组煤系泥岩TOC分布范围为0.14%～4.30%（表2-20），平均值为1.47%；S_1+S_2介于0.02～5.80mg/g之间，平均值为1.04mg/g；氯仿沥青"A"分布范围为0.003%～0.105%，平均值为0.033%；总烃分布范围为47×10^{-6}～488×10^{-6}，平均值为207×10^{-6}，属于差-中等的烃源岩的评价标准（图2-16）。

城子河组碳质泥岩的TOC为9.55%（表2-20），S_1+S_2值为11.88mg/g，属于很差-差的烃源岩的评价标准（图2-17）。

综上所述，三江盆地下白垩统烃源岩的有机质丰度较低，整体上属于差-中烃源岩，少

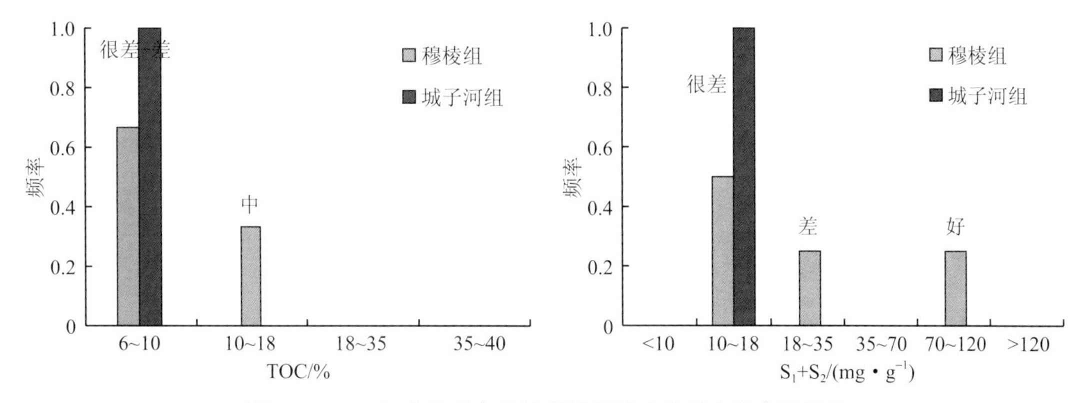

图2-17　三江盆地下白垩统碳质泥岩有机质丰度参数评价

数烃源岩达到了好-很好烃源岩的有机质丰度标准。

（2）鸡西盆地有机质丰度

1）穆棱组（K_1m）：鸡西盆地下白垩统发育的烃源岩有煤系泥岩、碳质泥岩和煤。其中穆棱组煤系泥岩TOC分布范围为0.12%～5.02%（表2-20），平均值为1.36%，整体上有机质丰度达到了差-中的等级（图2-18）。S_1+S_2介于0.06～17.04mg/g之间（表2-20），平均值为1.04mg/g，生烃能力较差；氯仿沥青“A”的分布范围为0.003%～0.116%（表2-20），平均值为0.022%，S_1+S_2和氯仿沥青“A”偏低，大部分煤系泥岩样品有机质丰度属于非-差标准，少数属于中-好标准（图2-18）。总烃分布范围为79×10^{-6}～606×10^{-6}，平均值为543×10^{-6}（表2-20），主频分布在50×10^{-6}～120×10^{-6}和300×10^{-6}～

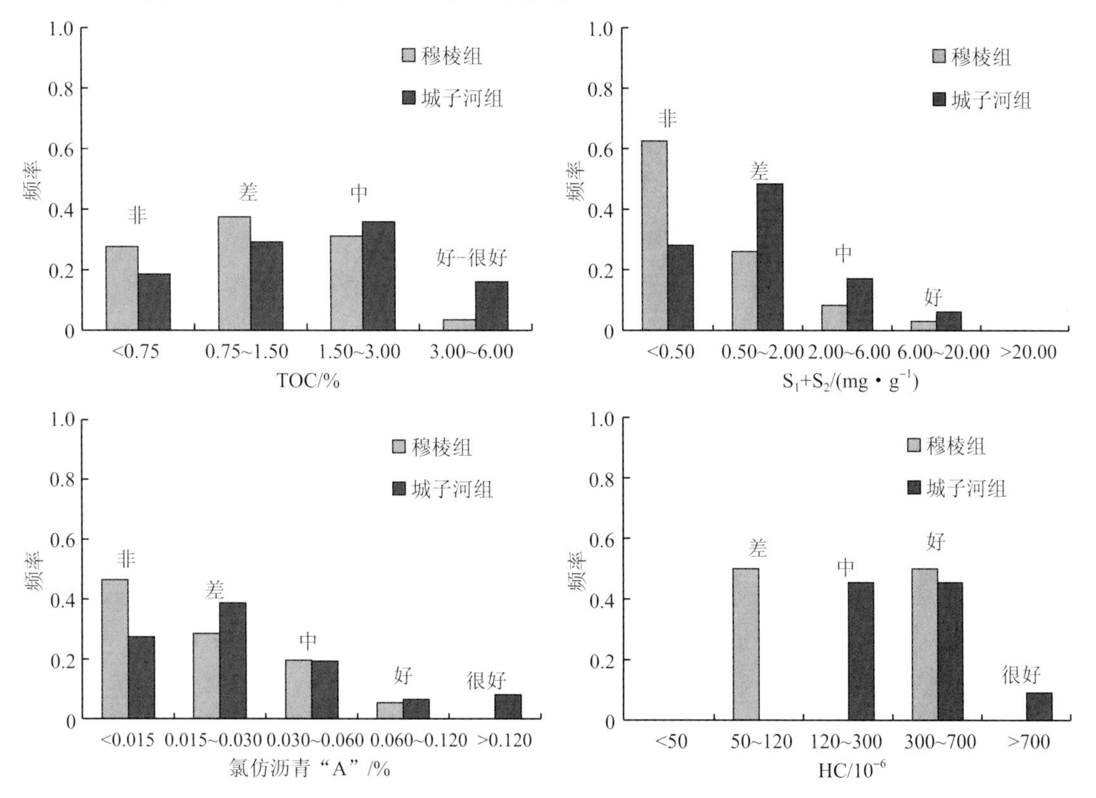

图2-18　鸡西盆地下白垩统煤系泥岩有机质丰度参数评价

700×10^{-6}两个区间内，属于差烃源岩和好烃源岩两个标准（图2－18）。整体上看，穆棱组煤系泥岩有机质丰度达到差－中的评价标准。

穆棱组碳质泥岩TOC分布范围为8.15%～36.80%（表2－20），平均值为21.06%。碳质泥岩TOC频率分布在10.00%～18.00%和18.00%～35.00%两个区间内，丰度达到了中－好的等级（图2－19）。S_1+S_2介于1.62～96.19mg/g之间，平均值为43.25mg/g；氯仿沥青“A”分布范围为0.015%～0.340%，平均值为0.105%；总烃分布范围为$164\times10^{-6}\sim1274\times10^{-6}$，平均值为$719\times10^{-6}$（表2－20）。整体上看，穆棱组碳质泥岩有机质丰度达到差－好的评价标准。

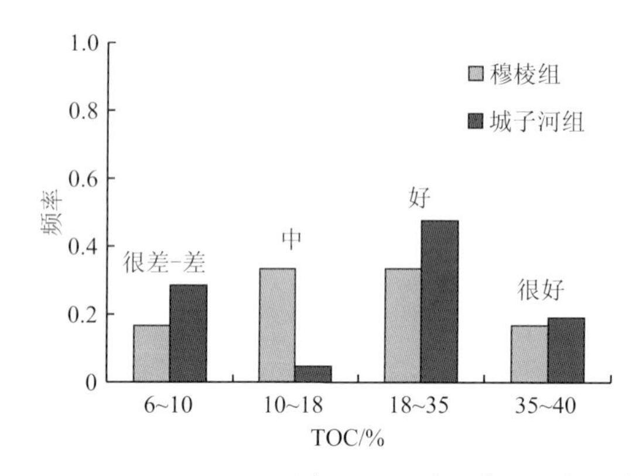

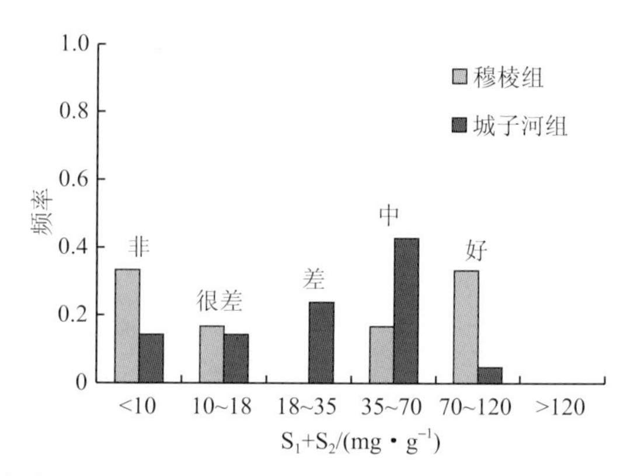

图2－19　鸡西盆地下白垩统碳质泥岩有机质丰度参数评价

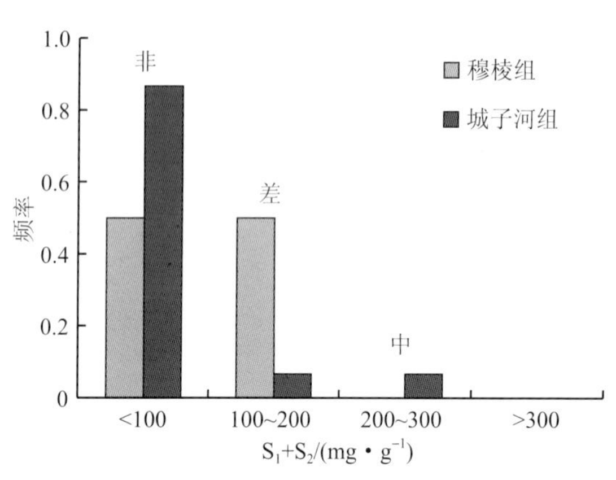

图2－20　鸡西盆地下白垩统煤岩有机质丰度参数评价

穆棱组煤岩TOC分布范围为46.16%～53.96%（表2－20），平均值为50.06%；S_1+S_2介于89.53～114.45mg/g之间，平均值为101.99mg/g，有机质丰度达到非－差烃源岩标准（图2－20）；氯仿沥青“A”为0.473%（表2－20），总烃为3363×10^{-6}。总体上，穆棱组的煤岩属于差－非的烃源岩。

2）城子河组（K_1ch）：城子河组发育煤系泥岩、碳质泥岩和煤三种烃源岩。其中城子河组煤系泥岩的TOC分布范围为0.30%～5.96%（表2－20），平均值为1.84%，丰度达到差－中的等级（图2－18）。S_1+S_2介于0.07～13.54mg/g之间（表2－20），平均值为1.73mg/g，生烃能力较差（图2－18）。氯仿沥青“A”分布范围为0.003%～0.156%（表2－20），平均值为0.034%，主频在0.015%～0.030%之间，属于差－中烃源岩（图2－18）。总烃分布范围为$133\times10^{-6}\sim917\times10^{-6}$（表2－20），平均值为$385\times10^{-6}$，在$120\times10^{-6}\sim300\times10^{-6}$和$300\times10^{-6}\sim700\times10^{-6}$之间频率相等，烃源岩属于中－好烃源岩的等级（图2－18）。总体上看，城子河组煤系泥岩属于差－中丰度的烃源岩（图2－18）。

城子河组碳质泥岩TOC的分布范围为6.50%～39.57%（表2－20），平均值为22.76%；S_1+S_2介于0.54～105.78mg/g之间，平均值为35.09mg/g；氯仿沥青“A”的分

布范围为0.013%~0.709%，平均值为0.218%；总烃分布范围为327×10^{-6}~3001×10^{-6}，平均值为939×10^{-6}。由TOC频率分布图可见，碳质泥岩TOC含量主要属于很差－差和好－很好两个等级，生烃潜力达到了差－中有机质丰度标准（图2－19）。总体来看，鸡西盆地下白垩统碳质泥岩属于差－中烃源岩，部分样品属于好烃源岩。

城子河组煤岩TOC分布范围为40.24%~81.63%（表2－20），平均值为55.56%；S_1+S_2介于36.00~243.58mg/g之间，平均值为86.88mg/g，有机质丰度达到非－差烃源岩标准（图2－20）；氯仿沥青“A”分布范围为0.047%~0.709%（表2－20），平均值为0.336%，小于7.5%，属于非烃源岩；总烃分布范围为847×10^{-6}~2841×10^{-6}，平均值为1341×10^{-6}。总体来看，鸡西盆地下白垩统煤岩属于非－差烃源岩（图2－20）。

综上所述，鸡西盆地下白垩统煤系烃源岩的有机质丰度较低，属于差－中烃源岩，少数属于好烃源岩，但城子河组的烃源岩有机质丰度略高于穆棱组。

（3）双阳盆地有机质丰度

1）长安组（K_1c）：双阳盆地下白垩统发育煤系泥岩、碳质泥岩和煤岩三类烃源岩。长安组煤系泥岩TOC分布范围为1.54%~4.10%，平均值为2.68%（表2－20）。根据有机碳含量频率分布图显示，大多数煤系泥岩样品属于中等丰度的烃源岩标准，少数属于好－很好烃源岩标准（图2－21）。S_1+S_2值介于0.19~9.34mg/g之间（表2－20），平均值为3.33mg/g，频率在非烃源岩和中等烃源岩两个标准中均等分布（图2－21）。氯仿沥青“A”为0.039%（表2－20）；总烃为341×10^{-6}，这两个参数分别达到了中和好烃源岩有机质丰度评价标准。总体上看，长安组煤系泥岩有机质丰度达到中－好烃源岩的有机质丰度等级。

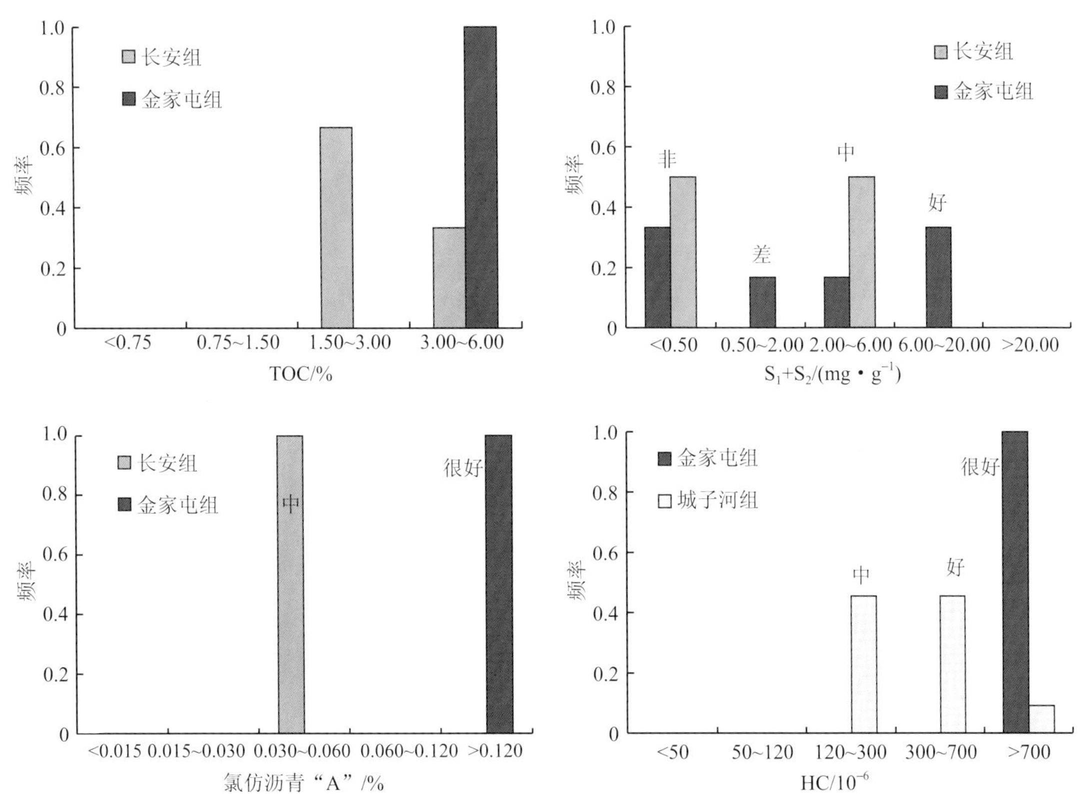

图2－21　双阳盆地下白垩统煤系泥岩有机质丰度参数评价

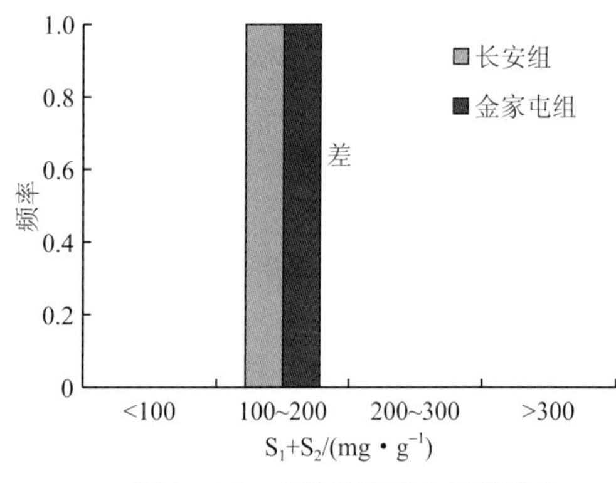

图2－22　双阳盆地下白垩统煤岩有机质丰度参数评价

长安组煤岩TOC值为53.10%（表2－20），S_1+S_2值为134.11mg/g，属于差烃源岩（图2－22）。

2）金家屯组（K_1j）：金家屯组煤系泥岩TOC分布范围为3.06%～3.41%（表2－20），平均值为3.24%，达到好－很好的烃源岩评价标准（图2－21）。S_1+S_2介于0.30～5.53mg/g之间（表2－20），平均值为2.92mg/g，在有机质丰度直方图上，各种等级的烃源岩均有（图2－21）。氯仿沥青"A"为0.328%（表2－20）；总烃为1375×10^{-6}，达到很好的等级（图2－21）。总体上看，金家屯组煤系泥岩的有机质丰度达到了中－好的标准。

金家屯组碳质泥岩TOC分布范围为6.10%～32.80%（表2－20），平均值为19.77%。由TOC频率分布图可见，碳质泥岩有机碳含量主要处于18.00%～35.00%之间，属于好烃源岩（图2－23）。S_1+S_2介于14.22～60.20mg/g之间（表2－20），平均值为43.06mg/g，属于中烃源岩（图2－23），生烃潜力较好。氯仿沥青"A"为0.307%（表2－20）；总烃为747×10^{-6}，总体上看，金家屯组碳质泥岩有机质丰度达到中－好的标准。

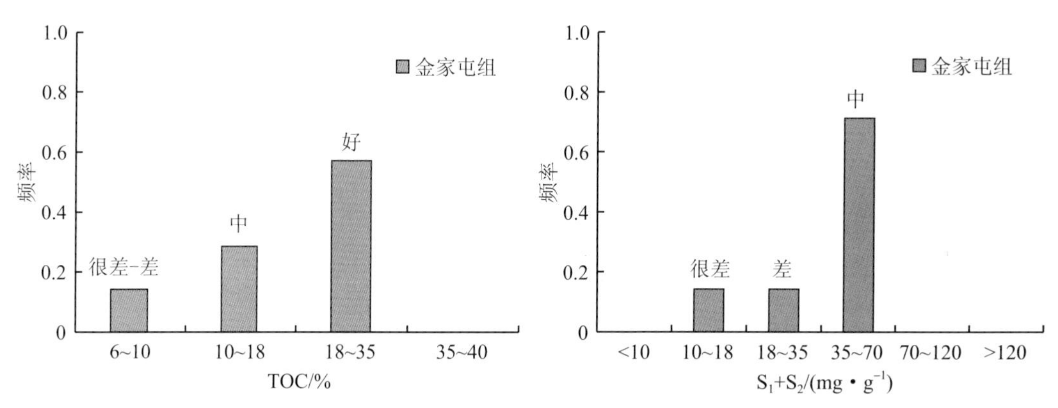

图2－23　双阳盆地下白垩统碳质泥岩有机质丰度参数评价

金家屯组煤岩TOC为59.90%（表2－20）；S_1+S_2为106.08mg/g，有机质丰度达到差烃源岩的标准（图2－22）。

综上所述，双阳盆地下白垩统煤系烃源岩有机质丰度达到中－好烃源岩的有机质丰度标准，其中金家屯组的烃源岩有机质丰度高于长安组烃源岩。

（4）果松盆地有机质丰度

果松盆地下白垩统林子头组发育煤系泥岩和煤岩两大类烃源岩。林子头组煤系泥岩TOC值为5.21%（表2－20），达到好－很好的烃源岩评价标准（图2－24）；S_1+S_2值为3.16mg/g（表2－20），属于中等烃源岩（图2－24）。总体来看，果松盆地下白垩统煤系泥岩属于好－中等丰度的烃源岩。

煤的有机质丰度较低，TOC为60.50%，S_1+S_2为52.21mg/g（表2－20），属于非烃源岩（图2－25）。

综上所述，果松盆地下白垩统林子头组烃源岩有机质丰度达到中－好烃源岩的有机质丰

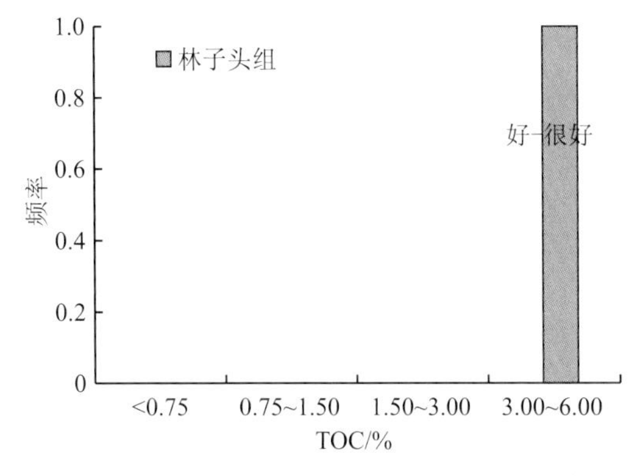

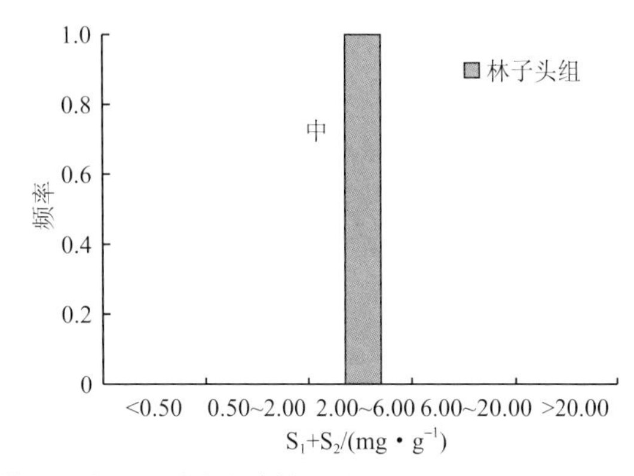

图 2－24 果松盆地下白垩统煤系泥岩有机质丰度参数评价

度标准。

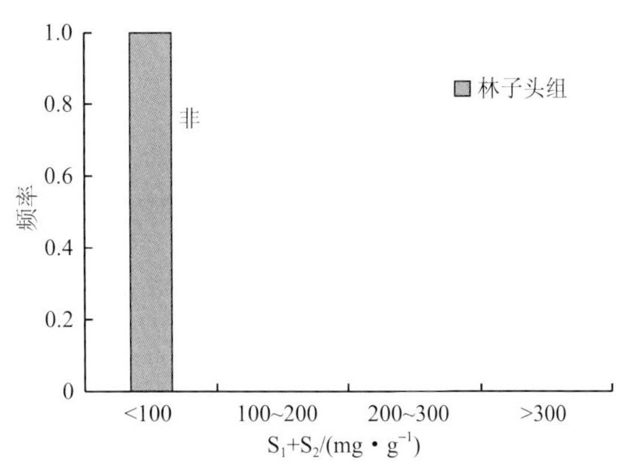

图 2－25 果松盆地下白垩统煤岩有机质丰度参数评价

(5) 柳河盆地有机质丰度

1) 亨通山组 (K_1h)：柳河盆地下白垩统亨通山组暗色泥岩的 TOC 分布范围为 0.14% ~ 1.50% (表 2 － 20)，平均值为 0.63%，由图 2－26 可见，暗色泥岩 TOC 主要分布在 0.60% ~1.00% 之间，属于中等烃源岩。$S_1 + S_2$ 值介于 0.01 ~ 1.12mg/g 之间 (表 2 －20)，平均值为 0.37mg/g，有机质丰度属于差烃源岩 (图 2 －26)。氯仿沥青 "A" 分布范围为 0.001% ~0.030%，平均值为 0.010% (表 2 －20)，属于非－差的烃源岩 (图 2－26)。总体来看，暗色泥岩有机质丰度达到中等偏差的烃源岩丰度标准，有部分泥岩属于非烃源岩。

2) 下桦皮甸子组 (K_1x)：下桦皮甸子组暗色泥岩的 TOC 分布范围为 0.07% ~1.67% (表 2 －20)，平均值为 0.53%，各个有机质丰度等级的烃源岩都有，但较多的泥岩样品属于非烃源岩，整体上有机质丰度达到了中等偏差的水平 (图 2 －26)。$S_1 + S_2$ 值介于 0.07 ~ 0.99mg/g 之间 (表 2 －20)，平均值为 0.16mg/g，生烃能力差 (图 2 －26)。

综上所述，柳河盆地下白垩统烃源岩有机质丰度达到中等偏差烃源岩的有机质丰度标准，生烃能力不强。

(6) 通化盆地有机质丰度

1) 亨通山组 (K_1h)：通化盆地下白垩统亨通山组暗色泥岩的 TOC 分布范围为 0.25% ~ 2.79% (表 2 －20)，平均值为 1.08%，达到中等－好烃源岩的丰度标准 (图 2 －27)。S_1 + S_2 值介于 0.08 ~ 10.33mg/g 之间 (表 2 － 20)，平均值为 2.57mg/g，$S_1 + S_2$ 分布在小于 2.00mg/g 和 2.00 ~6.00mg/g 两个区间内，达到差－中等烃源岩的丰度标准 (图 2 －27)。氯仿沥青 "A" 分布范围为 0.107% ~0.159% (表 2 －20)，平均值为 0.133%；总烃分布范围为 762×10^{-6} ~976×10^{-6}，平均值为 869×10^{-6}，达到好烃源岩的丰度标准 (图 2 －27)。总体上看，亨通山组暗色泥岩属于中等－好烃源岩。

2) 下桦皮甸子组 (K_1x)：下桦皮甸子组发育大套暗色泥岩 (图 2 －28)，暗色泥岩的

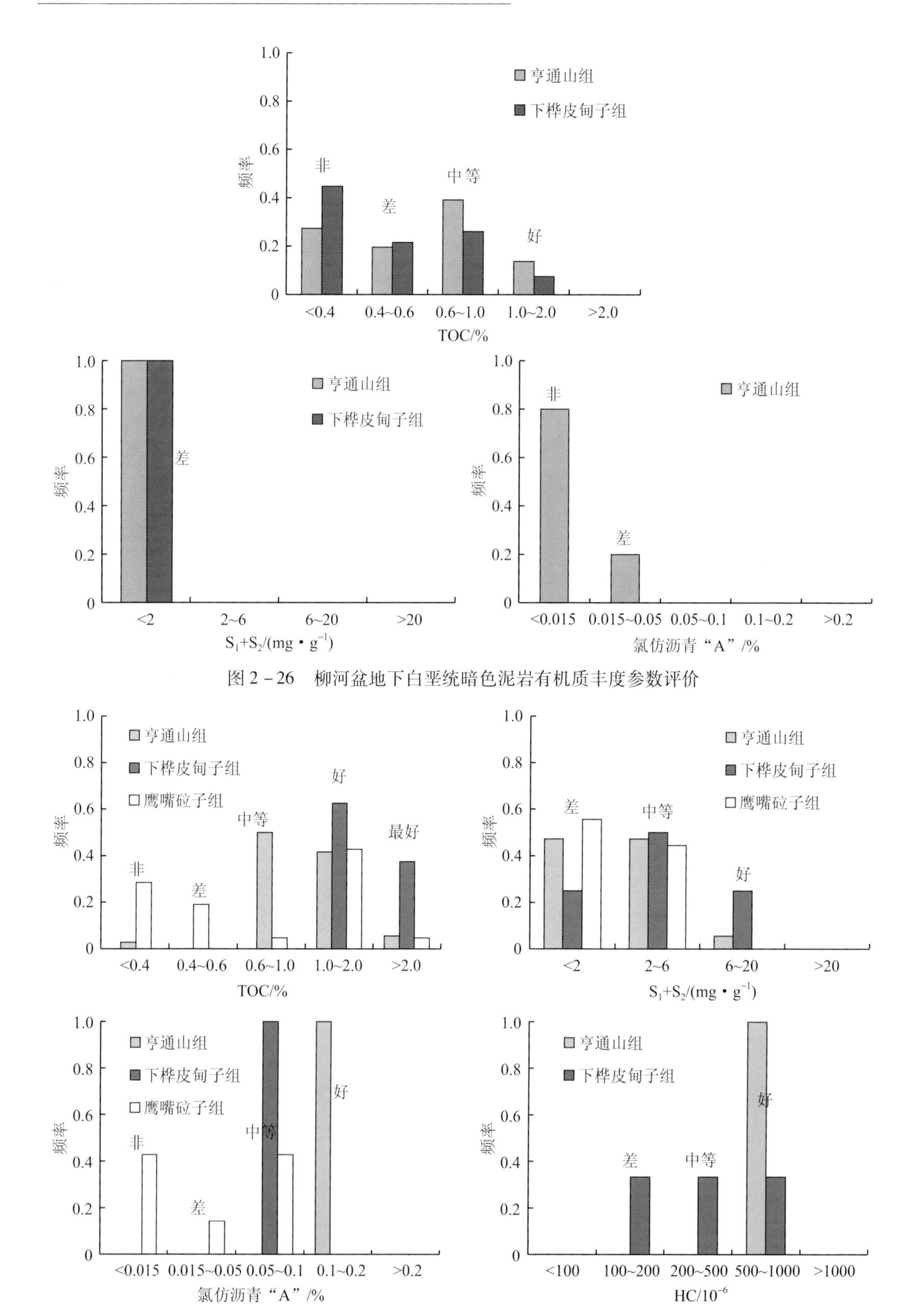

图2-26　柳河盆地下白垩统暗色泥岩有机质丰度参数评价

图2-27　通化盆地下白垩统暗色泥岩有机质丰度参数评价

TOC 分布范围为 1.02% ~3.08%（表 2 -20），平均值为 1.85%，达到好 - 最好的烃源岩有机质丰度评价标准（图 2 -27）。S_1+S_2 值介于 1.19 ~9.65mg/g 之间（表 2 -20），平均值为 4.42mg/g，达到差 - 好的有机质丰度评价标准（图 2 -27）。氯仿沥青“A”分布范围为 0.052% ~0.087%（表 2 -20），平均值为 0.064%，达到中等有机质丰度评价标准（图 2 -27）。总烃分布范围为 195×10^{-6} ~576×10^{-6}（表 2 -20），平均值为 334×10^{-6}，属于差 - 好烃源岩（图 2 -27）。总体来看，下桦皮甸子组的暗色泥岩属于中等 - 好烃源岩。

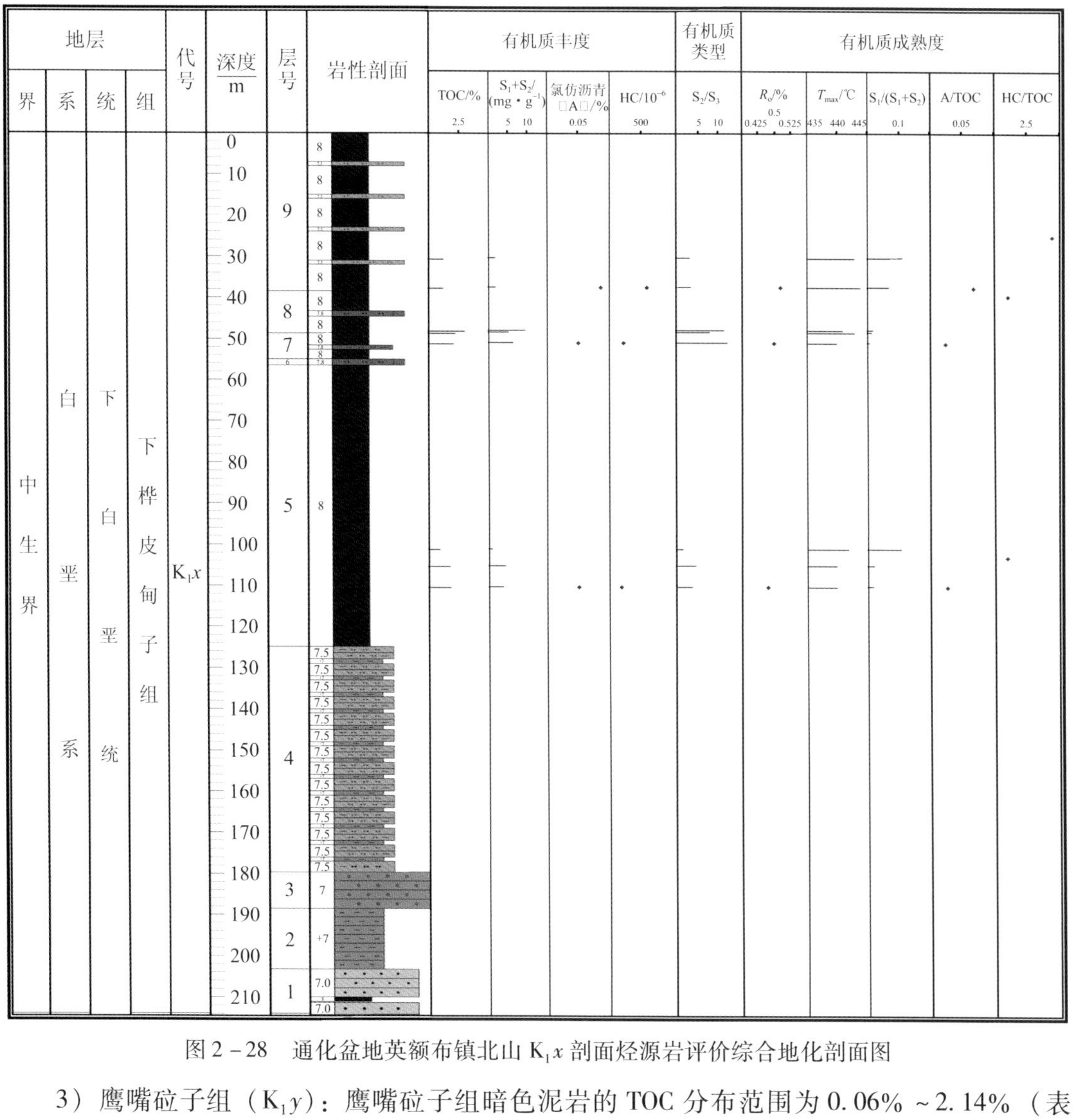

图 2 -28　通化盆地英额布镇北山 K_1x 剖面烃源岩评价综合地化剖面图

3）鹰嘴砬子组（K_1y）：鹰嘴砬子组暗色泥岩的 TOC 分布范围为 0.06% ~2.14%（表 2 -20），平均值为 0.94%，泥岩样品的 TOC 值在评价标准的五个区域内均有分布，但主要分布在 1.00% ~2.00% 区间内，有机质丰度达到好的烃源岩有机质丰度评价标准（图 2 -27）。S_1+S_2 值介于 0.02 ~5.32mg/g 之间，平均值为 1.96mg/g（表 2 -20），属于差 - 中等烃源岩评价标准（图 2 -27）。氯仿沥青“A”分布范围为 0.005% ~0.086%，平均值为 0.037%（表 2 -20），由氯仿沥青“A”频率分布图可见，氯仿沥青“A”值落在中等、差、非三个区间内（图 2 -27）。总体上看，暗色泥岩有机质丰度达到了中等 - 好的标准。

综上所述，通化盆地下白垩统烃源均属于暗色泥岩，有机质丰度属于中等 - 好烃源岩。

（7）红庙子盆地有机质丰度

1）亨通山组（K_1h）：红庙子盆地下白垩统发育暗色泥岩和油页岩两种烃源岩。亨通山组暗色泥岩的TOC分布范围为3.39%～5.03%（表2－20），平均值为4.07%，丰度达到最好烃源岩的有机质丰度等级（图2－29）。S_1+S_2值介于4.18～9.37mg/g之间（表2－20），均值为5.48mg/g，达到中等－好的标准（图2－29）。氯仿沥青“A”分布范围为0.069%～0.174%，平均值为0.100%；总烃分布范围为403×10^{-6}～947×10^{-6}，平均值为594×10^{-6}（表2－20），由氯仿沥青“A”和总烃两个评价参数的频率分布图可见，暗色泥岩属于中等－好烃源岩（图2－29）。由上可见，亨通山组的泥岩样品有机质丰度达到了中等偏好的烃源岩标准。

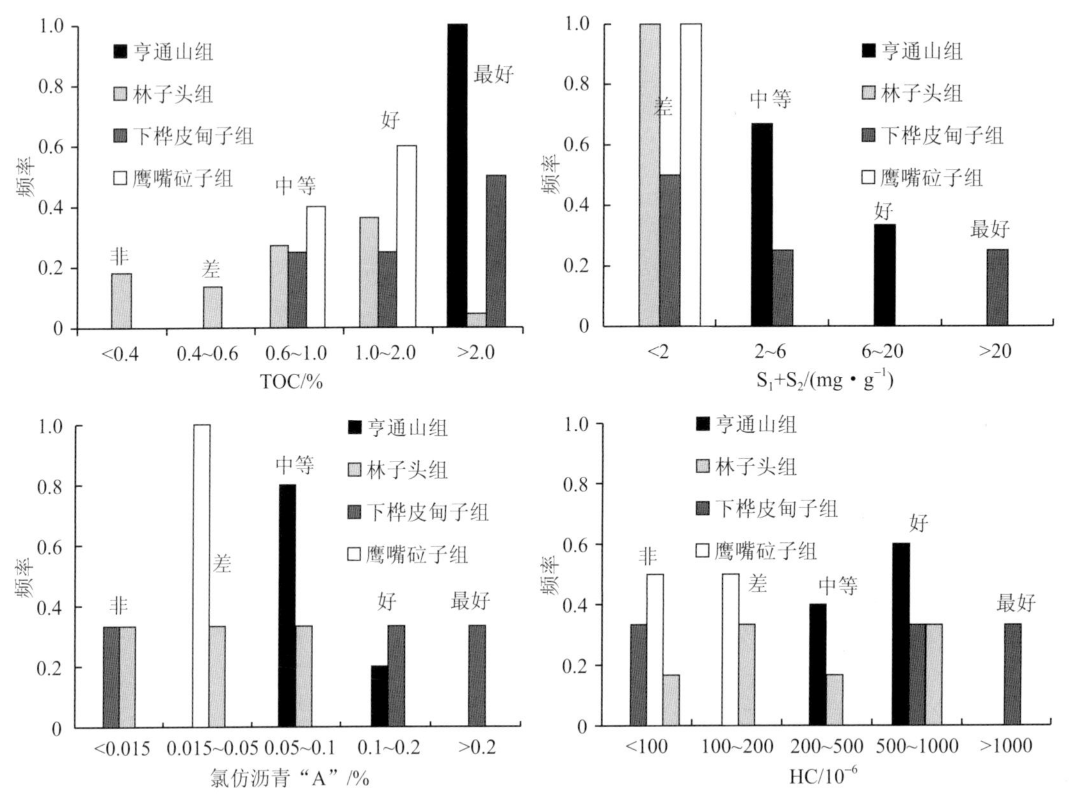

图2－29　红庙子盆地下白垩统暗色泥岩有机质丰度参数评价

亨通山组油页岩的TOC分布范围为6.62%～6.68%（表2－20），平均值为6.65%，丰度等级达到最好烃源岩的有机质丰度标准（图2－30）。S_1+S_2值介于11.62～11.90mg/g之间（表2－20），平均值为11.74mg/g，属于好烃源岩（图2－30）。氯仿沥青“A”分布范围为0.118%～0.137%（表2－20），平均值为0.128%；总烃分布范围为620×10^{-6}～688×10^{-6}，平均值为654×10^{-6}。整体上看，油页岩达到了好烃源岩的丰度标准（图2－30）。

2）下桦皮甸子组（K_1x）：下桦皮甸子组暗色泥岩的TOC分布范围为0.64%～3.92%（表2－20），平均值为2.08%，属于中等－最好的烃源岩（图2－29）。S_1+S_2介于0.28～21.18mg/g之间（表2－20），平均值为7.05mg/g，丰度达到差－中等和最好两个标准（图2－29）。氯仿沥青“A”分布范围为0.002%～0.234%（表2－20），平均值为0.114%；总烃分布范围为18×10^{-6}～1708×10^{-6}，平均值为799×10^{-6}，丰度达到非和好－最好两个

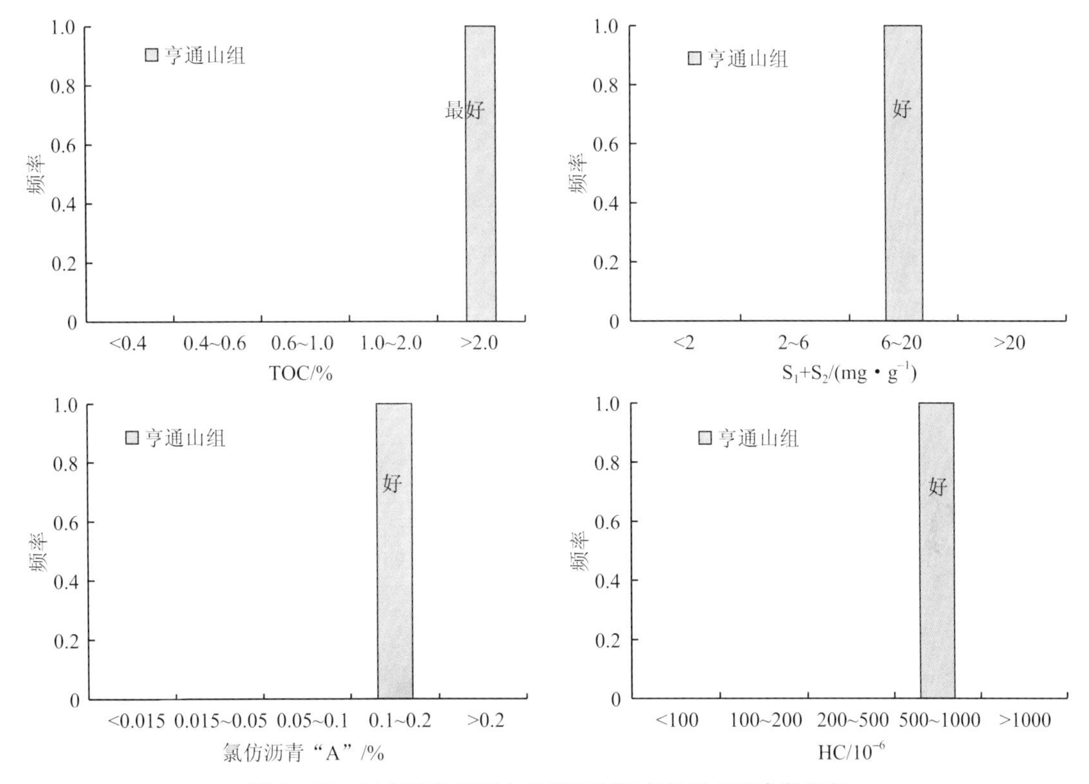

图2－30　红庙子盆地下白垩统油页岩有机质丰度参数评价

标准（图2－29）。总体来看，泥岩达到了中等－好烃源岩的丰度标准。

3）林子头组（K_1l）：林子头组暗色泥岩的TOC分布范围为0.20%～3.33%（表2－20），平均值为0.91%，泥岩样品的TOC值在评价标准的五个区域内均有分布，但主要分布在0.60%～1.00%和1.00%～2.00%两个区间内，有机质丰度达到中等－好的评价标准（图2－29）。S_1+S_2值介于0.03～1.96mg/g之间（表2－20），均值为0.64mg/g，生烃能力较差（图2－29）。氯仿沥青"A"分布范围为0.004%～0.095%（表2－20），平均值为0.040%，属于差－中等烃源岩（图2－29）。总烃分布范围为39×10^{-6}～866×10^{-6}，平均值为40×10^{-6}，属于差－好烃源岩（图2－29）。总的来看，林子头组的暗色泥岩有机质丰度达到了中等烃源岩的标准。

4）鹰嘴砬子组（K_1y）：鹰嘴砬子组暗色泥岩的TOC分布范围为0.83%～1.12%（表2－20），平均值为1.02%，属于中等－好的烃源岩（图2－29）。S_1+S_2值介于0.31～0.95mg/g之间（表2－20），平均值为0.54mg/g，生烃能力较差（图2－29）。氯仿沥青"A"分布范围为0.016%～0.037%（表2－20），平均值为0.027%；总烃分布范围为61×10^{-6}～167×10^{-6}，平均值为114×10^{-6}，达到了差烃源岩的标准（图2－29）。总的来看，鹰嘴砬子组泥岩样品有机质丰度达到中等偏差的烃源岩有机质丰度标准。

综上所述，红庙子盆地下白垩统发育的烃源岩有机质丰度较高，达到中等－最好烃源岩的丰度评价标准。

（8）下白垩统有机质丰度平面变化特征及影响因素

在野外石油地质调查与地质调查井样品分析化验的同时，笔者还收集了孙吴－嘉荫盆地、鹤岗盆地、汤原断陷、方正断陷、双鸭山盆地、虎林盆地、勃利盆地、宁安盆地、东宁盆地、罗子沟盆地、老黑山盆地、延吉盆地、松江盆地、蛟河盆地、辽源盆地、敦化盆地等盆地以往有关下白垩统烃源岩的测试数据（包括我们多年积累的测试数据）（表2-21）（姜贵周等，1986；陈章明等，1989；孟元林等，1991，2015a，2015b，2016a，2016b，2016c；李泰明等，1991；迟元林等，1999；翟光明等，1993a，1993b，1993c；孟元林等，1994a；关德师等，2000；李忠权等，2003；周荔青和刘池阳，2004；韩春花，2005；李景坤等，2005；冯志强等，2007；吴河勇等，2008；Yu et al.，2008；侯仔明等，2009；刘招君等，2009；刘维亮等，2010；张渝金，2010；曲延林等，2011；卢双舫等，2011a；董清水等，2012；乔德武等，2013a，2013b；孙哲等，2013；刘蕾蕾等，2013；陈贵标等，2013；韩欣澎等，2013；林长城等，2013；张吉光等，2014；Hou et al，2014）。参照《陆相烃源岩地球化学评价方法》（SY/T 5735—1995）及煤系烃源岩有机质评价标准（陈建平等，1997），对下白垩统烃源岩进行了有机质丰度评价（图2-31）。总体上，下白垩统烃源岩达到了中等有机质丰度；部分烃源岩达到了中等-好烃源岩的标准，如方正断陷、延吉盆地、辽源盆地、松江盆地、双阳盆地、果松盆地、通化盆地和红庙子盆地等盆地；还有的烃源岩属于好和最好的烃源岩，如东宁盆地、老黑山盆地和罗子沟盆地，这些小型盆地发育油页岩。

表2-21　下白垩统烃源岩有机质丰度统计表

盆地	地层	烃源岩	TOC/%	S_1+S_2/（$mg \cdot g^{-1}$）	氯仿沥青"A"/%	总烃 HC/10^{-6}	综合评价
孙吴-嘉荫盆地	淘淇河组	煤系泥岩	0.09~4.98 1.64（175）	0.01~20.47 2.81（162）	0.003~0.117 0.026（32）	16~880 288（8）	中-好
		碳质泥岩	7.18~35.55 20.14（4）	6.53~71.76 42.03（4）	0.098	384	
		煤	42.86	64.31			
	宁远村组	煤系泥岩	0.10~5.93 1.87（25）	0.02~14.01 2.54（25）	0.003~0.045 0.018（3）		
		碳质泥岩	6.23~25.30 12.15（4）	11.59~64.60 28.00（4）			
鹤岗盆地	城子河组	煤系泥岩	0.76~4.88 2.29（8）	0.11~5.82 2.06（8）			中
		中碳质泥岩	14.56~20.82 17.88（3）	0.11~22.84 9.02（3）			
		煤	66.16~74.45 70.96（9）	0.42~120.99 61.25（9）			
	穆棱组	煤系泥岩	2.17	2.03			
		煤	70.83	3.32			
汤原断陷	穆棱组	暗色泥岩	0.20~2.60 0.78（18）	0.03~6.34 1.96（13）	0.0034~0.116 0.025（18）		差-中
方正断陷	方正组	煤系泥岩	0.15~5.86 2.25（67）	0.03~34.64 9.60（67）	0.003~0.514 0.121（18）		中-好
		碳质泥岩	6.09~36.64 16.41（32）	0.69~174.15 51.63（32）	0.002~2.696 0.844（9）		
		煤	62.87~68.33 65.60（2）	0.60~173.56 87.08（2）	0.132		

续表

盆地	地层	烃源岩	TOC/%	S_1+S_2 ($mg \cdot g^{-1}$)	氯仿沥青"A"/%	总烃 HC/10^{-6}	综合评价
双鸭山盆地	穆棱组	煤系泥岩	1.02~1.78 1.40（4）	0.48~1.63 1.06（4）			差－中
		煤	66.92~76.91 71.92（4）	151.16~178.20 164.47（4）			
	城子河组	煤系泥岩	0.76~2.95 1.62（6）	0.52~3.89 1.55（6）			
		煤	73.48~80.76 77.08（6）	165.14~244.32 198.41（6）			
虎林盆地	云山组	煤系泥岩	0.39~5.90 1.97（40）	0.08~20.80 3.29（34）			中
		碳质泥岩	6.89~36.33 14.50（5）	27.43~73.05 44.85（5）中			
		煤	42.45	115.52			
勃利盆地	穆棱组	暗色泥岩	0.40~0.53 0.48（3）	0.06~0.28 0.1767（3）	0.007~0.259 0.091（3）	1135	差－中
	上云山组（城子河组）	暗色泥岩	0.15~1.54 0.72（13）	0.01~0.53 0.17（13）	0.004~0.009 0.007（7）		
		碳质泥岩	12.42	2.96			
	下云山组	暗色泥岩	0.15~3.52 0.78（14）	0.04~2.41 0.31（14）	0.002~0.038 0.010（14）		
	珠山组	暗色泥岩	0.11~4.37 1.12（30）	0.04~16.93 1.45（28）	0.002~0.422 0.039（17）	204~1046 625（2）	
宁安盆地	穆棱组	煤系泥岩	0.22~5.93 1.63（19）	0.24~41.06 5.34（22）			中－好
		碳质泥岩	6.30~33.75 14.87（7）	0.58~112.36 41.47（6）			
		油页岩	6.30~62.15 33.63（11）	0.57~171.94 105.29（11）			
		煤	42.05~56.40 50.48（3）	178.00~263.76 210.03（3）			
东宁盆地	东宁组	油页岩	40.20	90.50			最好
罗子沟盆地	大砬子组	暗色泥岩	0.90~3.12 1.62（6）	0.23~13.07 3.14（6）	0.015~0.243 0.087（6）		好－最好
		油页岩	8.10~10.69 9.37（4）	33.09~51.14 44.4（4）	0.445~0.862 0.687（4）		
老黑山盆地	东宁组	油页岩	39.02	89.00			最好
延吉盆地	铜佛寺组	暗色泥岩	0.31~4.57 1.94（42）	0.08~33.77 3.69（51）	0.008~0.225 0.057（25）	306~583 444（2）	中等－好
	大砬子组	暗色泥岩	0.16~4.81 1.57（56）	0.04~34.01 4.39（68）	0.005~0.220 0.053（38）	70~960 357（5）	
		油页岩		3.55			

续表

盆地	地层	烃源岩	TOC/%	S_1+S_2 / (mg·g^{-1})	氯仿沥青“A”/%	总烃 HC/10^{-6}	综合评价
敦化盆地	长财－大砬子组	煤系泥岩＋碳质泥岩	1.22～9.88 / 5.38（4）	0.92～24.09 / 9.23（2）	0.006～0.099 / 0.055（3）	32～606 / 322（3）	好－很好
		煤	28.55～87.67 / 48.64（2）	23.97～48.39 / 36.18（2）	0.212～0.518 / 0.365（2）	1047～2771 / 1909（2）	
蛟河盆地	保家屯组	暗色泥岩、碳质泥岩	2.66～6.80 / 5.04（8）	6.50～41.20 / 22.60（7）	0.080～0.250 / 0.190（8）	407～1325 / 926（6）	中－很好
	乌林组	煤系泥岩	2.46～3.60 / 2.80（4）	2.80～8.40 / 4.30（4）	0.020～0.100 / 0.080（4）	144	
		煤		125.22（1）	0.530（1）	1867	
	奶子山组	煤系泥岩、碳质泥岩	1.50～9.70 / 3.90（4）	0.60～21.70 / 8.10（4）	0.010～0.150 / 0.050（4）	126	
		煤	43.58～64.64 / 55.26（3）	64.94～146.60 / 93.50（3）	0.384～0.840 / 0.610（3）	3037	
辽源盆地	长安组	煤系泥岩、碳质泥岩	2.81～25.00 / 8.53（8）	1～77.57 / 16.55（8）	0.020～0.100 / 0.040（5）		中－好
		碳质泥岩、煤	25.00～59.2 / 46.88（5）	0.94～136.04 / 33.55（5）	0.240～0.400 / 0.310（5）		
	安民组	煤系泥岩、碳质泥岩	1.48～8.38 / 4.62（6）	0.04～4.75 / 2.38（6）	0.010～0.080 / 0.030（5）		
		碳质泥岩、煤	4.94～57.82 / 21.00（4）	0.25～23.10 / 19.12（3）	0.010～0.160 / 0.150（3）		
	久大组	煤系泥岩	2.55～5.54 / 3.54（11）	0.34～46.80 / 16.13（11）	0.010～0.690 / 0.390（4）		
		碳质泥岩、煤	32.58～56.82 / 47.8（4）	24.65～91.55 / 60.10（4）	0.010～0.350 / 0.020（4）		
敦密盆地	久大组＋德仁组	暗色泥岩	1.60		0.030		中等
松江盆地	大砬子组	暗色泥岩	0.97～5.59 / 3.15（19）	0.12～27.89 / 10.63（19）	0.041～2.252 / 0.390（13）	16～694 / 10（17）	中－好
		碳质泥岩	6.35～9.15 / 7.57（3）	25.60～54.82 / 37.30（3）			

在研究区，下白垩统烃源岩的有机质丰度具有“南高北低”的特征（图2－31），南部烃源岩丰度较高，达到中等－最好的有机质丰度标准，北部的有机质丰度相对较低，属于中等偏差的烃源岩。有机质的丰度主要受沉积相的影响与控制，北部地区下白垩统发育海陆交互相和湖沼相沉积，水体相对较浅、主要发育陆源高等植物，烃源岩主要为煤系暗色泥岩及碳质泥岩，有机质丰度较低；南部地区下白垩统主要发育淡水湖相沉积，烃源岩中以水生生物为主，烃源岩主要为湖相暗色泥岩和油页岩，有机质的丰度相对较高。

2. 有机质类型及影响因素

东北地区东部盆地群各沉积盆地面积不大，湖盆水体稳定性较差，整体呈振荡式演化，

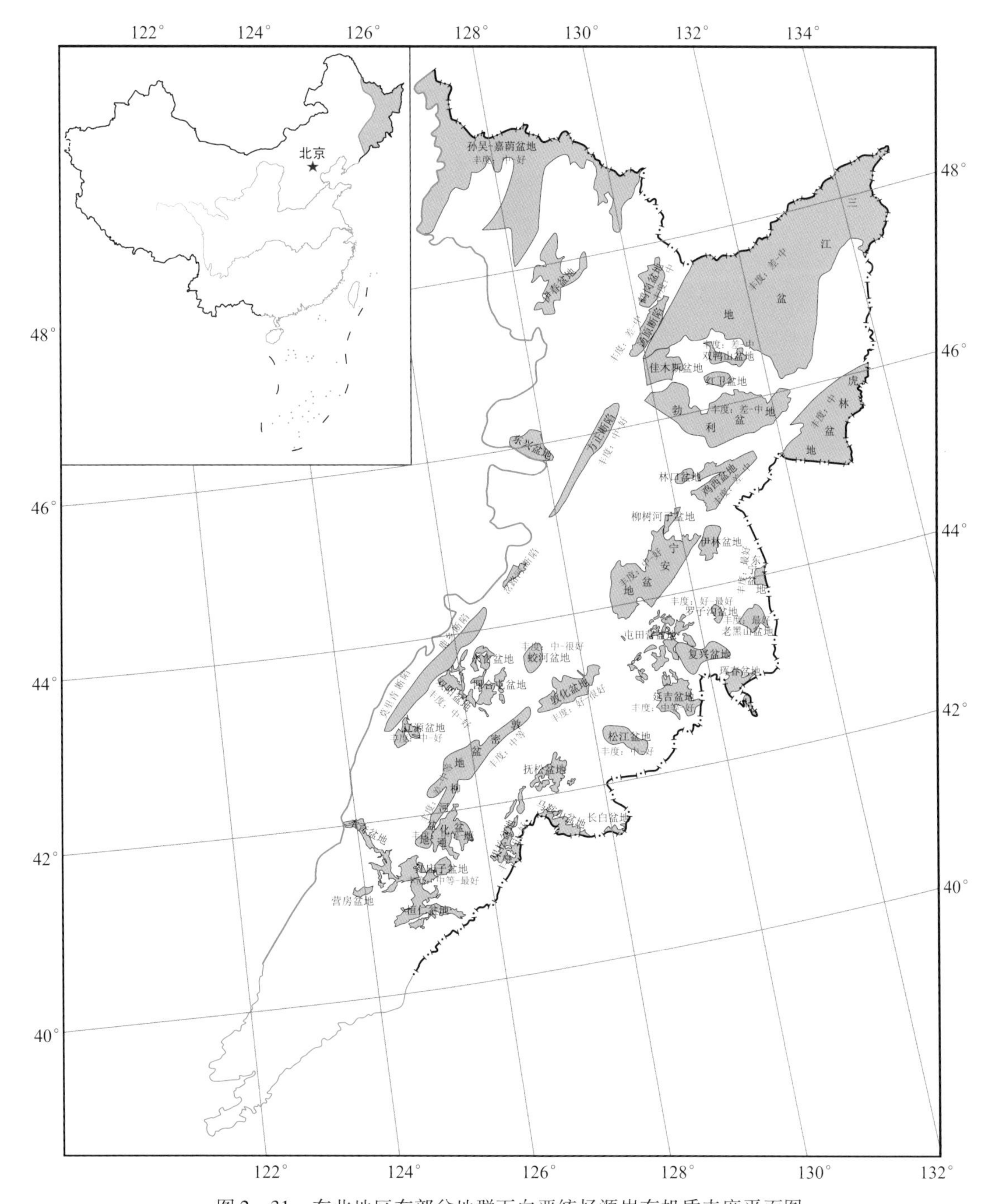

图 2－31 东北地区东部盆地群下白垩统烃源岩有机质丰度平面图

沉积相以沼泽相、滨浅湖、半－深湖相为主，优质烃源岩比例较低。大部分烃源岩有机质以淡水水生生物及陆生高等植物为主，Ⅲ型、$Ⅱ_2$型干酪根占主导地位，部分断陷甚至以发育沼泽相Ⅲ型干酪根煤系烃源岩为主。但在部分规模较大深断陷的半深湖－深湖相区，水生浮游生物繁盛，油页岩较发育，以发育$Ⅱ_1$、$Ⅱ_2$型干酪根为主，甚至发育Ⅰ型干酪根。我们在三江盆地、鸡西盆地、双阳盆地、果松盆地、柳河盆地、通化盆地和红庙子盆地的实测数据也支持了这一观点。

（1）三江盆地、鸡西盆地、双阳盆地、果松盆地、柳河盆地、通化盆地和红庙子盆地下白垩统有机质类型

1）三江盆地：烃源岩热解数据表明，三江盆地下白垩统穆棱组和城子河组烃源岩有机质类型属于$Ⅱ_1$－Ⅲ型（图2－32）。三江盆地下白垩统煤系泥岩有机质显微组分主要以腐泥组、镜质组为主，惰质组和壳质组次之，腐泥组含量均值均达到60.0%以上（表2－22），镜质组含量介于12.3%～64.3%之间，惰质组含量小于5.0%，穆棱组和城子河组壳质组含量最低，均值分别为0.8%和0.5%，有机质主要来源于藻类为主的低等水生生物，其次为陆源高等植物，有机质类型为$Ⅱ_1$－Ⅲ型干酪根。

综上所述，三江盆地下白垩统烃源岩有机质类型属于Ⅱ－Ⅲ型干酪根。

2）鸡西盆地：鸡西盆地下白垩统穆棱组煤系泥岩有机显微组分主要以腐泥组和镜质组含量最高，分别达到39.5%和40.9%（表2－22），惰质组含量介于6.7%～16.7%之间，平均值为14.8%，壳质组含量为6.4%，有机质类型主要为$Ⅱ_2$－Ⅲ型干酪根，有机质主要来源于藻类为主的低等水生生物和高等植物木质纤维丝。根据热解数据显示，鸡西盆地下白垩统烃源岩有机质类型主要为$Ⅱ_1$－Ⅲ型干酪根（图2－33）。

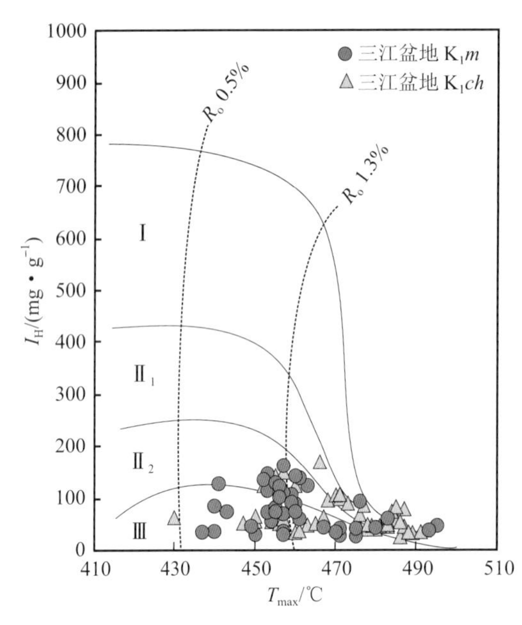

图2－32　三江盆地下白垩统实测烃源岩（T_{max}－I_H）有机质类型

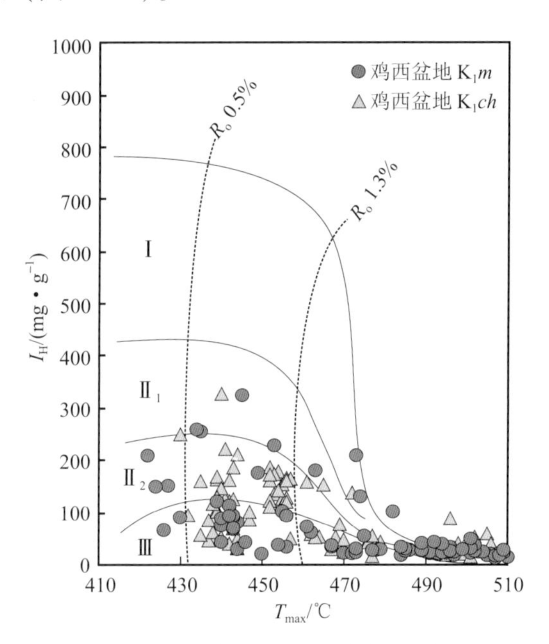

图2－33　鸡西盆地下白垩统实测烃源岩（T_{max}－I_H）有机质类型

综上所述，鸡西盆地下白垩统烃源岩有机质类型主要为$Ⅱ_2$－Ⅲ型干酪根。

3）双阳盆地：双阳盆地下白垩统烃源岩有机质显微组分主要以壳质组和镜质组为主。双阳盆地长安组和金家屯组烃源岩有机质类型主要为$Ⅱ_1$型、$Ⅱ_2$型干酪根，少数为Ⅲ型干酪根（图2－34）。下白垩统长安组暗色泥岩中壳质组含量为35%，镜质组含量为65%；下白垩统金家屯组煤壳质组总量在6%～9%之间，平均值为8%（表2－22），其干酪根类型为腐植型干酪根，有机质来源于陆源高等植物，有机质类型属于Ⅲ型干酪根（表2－22）。

综上所述，双阳盆地下白垩统有机质类型为Ⅱ－Ⅲ型干酪根。

4）果松盆地：果松盆地下白垩统烃源岩的测试资料较少，仅有烃源岩热解资料。林子

头组（K_1l）烃源岩的有机质成熟度较高，落在了Ⅰ型干酪根的区域（图2－34）。

5）柳河盆地：柳河盆地下白垩统下桦皮甸子组烃源岩热解资料表明，有机质类型主要为Ⅲ型干酪根（图2－35）。下白垩统亨通山组暗色泥岩干酪根的显微组分主要为腐殖无定形体和镜质组为主（图版8－1，图版8－2），不具荧光特征，具有Ⅲ型和$Ⅱ_2$型干酪根特征，壳质组和镜质组的含量平均值分别为51.8%和43.8%（表2－22），惰质组含量最少，在1.0%～8.0%间变化，有机质主要来源于陆源高等植物，有机质类型为$Ⅱ_2$－Ⅲ型干酪根。

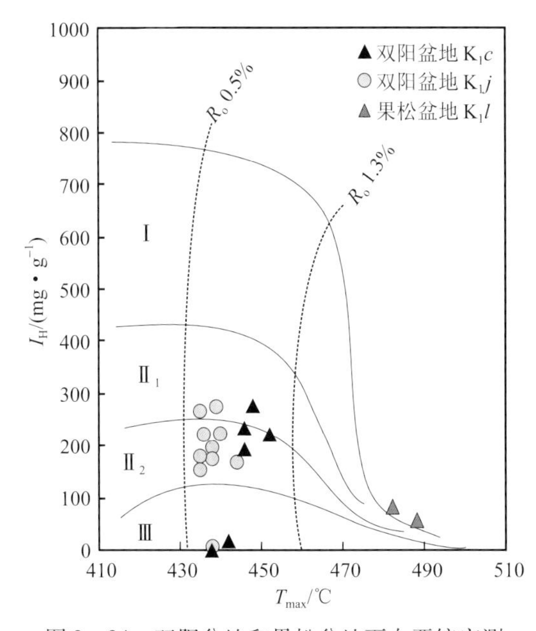

图2－34　双阳盆地和果松盆地下白垩统实测烃源岩（$T_{max}-I_H$）有机质类型

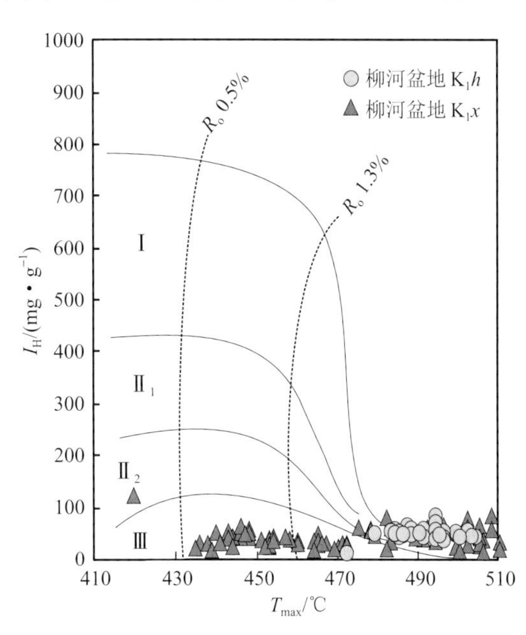

图2－35　柳河盆地下白垩统实测烃源岩（$T_{max}-I_H$）有机质类型

综合两种资料的评价结果，柳河盆地下白垩统烃源岩有机质类型属于$Ⅱ_2$－Ⅲ型干酪根。

6）通化盆地：烃源岩热解资料表明，通化盆地下白垩统亨通山组（K_1h）、下桦皮甸子组（K_1x）和鹰嘴砬子组（K_1y）烃源岩有机质类型主要为$Ⅱ_1$型、$Ⅱ_2$型和Ⅲ型干酪根（图2－36）。

干酪根的显微组分中，既有腐殖和腐泥无定形体（图版8－3），又有镜质组、丝质体和角质体（图版8－4，图版8－5），亨通山组、下桦皮甸子组和鹰嘴砬子组暗色泥岩壳质组含量平均值分别为79.7%、74.7%和51.7%（表2－22），镜质组含量均值分别为20.3%、19.3%和34.5%，惰质组含量小于10.0%，只有鹰嘴砬子组暗色泥岩具有腐泥组，含量介于16.0%～25.0%之间，平均值为19.8%，有机质来源既有陆源高等植物，又有水生生物，有机质类型为$Ⅱ_1$－Ⅲ型干酪根。

综合两种资料的评价结果，通化盆地下白垩统烃源岩有机质类型属于$Ⅱ_1$－Ⅲ型干酪根。

7）红庙子盆地：红庙子盆地下白垩统烃源岩热解资料表明（图2－37），亨通山组（K_1h）烃源岩有机质类型$Ⅱ_2$型和Ⅲ型干酪根；下桦皮甸子组（K_1x）烃源岩有机质类型主要为Ⅲ型干酪根，$Ⅱ_1$型和Ⅰ型干酪根兼而有之；林子头组（K_1l）烃源岩有机质类型为$Ⅱ_2$型和Ⅲ型干酪根；鹰嘴砬子组（K_1y）烃源岩干酪根主要为Ⅲ型干酪根。干酪根类型从鹰嘴砬子时期到下桦皮甸子时期反映了一个水体加深的水进过程，从下桦皮甸子时期到亨通山时期反映了一个水体变浅的水退过程。

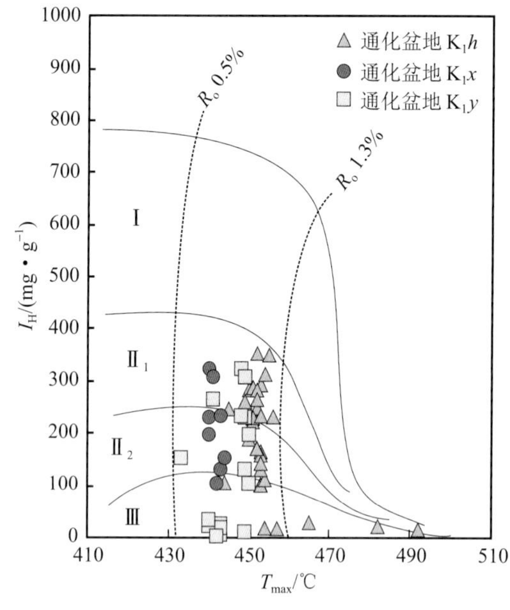

图 2-36　通化盆地下白垩统实测烃源岩（$T_{max}-I_H$）有机质类型

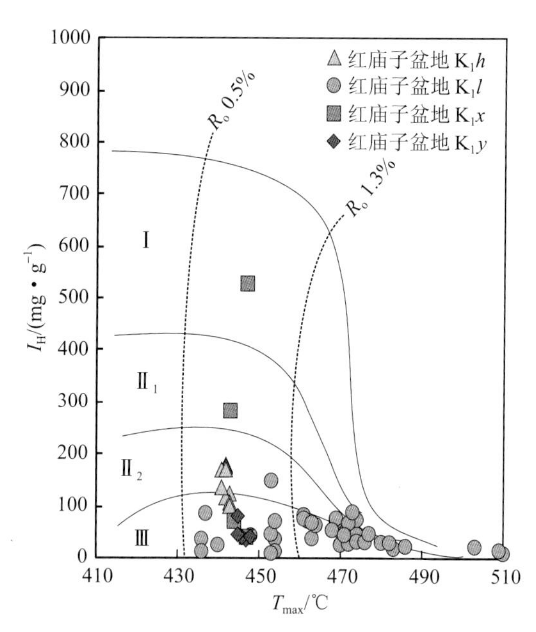

图 2-37　红庙子盆地下白垩统实测烃源岩（$T_{max}-I_H$）有机质类型

红庙子盆地下白垩统烃源岩干酪根的显微组分以壳质组和镜质组为主、惰质组均较少，不超过 10.0%（表 2-22）。亨通山组的暗色泥岩和油页岩壳质组含量均达到 60.0% 以上；镜质组含量分别介于 18.0% ~30.0% 和 22.0% ~30.0% 之间，平均含量分别为 24.2% 和 26.0%。下桦皮甸子组的暗色泥岩壳质组含量比其他两个时期均高，均值达到了 84.0%，镜质组含量平均值为 11.0%。鹰嘴砬子组暗色泥岩的显微组分以腐殖无定形体、镜质组和腐泥无定形体为主（图版 8-6），腐泥组含量为 22.0%；壳质组含量分布在 55.0% ~73.0% 之间，平均值为 66.0%；镜质组含量介于 20.0% ~23.0% 之间，平均含量为 21.7%，有机质类型为 $Ⅱ_2$ - Ⅲ型干酪根（表 2-22）。

表 2-22　下白垩统烃源岩有机质显微组分统计表

盆地	地层	烃源岩	腐泥组/%	壳质组/%	镜质组/%	惰性组/%	类型指数	干酪根类型
三江盆地	穆棱组（K_1m）	煤系泥岩	42.0 ~ 84.7 67.7（24）	0.3 ~ 2.0 0.8（8）	12.3 ~ 48.0 29.8（24）	0.3 ~ 17.0 4.5（13）	-2.8 ~ 73.2 43.2（24）	$Ⅱ_1$ - Ⅲ
	城子河组（K_1ch）	煤系泥岩	28.3 ~ 74.0 62.6（22）	0.3 ~ 0.7 0.5（2）	24.0 ~ 64.3 36.3（23）	0.3 ~ 7.3 2.4（9）	-27.3 ~ 54.5 34.4（22）	
鸡西盆地	穆棱组（K_1m）	煤系泥岩	24.0 ~ 46.7 39.5（24）	0.7 ~ 6.7 6.4（21）	30.0 ~ 66.0 40.9（24）	6.7 ~ 16.7 14.8（23）	-35.5 ~ 10.8 -2.7（24）	$Ⅱ_2$ - Ⅲ
双阳盆地	长安组（K_1c）	煤系泥岩		35.2	64.8		-31.0	Ⅲ
	金家屯组（K_1j）	煤系泥岩		9.3	90.7		-63.4	
		碳质泥岩		6.3	93.7		-67.1	
柳河盆地	亨通山组（K_1h）	暗色泥岩		35.0 ~ 78.0 51.8（5）	20.0 ~ 60.0 43.8（5）	1.0 ~ 8.0 4.4（5）	-32.5 ~ 22.0 -11.4（5）	$Ⅱ_2$ - Ⅲ

续表

盆地	地层	烃源岩	腐泥组/%	壳质组/%	镜质组/%	惰性组/%	类型指数	干酪根类型
通化盆地	亨通山组（K_1h）	暗色泥岩		78.7~80.7 79.7（2）	19.3~21.3 20.3（2）		23.4~25.9 24.65（2）	$Ⅱ_1$－Ⅲ
	下桦皮甸子组（K_1x）	暗色泥岩		68.0~81.0 74.7（3）	15.0~24.0 19.3（3）	4.0~8.0 6.0（3）	8.0~25.0 16.7（3）	
	鹰嘴砬子组（K_1y）	暗色泥岩	16.0~25.0 19.7（3）	68.0~76.0 51.7（7）	14.0~65.0 34.5（6）	1.0~9.0 4.3（4）	-43.0~41.5 3.7（7）	
红庙子盆地	亨通山组（K_1h）	暗色泥岩		60.0~75.0 66.2（5）	18.0~30.0 24.2（5）	7.0~11.0 9.6（5）	-3.0~17.0 5.2（5）	$Ⅱ_2$－Ⅲ
		油页岩		60.0~70.0 65.0（2）	22.0~30.0 26.0（2）	8.0~10.0 9.0（2）	-3.0~11.0 4.0（2）	
	下桦皮甸子组（K_1x）	暗色泥岩		83.0~85.0 84.0（2）	10.0~12.0 11.0（2）	5.0	28.0~30.0 39.0（2）	
	鹰嘴砬子组（K_1y）	暗色泥岩	22.0	55.0~73.0 66.0（3）	20.0~23.0 21.7（3）	7.0~8.0 7.5（2）	11.0~32.3 19.4（3）	

综合两种资料的评价结果，红庙子盆地下白垩统烃源岩干酪根类型以腐殖型干酪根为主，其次为腐泥－腐殖混合型干酪根，有机质主要来源为陆源高等植物，主要发育$Ⅱ_2$－Ⅲ型干酪根。

（2）下白垩统烃源岩有机质类型平面变化规律及其影响因素分析

在广泛收集前人烃源岩分析化验资料的基础上，再加上新的测试数据，研究了下白垩统烃源岩有机质类在平面上的展布规律（图2－38）。由图可见，下白垩统烃源岩主要发育Ⅱ－Ⅲ型干酪根，但总体上具有南部地区的有机质类型好于北部地区的趋势。北部地区下白垩统烃源岩有机质类型主要为$Ⅱ_2$－Ⅲ型干酪根，南部地区下白垩统烃源岩的优势有机质类型为Ⅰ－$Ⅱ_2$型干酪根。其原因是，北部地区沉积盆地发育于海陆交互相、滨浅湖相等浅水环境，有机质来源于陆生高等植物及水生浮游生物，但以陆生生物为主；南部地区沉积环境主要为湖相，油页岩较发育，水生浮游生物繁盛，少数沼泽相，烃源岩中陆源高等生物较为发育。因此，北部烃源岩具有一定的生气潜力，南部烃源岩同时具有生油和生气的潜力。

3. 烃源岩有机质成熟度影响因素

在三江盆地、鸡西盆地、通化盆地、柳河盆地、红庙子盆地、果松盆地和双阳盆地等盆地采集了下白垩统烃源岩样品，研究了这7个盆地的有机质成熟度。

（1）三江盆地有机质成熟度

三江盆地下白垩统烃源岩R_o主要分布在0.66%~2.11%之间（图2－39），目前主要处于成熟－过成熟阶段（图2－40a）；T_{max}主要介于440~580℃之间，处于成熟－高成熟阶段（图2－41a）。综合两种资料的评价结果，三江盆地下白垩统烃源岩有机质热演化达到了高成熟阶段，主要产轻质油、凝析油气以及湿气。

（2）鸡西盆地有机质成熟度

鸡西盆地下白垩统烃源岩R_o主要介于0.49~2.15%之间（图2－39），处于低成熟－过

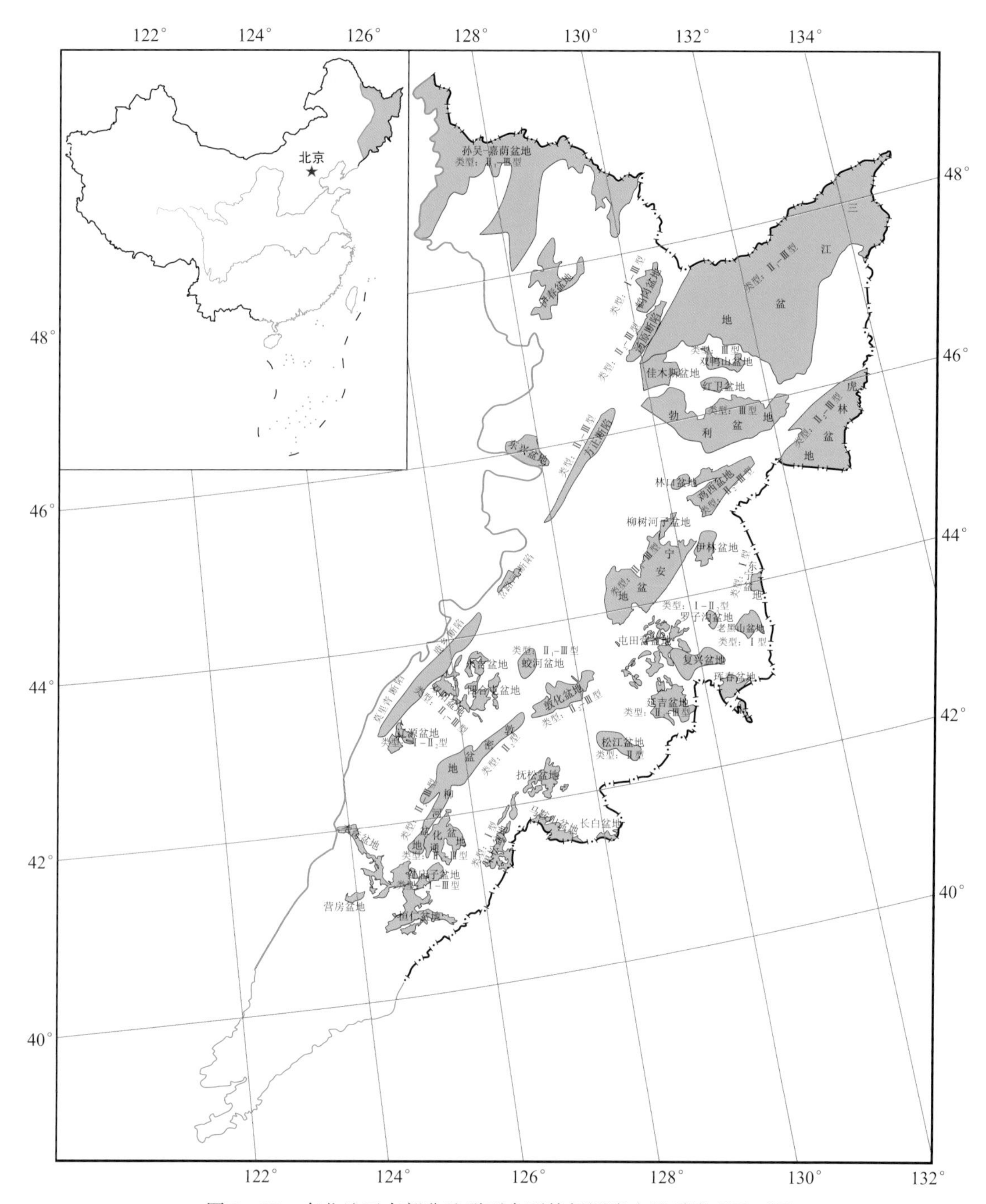

图 2－38　东北地区东部盆地群下白垩统烃源岩有机质类型平面图

成熟阶段（图 2－40b）；T_{max} 主要介于 440～580℃之间（图 2－41b），处于成熟－高成熟阶段。综合两种资料的评价结果，鸡西盆地下白垩统有机质热演化处于高成熟阶段，主要产轻质油、凝析油气以及湿气。

（3）双阳盆地有机质成熟度

双阳盆地下白垩统烃源岩 R_o 主要介于 0.59～0.64% 之间（图 2－39），处于低成熟阶段（图 2－40c）；T_{max} 主要介于 435～450℃之间（图 2－41c），处于低成熟－成熟阶段。因此，

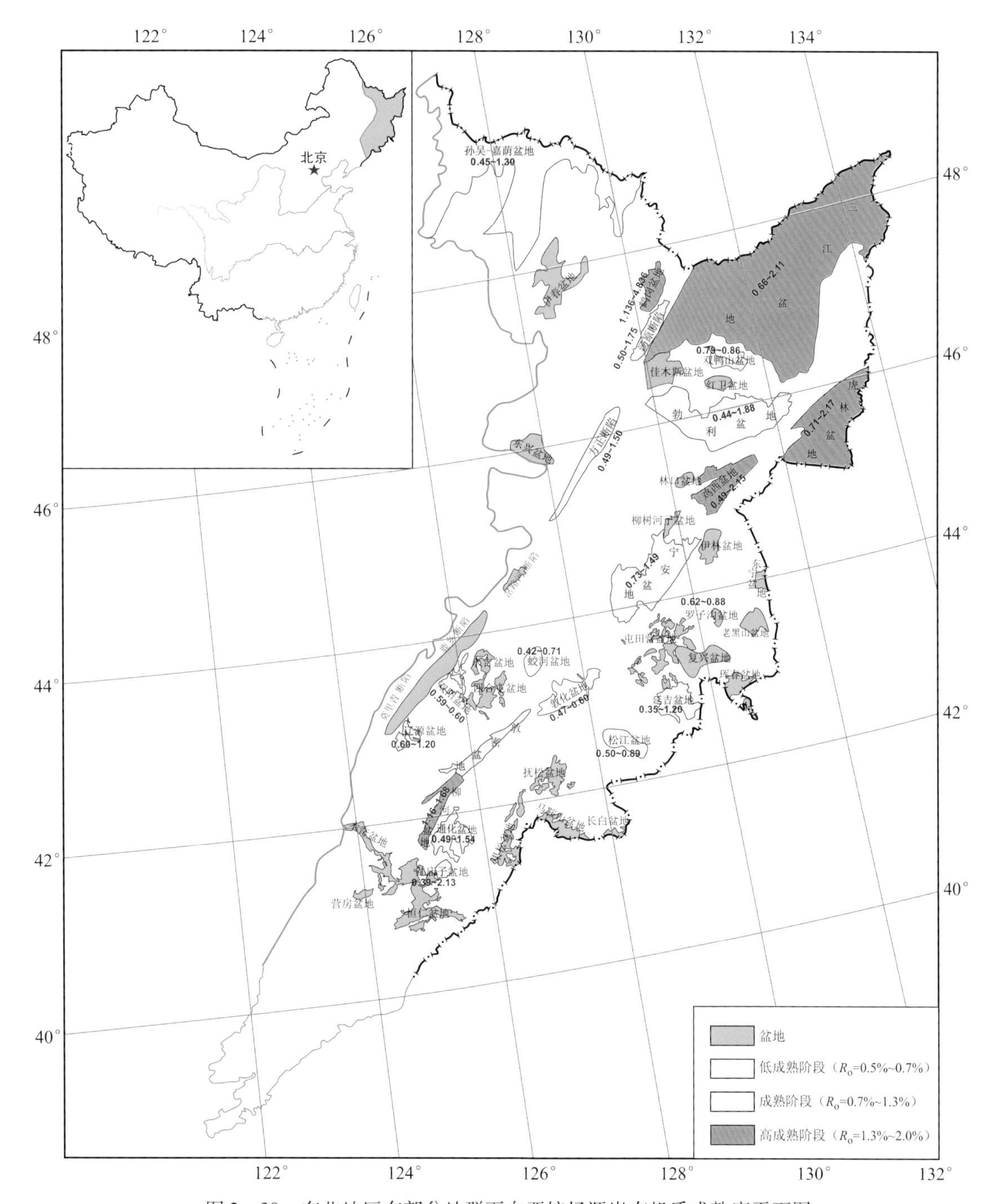

图 2-39 东北地区东部盆地群下白垩统烃源岩有机质成熟度平面图

双阳盆地下白垩统烃源岩处于低成熟阶段，以产中质油主。

(4) 果松盆地有机质成熟度

果松盆地下白垩统烃源岩 T_{max} 介于 450～580℃之间（图 2-41d），主要处于高成熟阶段，主要产轻质油、凝析油气以及湿气。

(5) 柳河盆地有机质成熟度

柳河盆地下白垩统烃源岩 R_o 主要介于 1.16～1.68% 之间（图 2-39），有机质处于成

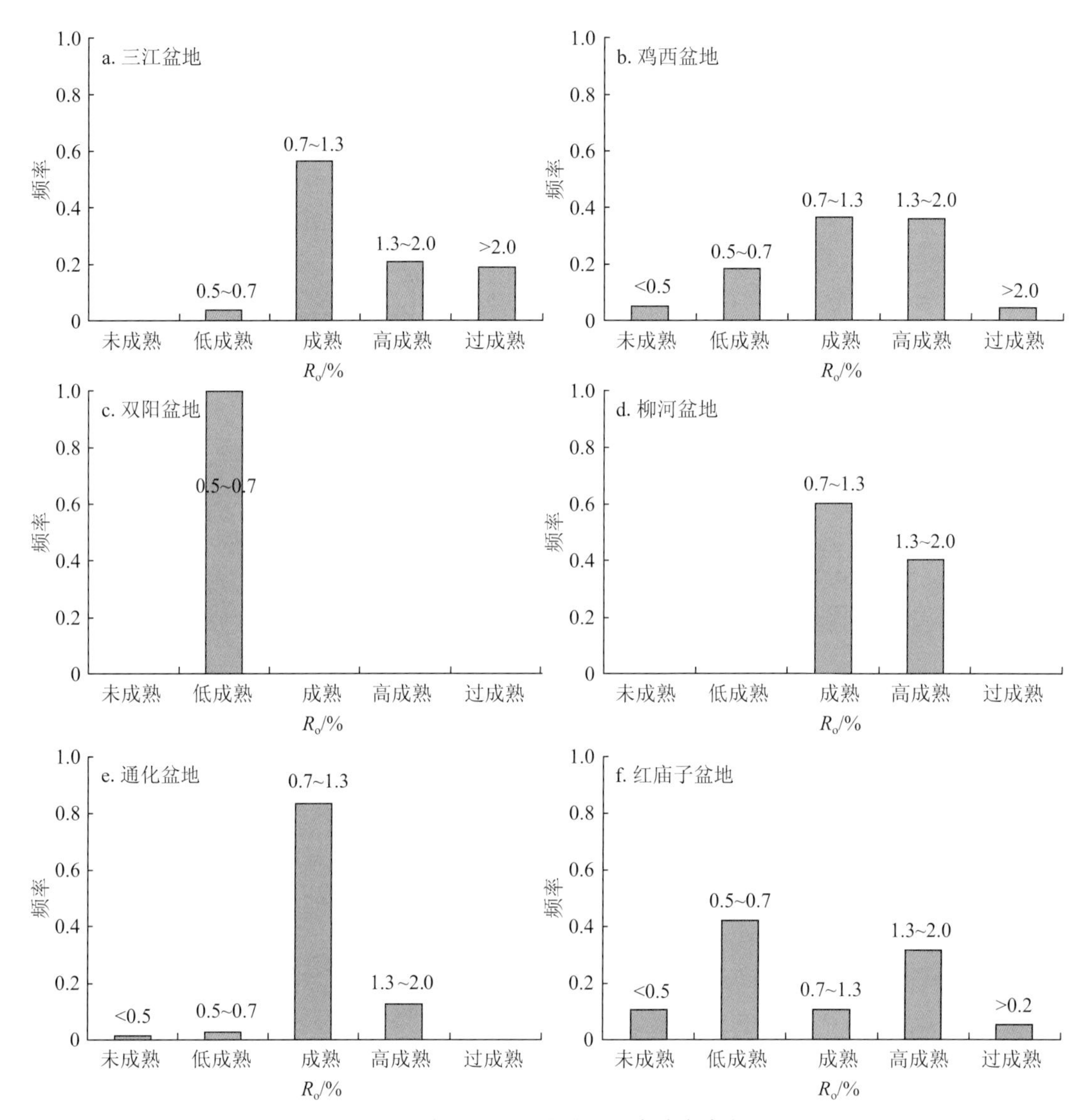

图 2-40　实测有机质成熟度频率分布直方图

熟-高成熟阶段（图2-40d）。T_{max}主要介于440～>580℃之间（图2-41e），主要处于成熟-过成熟阶段。总的来看，下白垩统烃源岩主要处于高成熟阶段，主要产轻质油、凝析油气以及湿气。

（6）通化盆地有机质成熟度

通化盆地下白垩统烃源岩R_o主要介于0.49%～1.54%之间（图2-39），处于成熟阶段（图2-40e）；T_{max}介于440～580℃之间（图2-41f），处于成熟和高成熟阶段。总的来看，通化盆地下白垩统烃源岩有机质处于成熟阶段，主要产中质油。

（7）红庙子盆地有机质成熟度

红庙子盆地下白垩统烃源岩R_o介于0.39～2.13%之间（图2-39），主要处于低成熟-高成熟阶段（图2-40f），T_{max}主要介于440～580℃之间（图2-41g），处于低成熟-高成熟阶段。总的来看，红庙子盆地下白垩统烃源岩主要处于成熟阶段，以产中质油为主。

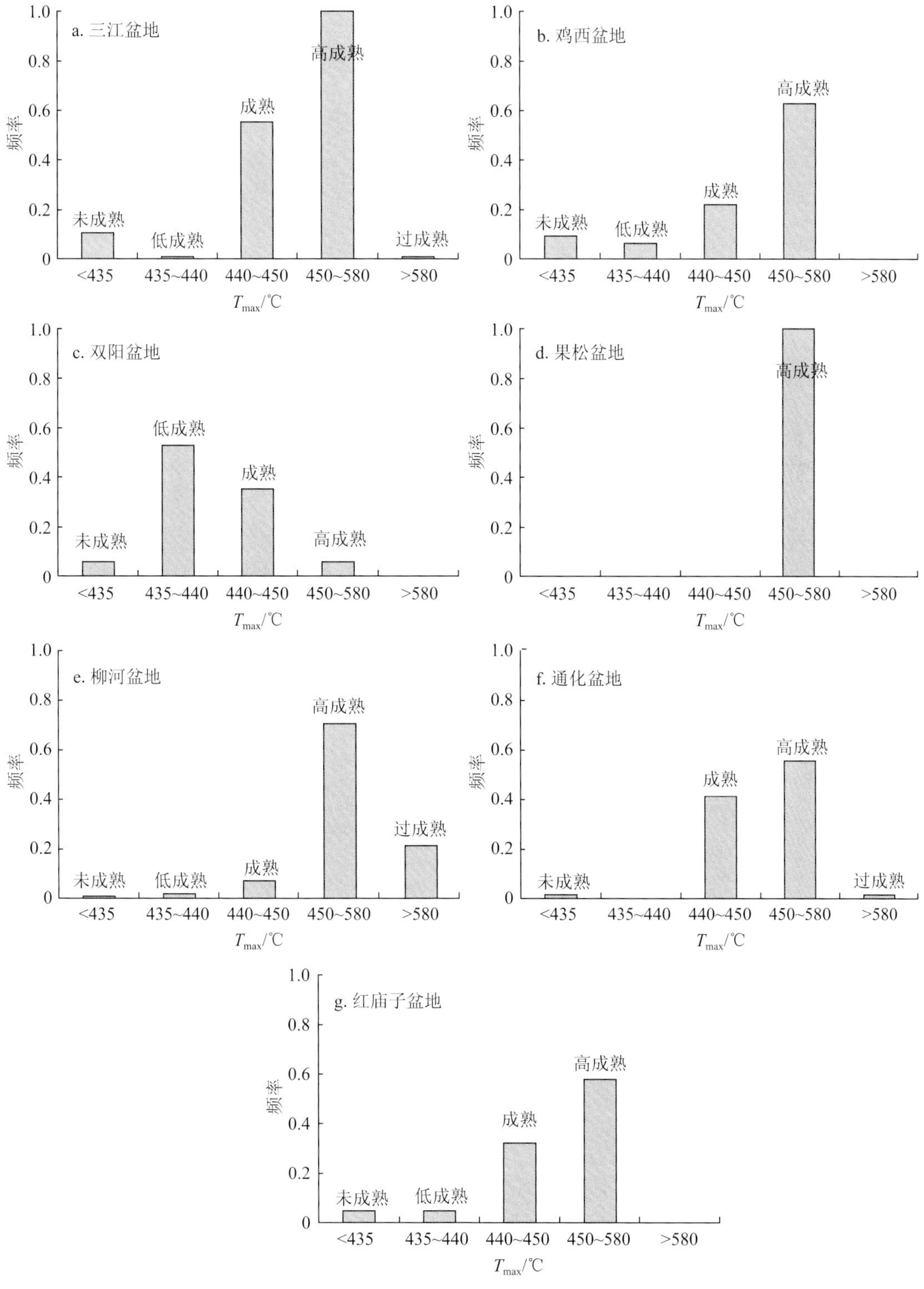

图 2－41　实测数据 T_{max} 频率分布直方图

（8）下白垩统烃源岩有机质成熟度的变化规律及成因

有机质成熟度是烃源岩能否生成大量石油或天然气的关键（程克明等，1995）。无论有机质丰度多高、类型多好，有机质没有达到一定的成熟度，仍然难以生成大量的油气。沉积有机质在沉积埋藏期间，通过各种地质营力作用，达到某种特定演化阶段，才可以形成油气。在广泛收集前人分析化验资料的基础上，再加上本项目的测试数据，研究了下白垩统烃源岩有机质在横向上的展布特征（图2－39）。由图可见，东北地区东部盆地群下白垩统烃源岩有机质成熟度具有“北高南低”的变化趋势，有机质热演化程度从北到南逐渐降低。研究区北部下白垩统烃源岩主要处于成熟－高成熟阶段，可以产中质油、轻质油、凝析油气与湿气；研究区南部烃源岩主要处于低熟－成熟阶段，主要产中质油。

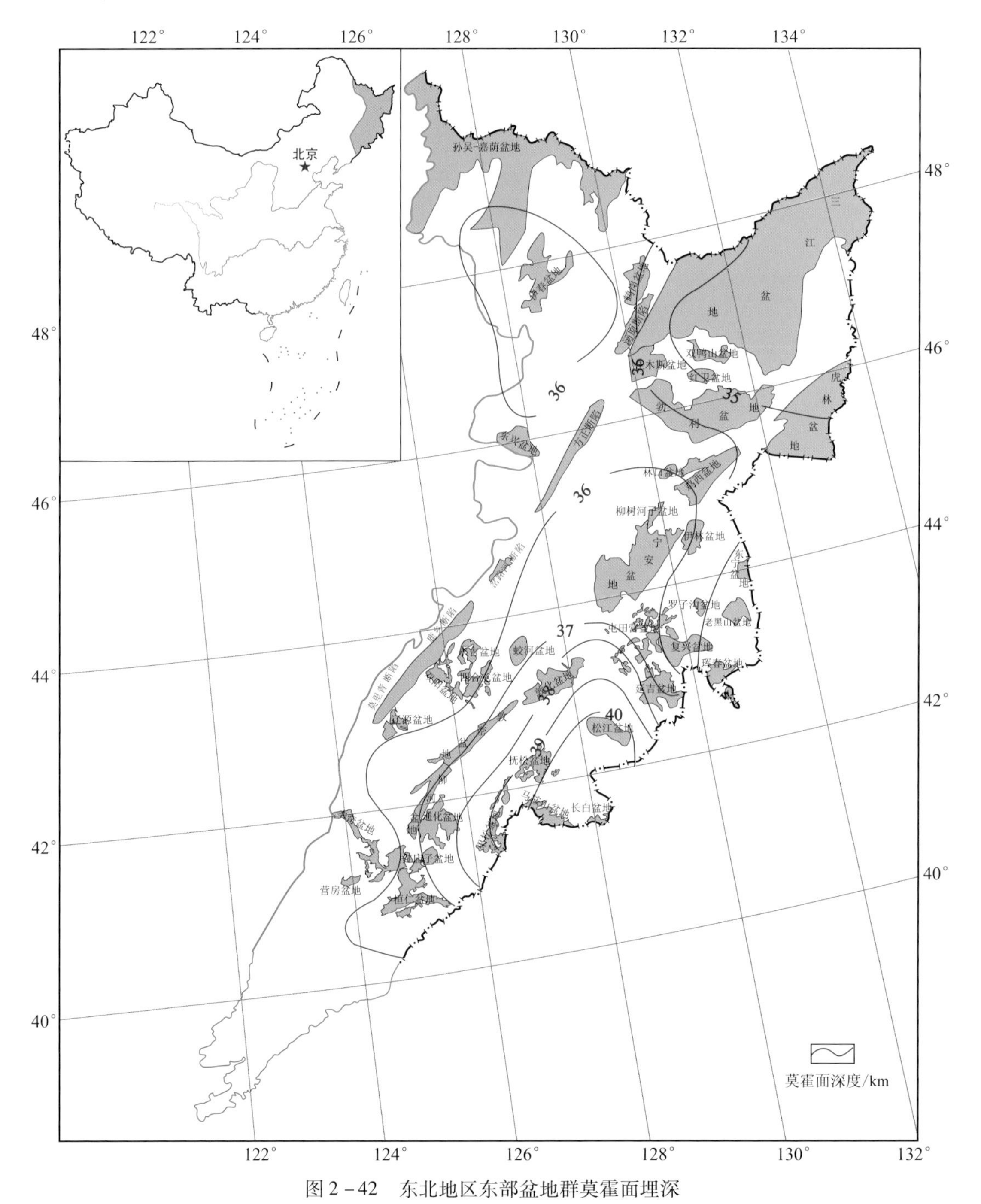

图2－42　东北地区东部盆地群莫霍面埋深

导致东部盆地群下白垩统烃源岩有机质成熟度的差异，与该地区莫霍面的埋深有关。已有的研究表明（王钧等，1990），莫霍面埋藏越浅，大地热流越高，地温梯度越高。研究区莫霍面埋深从北到南逐渐变深（图2-42），北部盆地地区莫霍面埋藏为35~36km，地温梯度较高，生烃门限较浅；南部盆地群莫霍面埋深为37~40km（图2-42），地温梯度较低，生烃门限较深。由图2-43可见，三江盆地、虎林盆地、勃利盆地和鸡西盆地位于研究区北部，莫霍面埋藏较浅，生油门限较浅；而罗子沟盆地、延吉盆地和敦化盆地位于研究区南部，莫霍面埋藏较深，生油门限也相对较深。

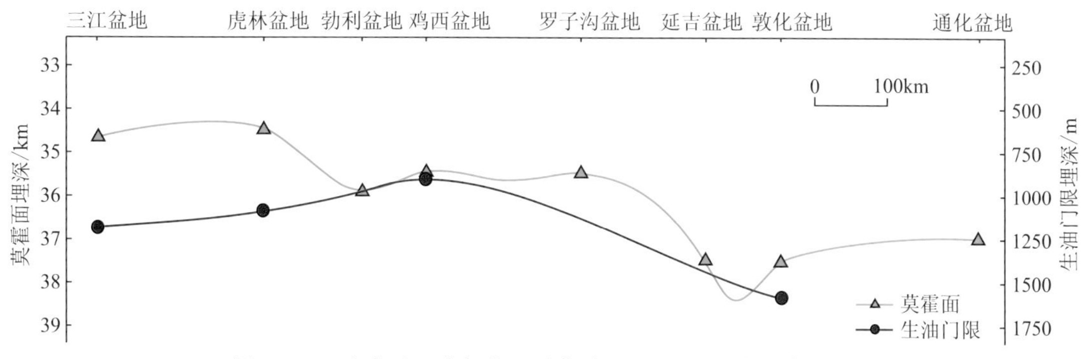

图2-43 东北地区东部盆地群莫霍面埋深、生油门限剖面图

4. 下白垩统存在页岩气可能性分析

研究区下白垩统烃源岩的有机质丰度较高，目前处于低成熟-高成熟阶段，干酪根类型以Ⅱ-Ⅲ型为主，除了生成液态烃外，还具有较强的生气能力。已有的统计结果表明（Bustin，2008），全球范围内已发现页岩气田的烃源岩 R_o 主要分布在0.4%~1.8%之间，TOC在1.0%~24.0%之间（图2-44）。研究区下白垩统烃源岩的TOC和 R_o 值大部分都落在了这一范围。由此可以推测，东部盆地群下白垩统的烃源岩具有生成页岩气的潜力。

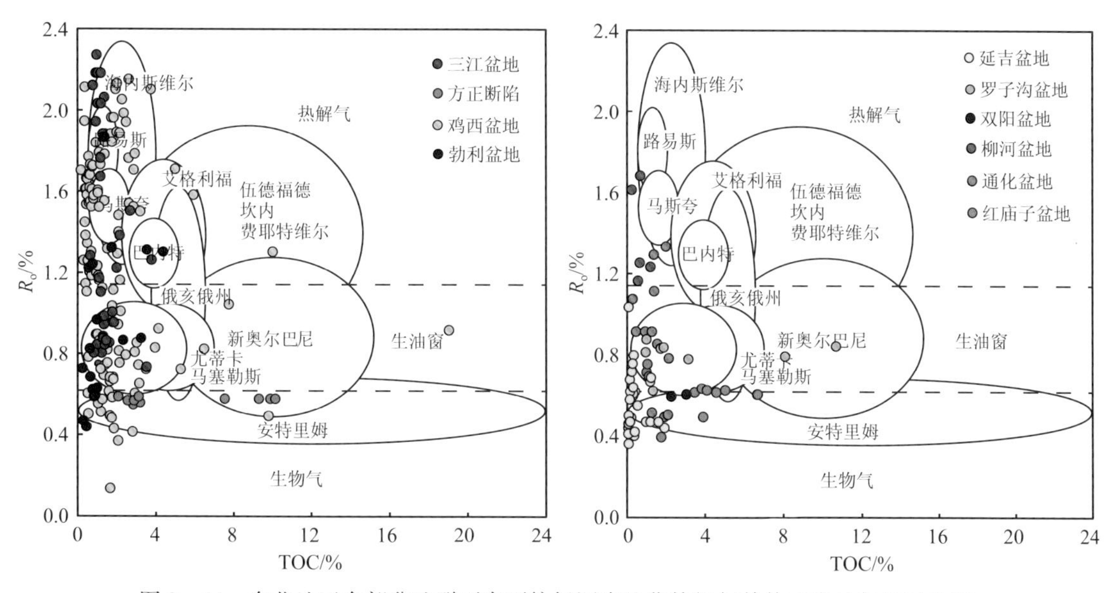

图2-44 东北地区东部盆地群下白垩统烃源岩地化特征与其他页岩油气田对比图

第四节　古近系烃源岩——一套优质烃源岩

古近系在研究区内分布不广，主要分布在依舒地堑、敦密断裂带及其相关的盆地中。但在其中的汤原断陷、方正断陷、岔路河断陷、鹿乡断陷、莫里青断陷和虎林盆地已发现工业油气流和低产油气流。古近系是研究区内仅次于下白垩统的一套重要的勘探层系。

一、烃源岩的厚度和岩性

与下白垩统烃源岩厚度相比，研究区古近系烃源岩厚度较薄，均分布在86~840m之间，分布规律呈北厚南薄的趋势（图2-45）。古近系发育四种类型烃源岩，包括暗色泥岩、碳质泥岩、煤层和油页岩（表2-23）。

表2-23　东北地区东部盆地群古近系烃源岩有机质丰度统计表

盆地（断陷）	地层	烃源岩	TOC/%	S_1+S_2 (mg·g^{-1})	氯仿沥青“A”/%	总烃 HC/10^{-6}	综合评价
三江盆地	宝泉岭组二段	暗色泥岩	0.84~1.48 1.19（17）	0.86~2.25 1.60（17）	0.015~0.029 0.021（4）	38~81 54（4）	中等-好
	宝泉岭组一段	暗色泥岩	0.85~2.56 1.29（10）	1.09~7.60 2.42（37）	0.002~0.043 0.023（13）	21~205 95（13）	
	达连河组	暗色泥岩 油页岩	0.71~14.14 3.13（36）	1.05~35.80 8.63（36）	0.011~0.202 0.075（12）	82~1095 443（12）	
汤原断陷	宝泉岭组	暗色泥岩	1.18~1.90 1.43（14）	1.21~6.21 2.39（14）	0.024~0.402 0.079（14）		中等-好
	达连河组	暗色泥岩	1.35~2.41 1.73（10）	1.89~3.46 2.66（10）	0.042~0.132 0.094（10）		
	新安村组	暗色泥岩	1.63~2.50 2.17（4）	2.42~4.83 3.66（4）	0.078~0.115 0.104（4）		
方正断陷	宝泉岭组	暗色泥岩	0.09~5.58 1.59（657）	0.03~10.55 2.18（614）	0.002~1.182 0.048（533）		中等-好
		油页岩	6.16	11.03	0.230		
	达连河组	暗色泥岩	1.14~2.28 1.49（33）	0.11~2.55 1.76（16）	0.026~0.051 0.036（15）		
	新安村组+乌云组	暗色泥岩	0.40~2.65 1.58（64）	0.03~75.48 3.42（63）	0.006~0.472 0.045（57）		
	富锦组	暗色泥岩	0.96	1.34			
虎林盆地	虎林组	煤系泥岩	0.24~5.80 1.84（95）	0.02~21.19 3.62（82）			中-好
		碳质泥岩	6.28~39.97 19.21（88）	2.89~162.16 53.75（86）			
		煤	40.06~60.62 49.71（23）	36.60~264.03 136.78（21）			
		油页岩		3.00~7.00 5.00			

续表

盆地(断陷)	地层	烃源岩	TOC/%	S_1+S_2 / ($mg \cdot g^{-1}$)	氯仿沥青"A"/%	总烃 HC/10^{-6}	综合评价
鸡西盆地	永庆组	煤系泥岩	0.46~6.22 / 2.40 (8)	0.72~6.77 / 3.83 (6)	0.028		中
		碳质泥岩	12.05				
		煤	42.38	57.77			
林口盆地	七虎林祖	油页岩		10.01			好
宁安盆地	黄花组	油页岩		4.40~12.30 / 8.12			好
柳树河子盆地	八虎力组	油页岩	1.86~56.69 / 33.37 (22)	9.16~197.10 / 99.60 (8)	0.256~18.101 / 5.888 (8)		最好
莫里青断陷	永吉组	暗色泥岩	0.10~1.67 / 1.06 (42)	0.10~2.66 / 1.26 (42)	0.002~0.049 / 0.025 (26)		差-好
	奢岭组	暗色泥岩	0.36~2.91 / 1.15 (41)	0.35~4.46 / 1.36 (41)	0.010-0.067 / 0.028 (18)		
	双阳组	暗色泥岩	0.14~5.89 / 1.36 (197)	0.13~43.90 / 2.66 (233)	0.005~0.791 / 0.102 (150)		
		碳质泥岩	7.78~21.68 / 14.27 (11)	19.9~79.46 / 49.04 (9)			
鹿乡断陷	永吉组	暗色泥岩	0.07~1.78 / 0.96 (172)	0.29~2.75 / 0.79 (171)	0.012~0.243 / 0.037 (36)		差-好
	奢岭组	暗色泥岩	0.54~2.71 / 1.17 (236)	0.07~2.91 / 1.29 (193)	0.001~0.144 / 0.035 (139)		
	双阳组	暗色泥岩	0.01~4.85 / 1.17 (407)	0.02~19.72 / 2.46 (348)	0.005~4.278 / 0.980 (219)		
		碳质泥岩	6.47~17.72 / 13.97 (3)	78.59	0.606~0.734 / 0.691 (3)		
岔路河断陷	永吉组	煤系泥岩	0.18~2.63 / 0.89 (303)	0.10~280.90 / 2.90 (307)	0.014~0.288 / 0.053 (42)		差-好
		碳质泥岩	25.89	132.50			
	奢岭组	暗色泥岩	0.43~3.64 / 1.20 (140)	0.3~116.6 / 2.90 (151)	0.0079~1.2895 / 0.159 (19)		
	双阳组	暗色泥岩	0.06~5.56 / 1.11 (196)	0.02~22.18 / 1.95 (186)	0.001~7.103 / 1.581 (38)		
		碳质泥岩	8.47~8.60 / 8.54 (2)	7.23~9.10 / 8.17 (2)			
敦化盆地	珲春组	暗色泥岩+碳质泥岩	0.18~25.00 / 5.81 (10)		0.050~0.890 / 0.374 (10)	22~834 / 386 (9)	好
	土门子组	暗色泥岩	0.08~4.31 / 1.25 (10)		0.060~0.330 / 0.220 (3)	175~832 / 485 (3)	
辉桦(敦密)盆地	桦甸组	暗色泥岩	2.47	9.70			好-最好
		油页岩	10.89	51.34	0.322		

续表

盆地（断陷）	地层	烃源岩	TOC/%	$\frac{S_1+S_2}{(mg\cdot g^{-1})}$	氯仿沥青“A”/%	总烃 HC/10^{-6}	综合评价
珲春盆地	珲春组	煤系泥岩	$\frac{0.24\sim3.67}{2.09\ (5)}$	1.90	$\frac{0.008\sim0.249}{0.110\ (4)}$	$\frac{16\sim143}{79\ (2)}$	中
		中碳质泥岩	$\frac{7.96\sim22.00}{15.71\ (4)}$	$\frac{24.41\sim56.10}{44.10\ (3)}$	0.434	247	

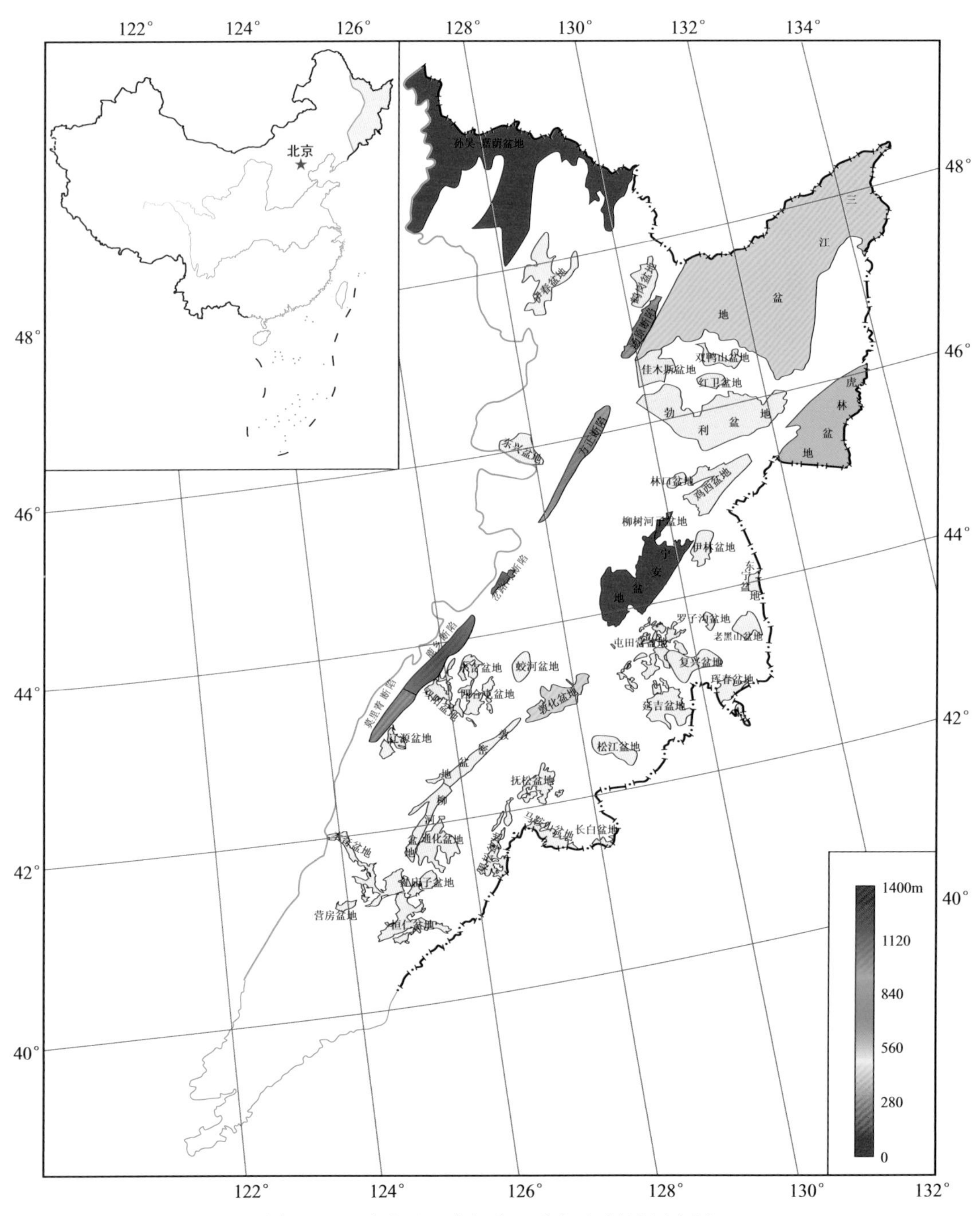

图2-45　东北地区东部盆地群古近系烃源岩厚度

二、烃源岩有机地球化学特征

1. 有机质丰度及影响因素

根据石油天然气行业标准《陆相烃源岩地球化学评价方法》（SY/T 5735—1995），对东北地区东部盆地群古近系烃源岩进行了丰度评价（表2－23；图2－46）。由图可见，古近系烃源岩分布的没有下白垩统烃源岩广泛，但发育该套烃源岩的几个断陷盆地有机质丰度较

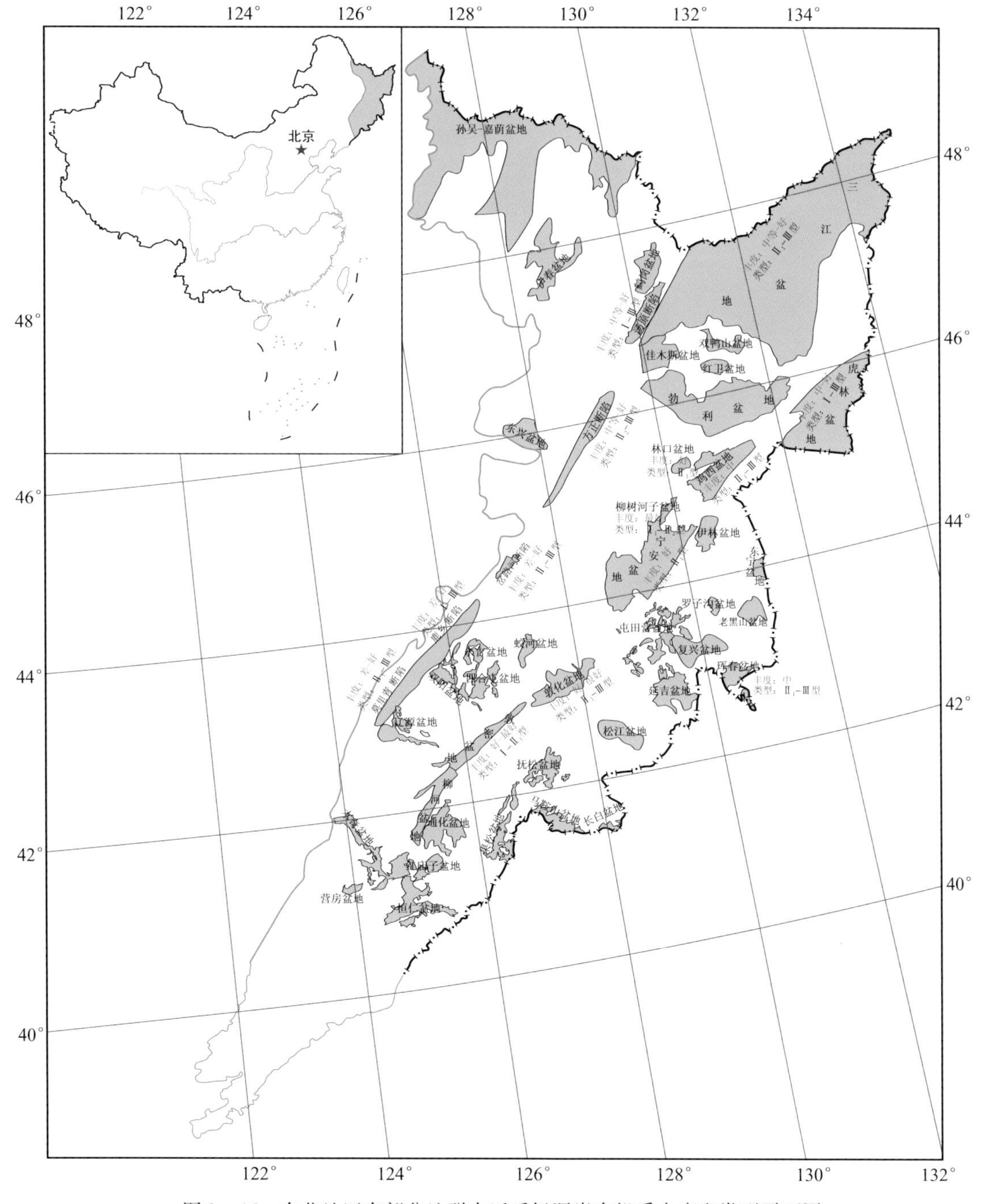

图2－46　东北地区东部盆地群古近系烃源岩有机质丰度和类型平面图

高，达到了中－最好的有机质丰度标准，具有较大的生烃潜力，为油气藏的形成奠定了雄厚的物质基础。有机质丰度较高的优质烃源岩主要沿依舒地堑和敦密断裂带分布。

2. 有机质类型及影响因素

在收集前人大量分析化验资料的基础，研究了古近系烃源岩有机质类型在平面上的展布规律及其影响因素（图2－46）。由图2－46可见，依舒地堑古近系烃源岩有机质类型各种干酪根均有，干酪根类型有从北到南逐渐变好的趋势。有机质类型主要受古近纪沉积水体的

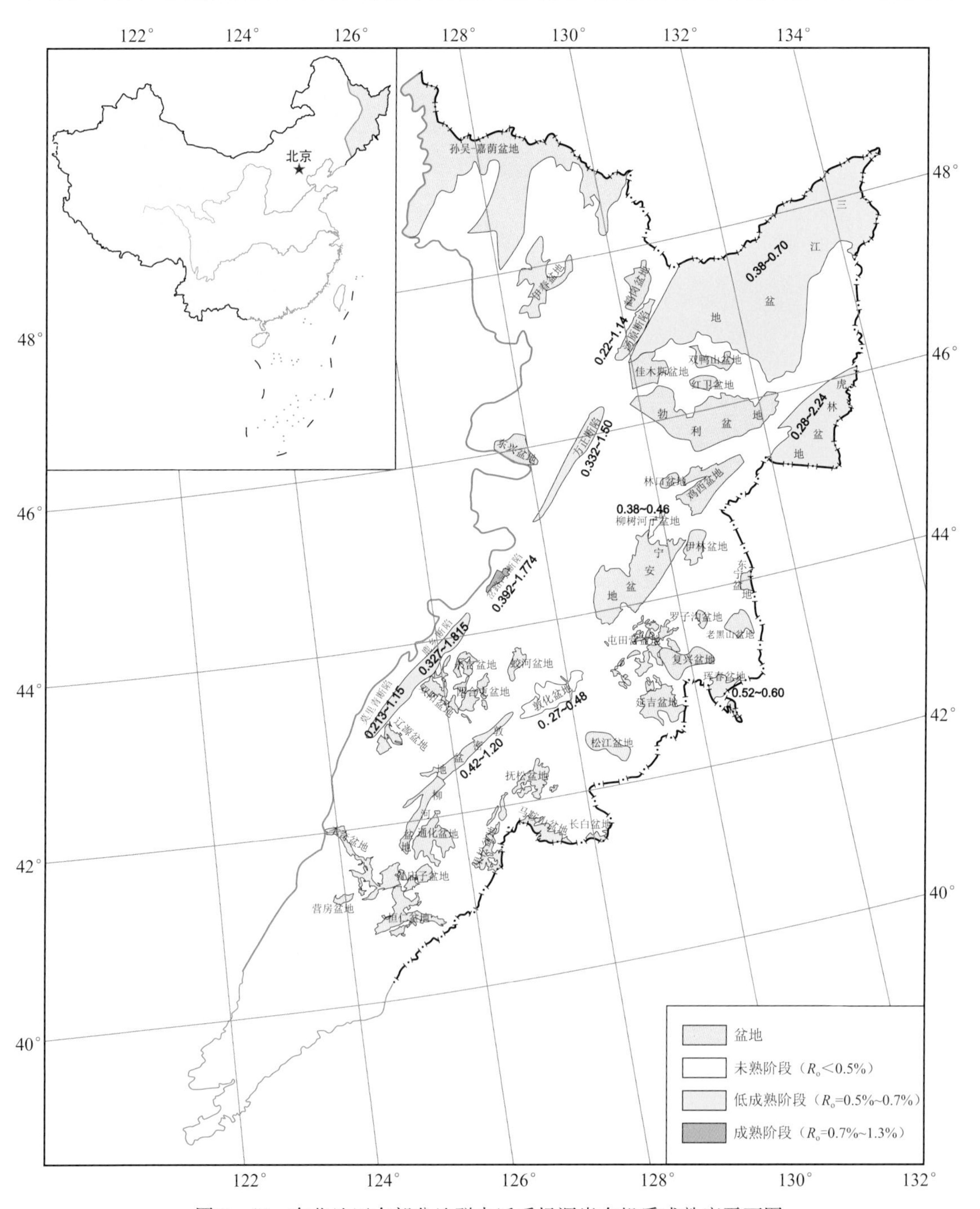

图2－47　东北地区东部盆地群古近系烃源岩有机质成熟度平面图

影响与控制。位于依舒地堑北段的汤原断陷和方正断陷古近系为淡水湖相和湖沼相沉积，发育煤层，在达连河地区尤为显著，形成露天煤矿，有机质主要为Ⅱ－Ⅲ型干酪根，具有陆源有机质来源的特征；而位于南部的岔路河断陷、鹿乡断陷和莫里青断陷，古近系主要为半－深湖相沉积，发育咸水藻类生物（郭占谦和迟元林，1991），同时还有陆源有机质，Ⅰ、Ⅱ、Ⅲ型干酪根均有。

依舒地堑以东地区古近系烃源岩主要发育$Ⅱ_1$型和$Ⅱ_2$型干酪根，Ⅰ型和Ⅲ型干酪根兼而有之，而且从北到南有机质类型具有逐渐变好的趋势。在这些地区沉积环境以沼泽相、滨浅湖相和半－深湖相为主，其中北部盆地群烃源岩发育于滨浅湖相、半－深湖相，有机质主要来源于浮游生物、微生物和陆源高等植物，主要以$Ⅱ_2$型和Ⅲ型干酪根为主，部分断陷盆地受到沼泽相的影响，形成具有Ⅲ型干酪根的煤系烃源岩，如鸡西盆地；而南部盆地群（吉林省境内）烃源岩主要发育于半－深湖相，烃源岩的有机质类型变好，发育$Ⅱ_1$型，甚至Ⅰ型干酪根，如敦密（辉桦）盆地。

3. 烃源岩有机质成熟度及影响因素

油气是一种沉积有机矿产，是沉积有机质在沉积埋藏期间的各种地质营力作用下，某个特定演化阶段的产物。一般认为，有机质只有达到一定的热演化阶段才能降解生烃，同时，不同的演化阶段有机质的产烃能力和产物性质不同。因此，有机质的成熟程度和成烃演化阶段是油气生成潜力评价的一项主要内容，也是决定油气勘探成功率的一项关键因素。统计结果表明，依舒地堑古近系烃源岩有机质成熟度主要处于低成熟－成熟阶段，只有岔路河断陷古近系烃源岩的有机质成熟度较高，R_o最高可达1.815%，进入了高成熟阶段。敦密断裂带烃源岩有机质成熟度主要处于未成熟－低成熟阶段（图2－47）。

综上所述，古近系烃源岩分布比较局限，依舒地堑古近系烃源岩有机质丰度较高，干酪根类型以Ⅱ型和Ⅲ型干酪根为主，有机质主要处于低熟－成熟阶段，在岔路河断陷和鹿乡断陷古近系烃源岩个别样品$R_o>1.3\%$，有机质达到高成熟的热演化阶段，有利于油气藏的形成。依舒地堑以东古近系烃源岩有机质丰度很高，可达到中－最好的标准，干酪根类型从北到南变好，北部地区烃源岩的有机质类型为Ⅱ－Ⅲ型，南部地区为Ⅰ－$Ⅱ_1$型，但南部地区古近系有机质热演化程度较低，目前主要处于未成熟－低成熟阶段，不利于油气藏的形成。

第三章　储层特征

凡是具有一定储集空间并能使流体储存其中的岩层都可称为储集层，简称储层（Levorsen，1956；胡见义等，1991a；裘怿楠等，1997；赵澄林等，1997；应凤祥等，2004；朱筱敏，2008）。如果储集层中储存了油气则称其为含油气层，已开采的含油气层则可称为产层。储集层是油气聚集成藏所必需的一个基本成藏要素。储集层的岩性特征、分布范围、物性变化规律和微观特征控制着油气藏的形成、地下油气的分布状况与产能（朱筱敏，2008）。Kupecz et al.（1997）对美国一家石油公司钻探结果的分析表明，该公司钻探失利的原因有40%属于储层的问题。有关储层的问题主要包括下列几个方面：其一，没有钻遇储层；其二，虽然钻遇了储层，但储层的质量太差；其三，储层的发育史与其他成藏要素匹配不好。

根据孔隙度和渗透率的大小，又可将储层分为常规储层和非常规致密储层。常规储层具有一定渗滤能力，流体在其中的流动服从达西定律（贾承造等，2012），油、气、水在常规储层中服从重力分异原理，油气聚集在圈闭的高部位。因此，常规油气的勘探遵循以寻找圈闭为中心的勘探思想，在生、储、盖、圈、运、保六大成藏研究的基础上，选择有利的圈闭，进行钻探。致密储层系指覆压基质渗透率（in-situ matrix permeability）小于等于 $0.1\times10^{-3}\mu m^2$ 的储层（邹才能等，2013）。一般情况下，致密储层的渗透率为 $1\times10^{-3}\mu m^2$，孔隙度小于10%~12%（孟元林等，2016），是一种非常规储层。在致密砂岩中，流体的流动不服从达西定律（姜振学等，2006；贾承造等，2012）。油气在致密储层中的分布主要受毛细管力的控制，不服从重力分异原理，油气在盆地中的分布不受圈闭的控制，主要分布在凹陷区和斜坡带。非常规油气的勘探注重烃源岩和储层的研究，在有利的生烃区内，圈定储层“甜点”，部署钻井。致密储层中的油气用传统技术无法获得自然工业产量，需用新技术改善储层的渗透率或流体黏度等，才能进行经济开采。

在松辽盆地以北及以东外围断陷中小型盆地群，只有下白垩统和古近系发现了工业油气流。因此，这两套层系是目前该地区最重要的勘探目的层，本书着重研究这两套地层的储层特征。

第一节　下白垩统储集层

松辽盆地外围断陷中小型盆地群的勘探程度较低，各种资料较少。因此，本书从储集层的岩石学特征、成岩作用和物性特征及其影响因素等方面，评价各盆地储集层的储集能力及其横向变化规律，试图为油气藏形成和油气聚集规律的研究提供科学的依据。

一、岩石学特征

1. 矿物成分特征与砂岩成分分类

在东北地区松辽盆地以北及以东盆地群野外石油地质调查过程中，笔者采集了大量储层样品，磨制了薄片，进行了镜下观察与鉴定。与此同时，还收集了前人的储层分析化验结果（陈章明等，1989；翟光明等，1993a，1993b，1993c；周书欣等，1996；迟元林等，1999；关德师等，2000；谯汉生等，2003；李忠权等，2003；冯志强等，2007；王伟涛等，2007；吴河勇等，2008；刘立，2012；孟元林，2012；董清水等，2012；王峻，2012；陈延哲，2012，2015；陈贵标等，2013；韩欣澎等，2013；林长城等，2013；孙哲等，2013；徐汉梁等，2013；乔德武等，2013；张吉光等，2014；孟元林等，2015，2016；Wang et al.，2016；Yang & Meng；2016；Yu et al.，2016），完成了松辽盆地以北及以东中小型断陷盆地群下白垩统储层的岩石类型分布图（图3－1）。由图3－1可见，下白垩统储层主要为岩屑长石砂岩（图版9－1），其次为长石砂岩（Ⅳ）、长石岩屑砂岩（Ⅵ）和岩屑砂岩（Ⅶ）（图版9－2～图版9－4），部分地区白垩系还发育火山岩（图版9－5，图版9－6，图版10－1）。

2. 结构特征与结构分类

（1）粒度特征与粒度命名

碎屑岩的粒度和分选性是搬运营力的能力和效率之度量标志。碎屑颗粒的大小直接决定着岩石的类型和性质，是碎屑岩粒度分类命名的重要依据。参照中华人民共和国石油天然气行业标准《岩石薄片鉴定》（SY/T 5368—2000）。将松辽盆地以北及以东中小型盆地群的粗碎屑岩分为砾岩、巨砂岩、粗砂岩、中砂岩、细砂岩、极细砂岩、粗粉砂岩、细粉砂岩（图3－1）。储层沉积物的粒度与其沉积环境有关。在水动力较强的环境，沉积物粒度较粗；在水动力较弱的环境，沉积物粒度较细。研究区内北部大三江地区、勃利盆地、鸡西盆地以及宁安盆地处于沉积中心，其储层粒度较细，主要发育中细砂岩；而虎林盆地、三江盆地、汤原断陷和方正断陷等处于大三江盆地的边部，储层粒度较粗，发育中粗砂岩。已有的研究表明，早白垩世时，在吉林省南部地区，可能发育一个统一的大型沉积盆地（陈延哲，2012；徐汉梁等，2013；董清水，2016），后来被抬升剥蚀，肢解为一系列小型盆地（孟元林等，2016）。这一大型盆地的沉积中心在通化盆地与红庙子盆地一带，其碎屑岩的粒度较细，主要为中细砂岩，而位于大型盆地边部的双阳盆地和柳河盆地下白垩统粒度较细，主要发育粗砂岩。

（2）分选与磨圆

一般来说，磨圆度好的砂岩，其分选性也好，孔隙空间大小均匀，孔隙配位数多，连通孔隙的喉道宽而且连通性好，孔喉比小（朱筱敏等，2008；冯增昭等，2013）；而磨圆度较差的砂岩，其分选性也较差。碎屑颗粒分选性好的储集层，其孔隙空间大而且分布均匀，孔隙类型较单一，孔喉比小，孔隙中填隙物少，孔隙与孔隙之间连通性好，孔隙度、渗透率都很高；反之，分选性较差的储集层，颗粒大小分布不均，细小颗粒占据了部分孔隙空间，泥质杂基充填了部分孔隙，堵塞了部分连通孔隙的喉道，改变了碎屑岩中由骨架颗粒决定孔隙结构的几何形态，使储集层的孔隙空间复杂化，其孔隙空间大小差异较大，并且分布不均匀，孔喉比值大，孔隙与孔隙之间连通性较差，孔隙度、渗透率及储集能力均较差。研究区下白垩统储层碎屑颗粒以中－粗粒为主，分选中等，磨圆度多为棱角－次圆（图3－1，图3－2，图3－3，图版10－2～图版10－6）。从整体上来看，北部地区各盆地下白垩统储层的沉积物粒度较粗（图3－1），分选性中等偏差，磨圆较差，以次棱－棱角为主（图3－2，图3－3）。但勃利盆地下白垩统储层的结构成熟度相对较高，分选中－好，磨圆度为次棱－次圆，这说明北部盆地沉积物多为近源沉积，沉积物搬运距离较短，而勃利盆地是当时大三

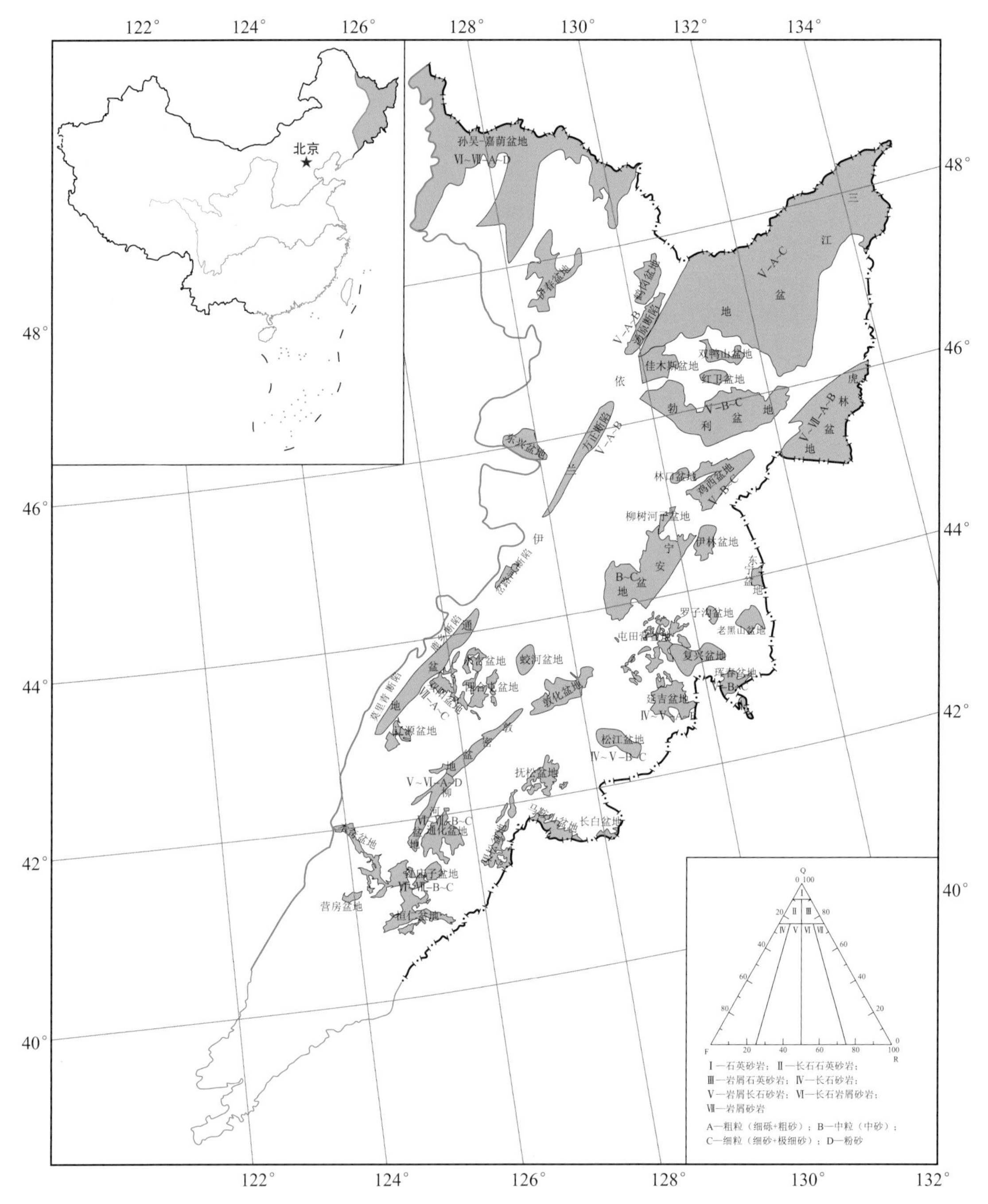

图3－1　东北地区东部盆地群下白垩统储层岩石类型分布图

江盆地的沉积中心。这一研究结果与沉积相的研究成果相同（图1－15）。全国油气资源战略选区调查与评价（2004—2009）的研究表明（乔德武等，2013），在早白垩世中期城子河组和穆棱组沉积时期，研究区北部地区是一个统一的近海盆地（大三江盆地），沉积中心在勃利盆地附近。

南部地区各盆地下白垩统的沉积物粒度相对较细（图3－1），粗、中、细砂岩均有，但以中细砂岩为主，分选性中等偏好，磨圆度次棱－次圆（图3－2，图3－3），如红庙子盆地和通化盆地的下白垩统粒度较细，分选磨圆较好，发育平行层理（图版11－1），这说明

在南部地区，当时可能发育一个大型沉积盆地（大柳河盆地），后来被抬升剥蚀，解体，形成现今一个个中小型残留盆地。盆地边部的粗碎屑岩被剥蚀掉了，盆地中心的细碎屑岩被保存下来（孟元林等，2016），通化盆地下白垩统当时的剥蚀量在1800m以上。

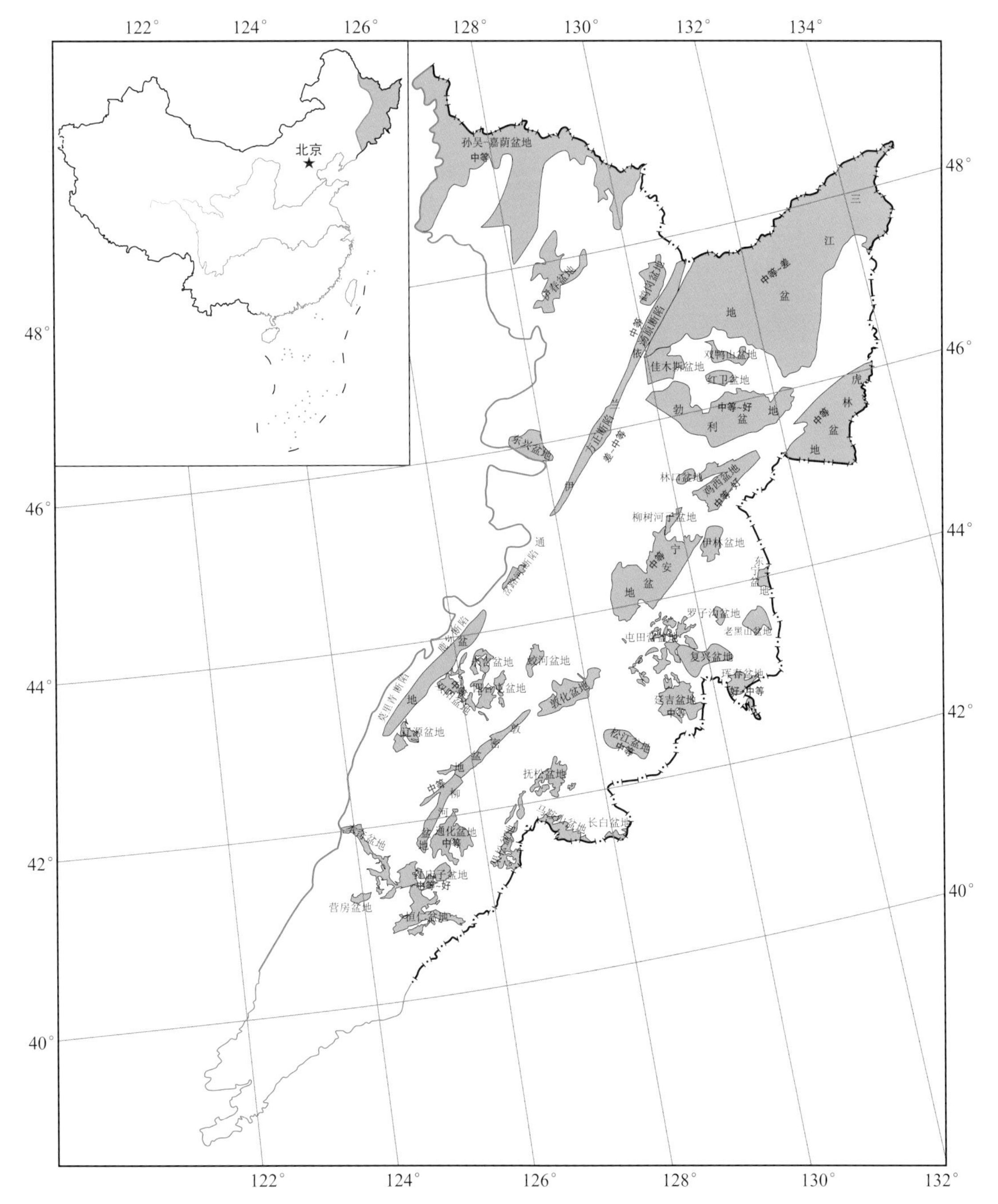

图3－2 东北地区东部盆地群下白垩统储层碎屑颗粒分选性平面图

3. 构造特征

(1) 储层厚度

碎屑岩的构造又分为层理构造和层面构造，在沉积学中根据地层的厚度分为块状、厚层、中层和薄层等（姜在兴，2003；朱筱敏，2008）。但在储层地质研究中，对储层厚度的分类与之不同，依据石油天然气行业规范《油气储层评价方法》（SYT 6285—2011），储层按厚度可以分为特薄层、薄层、中厚层、厚层和特厚层，对应的储层厚度分别为 <1m、1～2m、2～5m、5～10m、>10m。

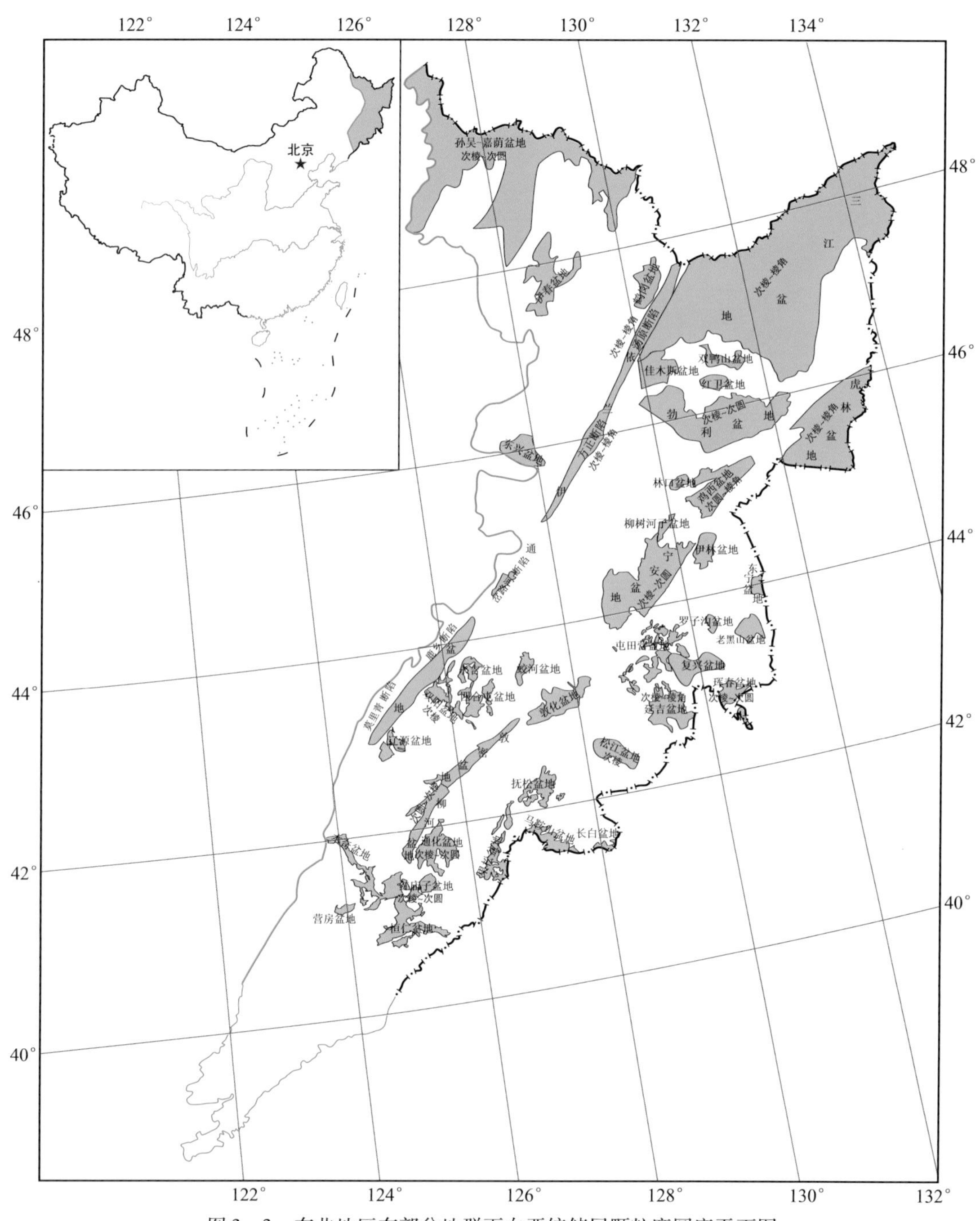

图 3－3　东北地区东部盆地群下白垩统储层颗粒磨圆度平面图

储层沉积物的厚度与其沉积环境有关，从沉积盆地的边部到中心，砂体厚度逐渐变薄。在研究区北部，勃利盆地和鸡西盆地处于大三江盆地的沉积中心，水动力较弱，其储层较薄，以特薄层和薄层为主；而周围虎林盆地、三江盆地和孙吴－嘉荫盆地等盆地处于大三江

盆地的边部，水动力较强，储层较厚，以中厚层为主。在研究区南部，通化盆地和红庙子盆地比较接近沉积中心，其储层厚度主要为特薄层－中厚层，距离沉积中心较远的双阳盆地、柳河盆地的储层较厚，其储层厚度主要为中厚层－特厚层（图3－4）。

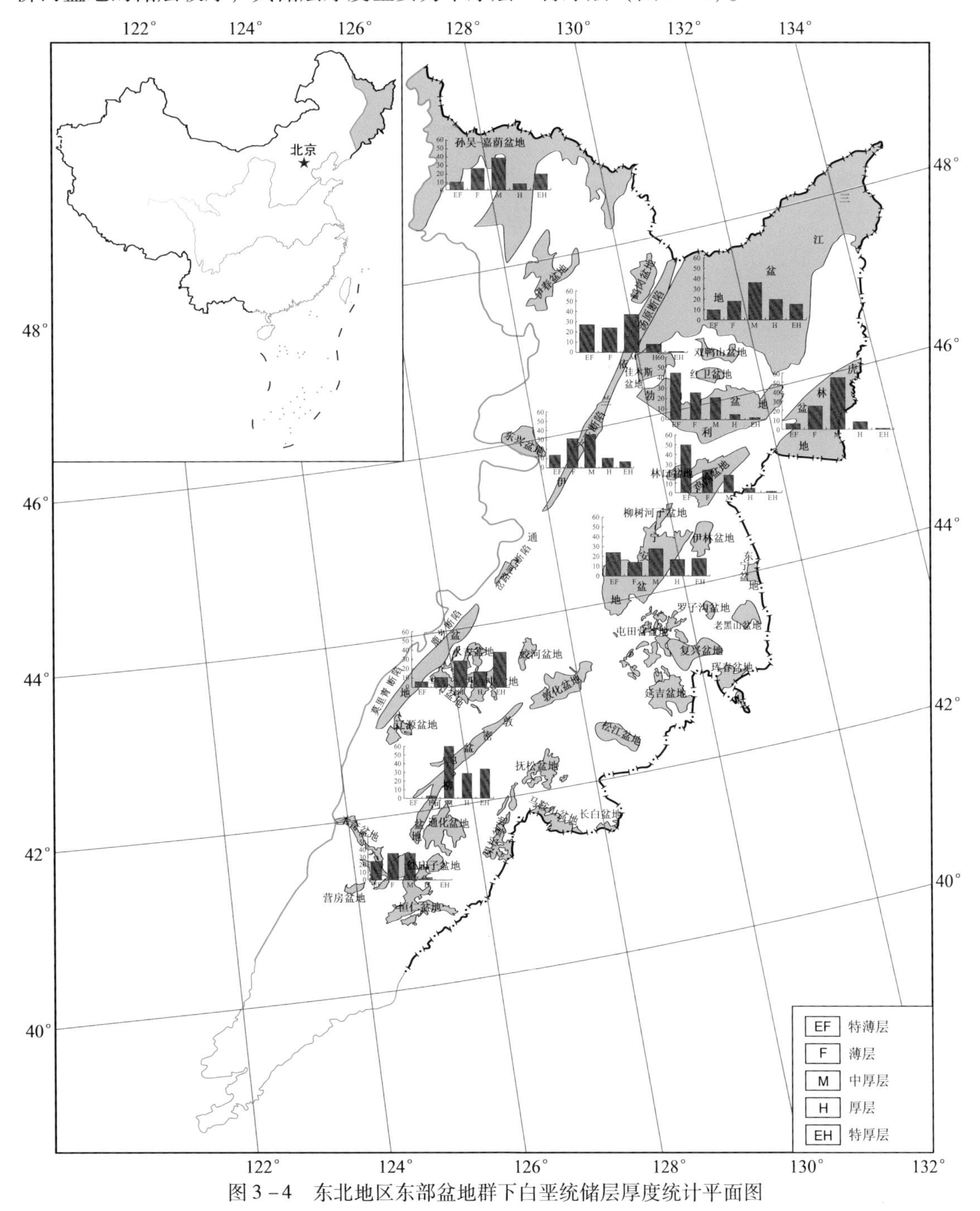

图3－4　东北地区东部盆地群下白垩统储层厚度统计平面图

（2）层理构造

1）水平层理：主要产于细碎屑岩（泥质岩、粉砂岩、硅质岩）和泥晶灰岩中，细层平直并与层面平行，细层可连续或断续，细层约0.1μm（图版11－2）。水平层理是在比较弱的水动力条件下，悬浮物沉积而成。因此，它出现在低能的环境中，如湖泊深水区、潟湖及深海环境。

2）平行层理：主要产于砂岩中，在外貌上与水平层理极相似，是在较强的水动力条件下，高流态中由平坦的床沙迁移，床面上连续滚动的砂粒产生粗细分离而显出的水平细层（图版11－1）。平行层理一般出现在急流及能量高的环境中，如河道、湖岸、海滩等环境中。

3）波状层理：主要发育于滨浅湖相（图版11－3），反映了水体动荡的沉积环境，湖浪的运动是主要水动力。

4）块状层理：不具任何纹层构造的层理，内部物质较均匀，组分和结构都没有分异现象（图版11－4），主要发育于浅湖沉积，还有重力流沉积也可发于这样的层理。

5）粒序层理：指沉积物粒度垂向递变的特殊层理。根据粒序层理的内部构造特征，可划分为两种基本类型。第一类是颗粒向上逐渐变细，但下部不含细粒物质的粗尾递变，可能是由于水流速度或强度逐渐降低而沉积的结果；第二类是细粒物质全层均有分布，即以细粒物质作为基质，粗粒物质向上逐渐减少和变细的均匀递变，它可能是由于悬浮体含有各种大小不等的颗粒，在流速降低时因重力分异而整体堆积的结果。本区发育第一类粒序层理（图版11－5），反映了在沉积时期有河道下切作用或重力流发育。

6）包卷层理（同沉积构造）：是在一个层内的层理揉皱现象，表现为连续的开阔“向斜”和紧密“背斜”所组成（图版11－6）。它与滑塌构造不同，虽然细层扭曲很复杂，但层是连续的，没有错断和角砾化现象（姜在兴，2003）。

7）交错层理：是最常见的一种层理。在层系的内部由一组倾斜的细层（前积层）与层面或层系界面相交，所以又称斜层理（图版12－1）（辛仁臣，2001）。

8）假结核（风化环）：由于风化作用形成的状似结核的岩石团块。当岩石遭受风化时，往往产生几组交叉的裂缝把岩石分割成许多小块，然后外来的氢氧化铁溶液沿裂缝渗入，溶解岩石，于是被分割的岩石小块变成外表被褐铁矿包围的圆球状假结核（图版12－2）。

（3）*层面构造*

常见的层面构造有泥裂、雨痕、浪痕、槽模、沟模、冲刷面等，但本区最常见的层面构造是冲刷面构造。冲刷面构造是由于流速的突然增加，流体对下伏沉积物冲刷、侵蚀而形成的起伏不平的面叫冲刷面（图版12－3），冲刷面上的沉积物比下伏沉积物粗。

二、成岩特征与孔隙演化

1. 主要成岩作用

本书在全面收集和整理研究区下白垩统储层分析化验资料和研究成果的基础上，进行了一些新的测试工作，进一步研究了储层的各类成岩作用，划分了成岩阶段。

（1）*机械压实作用*

随着埋深的加大，松辽盆地以东及以北中小型盆地群碎屑岩的机械压实作用增强。在上覆地层负荷压力的作用下，砂岩的碎屑颗粒发生位移和滑动，碎屑颗粒之间的接触关系按悬浮－点－线－凹凸接触的顺序演变（图版12－4，图版12－5）。其他常见的压实现象还有塑性矿物云母碎片发生弯曲、刚性颗粒压断等（图版12－6，图版13－1）。在成岩作用的早期，胶结作用较弱，机械压实作用容易进行。

（2）胶结作用

下白垩统储层中最常见的胶结物是碳酸盐胶结物和黏土矿物，其次是长英质胶结物。此外，还有一些其他的胶结物，如石膏、海绿石、黄铁矿等。

1）碳酸盐胶结物的类型与分布：下白垩统储层中碳酸盐胶结物主要呈粒间胶结物、交代物或次生孔隙内填充物的形式出现。碳酸盐胶结物的主要类型有方解石、白云石和泥晶碳酸盐（图版13-2~图版13-4）。随埋深、地温的增加，成岩作用增强，碳酸盐胶结物的晶体逐渐变粗。泥晶方解石常见于早成岩阶段。成岩早期发育连晶方解石胶结作用（图版13-5），提供了碎屑颗粒间的支撑，有效地增强了岩石的抗压实能力，使部分粒间孔隙得以保存，在后期由于有机酸对碳酸盐胶结物的溶蚀，使原来的孔隙"复活"，对储层物性的改善具有一定的积极作用。

方解石胶结物常见于早成岩B期以后的成岩阶段，主要以亮晶和连晶方解石的方式产出（图版13-5，图版13-6）。下白垩统亮晶方解石形成时间相对较晚，常形成于石英次生加大之后（图版14-1，图版14-2），也常见晚期方解石交代长石和岩屑的现象（图版14-3，图版14-4）。

2）石英加大：在研究区内，下白垩统储层石英胶结物分布普遍，主要以石英次生加大边的形式出现在碎屑石英颗粒表面（图版14-1，图版14-2）。

3）长石加大：在成岩过程中，自生长石的形式有两种，其一是以碎屑长石颗粒次生生长和自形长石晶体的形式出现，其二为碎屑长石的钠长石化。本区的长石加大现象比较普遍（图版14-4），随埋深的增加，钠长石化和加大边的发育程度提高。

4）黏土胶结：在研究区内，下白垩统储层黏土填隙物多以杂基形式存在，成岩过程中形成的自生黏土矿物主要有蒙皂石、伊利石、绿泥石和高岭石（图版14-5）等。

（3）溶蚀作用

1）酸性流体的溶蚀作用：研究区内，储层溶蚀作用普遍，从早成岩阶段B期开始一直到中成岩阶段B期。但以早成岩阶段B期的晚期到中成岩阶段A_2亚期溶蚀作用对砂体的次生孔隙的形成最为重要。在这一时期，伴随着有机质的热演化和油气的生成，干酪根脱去羧基，形成大量有机酸和CO_2，溶于水，形成酸性热流体，溶蚀储层中的铝硅酸盐矿物长石和碳酸盐胶结物，形成次生孔隙（图版14-6，图版15-1），改善了孔隙的连通性，增强了渗流条件，使储层物性得以改善。被溶解的长石主要是斜长石，被溶解的岩屑主要为富含长石的岩屑，被溶解的碳酸盐矿物主要为方解石（图版15-2）：

$$\underset{\text{方解石}}{CaCO_3} + 2H^+ \rightarrow Ca^{2+} + H_2O + CO_2 \tag{3-1}$$

$$\underset{\text{斜长石}}{2Na_{0.6}Ca_{0.4}Al_{1.4}Si_{2.6}O_8} + 1.4H_2O + 2.8H^+ \rightarrow \underset{\text{高岭石}}{1.4Al_2Si_2O_5(OH)_4} + 1.2Na^+ + 0.8Ca^{2+} + 2.4SiO_2 \tag{3-2}$$

长石、岩屑的溶蚀主要形成粒内溶孔或铸模孔（图版15-1，图版15-3，图版15-4），碳酸盐胶结物的溶蚀则常形成粒间溶孔（图版15-2）。溶蚀作用在一定程度上改善了储层的孔隙度，弥补了压实、胶结作用对储层孔隙度的破坏作用。但研究区内，被溶蚀的矿物以长石为主，方解石较少。

2）碱性流体的溶蚀作用：碱性流体可以溶蚀石英颗粒和石英加大边（图版15-5），形成次生孔隙。但研究区内，由石英溶蚀形成的次生孔隙很少，而且多数被后期的碳酸盐矿物交代，对改善储层物性的意义不大。

（4）交代作用

交代作用的实质是一种同时并进的溶解和沉淀作用，是一种保持被交代矿物晶形或集合体形态的矿物转化作用。

碳酸盐对长石、石英及岩屑的交代作用是该区比较普遍的交代现象（图版14－2，图版14－3），其对储层孔隙发育影响较大。一般情况下，碳酸盐矿物沿长石的解理缝和颗粒边缘等薄弱处交代，形成晶间充填、粒间充填。完全交代后，可形成碳酸盐矿物的长石铸模。也可见到方解石交代石英次生加大边和颗粒表面、出现颗粒边缘呈港湾状和锯齿状的现象（图版15－5）。此外，还常见方解石白云石化的现象（图版13－3）。

（5）成岩作用的热力学分析

1）基本原理：为了从理论上证明上述各种成岩作用的可能性和相对难易程度，本书还重点对储层物性具有建设意义的成岩作用——溶蚀作用，进行了热力学分析，计算了典型盆地中碳酸盐胶结物和长石反应前后自由能的增量，探讨了影响溶蚀作用的诸多地质因素。

在热力学研究中，化学反应的吉布斯自由能增量（ΔG）可作为热力学过程方向和限度的判据，以及作为过程不可逆性大小的量度。当$\Delta G>0$时，过程不可能自动发生；$\Delta G=0$，过程平衡；$\Delta G<0$，过程自动发生（不可逆）。ΔG值越低，说明自动过程越易发生，而且反应越快。下面以钾长石溶蚀反应的自由能计算为例，说明这一方法的应用，并推广至其他矿物的溶蚀。

不同温度、压力条件下，反应物质的吉布斯自由能增量计算方程式为：

$$\Delta_r G = \Delta_r H^o - T\Delta_r S^o + \int_{298.15}^{T} \Delta_r C_p \mathrm{d}T - T\int_{298.15}^{T} \frac{\Delta_r C_p}{T}\mathrm{d}T + \int_{10^5}^{p} \Delta_r V \mathrm{d}p \quad (3-3)$$

式中：T为温度；p为压力；$\Delta_r G$为任意p、T条件下的吉布斯自由能增量变化；$\Delta_r H^o$为标准状态下反应进度为1mol的焓变；$\Delta_r S^o$是标准状态下化学反应进度为1mol时的熵变；$\Delta_r C_p$为热容变化；$\Delta_r V$为体积变化。

由于钾长石溶蚀反应中有流体相（H_2O）参与，属于固体－流体相反应。对于固体－流体相反应，通常将式（3－3）中的体积积分项，分成固体和流体相处理，即为：

$$\Delta_r G = \Delta_r H^o - T\Delta_r S^o + \int_{298.15}^{T} \Delta_r C_p \mathrm{d}T - T\int_{298.15}^{T} \frac{\Delta_r C_p}{T}\mathrm{d}T + \Delta_r V^o(p - 10^5) + v_B\int_{10^5}^{p} \Delta_r V_m \mathrm{d}p \quad (3-4)$$

式中：B表示反应式中的任一物质，v_B为该物质的化学计量数。式（3－4）即为ΔG的基本计算方程。

式（3－4）中，$\Delta_r H^o$可根据热力学手册上查出的各种物质的标准摩尔生成热H_m^o，进行计算，即：

$$\Delta_r H^o = (\sum_B v_B H_m^o)_{pr} - (\sum_B v_B H_m^o)_{re} \quad (3-5)$$

式中：pr表示产物，re表示反应物。

式（3－3）中，$T\Delta_r S^o$是温度为T时化学反应的熵变，可根据计算物质的标准摩尔熵S_m^o进行计算，即：

$$T\Delta_r S^o = T[(\sum_B v_B S_m^o)_{pr} - (\sum_B v_B S_m^o)_{re}] \quad (3-6)$$

在式（3－3）中：

$$\int_{298.15}^{T}\Delta_r C_p \mathrm{d}T - T\int_{298.15}^{T}\frac{\Delta_r C_p}{T}\mathrm{d}T \qquad (3-7)$$

为温度 T 状态下，反应物为 1mol 时的热容变化，根据相应的热容系数 a、b、c，由式（3－8）计算：

$$C_p = a + bT - cT^{-2} \qquad (3-8)$$

式（3－3）中的 $\Delta_r V^o\ (p-10^5)$，是压力为 p 时化学反应的固体相体积变化对吉布斯自由能的贡献，可按下式计算：

$$\Delta_r V^o(p-10^5) = [(\sum_B v_B V_s^o)_{pr} - (\sum_B v_B V_s^o)_{re}](p-10^5) \qquad (3-9)$$

式（3－9）中，V_s^o 为标准状态下固体相的摩尔体积。

式（3－3）中的最后一项：

$$v_B\int_{10^5}^{p}\Delta_r V_m \mathrm{d}p = v_B\left\{pV_m - 1\mathrm{bar}V_m^o - RT\ln\frac{V_m - b}{V_m^o - b} - \frac{a}{bT^{1/2}}\ln\frac{V_m^o(V_m + b)}{V_m(V_m^o + b)}\right\} \qquad (3-10)$$

为流体相（H_2O）反应过程中体积变化对反应的吉布斯自由能的贡献。式中 V_m^o 为纯流体相 B 在温度 t 和压力 $p=10^5$Pa 时的摩尔体积。纯流体相在任意温度和压力下的体积 V_m 可通过解 Redlich－Kwong 状态方程求得：

$$p = RT/(V_m - b) - a/[V_m(V_m + b)T^{1/2}] \qquad (3-11)$$

Redlich－Kwong 状态方程中，T、p 为任意温度和压力，R 为摩尔气体常数，a、b 可由下式确定：

$$a = 0.42748T_c^{2.5}/p_c \qquad (\mathrm{bar \cdot K^{1/2} \cdot cm^6 \cdot mol^{-2}}) \qquad (3-12)$$

$$b = 0.08664RT_c/p_c \qquad (\mathrm{cm^3 \cdot mol^{-1}}) \qquad (3-13)$$

式中：p_c、T_c 分别为流体的临界压力和温度。

钾长石的溶蚀反应如下：

$$2KAlSi_3O_8(\text{钾长石}) + 2H^+ + H_2O \rightarrow Al_2Si_2O_5(OH)_4 + 4SiO_2 + 2K^+ \qquad (3-14)$$

反应物和生成物的热力学数据取自有关文献（Helgeson，1981；林传仙，1985），如表 3－1 所示。

表 3－1 钾长石溶解反应有关反应物和生成物的热力学数据

热力学参数		$KAl_2Si_3O_8$	SiO_2	H_2O	$Al_2Si_2O_5(OH)_4$	H^+	K^+
$\Delta_f H_m^o$		－3971.40kJ	－910.648kJ	－285.83kJ	－4109.61kJ	0	－251.21kJ
S_m^o		213.9J/(K·mol)	41.3J/(K·mol)	69.91J/(K·mol)	203.0J/(K·mol)	0	102.5J/(K·mol)
V_m^o		108.87cm³/mol	22.688cm³/mol	18.068cm³/mol	99.52cm³/mol	—	—
C_p 系数	a	320.57	46.94	30.5	304.5	—	—
	b	0.01804	0.0343	0.0103	0.1222	—	—
	c	12529000	1130000	0	9004000	—	—

2）计算结果与分析：应用上面公式，计算了不同埋深条件下，松辽盆地以北及以东典型含油气盆地各种矿物溶蚀反应的自由能变化（图 3－5）。矿物溶解反应的自由能增量越小，矿物越易溶解，反之，矿物越难溶解。由图 3－5 可见：

①方解石溶解反应的自由能增量随深度增加变大，即埋深越大，方解石越难溶解；而长石类矿物溶解反应的自由能增量随深度增加变小，即深度越深，长石类矿物越易溶解。

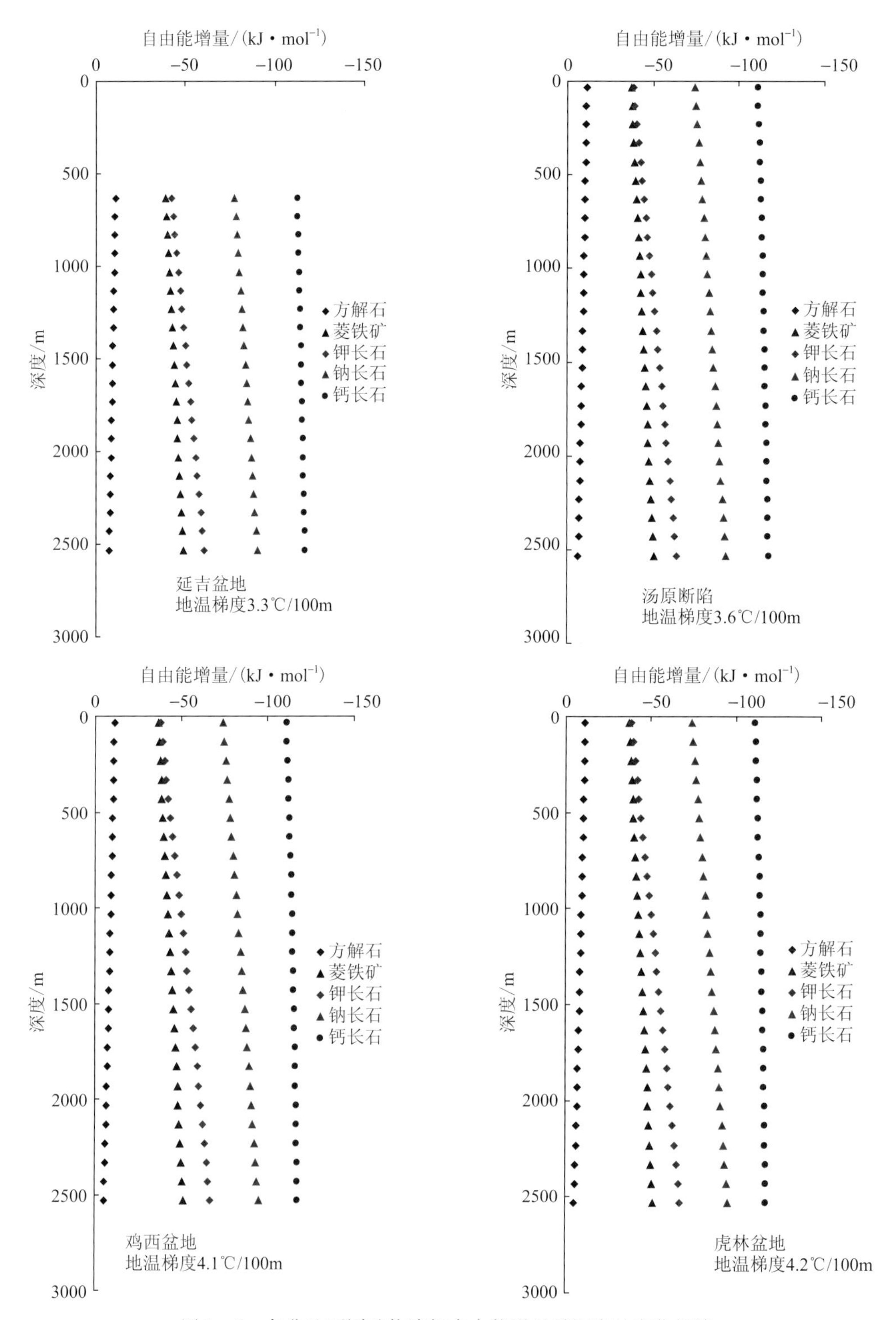

图 3－5 各盆地不同矿物溶解自由能增量随深度的变化规律

②整体上看，长石类矿物溶解的自由能增量小于方解石。薄片的镜下观察与鉴定结果也证实了上面计算结果，长石中次生孔隙的发育程度远高于方解石。在镜下，常常见到长石类矿物溶解，而方解石胶结的现象（图版 14－3）。而且在深部方解石溶孔很少，以方解石胶

结为主（图版14－2）。这一研究结果和松辽盆地白垩系、渤海湾盆地古近系、三塘湖盆地二叠系成岩作用的热力学分析结果相似（孟元林等，2010，2013a，2014）。由此看来，这样的地质规律具有普遍性。

③长石类矿物中钾长石最难溶解，钙长石最易溶解，溶解由易到难的顺序为：钙长石 > 钠长石 > 钾长石。这一计算结果与鲍温反应序列中各种矿物出现的先后顺序相符。根据鲍温反应序列，长石类矿物形成的先后顺序为钙长石、培长石、拉长石、中长石、更长石、钠长石、钾长石。在相对高温条件下，先形成的矿物，在相对低温条件下不太稳定。在相对低温条件下，后形成的矿物较为稳定。因此，钙长石在沉积盆地中最不稳定，也最易溶；钾长石最稳定，也最难溶。斜长石属于类质同象系列的长石矿物的总称，并没有特定的化学成分，而是由钠长石和钙长石按不同比例形成的固溶体系列。由此可以推断，斜长石的溶解难度介于钠长石和钙长石之间。

④各种矿物的溶蚀与温度和地温梯度密切相关，温度越高，长石类矿物越易溶，方解石越难溶。因此，在深度相同的情况下，地温梯度较高的盆地，长石溶解的自由能增量较小，由长石溶蚀形成的次生孔隙就越发育，虎林盆地、鸡西盆地、汤原断陷和延吉盆地的地温梯度分别为4.2℃/100m、4.1℃/100m、3.6℃/100m和3.3℃/100m，在深度为2533m时，虎林盆地、鸡西盆地、汤原断陷和延吉盆地钾长石溶蚀的自由能增量分别为－67.868kJ/mol、－67.229kJ/mol、－64.017kJ/mol、－60.598kJ/mol（图3－5）。

2. 成岩阶段划分与孔隙演化

（1）典型含油气盆地成岩演化与孔隙演化

本书选取研究区内已发现工业油气流的含油气盆地——延吉盆地，详细分析其成岩演化规律与孔隙演化过程。延吉盆地是位于吉林省境内的一个中新生代盆地，从下到上依次发育下白垩统屯田营组（K_1tn）、长财组（K_1c）、头道组（K_1td）、铜佛寺组（K_1t）、大砬子组（K_1d），上白垩统龙井组（K_2l）、古近系始新－渐新统的珲春组（$E_{2-3}h$）及覆于其上的新近系玄武岩和第四系。铜佛寺组生储盖层发育，是主要的勘探目的层段，按岩性可分成铜一段（K_1t^1）、铜二段（K_1t^2）和铜三段（K_1t^3）。目前，已发现的工业油气流主要集中于铜佛寺组。

在统计了延吉盆地流体包裹体均一温度、镜质组反射率R_o、孢粉颜色TAI、色谱－质谱、热解分析、X光衍射、普通薄片、铸体薄片镜下鉴定、扫描电镜、电子探针等分析化验的基础上，依据石油行业标准《碎屑岩成岩阶段划分规范》（SY/T 5477—2003），将延吉盆地中新生界的碎屑岩成岩作用划分为早成岩阶段A期、B期，中成岩阶段A_1亚期、A_2亚期的早期A_2^1、A_2亚期的晚期A_2^2和中成岩阶段B期两个成岩阶段、六个成岩（亚）期（表3－2），其底界深度分别为250m、550m、1300m、1500m、1700m和>1700m。

在成岩作用研究和成岩阶段划分的同时，还应用我们具有自主知识产权的“成岩作用数值模拟与优质储层预测系统”（2012SR016332）（孟元林，2012），模拟了延吉盆地的成岩演化史（图3－6），以便定量分析其成岩演化过程。

1）早成岩阶段A期：底界埋深约为250m，镜质组反射率$R_o<0.35\%$，成岩指数$I_D<0.24$，有机质未成熟（表3－2，图3－6）。成岩作用以机械压实为主，部分碎屑颗粒具黏土包壳。砂岩黏土矿物中，蒙皂石、伊利石、绿泥石以及高岭石开始零星出现在这一成岩阶段。颗粒间呈点接触，孔隙类型为原生粒间孔，主要发育早期压实胶结成岩相（表3－2，图3－6）。

表 3-2 延吉盆地白垩系碎屑岩储层成岩阶段划分表

成岩阶段		成岩相	I_D	今地温/℃	有机质				泥岩		砂岩固结程度	砂岩中自生矿物											溶解作用		接触类型	主要孔隙类型	深度/m
阶段	期				R_o/%	孢粉颜色	T_{max}/℃	成熟带	I/S中S层比例/%	混层类型分布		蒙皂石	伊蒙混层	高岭石	伊利石	绿泥石	石英加大	长石加大	方解石	含铁方解石	白云石	铁白云石	长石及岩屑	碳酸盐			
早成岩	A	早期压实相	0.24	80	0.35	淡黄 2.6	420	未成熟	60	蒙皂石带	弱固结—半固结														浮—点	原生孔	250±
	B	早期胶结相	0.35	110	0.5	深黄 2.8	433	半成熟	35	无序混层带	半固结—固结																550±
中成岩	A_1	早期溶蚀相	0.45	150	0.7	橘黄 3.0	444	低成熟	20	部分有序混层带	固结														点—线	原生孔—次生孔	1300±
	A_2^1	中期溶蚀相	0.58		1.0		458	成熟		完全有序混层带																	1500±
	A_2^2		0.7	220	1.3	橘黄 3.3	485		15																		1700±
	B	晚期溶蚀相	1	>220	>1.3	橘 >3.3	>485	高成熟	<15	超点阵有序混层带															线—缝合	次生孔—裂缝	>1700

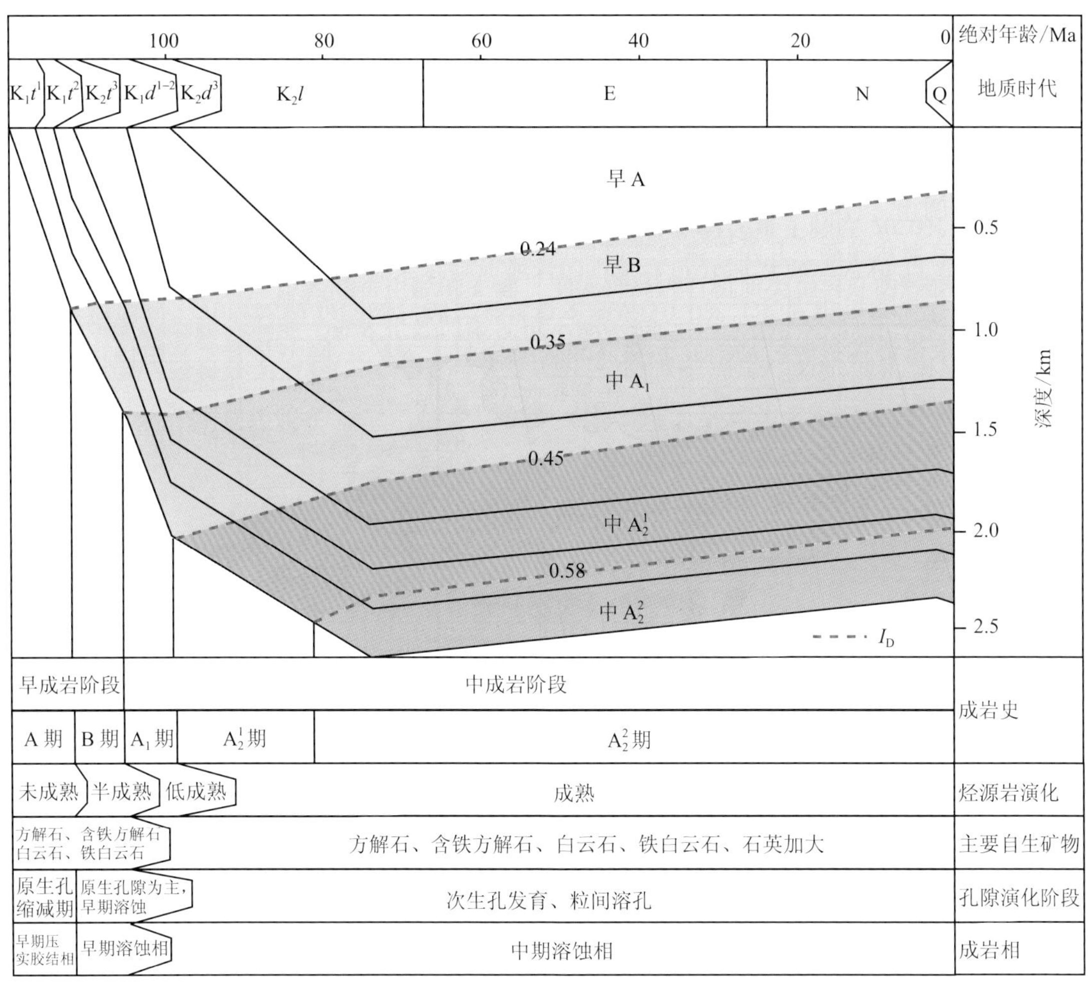

图3-6 延吉盆地延参1井成岩演化史图

铜佛寺组（K_1t）和大砬子组（K_1d）是延吉盆地的主要勘探目的层系，在早白垩世铜二段沉积中期（K_1t^2）和早白垩世大一二段沉积晚期，铜佛寺组底部（K_1t^1）和大砬子组底部（K_1d^{1-2}）分别由早成岩阶段A期进入B期。在此之前，二者一直处于早成岩阶段A期（图3-6）。

2）早成岩阶段B期：埋深下限大约在550m，$0.35\% \leqslant R_o < 0.50\%$，$0.24 \leqslant I_D < 0.35$，有机质处于半成熟状态（表3-2，图3-6）。胶结作用较弱，砂岩呈半固结-固结状态，颗粒间点接触为主，偶见线接触。砂岩中黏土矿物以蒙皂石、I/S混层、高岭石、绿泥石为主。在本阶段，出现石英加大，但加大边较窄且加大现象也较少见。砂岩中自生矿物还有方解石、含铁方解石、白云石、铁白云石等碳酸盐矿物（表3-2，图3-6）。在早成岩阶段后期，干酪根开始脱羧基，形成有机酸和CO_2，少量长石和碳酸盐矿物被溶蚀，形成次生孔隙，但孔隙类型仍以原生孔隙为主（图版15-6，图版16-1），本阶段主要发育早期胶结相。

3）中成岩阶段A期：中成岩阶段A期的埋深下限在1700m左右，$0.5\% \leqslant R_o < 1.3\%$，有机质处于低熟-成熟阶段（表3-2）。机械压实作用明显减弱，溶蚀作用显著增强，原生孔隙有少量残留（图版16-2），主要发育溶蚀相，次生孔隙较发育（图版16-3）。以$R_o =$

0.7%为界，中成岩阶段还可分为中成岩阶段A_1、A_2两个亚期。

①中成岩阶段A_1亚期：埋深下限在1300m左右，$0.5\% \leqslant R_o < 0.7\%$，$0.35 \leqslant I_D < 0.45$，在$A_1$亚期，烃源岩进入生油门限，开始生油，有机质处于低成熟状态（表3-2，图3-6）。胶结作用较弱，砂岩呈固结状态，颗粒间点-线接触为主。黏土矿物以I/S混层、高岭石、伊利石、绿泥石为主。石英加大现象在本阶段大量出现。

铜佛寺组底部（K_1t^1）、大砬子组底部（K_1d^{1-2}）分别在铜三段沉积中期和大三段末期，由早成岩阶段B期进入中成岩阶段A_1亚期（图3-6）。

②中成岩阶段A_2亚期：在$R_o=1.0\%$左右时，液态烃的生成达到高峰。与此同时，干酪根中的杂原子键基本断裂完毕，干酪根的脱羧作用也基本完成，O/C原子数比的减小变慢，从此之后，有机酸的生成量很小，储层的溶蚀作用也大大减弱，孔隙度急剧下降。因此，以生油高峰（$R_o=1.0\%$）为界，可将中成岩阶段A_2亚期，进一步细分为中成岩阶段A_2亚期的早期A_2^1和中成岩阶段A_2亚期的晚期A_2^2（孟元林等，2014，2015）。

——中成岩阶段早期A_2^1：在1300m±≤埋深<1500m±的深度范围内，$0.7\% \leqslant R_o < 1.0\%$，$444℃ \leqslant T_{max} < 458℃$（表3-2），有机质处于成熟阶段的早期。碎屑颗粒之间的接触关系为点-线接触，机械压实作用较强，砂岩的固结程度较高。砂岩黏土矿物中，伊利石的含量越来越多，且呈自生形态出现，绿泥石的相对含量很高。

铜佛寺组底部（K_1t^1）、大砬子组底部（K_1d^{1-2}）分别在大砬子组二段沉积晚期和龙井组沉积中期，由中成岩阶段A_1亚期进入中成岩阶段A_2亚期的早期阶段A_2^1亚期（图3-6）。

——中成岩阶段晚期A_2^2：在1500m±≤埋深<1700m±的深度范围内，$1.0\% \leqslant R_o < 1.3\%$，$458℃ \leqslant T_{max} < 485℃$，有机质处于成熟阶段的后期，干酪根的产酸量减少。生油高峰之后，液态烃的生成量逐渐减小。砂岩黏土矿物中，伊利石含量较高。

在龙井组沉积中期，铜佛寺组底部（K_1t^1）由中成岩阶段A_2^1亚期进入中成岩阶段A_2^2亚期。但大砬子组底部（K_1d^{1-2}）至今尚未进入中成岩阶段A_2^2亚期（图3-6）。

4）中成岩阶段B期：在1700m之下，延吉盆地进入中成岩阶段B期，$1.3\% \leqslant R_o < 2.0\%$，有机质处于高成熟阶段，成岩作用非常强烈，砂岩已变得十分致密（表3-2）。有机酸生成量减少，溶蚀作用减弱，溶蚀孔隙较少，发育晚期溶蚀成岩相。在该阶段的后期，胶结作用占主导地位。

（2）区域成岩规律

用同样的方法，划分了其他盆地碎屑岩的成岩阶段，结合有机质的热演化资料，完成了松辽盆地以北及以东中小型断陷盆地群下白垩统成岩阶段平面分布图（图3-7）。由图可见，北部地区多数盆地下白垩统储层达到中成岩阶段B期，南部盆地只能达到中成岩阶段A期。北部地区下白垩统的成岩作用比南部地区更强，下白垩统成岩作用具有“北强南弱”的区域成岩规律。这一规律与烃源岩的有机质热演化程度变化规律相似。

3. 孔隙类型与孔隙结构特征

（1）孔隙类型

依据中华人民共和国石油天然气行业标准《油气储集层岩石孔隙类型划分》（SY/T 6173—1995），东北盆地群下白垩系储层孔隙类型可划分为粒间孔、粒内孔、填隙物内孔、缝状孔隙四大类，进一步细化为7种（表3-3）。下白垩系储层主要发育粒间孔和填隙物内孔。

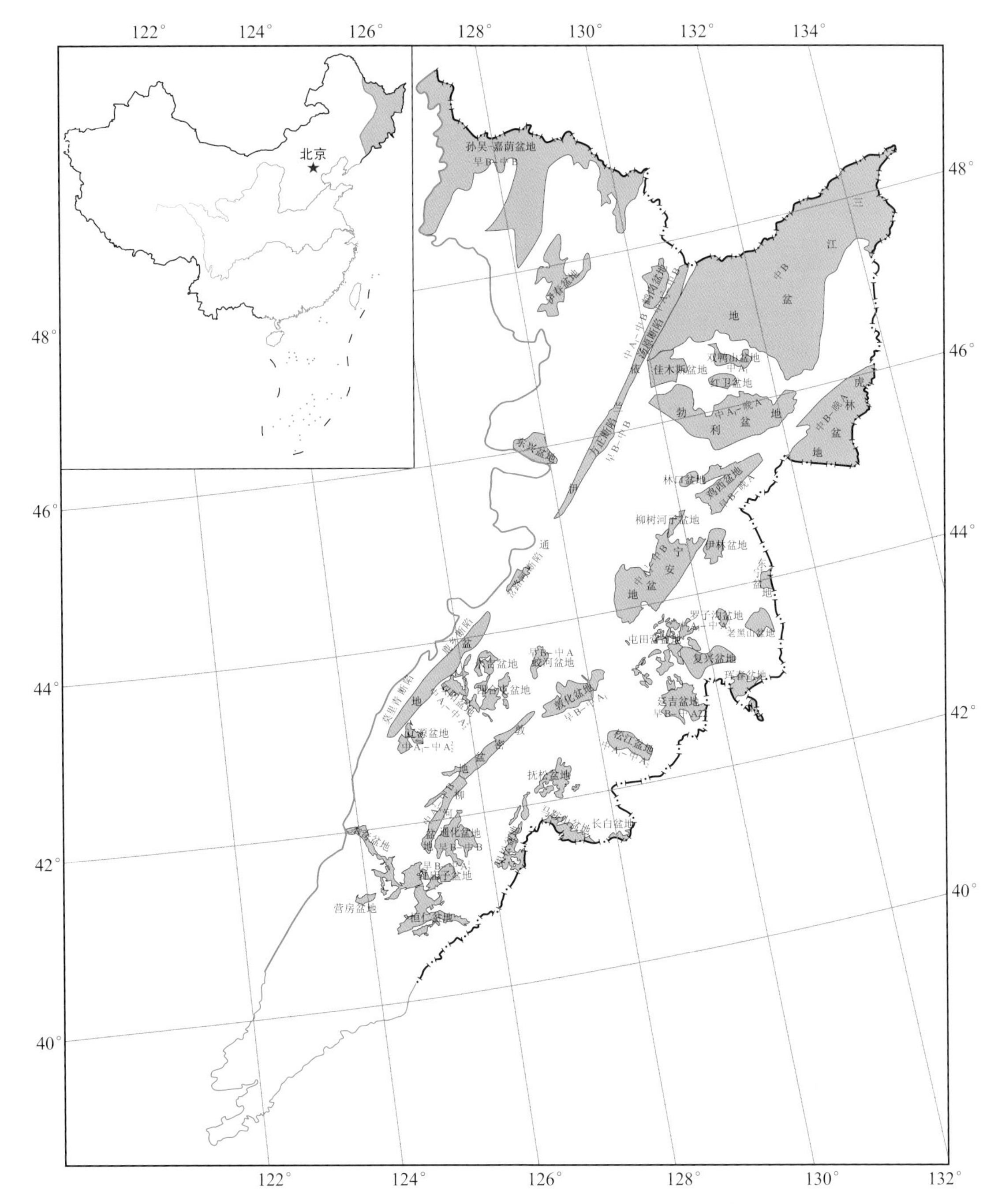

图3-7 东北地区东部盆地群下白垩统储层成岩阶段分布平面图

松辽盆地以北及以东各中小型断陷盆地白垩系沉积物的结构成熟度和成分成熟度都不高，原始物性差，抗压实能力也差，经强烈的机械压实作用和胶结作用后，原生孔隙几乎消耗殆尽。现在储层的孔隙多为溶蚀作用形成的次生孔隙。薄片镜下观察与鉴定的结果表明，下白垩统储层中的孔隙多为粒间溶蚀孔、颗粒溶孔、粒内溶孔等（图版15-1～图版15-4，图版16-3～图版16-5），原生孔隙少见（图版16-1，图版16-2）。构造缝较为少见（图版16-6）。

表 3－3　辽河西部凹陷南段沙河街组常见孔隙类型

类型		识别特征	发育情况
粒间孔	原生粒间孔	颗粒呈点或线接触，多数与次生孔隙混合形成粒间超大孔隙（图版 15－6，图版 16－1）。	少见
	剩余粒间孔	因碎屑颗粒压实变形和粒间孔隙中有部分填隙物，使粒间孔隙明显变小（图版 16－2）。	少见
	溶蚀粒间孔	碎屑颗粒被溶蚀而成港湾状或使两个或多个粒间孔隙连通而呈长条形孔隙类型，使孔隙变好（图版 15－1，图版 16－5）。	少见
粒内孔	溶蚀粒内孔	碎屑颗粒内部成分被部分溶蚀或交代后形成的孔隙，主要发生在长石、岩屑等稳定性较差的颗粒内部，常沿较薄弱的解理面、微裂缝处溶蚀或交代，呈现蜂窝状、不规则状并常与粒间孔连通（图版 14－6，图版 15－3，图版 16－3）。	常见
	铸模孔	碎屑颗粒全部被溶解或交代而形成，并保留原颗粒形态的孔隙。常与原生孔隙和其他次生孔隙连通形成超大孔隙（图版 15－1，图版 15－4）。	较常见
填隙物内孔	填隙物内溶孔	填隙物（杂基及胶结物）内部被溶蚀而形成的孔隙空间（图版 14－6）。	较常见
缝状孔隙	构造缝状孔隙	裂缝切穿碎屑颗粒杂基、胶结物等而形成的缝状孔隙空间。本区有些井多位于构造附近，所以此现象较常见（图版 16－6）。	少见

（2）孔喉结构

储层的孔喉结构指储层孔喉的几何形态、粗细、多少、分布的均匀程度及其连通状况等（郑浚茂和庞明，1989；孟卫工和孙洪斌，2007）。人们常用压汞资料研究储层的孔喉结构。毛管力与润湿相（或非润湿相）流体饱和度的关系曲线，称为毛细管压力曲线。利用储层的毛细管压力曲线可以直观地确定储层的喉道粗细以及分布。毛细管压力曲线越是趋向于与 X 轴平行，说明储层中喉道的分布越是集中，且毛细管压力曲线越是贴近 X 轴，说明储层喉道的半径越大。图 3－8 和图 3－9 是下白垩统储层的典型毛细管压力曲线。由图可见，储层的喉道较细，分选性较差。

进一步的统计表明，下白垩统储层的喉道较细，物性较差，吉林省东南部下白垩通储层的喉道以纳米级喉道为主（图 3－10）。孔喉半径平均值是储层喉道半径的平均值，其值越大，储层的渗透率越大。喉道过细使得毛细管力过大，流体难以通过喉道自由流动，导致储层渗透率很低，吉林省东南部下白垩统储层的渗透率多小于 $1\times10^{-3}\mu m^2$，属于超低渗透储层，是一种非常规致密储层。

均质系数是表征储层孔隙系统中每一个孔喉半径与最大连通孔喉半径偏离程度的总和，变化范围为 0～1 之间，其值越大，孔喉的分选性越好，喉道分布越均匀，储层的渗透率越大。吉林省东南部柳河盆地与红庙子盆地下白垩统的储层孔喉均匀程度不高，多数为不均匀－较均匀（图 3－11）。

三、下白垩统储层物性特征及其影响因素

1. 物性特征

储集层是油气聚集成藏所必需的基本要素之一。储集层的层位、类型、发育特征、内部

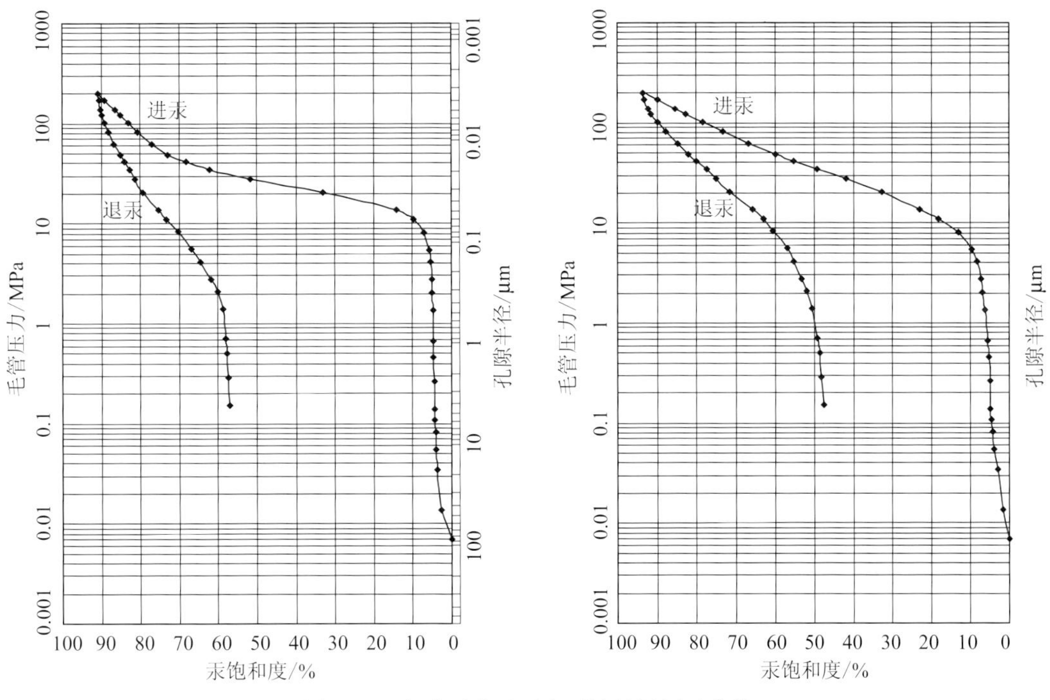

图 3－8 红庙子盆地下白垩统储层压汞曲线

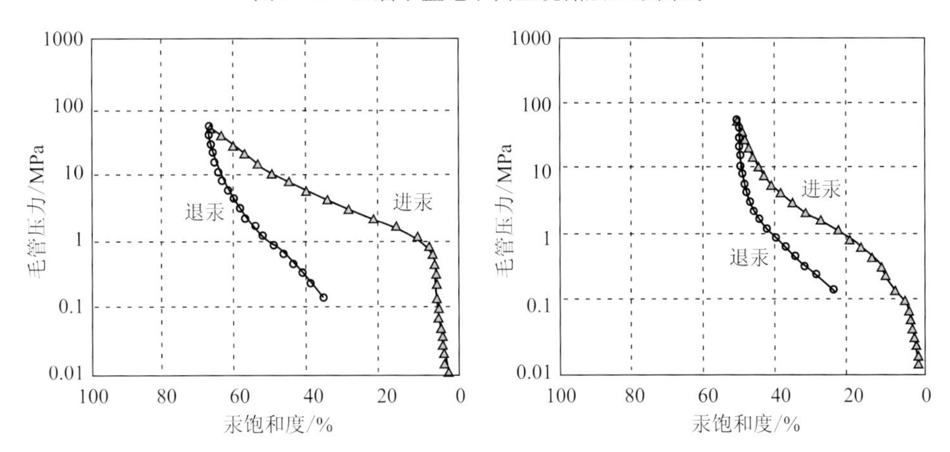

图 3－9 松江盆地下白垩统储层压汞曲线

（据董清水，2012）

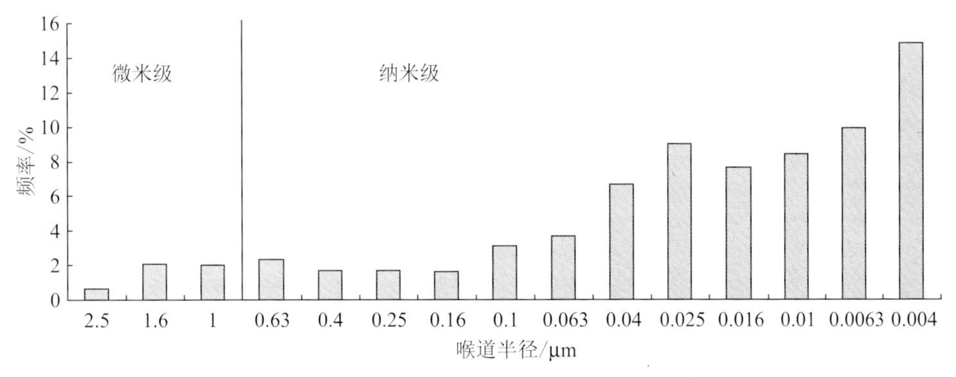

图 3－10 吉林省东南部下白垩统储层压汞孔喉分布直方图

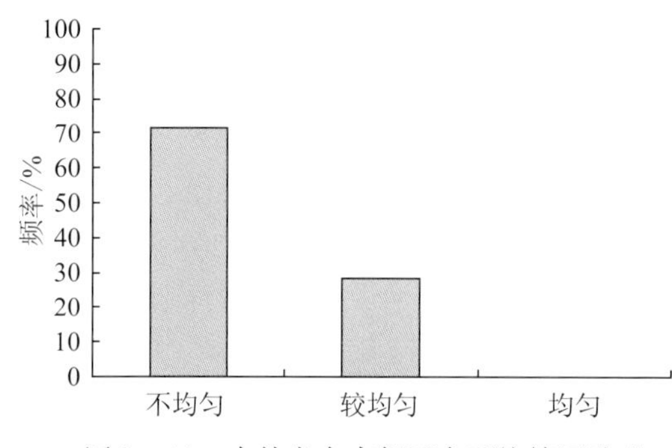

图 3-11　吉林省东南部下白垩统储层孔喉均匀程度统计直方图

结构、分布范围以及物性变化规律等，是控制地下油气分布状况、油层储量及产能的重要因素。而孔隙性和渗透性是储集层的两大基本特征，也是衡量储集层储集性能好坏的基本参数。在下白垩统储层孔隙度和渗透率测试的基础上，我们收集了松辽盆地外围东部和北部盆地群下白垩统的大量储层物性数据（陈章明等，1989；翟光明等，1993a，1993b，1993c；周书欣等，1996；迟元林等，1999；关德师等，2000；谯汉生等，2003；李忠权等，2003；冯志强等，2007；王伟涛等，2007；吴河勇等，2008；董清水等，2012；刘立，2012；王峻等，2012；陈延哲，2012，2015；陈贵标等，2013；韩欣澎等，2013；林长城等，2013；孙哲等，2013；徐汉梁等，2013；乔德武等，2013；张吉光等，2014；柳蓉等，2014；孟元林等，2012，2015，2016；Wang et al；2016；Yang and Meng；2016；Yu et al.，2016)，按照中国石油行业现行孔隙度和渗透率划分标准（任延广等，2011）（表 3-4)，对下白垩统储层进行了物性分类（表 3-5)。

表 3-4　碎屑岩储层孔隙度及渗透率类型划分方案

储层孔隙度类型	孔隙度 φ	储层渗透率类型	渗透率 K
特高孔	$\varphi \geqslant 30\%$	特高渗	$K \geqslant 2000 \times 10^{-3}\mu m^2$
高孔	$25\% \leqslant \varphi < 30\%$	高渗	$500 \times 10^{-3}\mu m^2 \leqslant K < 2000 \times 10^{-3}\mu m^2$
中孔	$15\% \leqslant \varphi < 25\%$	中渗	$50 \times 10^{-3}\mu m^2 \leqslant K < 500 \times 10^{-3}\mu m^2$
低孔	$10\% \leqslant \varphi < 15\%$	低渗	$10 \times 10^{-3}\mu m^2 \leqslant K < 50 \times 10^{-3}\mu m^2$
特低孔	$5\% \leqslant \varphi < 10\%$	特低渗	$1 \times 10^{-3}\mu m^2 \leqslant K < 10 \times 10^{-3}\mu m^2$
超低孔	$\varphi < 5\%$	超低渗	$K < 1 \times 10^{-3}\mu m^2$

表 3-5　下白垩统储层特征统计表

盆地（断陷）	层位	孔隙度/%	渗透率/$10^{-3}\mu m^2$	储层物性分类	储层类型
孙吴-嘉荫盆地	淘淇河组	3~30.9 / 20.4（29）	0.11~773.8 / 23.14（29）	中孔低渗	常规
	宁远村组	5.9~21.1 / 15.6（14）	0.09~4.92 / 1.59（14）	中孔特低渗	常规
汤原断陷	穆棱组+东山组	2.05~18.92 / 5.1	0.02~11.8 / 5.91	特低孔特低渗	常规
方正断陷	穆棱组+东山组	2.6~5.5 / 4.07	0.01~147 / 5.608	超低孔特低渗	常规
三江盆地	穆棱组+城子河组	0.67~12.6 / 4.18（81）	0.01~3.78 / 0.59（88）	超低孔超低渗	非常规
勃利盆地	穆棱组	1.3~7.7 / 2.91（26）	0.01~0.3 / 0.056（25）	超低孔超低渗	非常规
	城子河组	1~3.85 / 1.84（43）	0.02~1.16 / 0.06（41）	超低孔超低渗	非常规

续表

盆地（断陷）	层位	孔隙度/%	渗透率/$10^{-3}\mu m^2$	储层物性分类	储层类型
勃利盆地	滴道组	$\frac{0.3\sim4.1}{1.3\ (26)}$	$\frac{0.01\sim0.04}{0.02\ (26)}$	超低孔超低渗	非常规
虎林盆地	云山组	$\frac{2.51\sim10.61}{6.62}$	$\frac{0.03\sim0.28}{0.17}$	特低孔超低渗	非常规
鸡西盆地	穆棱组	$\frac{1.2\sim12}{4.49\ (113)}$	$\frac{0\sim7.6}{0.36\ (113)}$	超低孔超低渗	非常规
	城子河组	$\frac{0.7\sim15}{5.72\ (114)}$	$\frac{0.01\sim37.7}{0.67\ (113)}$	特低孔超低渗	非常规
宁安盆地	穆棱组	$\frac{4.13\sim13.8}{10.01}$	$\frac{0.17\sim11.59}{3.46}$	低孔特低渗	常规
罗子沟盆地	大砬子组	$\frac{16.2\sim26.4}{21.84\ (7)}$	$\frac{0.06\sim1.96}{0.91\ (7)}$	中孔超低渗	非常规
珲春盆地	珲春组	$\frac{8\sim26.6}{17.3}$	$\frac{0.16\sim60.2}{30.18}$	中孔低渗	常规
延吉盆地	大砬子组	$\frac{0.82\sim23.2}{8.63\ (740)}$	$\frac{0.01\sim850}{23.83\ (694)}$	特低孔低渗	常规
	铜佛寺组	$\frac{0.4\sim13.96}{7.07\ (84)}$	$\frac{0.01\sim16.8}{1.24\ (84)}$	特低孔特低渗	常规
松江盆地	大砬子组	$\frac{2.6\sim19.3}{11.99}$	$\frac{0.0034\sim34.1}{5.63}$	低孔特低渗	常规
蛟河盆地	保家屯组	$\frac{16.2\sim18.2}{17.2}$	$\frac{87.9\sim98.9}{93.4}$	中孔中渗	常规
	魔石砬子组	$\frac{13.1\sim20.5}{16.8}$	28.7	中孔低渗	常规
	乌林组	$\frac{12.8\sim22.8}{17.5}$	$\frac{3.7\sim757.0}{207.7}$	中孔中渗	常规
双阳盆地	金家屯组	$\frac{1.41\sim10.8}{5.17\ (18)}$	$\frac{0.001\sim0.036}{0.11\ (17)}$	特低孔超低渗	非常规
	长安组	$\frac{0.7\sim3.78}{1.87\ (5)}$	$\frac{0.002\sim0.007}{0.005\ (4)}$	超低孔超低渗	非常规
辽源盆地	久大组	$\frac{3.5\sim5.8}{4.6}$	$\frac{0.02\sim0.04}{0.027}$	超低孔超低渗	非常规
柳河盆地	亨通山组	$\frac{2.37\sim12.89}{5.13}$	$\frac{0.0012\sim2.4856}{0.625225}$	特低孔超低渗	非常规
通化盆地	亨通山组	$\frac{0.3\sim6.8}{1.8625\ (24)}$	$\frac{0.005\sim0.177}{0.0206\ (24)}$	超低孔超低渗	非常规
红庙子盆地	鹰嘴砬子组	$\frac{1.87\sim20.06}{8.5725\ (4)}$	$\frac{0.0019\sim0.2465}{0.090625\ (4)}$	特低孔超低渗	非常规

如果按照严格的定义，致密储层是指覆压基质渗透率小于$0.1\times10^{-3}\mu m^2$的储层。但目前油田上大量存在的物性数据是在常温常压条件下测得的孔隙度和渗透率。因此，人们一般将孔隙度小于10%～12%，渗透率小于$1\times10^{-3}\mu m^2$的储层称为致密储层（孟元林等，2016）。在原生孔隙为主的储层中，孔隙度和渗透率具有良好的相关性，但在裂缝性储层和

次生孔隙为主的储层中，孔隙度和渗透率的相关性变差。已有的研究表明，溶蚀作用可以形成次生孔隙，但溶蚀作用使喉道变得更加弯曲和复杂，使得储层的渗透率降低（Siebert et al.，1984；史基安等，1994；孟元林等，2010，2016）。松辽盆地北部和渤海湾盆地辽河西部凹陷储层的统计结果表明，次生孔隙在孔隙中所占的比例越高，储层的渗透率越低（孟元林等，2010，2016）。尤其是，罗子沟盆地下白垩统储层的孔隙类型主要为次生孔隙，其孔隙度高达21.84%，渗透率仅有$0.91\times10^{-3}\mu m^2$（柳蓉等，2014）。美国按照孔隙度的大小，把孔隙度大于10%的致密储层称为高孔低渗型致密储层，把孔隙度小于10%的致密储层称为低孔低渗型储层（伊培荣等，2011）。由此看来，衡量储层致密性的主要参数应该是渗透率。因此，本书将松辽盆地以北及以东储层渗透率小于$1\times10^{-3}\mu m^2$的储层定义为非常规致密储层。研究区内，孙吴－嘉荫盆地、方正断陷、汤原断陷、宁安盆地、珲春盆地、延吉盆地、松江盆地、蛟河盆地下白垩统发育常规储层，其他盆地为非常规致密储层。在常规储层发育的盆地内，应遵循以寻找圈闭为中心的勘探思想，在生、储、盖、圈、运、保综合研究的基础上，选择有利圈闭，部署钻井。在发育非常规致密储层的盆地，油气勘探的重点研究烃源岩和储层及其组合关系，在有利的生烃区内，圈定与之相邻储层的“甜点”，部署钻井。但开展大型压裂后，方可获得工业油气流。

为了更清楚地展示下白垩统储层物性在区域上的变化规律，本书还以这些数据为基础，完成了松辽盆地以北及以东下白垩统储层物性分布图（图3－12）。由图可见，大部分盆地下白垩统储层物性较差，主要为（特、超）低孔、（特、超）特低渗，局部为中孔中渗。整体上看，中部盆地群孙吴－嘉荫盆地和东部盆地群汤原断陷、方正断陷、宁安盆地、延吉盆地、珲春盆地、松江盆地下白垩统的储层物性相对较好，属于常规储层。

2. 物性影响因素

研究表明，碎屑岩储层的质量，亦即物性，主要受沉积相、成岩作用以及构造的影响与控制（Kupecz et al.，1997；Bloch et al.，2002；冯增昭等，2013；史基安和王琪，1995；裘怿楠等，1997；于兴河等，1999；王云多等，2003；肖丽华等，2003；赵澄林，2003；孟元林等，2005），下面从这三个方面讨论其对储层物性的影响。

（1）沉积作用对储层物性的影响

1）典型含油气盆地沉积相对下白垩统储层物性的影响：沉积相是影响储层物性的“先天因素”，它决定着储层的原始物性和砂体在空间的展布。松辽盆地以北及以东外围盆地下白垩统储层的物性与沉积相密切相关。在成岩强度相近的情况下，水动力越强的沉积环境，砂体的成分成熟度和结构成熟度越高，物性越好。例如：延吉盆地在中成岩阶段A_1亚期（表3－6），扇三角洲平原亚相、近岸水下扇和扇三角洲前缘亚相沉积环境的水动力较强，物性较好，其孔隙度分别为12.97%、11.03%、10.36%，渗透率分别为$64.53\times10^{-3}\mu m^2$、$56.99\times10^{-3}\mu m^2$、$3.6\times10^{-3}\mu m^2$，属于低孔特低渗－中渗储层；深湖－半深湖相砂体沉积环境的水动力较弱，物性最差，其孔隙度和渗透率分别为8.02%和$1.34\times10^{-3}\mu m^2$，属于特低孔特低渗储层。

2）储层物性区域变化规律及其影响因素：下白垩统储层物性在区域上的变化规律也受沉积环境的影响与控制。在早白垩世，北部地区为一个统一的大三江盆地，从盆地边部到沉积中心，水动力逐渐减弱，储层物性逐渐变差。位于盆地边部的三江盆地、虎林盆地、鸡西盆地、宁安盆地、汤原断陷下白垩统沉积时水动力相对较强，储层物性相对较好，主要发育

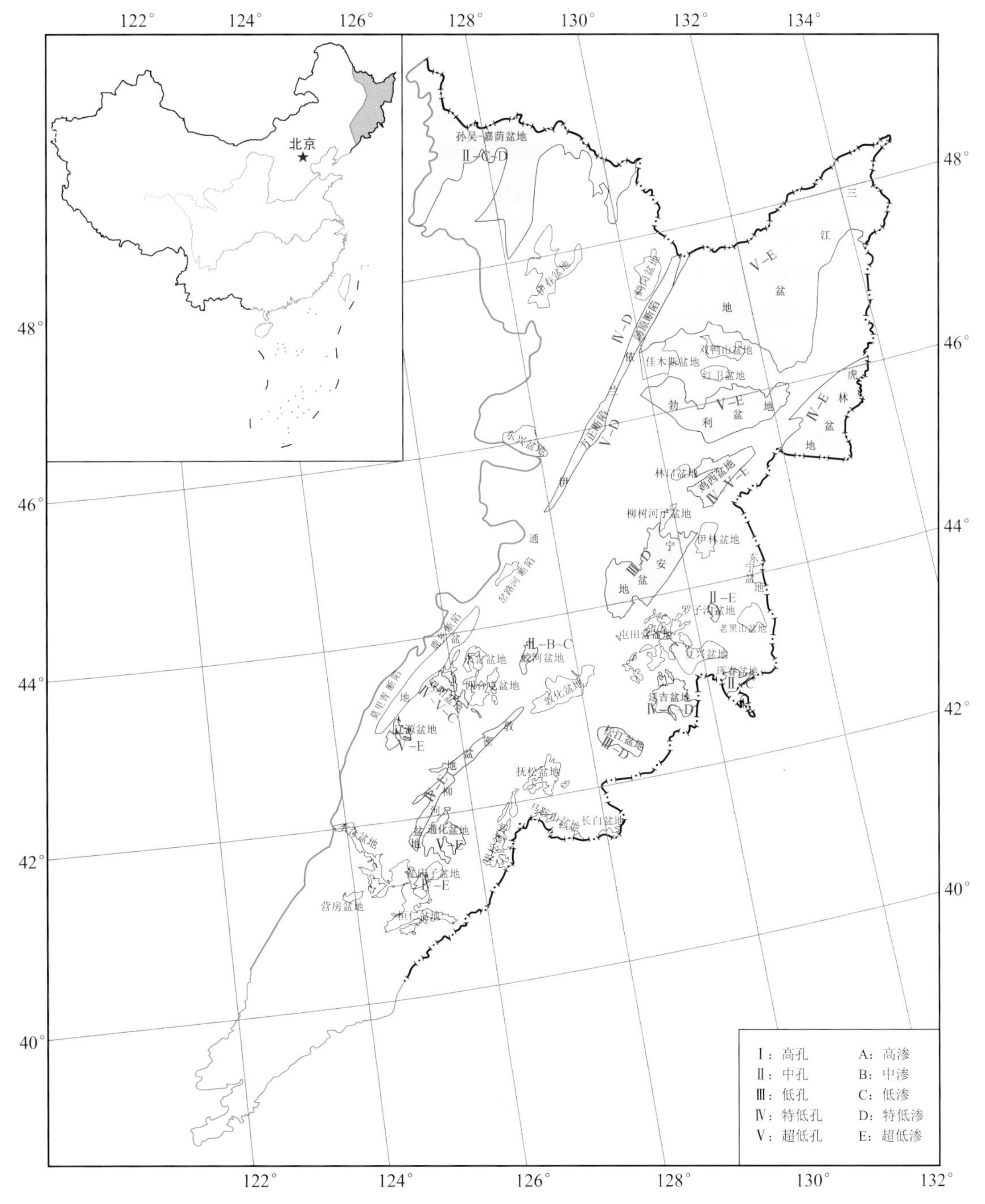

图 3-12 东北地区东部盆地群下白垩统储层物性分布平面图

特低孔超低渗储层（图 3-12，表 3-5）；而位于大三江盆地沉积中心的勃利盆地，沉积时水动力较弱，物性相对最差，主要为超低孔超低渗非常规储层。

早白垩世时，在吉林省南部地区，可能发育一个大型沉积盆地（陈延哲，2012；徐汉梁等，2013；孟元林等，2016；董清水，2016），后来被抬升剥蚀，肢解为一系列小盆地，当时的沉积中心在通化盆地与红庙子盆地，其孔隙度和渗透率较低，主要发育非常规致密储层。在通 D1 井、红 D1 井和辽新 D1 三口井的致密储层和泥岩裂缝中，见到良好的油气显示。油气的分布不受圈闭的控制，在目前完钻的三口地质调查井中均见到油气显示，具有“井井见油，井井不流”的特征。

表 3-6 延吉盆地沉积相和成岩作用对储层物性的定量影响

成岩阶段	沉积相	孔隙度/%	渗透率/$10^{-3}\mu m^2$	物性分类
早 B	扇三角洲平原	8.84~28.14 16.32（14）	0.19~1381 193.52（13）	中孔中渗
中 A_1	扇三角洲平原	2.92~19.51 12.97（26）	0.01~398 64.53（23）	低孔中渗
中 A_2	近岸水下扇	7.8~14.45 12.76（6）	0.18~0.5 0.41（6）	低孔超低渗
中 A_1	近岸水下扇	1.07~22.32 11.03（158）	0.01~1859 56.99（158）	低孔中渗
中 A_1	扇三角洲前缘	1.32~15.27 10.36（125）	0.02~31.3 3.60（116）	特低孔特低渗
中 A_2	扇三角洲前缘	1.74~14.44 9.12（116）	0.01~71.3 6.26（106）	
中 A_1	深湖半深湖	5.02~11.54 8.02（4）	0.02~4.9 1.34（4）	
中 A_2	深湖半深湖	5.1~8.19 6.92（4）	0.06~0.25 0.15（4）	特低孔超低渗
中 B	近岸水下扇	1.11~8.35 4.53（66）	0.01~1.36 0.12（65）	超低孔超低渗
中 B	扇三角洲前缘	0.82~9.58 4.48（130）	0.01~1.55 0.27（127）	

（2）成岩对储层物性的影响

1）典型含油气盆地成岩作用对下白垩统储层物性的影响：成岩作用是影响储层物性的“后天因素”，它决定着储层的最终物性。随成岩作用的增强，储层物性变差。延吉盆地下白垩统储层成岩作用越强，储层物性越差（图 3-13）。在早成岩阶段 A 期、B 期、中成岩阶段 A_1 亚期、A_2 亚期和中成岩阶段 B 期，延吉盆地的储层孔隙度分别为 15.89%、13.04%、10.18%、8.53%、4.49%，渗透率分别为 $115.76\times10^{-3}\mu m^2$、$95.556\times10^{-3}\mu m^2$、$32.087\times10^{-3}\mu m^2$、$6.096\times10^{-3}\mu m^2$、$0.214\times10^{-3}\mu m^2$。

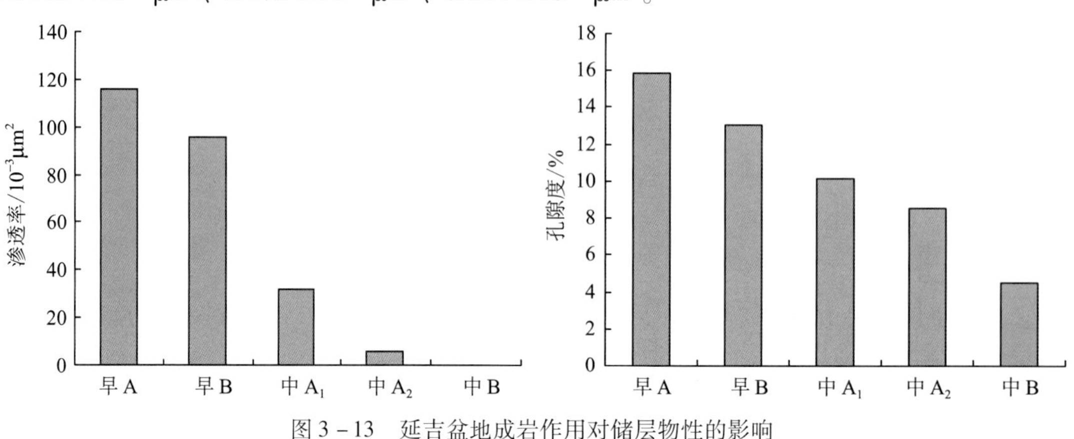

图 3-13 延吉盆地成岩作用对储层物性的影响

在沉积相一定的情况下，成岩作用对储层物性的影响也非常明显。例如，从中成岩阶段A_1亚期、中成岩阶段A_2亚期，到中成岩阶段B期，延吉盆地扇三角洲前缘亚相储层的孔隙度分别为10.36%、9.12%、4.48%，渗透率分别为$3.60\times10^{-3}\mu m^2$，$6.26\times10^{-3}\mu m^2$、$0.27\times10^{-3}\mu m^2$（表3-6），由低孔特低渗储层变为超低孔超低渗储层。

2）储层物性区域变化规律及其影响因素：下白垩统储层物性在区域上的变化规律也受与成岩作用密切相关，下白垩统成岩作用越强的盆地，储层物性越差（图3-7，图3-12）。从盆地边部到沉积中心，大三江盆地下白垩统的埋深逐渐增加，成岩作用逐渐增强（图3-7），储层物性逐渐变差（图3-12，表3-5）。位于盆地边部的三江盆地、汤原断陷、方正断陷、宁安盆地，目前下白垩统处于早成岩阶段-中成岩阶段，储层物性相对较好；而位于沉积中心的勃利盆地下白垩统处于中成岩阶段-晚成岩阶段，再加上其沉积环境的水动力较弱，其储层物性最差，发育超低孔超低渗储层。虎林盆地、鸡西盆地下白垩统的成岩作用也很强，但位于大三江盆地的边部，沉积环境的水动力较强，储层物性相对较好（表3-5）。由此可见，储层物性是沉积相和成岩作用综合作用的结果。

（3）抬升剥蚀对储层物性的影响

构造对储层物性的影响，通常表现在构造作用形成的裂缝对储层物性的影响（应凤祥等，2004）。在前陆盆地中，由于构造的侧向挤压也可使储层的物性变差（寿建峰等，2005）。但是，研究区内的抬升剥蚀，对下白垩统储层的物性具有非常大的影响。在通化盆地通D1井，当井深为600m左右时，白垩系烃源岩的R_o高达1.29%～1.32%，平均1.31%，孔隙度仅为0.3%～6.85%，平均为1.86%，有机质成熟度特征相当于松辽盆地2400m左右烃源岩的热演化程度。由此推算，通化盆地剥蚀掉至少1800m（=2400m-600m）左右。换言之，现今通化盆地白垩系的致密储层是由于1800m左右的抬升剥蚀所造成的。

第二节　古近系储集层

一、岩石学特征

1. 矿物成分特征

根据薄片镜下鉴定结果和收集前人的研究成果（翟光明等，1993；关德师等，2000；王永春，2001；赵国泉，2003；李忠权等，2003；冯志强等，2007；苏飞，2008；朱建峰，2008；张毅，2009；王权锋等，2012；卢双舫等，2011；陈晓慧等，2011；王建鹏，2013；仇谢，2014；Yu et al.，2016），统计了松辽盆地以北及以东中小型断陷盆地群古近系储层的碎屑颗粒矿物成分和结构参数（表3-7，图3-14）。参照中华人民共和国石油天然气行业标准《岩石薄片鉴定》（SY/T 5368—2000），研究了古近系储层的矿物成分特征。结果表明，研究区内中小型断陷盆地群古近系碎屑岩储层矿物成分成熟度不太高，主要为岩屑长石砂岩（Ⅴ）和长石岩屑砂岩（Ⅵ），其次为长石砂岩（Ⅳ）。酸性不稳定成分长石和岩屑的含量较高，有利于储集层溶蚀孔、洞的形成和物性的改善。

2. 结构特征

由图3-14和表3-7可见，各盆地古近系储层以中-粗砂岩为主，粉细粒砂岩次之，分选、磨圆较差，反映了断陷盆地近源堆积的沉积特征。

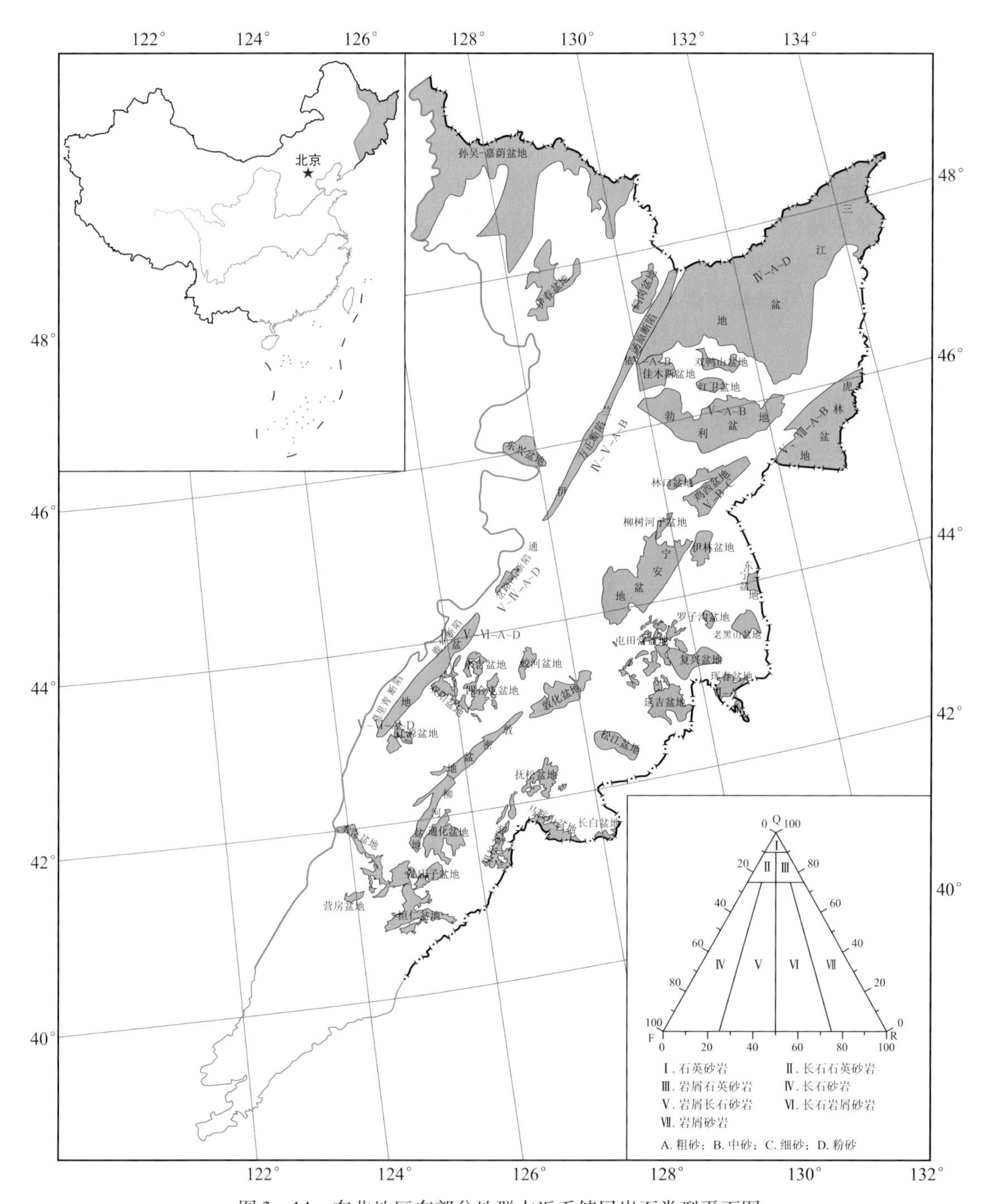

图3-14 东北地区东部盆地群古近系储层岩石类型平面图

在虎林盆地、勃利盆地、鸡西盆地和珲春盆地，古近系碎屑岩颗粒粒度以中-粗砂岩为主，部分区域含有少量的砾岩与细砂岩。分选性中等偏好，磨圆度以次棱角状-棱角状多见，碎屑岩结构成熟度较低。

依舒地堑的汤原断陷、方正断陷、岔路河断陷、鹿乡断陷和莫里青断陷古近系砂岩和上述几个盆地相比，粒度更粗、分选性更差、磨圆度更差，反映了依舒地堑内各断陷盆地近源堆积的沉积特征。沉积中心离物源区较近，颗粒搬运不远，多为近源（扇）三角洲沉积，表现出颗粒粒度较大，分选、磨圆较差的特点。从北到南，依舒地堑古近系储层粒度有变细

的趋势。汤原断陷和方正断陷古近系的储层主要发育中粗砂岩，而南部的岔路河断陷、鹿乡断陷和莫里青断陷古近系储层中、粗、细砂岩均有，但以中砂岩和细砂岩为主，少数层位偶见砂质砾岩、粉砂岩。从北到南，依舒地堑古近系碎屑岩结构成熟度有增加的趋势，北部汤原断陷和方正断陷古近系储层碎屑分选性分别为中－差、好－差，磨圆度为次棱－棱角状；南部岔路河断陷、鹿乡断陷和莫里清断陷古近系储层碎屑颗粒分选程度以中等为主，中－好次之，磨圆多为次棱角状，部分储层碎屑颗粒的磨圆度达到次圆状。

表3－7　东北地区各盆地古近系储层岩石学特征数据汇总表

盆地	断陷	层位	砂岩岩石学特征					
			石英/%	长石/%	岩屑/%	粒度	分选	磨圆
依兰盆地	汤原断陷	渐新统宝泉岭组 始新统达连河组 始新统新安村组 古新统乌云组	10～30	42～68	22～28	中－粗	中－差	次棱－棱
	方正断陷	渐新统宝泉岭组 始新统达连河组 始新统新安村组 古新统乌云组	32～56	23～47	10～30	中－粗	好－差	次棱－棱
伊通盆地	岔路河断陷	渐新统万昌组	35.00～54.00 43.78（24）	5.00～54.00 39.70（24）	16.25	中－粗	中－好	次棱
		始新统永吉组	0～67.00 43.1（90）	22.00～54.00 36.23（99）	20.67	中－粗	差－中	次棱
		始新统奢岭组	6.00～38.00 28.2（10）	43.00～57.00 48.2（10）	23.6	细－粗	差－好	次棱
		始新统双阳组	20.00～80.00 59.76（50）	15.00～50.00 29.6（50）	10.64	细－中	中－好	次棱
	鹿乡断陷	始新统奢岭组	6.00～38.00 28.20（10）	43.00～57.00 48.2（10）	23.6	粗－细	差－中	次棱
		始新统双二段	5.00～78.00 56.74（213）	3.00～44.00 29.6（213）	13.66	中－细	中－好	次棱
		始新统双一段	24.00～74.00 53.70（175）	18.00～58.00 37.76（175）	8.54	中－粗	中－好	次棱
	莫里青断陷	始新统奢岭组	4.00～65.00 52.14（7）	23.00～27.00 25.70（7）	22.16	细－中	中等	次棱
		始新统双阳组二段	30.00～75.00 49.50（122）	11.00～35.00 25.77（122）	29.28	细－中	差－中	次棱
		始新统双阳组一段	8.00～96.00 46.26（133）	5.00～41.00 15.37（133）	38.376	细－粗	中	次棱
虎林盆地		渐－始新统虎林组	15～30	2～39	67～85	中－粗	中等	次棱－棱
勃利盆地		渐－始新统八虎力组	24～25	45～52	24～30	细－粗	中	次棱
鸡西盆地		渐－始新统永庆组	23～30	38～60	5～32	中－细	中－好	次棱－棱
珲春盆地		渐－始新统珲春组	30～70	12～14	16～58	中－粗	中等偏好	次棱

3. 填隙物成分及含量

填隙物包括杂基和胶结物，通常把杂基含量大于等于15%的砂岩成为杂砂岩，杂基含量小于15%的砂岩称为净砂岩。杂基的含量和性质可以反映搬运介质的流动特性，反映碎屑组分的分选性，是碎屑结构成熟度的重要标志。研究区北部的汤原断陷、方正断陷、鸡西盆地、勃利盆地和虎林等盆地古近系的杂基以泥质为主，矿物成分主要为水云母。胶结物主要为自生黏土矿物，碳酸盐和硅质。在依舒地堑的莫里青断陷、鹿乡断陷和岔路河断陷填隙物以泥质为主，其次为灰质成分。统计表明，松辽盆地以北及以东盆地古近系储层填隙物的含量在0.31%~32%之间，但含量平均值主要分布在1.47%~12.00%之间。南部珲春盆地古近系的填隙物平均含量较高，可达13%。

二、成岩特征与孔隙演化

1. 典型含油气盆地成岩演化与孔隙演化

本次研究根据方正断陷15口井的实测温度、压力、流体矿化度、包裹体均一温度、孢粉颜色热变TAI、泥岩热解 T_{max}、镜质组反射率 R_o、SI（甾烷 $C_{29}S/(R+S)$）、黏土XRD、染色薄片、SEM、电子探针、铸体薄片等测试资料，研究了方正断陷的砂泥岩成岩特征，依据国家经济贸易委员会颁布的标准《碎屑岩成岩阶段划分》（SY/T 5477—2003），划分了方正断陷的碎屑岩成岩阶段（表3.2-2）。并应用成岩作用数值模拟与储层质量预测系统（孟元林等，2012），模拟了方参1井的成岩史（图3-16），以便讨论方正断陷的成岩演化史。

（1）早成岩阶段A期：方正断陷早成岩阶段A期埋深下限在1030m左右（表3.2-2），$R_o<0.35\%$，$T_{max}<432℃$，有机质未成熟。成岩作用以机械压实为主，砂岩弱固结—半固结。砂岩中黏土矿物可见少量高岭石、伊利石和绿泥石（表3-8，图3-16）。泥岩中伊/蒙混层中蒙皂石层的含量占85%以上，属于蒙皂石带。砂岩碎屑颗粒间呈悬浮—点接触，孔隙类型主要为原生粒间孔。在早成岩阶段A期主要发育早期压实成岩相（表3-8，图3-16）。

表3-8 东部盆地群方正断陷成岩阶段划分表

成岩阶段		成岩相	有机质			砂岩固结程度	泥岩	砂岩中自生矿物											溶解作用		接触类型	深度/m
阶段	期		R_o/%	SI	T_{max}/℃		I/S中S层比例%	蒙皂石	伊蒙混层	高岭石	伊利石	绿泥石	石英加大	长石加大	方解石	含铁方解石	白云石	铁白云石	长石及岩屑	碳酸盐		
早成岩	A	早期压实相	0.35		432	弱固结—半固结	85														浮—点	1030□100
	B	早期胶结相	0.5	0.25	434	半固结—固结	45															2050□100
中成岩	A_1	早期溶蚀相	0.7	0.52	438	固结	30														点—线	3250□100
	A_2^1	中期溶蚀相	1.0		444		15														线—凹凸	4250□100
	A_2^2	晚期溶蚀相	>1.0		>444		<15															>4250

分别在达连河组（Ed）沉积中期和宝一段（Eb^1）沉积早期，达连河组底部（Ed）、宝泉岭组底部（Eb^1）由早成岩阶段A期进入早成岩阶段B期（图3-16）。在此之前，一直处于早成岩阶段A期。

（2）早成岩阶段B期：在1030m±≤埋深<2050m±的范围内，0.35%≤R_o<0.5%，432℃≤T_{max}<434℃（表3-8），有机质处于半成熟状态。碎屑颗粒间的接触关系漂浮状、点状和线状均有，但仍以漂浮-点接触为主，少见线接触。孔隙以残留原生孔隙为主，次生孔隙次之。泥岩I/S混层中蒙皂石层的含量介于45%~85%，为无序混层带。

分别在达连河组（Eb_1）沉积晚期和新近纪富锦组（Nf）沉积早期，达连河组底部（Ed）、宝泉岭组底部（Eb^1）由早成岩阶段B期进入中成岩阶段A_1亚期（图3-16）。在此之前，一直处于早成岩阶段B期。

（3）中成岩阶段A期：中成岩阶段A期由中成岩A_1、A_2两个亚期构成。

①中成岩阶段A_1亚期：在2050m±<埋深<3250m±的深度范围内，0.5%≤R_o<0.7%，434℃≤T_{max}<438℃（表3-8），有机质处于低熟阶段（图3-16），但已进入生油门限，开始生烃。在油气生成的过程中，干酪根脱羧，产生大量有机酸和有机CO_2，溶于水，形成酸性热流体，溶蚀储层，形成次生孔隙。泥岩的黏土矿物中，伊利石的含量越来越多，伊/蒙混层中蒙皂石层的含量介于30%~45%，为部分有序混层带。碎屑颗粒之间的接触关系以点-线为主，该阶段晚期以点-线接触为主，颗粒排列紧密，机械压实作用所产生的效果明显减弱，溶蚀作用增强，以溶蚀作用为特征，主要发育早期溶蚀相（表3-8，图3-16）。中成岩阶段A_1亚期，在黏土矿物转化和储层中酸性不稳定矿物溶解的过程中，产生了大量的Si^{4+}、Na^+、Ca^{2+}，Mg^{2+}，Fe^{2+}，为石英次生加大、钠长石化和碳酸盐胶结物的形成，提供了丰富的物质来源，使得该阶段的石英加大、长石加大显著、碳酸盐胶结物大量产生。在长石溶解的同时，还可形成大量高岭石和伊利石。有机酸不仅使孔隙流体保持了较低的pH值，而且可使铝硅酸盐矿物以复杂有机络合物的形式发生迁移，从而大大提高了长石的溶解能力。达连河组底部（Ed），宝泉岭组底部（Eb^1）分别在宝泉岭组（Eb^2+Eb^3）沉积早期和富锦组（Nf）沉积中期由早成岩阶段B期进入中成岩阶段A_1亚期（图3-16）。

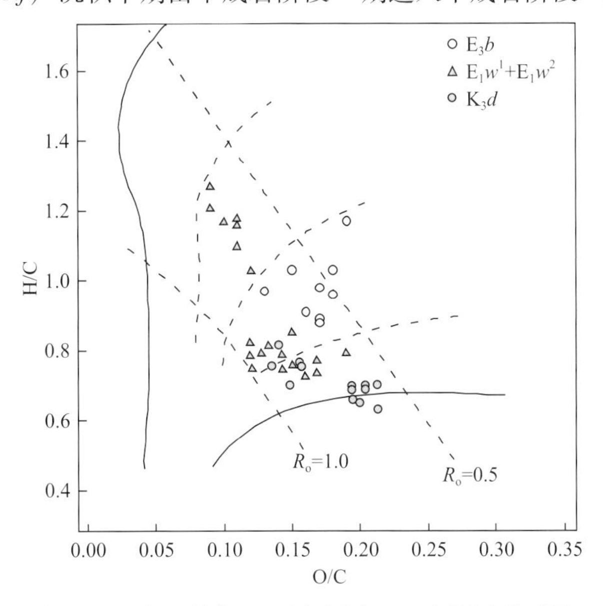

图3-15 方正断陷H/C原子比与O/C原子比关系图

②中成岩阶段 A_2 亚期：有机质生成油气的过程是一个“加氢、去氧、富集碳”的过程，在有机质热演化的过程中，干酪根首先断开 O、S、N 等杂原子键，形成有机酸、CO_2 和水等化合物，从而使干酪根的 O/C 原子比逐渐减小（图 3－15）；然后干酪根断开键能更高的 C—C 键，生成油气。在 R_o 为 1.0% 左右时，液态烃的生成达到高峰。与此同时，干酪根中的杂原子键基本断裂完毕，干酪根的脱羧作用也基本完成，O/C 原子比的减小减慢，从此之后，有机酸的生成量很小，储层的溶蚀作用也大大减弱，孔隙度急剧下降。因此，以生油高峰（R_o＝1.0%）为界，可将中成岩阶段 A_2 亚期，进一步细分为中成岩阶段早期 A_2^1 和中成岩阶段晚期 A_2^2（孟元林等，2014；2015）。

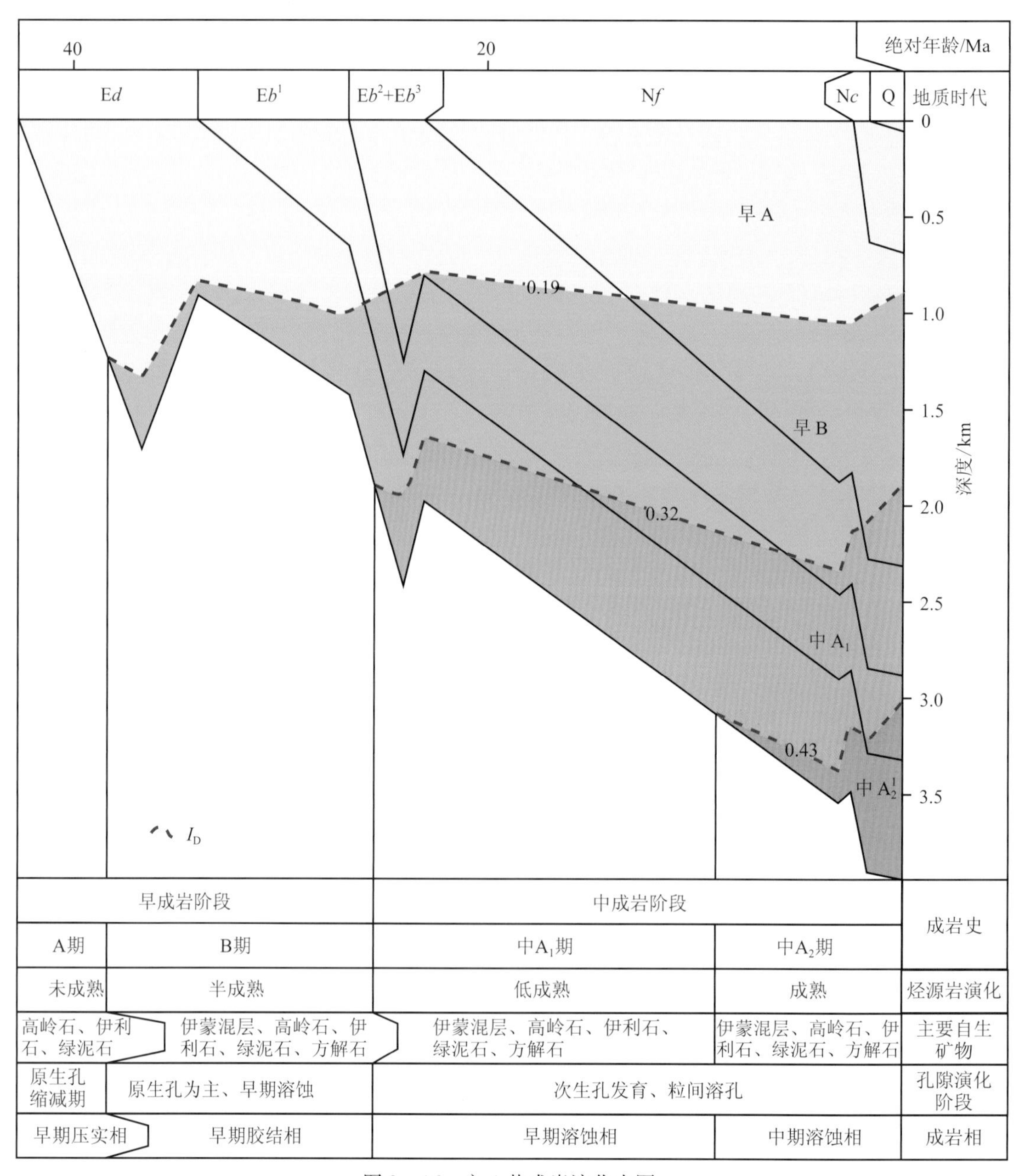

图 3－16　方 4 井成岩演化史图

——中成岩阶段早期 A_2^1：在 3250m ± ≤埋深 < 4250m ± 的深度范围内，0.7% ≤R_o < 1.0%，438℃ ≤T_{max} < 444℃（表 3－8），有机质处于成熟阶段的早期，产生大量有机酸，溶蚀作用较强，发育中期溶蚀相（表 3－8，图 3－16）。碎屑颗粒之间的接触关系有点－线和线－凹凸接触，机械压实作用较强，砂岩的固结程度较高。砂岩黏土矿物中，伊利石的含量越来越多，且呈自生形态出现，绿泥石的相对含量达到极大值。泥岩黏土矿物中伊/蒙混层中蒙皂石层介于 45% ~30%，为完全有序混层带。达连河组底部（E*d*），宝泉岭组底部（Eb^1）分别在富锦组（N*f*）沉积中期和富锦组（N*f*）沉积末期由中成岩阶段 A_1 亚期进入中

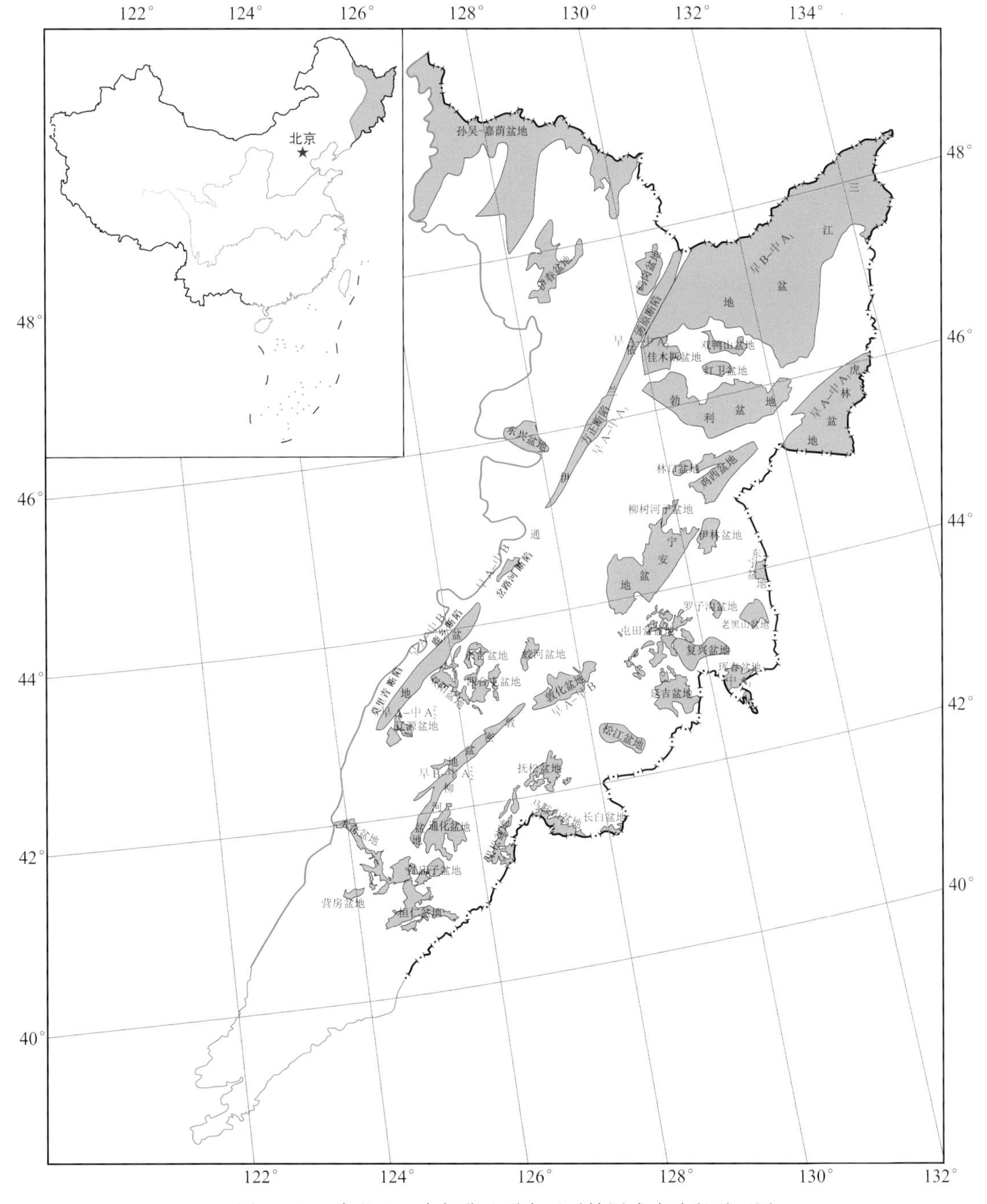

图 3－17 东北地区东部盆地群古近系储层成岩阶段平面图

成岩阶段 A_2^1 亚期（图 3－16）。

——中成岩阶段晚期 A_2^2：在埋深＞4250m±的深度范围内，$R_o \geqslant 1.0\%$，$T_{max} \geqslant 444℃$，有机质处于成熟阶段的后期，生油高峰之后，液态烃的生成量逐渐减小。砂岩黏土矿物中，伊利石含量较高。泥岩伊/蒙混层中蒙皂石层的含量＜15%，为完全有序混层带。

2. 区域成岩规律

用同样的划分方法，划分了其他盆地古近系碎屑岩的成岩阶段，结合有机质的热演化资料，完成了松辽盆地以北及以东中小型断陷盆地群古近系成岩阶段平面分布图（图 3－17）。由图可见，古近系的成岩阶段大多数已达到中成岩作用阶段，成岩作用较强。研究区北部盆地古近系达到中成岩阶段 A 期，南部地区成岩作用相对北部地区较强，在西南部的鹿乡断陷和岔路河断陷古近系的成岩阶段达到中成岩阶段 B 期。成岩作用具有由北向南表现增强的趋势。

三、物性特征及其影响因素

1. 物性特征

如表 3－9 和图 3－18 所见，从北到南，古近系储层物性有逐渐变差的趋势。研究区北部的三江盆地古近系储层孔隙度平均值为 28.00%，渗透率为 $353.000\times10^{-3}\mu m^2$，为高孔中渗储层。位于其南部的虎林盆地和鸡西盆地平均孔隙度分别为 21.24%，15.90%，平均渗透率分别为 $158.295\times10^{-3}\mu m^2$ 和 $0.910\times10^{-3}\mu m^2$，虎林盆地为中孔中渗储层，鸡西盆地为中孔超低渗储层。而研究区东南部的敦化盆地、珲春盆地、敦密盆地古近系储层孔隙度分别为 24.80%，以及在 2.00%～25.60%，6.70%～9.80%之间，分别属于中孔、超低孔－高孔、特低孔储层。渗透率分别为 $98.400\times10^{-3}\mu m^2$、$0.160\times10^{-3}\sim60.200\times10^{-3}\mu m^2$ 和 $0.021\times10^{-3}\sim0.956\times10^{-3}\mu m^2$，分别为中渗储层、超低渗－中渗和超低渗储层。

表 3－9　古近系储层物性特征统计表

盆地（断陷）	层位	岩性	沉积相	孔隙度/%	渗透率/$10^{-3}\mu m^2$	储层物性分类
汤原断陷	渐新统宝泉岭组	泥岩、砂砾岩、粉砂岩，夹煤层	扇三角洲、湖泊	1.68～33.63 22.71	0.030～2567.000 396.860	中孔中渗
	始新统达连河组	泥岩、泥质粉砂岩、砂砾岩，偶见煤层	滨浅湖－半深湖	1.68～33.63 19.83	0.010～1543.000 136.190	中孔中渗
	始新统新安村组	砂砾岩夹泥质粉砂岩、粉砂质泥岩、泥岩	水下冲积扇	2.80～27.90 17.77	0.010～2453.000 106.660	中孔中渗
	古新统乌云组	砂砾岩为主，夹薄层砂泥岩	水下冲积扇	2.30～17.92 10.76	0.010～160.000 5.454	低孔特低渗
方正断陷	渐新统宝泉岭组	块状泥岩，局部夹粉砂岩薄层、泥页岩、块状砂砾岩、粉砂质泥岩夹砂砾岩	浅－半深湖、水下冲积扇	5.81～31.04 25.20（270）	0.060～4709.000 624.600（72）	高孔高渗
	始新统达连河组	灰黑色泥岩、粉砂质泥岩、灰白色砂岩、砂砾岩	滨浅湖	8.60～22.50 15.60（7）	0.430～305.000 76.050（17）	中孔中渗

续表

盆地（断陷）	层位	岩性	沉积相	孔隙度/%	渗透率 $10^{-3}\mu m^2$	储层物性分类
方正断陷	始新统新安村组	砂岩、砂砾岩、粉砂岩、泥岩，顶部夹煤层	扇三角洲前缘、滨浅湖	2.90～13.10 / 11.30（174）	0.030～3448.000 / 97.240	低孔中渗
	古新统乌云组	砂砾岩、粉砂岩、粉砂质泥岩、泥岩，顶部夹煤层	水下冲积扇、扇三角洲前缘、扇间湖沼	3.70～30.40 / 16.80	0.090～2544.000 / 335.630	中孔中渗
岔路河断陷	渐新统齐家组	泥岩夹砂岩条带	滨浅湖－扇三角洲			
	渐新统万昌组	泥岩、砂岩、砂砾岩	滨浅湖－扇三角洲	3.80～17.70 / 11.50	0.020～796.820 / 21.800	低孔低渗
	始新统永吉组	泥岩、粉砂岩、细砂岩	扇三角洲－半深湖	15.00～25.00 / 15.49	10.000～500.000 / 45.790	中孔低渗
	始新统奢岭组	泥岩、粉砂岩、细－中砂岩	滨浅湖－半深湖	6.10～22.70 / 11.25	0.80～23.10 / 4.59	低孔特低渗
	始新统双三段	泥岩、砂岩、砂砾岩	扇三角洲－半深湖	8.00～12.00 / 9.60	0.040	低孔超低渗
	始新统双二段	粉砂岩、细砂岩、含砾砂岩、泥岩	扇三角洲－半深湖	2.00～6.00 / 4.30	0.050	超低孔超低渗
	始新统双一段	泥岩、砂岩、砂砾岩	扇三角洲－半深湖	4.00～10.00 / 7.80	0.100～1.000 / 0.053	特低孔超低渗
鹿乡断陷	渐新统齐家组	泥岩夹砂岩条带	滨浅湖			
	渐新统万昌组	泥岩、砂岩、砂砾岩	滨浅湖、扇三角洲			
	始新统永吉组	泥岩、粉砂岩、细砂岩	扇三角洲、半深湖－深湖			
	始新统奢岭组	泥岩、粉砂岩、细－中砂岩	扇三角洲、半深湖－深湖			
	始新统双三段	粉砂岩、泥岩	扇三角洲	5.38～22.11 / 13.11	0.140～111.590 / 16.510	低孔低渗
	始新统双二段	砂砾岩、砂岩	扇三角洲、水下扇	6～19 / 12.09	0.200～10.000 / 2.900	低孔特低渗
	始新统双一段	细砂岩、粉砂岩、泥岩	浅湖－半深湖－扇三角洲－湖底扇	5.00～15.00 / 13.80	0.100～10.000 / 0.539	低孔超低渗
莫里青断陷	渐新统齐家组	泥岩夹砂岩条带	扇三角洲、深湖－半深湖	0.10～15.25 / 9.07	0.010～288.000 / 17.511	特低孔低渗
	渐新统万昌组	泥岩、砂岩、砂砾岩	半深湖、滨浅湖	7.00～21.80 / 13.20	0.100～39.850 / 3.140	低孔特低渗
	始新统永吉组	泥岩、粉砂岩、细砂岩	半深－深湖、滨浅湖	6.70～20.60 / 13.10	0.110～35.000 / 2.170	低孔特低渗
	始新统奢岭组	泥岩、粉砂岩、中－细砂岩	滨浅湖－半深湖－深湖	6.10～17.70 / 11.20	0.100～3.610 / 0.500	低孔超低渗

续表

盆地（断陷）	层位	岩性	沉积相	孔隙度/%	渗透率 $10^{-3}\mu m^2$	储层物性分类
莫里青断陷	始新统双二段	泥岩、泥质粉砂岩、粉砂岩、细砂岩、含砾砂岩	湖泊、湖底扇	$\frac{1.50\sim21.80}{12.30（930）}$	$\frac{0.020\sim85.000}{2.900（930）}$	低孔特低渗
	始新统双一段	泥岩、粉砂岩、细砂－砂砾岩互层、砾岩	冲积扇	$\frac{5.00\sim25.00}{13.80（255）}$	$\frac{0.010\sim4000.000}{2.900（255）}$	低孔特低渗
三江盆地	渐新统宝泉岭组	粉细砂岩为主，砂砾岩少量	滨浅湖相、海陆交互相	$\frac{23.00\sim34.00}{28.00}$	$\frac{25.000\sim1375.000}{353.000}$	高孔中渗
勃利盆地	渐－始新统八虎力组	砾岩、粉砂岩、泥岩，夹煤层	沼泽、半深湖	钻遇井位缺失渐－始新统八虎力组		
虎林盆地	渐－始新统虎林组	细砾岩、中－粗粒砂岩	扇三角洲、湖泊	$\frac{6.60\sim29.50}{21.24}$	$\frac{0.150\sim226.000}{158.295}$	中孔中渗
鸡西盆地	渐－始新统永庆组	泥岩、粉砂岩、细砂岩、夹煤层	深湖	$\frac{3.60\sim29.70}{15.90（10）}$	$\frac{0.030\sim1.940}{0.910（7）}$	中孔超低渗
敦化盆地	渐－始新统珲春组	含砾砂岩	滨浅湖、湖泊、沼泽	$\frac{22.50\sim30.50}{24.80}$	98.400	中孔中渗
珲春盆地	渐－始新统珲春组	细砾岩、砂岩	扇三角洲、滨浅湖、沼泽	2.00～25.60	0.160～60.200	超低孔－高孔超低渗－中渗
敦密盆地	桦甸组	粉砂岩夹油页岩、泥岩、煤层	滨浅湖、湖泊、沼泽	$\frac{6.70\sim9.80}{8.50}$	$\frac{0.021\sim0.956}{0.488}$	特低孔超低渗

位于依兰－伊通断裂带东北部的汤原断陷、方正断陷的平均孔隙度在10.76%～22.71%、11.30%～25.20%之间，平均渗透率在$5.454\times10^{-3}\sim396.860\times10^{-3}\mu m^2$之间和$76.050\times10^{-3}\sim624.600\times10^{-3}\mu m^2$之间，分别为中－低孔、中－特低渗储层，低－高孔、中－高渗储层。而位于依兰－伊通断裂带西南部的岔路河断陷、鹿乡断陷以及莫里青断陷，其平均孔隙度分别为4.30%～15.49%，12.09%～13.80%，9.07～13.80%，碎屑岩储层孔隙度主要以低孔为主，部分层位出现特低孔。平均渗透率分别分布在$0.040\times10^{-3}\sim45.790\times10^{-3}\mu m^2$之间，$0.539\times10^{-3}\sim16.510\times10^{-3}\mu m^2$之间和$0.500\times10^{-3}\sim17.511\times10^{-3}\mu m^2$之间，主要为低渗－超低渗。总体上看，研究区内依兰－伊通断裂带自东北向西南，各断陷古近系储层孔隙度和渗透率具有降低的趋势，依兰－伊通断裂带以东的各盆地由北向南，古近系储层孔隙度和渗透率也表现出降低的趋势。整体上看，南部地区储层物性比北部地区相对较差。

2. 物性影响因素

（1）沉积作用对储层物性的影响

研究区各盆地古近系储层中，刚性颗粒（长石＋石英）含量对储层物性具有明显的控制作用。刚性颗粒含量具有北高南低的特征，北部地区各盆地古近系储层岩屑含量明显低于南部（图3－14）。北部主要发育长石砂岩（Ⅳ）和岩石砂岩（Ⅴ），而南部盆地群古近系

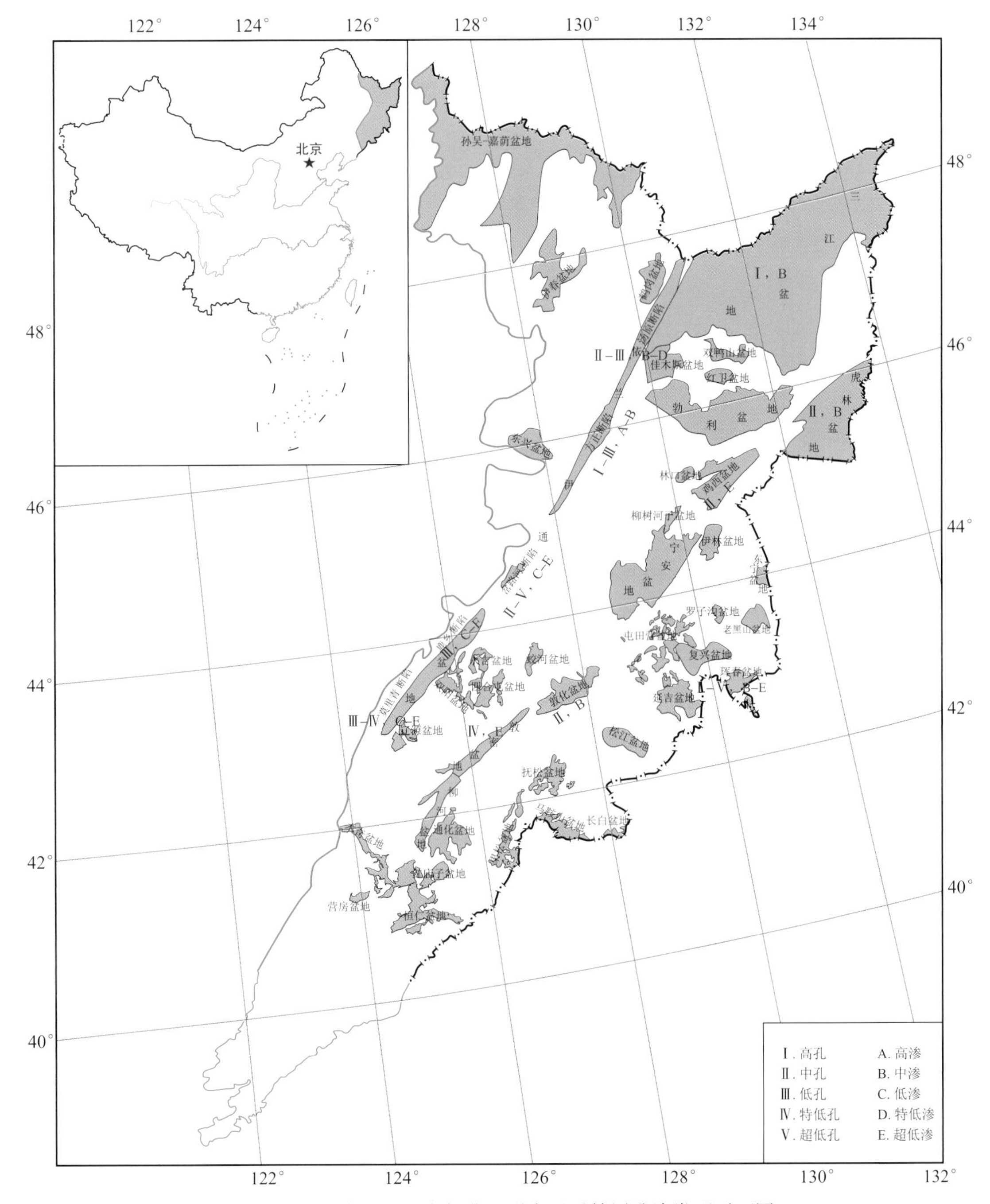

图 3 – 18 东北地区东部盆地群古近系储层孔渗类型平面图

主要发育岩屑长石砂岩（Ⅴ）和长石岩屑砂岩（Ⅵ）。有趣的是，古近系储层孔隙度和渗透率也具有北高南低的变化规律图（图 3 – 18）。其原因是，刚性颗粒含量高的储层抗压实能力强，在地层时代和埋深相近的情况下，具有更高的孔隙度和渗透率。

（2）成岩作用对储层物性的影响

常见的成岩作用包括压实作用、胶结作用和溶蚀作用。其中压实作用和胶结作用属于破坏性成岩作用，使储层原始的物性变差；而溶蚀作用是建设性成岩作用，使储层的物性变好。但总的来看，随着埋深和地温的增加，机械压实作用和胶结作用增强，溶解作用不足以改变储层的物性随成岩作用的增强而不断变差的趋势。随成岩作用的增强，碎屑岩的成岩作用从早成岩阶段 A 期，逐渐过渡到中成岩阶段 A_2 亚期的晚期 A_2^2，储层的孔隙度和渗透率不断降低（图 3－19）。

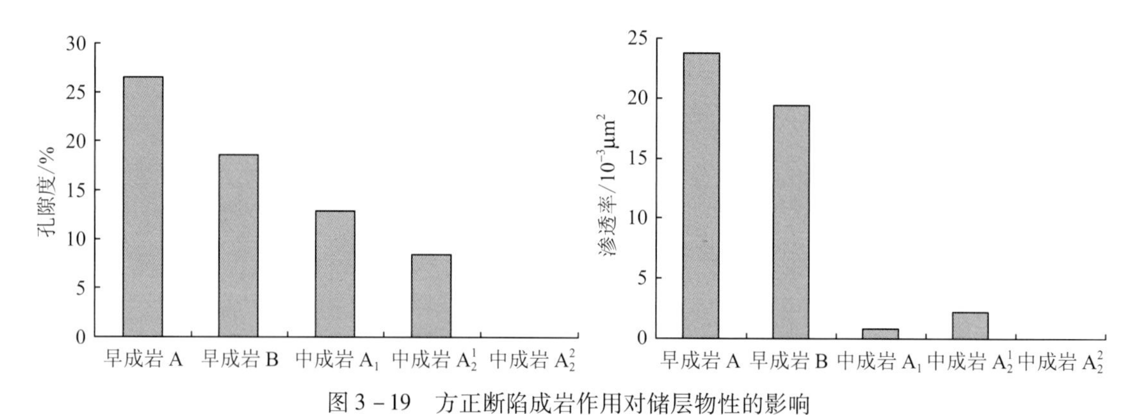

图 3－19　方正断陷成岩作用对储层物性的影响

在区域上，成岩作用对储层物性的影响也非常明显。从北到南，依舒地堑古近系储层的成岩作用增强（图 3－17），物性逐渐变差（图 3－18）。其中，依舒地堑北部的汤原断陷和方正断陷成岩作用最高可达中成岩阶段 A_1－中成岩阶段 A_2 亚期的晚期 A_2^2，南部伊通盆地古近系储层的成岩阶段最高可达中成岩阶段 A_2 亚期晚期 A_2^2－中成岩阶段 B 期。北部汤原断陷和方正断陷的古近系储层物性为低－高孔、特低－高渗。而南部的伊通盆地各断陷古近系的储层物性为超低－中孔、超低渗－中渗。

第四章　盖层特征与保存条件

迄今为止，盖层定义尚未得到统一。一般来说，凡具有阻挡油气运移的封闭岩层或层状岩石组合都可以称之为盖层（庞雄奇等，1993b）。按照不同的标准，可将盖层分为不同的类型。纵向上，根据盖层与储层的位置关系，可将其分为直接盖层和上覆盖层。直接盖层是指紧邻储层之上的封闭岩层；上覆盖层是指储集岩上覆直接盖层之上的所有相对非渗透性岩层（庞雄奇等，1993b）。随着盖层封闭能力研究的不断深入，用于评价盖层的参数和方法有越来越多（付广等，1997a，1997b，1997c）。其中宏观封闭特征参数有岩性、厚度、沉积环境和成岩阶段等；微观封闭特征参数包括排替压力、孔隙度、渗透率、比表面、孔喉半径、油气柱高度等。

在油气源充足的情况下，盖层的存在和分布能降低油气的渗流运移和扩散，对于油气成藏具有重要的意义。因此，对于某个盆地，乃至整个地区油气聚集规律的研究中，盖层评价是一项重要的研究内容。但人们对东北地区东部盆地群中新生代的盖层，尚未进行系统研究。本书试图采用宏观和微观相结合的方法，评价东北地区东部盆地群地区盖层的封闭能力。研究区内既有直接盖层，也有上覆盖层。首先，通过统计东北地区东部盆地群各含油气盆地中新生代油气藏中，不同含油层段直接盖层的宏观和微观特征，探讨优质盖层的形成条件和影响因素；然后，进一步研究区域盖层的厚度、排替压力和所处的成岩阶段等特征；最后，对盖层进行综合评价，为油气聚集规律的研究提供科学的依据。

第一节　直接盖层宏观特征及其影响因素

直接盖层既可以是局部盖层，也可以是区域性盖层。局部盖层是指分布在一个圈闭或几个油气保存单元内，或分布在某些局部构造或构造某些部位上的盖层。本书试图在讨论东北地区东部盆地群各含油气盆地中新生代直接盖层（主要是局部盖层）的岩性、厚度、沉积环境和所处成岩阶段四个宏观参数基础上，探讨盖层形成的地质条件及其影响因素，为油气藏的形成与保存提供科学的依据。

一、直接盖层的厚度

H. M. 伊诺泽姆采夫据盖层厚度与石油密度的线性关系，提出盖层厚度的有效下限标准为25.00m（转引自庞雄奇等，1993b）。然而，不同的地质条件下，各个地区形成的盖层厚度下限不同。厚度小于25.00m的薄层致密岩层也可以充当油气藏盖层。例如：在陕甘宁盆地西缘逆冲带上，已发现封闭工业性气藏的有效盖层为薄层泥岩；刘家庄气田二叠系石盒子组气藏泥质岩盖屋厚度仅1.40～1.80m；胜利井气田中任6井石盒子组气藏气柱高度60.00m，与上部水层之间仅为2.00m的泥质岩盖层所隔；最薄的为济阳坳陷孤岛浅气藏，盖层厚度仅 0.60m（庞雄奇等，1993b）。

理论上讲，盖层厚度对于有效地封闭油气并不是绝对的条件。邓宗淮等（1990）的测试分析表明，5cm 厚度的泥岩，其渗透率为 $10^{-7} \sim 10^{-9} \mu m^2$，突破压力达 12MPa，封闭气柱高度在 1000m 以上。这说明几厘米厚的泥岩已具备较好的封闭性能，足以封闭高度很大的油气藏。实际上，几厘米厚度的盖层在大量烃类聚集的上方连续而不破裂、保持岩性稳定的可能性极小，尤其在构造运动强烈的地区。

根据研究区已发现工业油气流和煤成气流盆地中新生代直接盖层的厚度统计结果，几十厘米厚度的泥岩已具有较好的封闭性能，足以封闭高度很大的油气藏。本区白垩系和古近系直接盖层最小厚度分别为 0.20m 和 0.39m。研究区白垩系直接盖层厚度普遍较薄，最小值为鸡西盆地鸡气 2 井，封闭气藏的泥岩厚度为 0.2m（表 4－1），最大值为延吉盆地延 402 井封闭油藏的盖层，泥岩厚度为 39.40m。古近系直接盖层厚度分布在 0.39～525.00m 之间（表 4－1），厚度最小的盖层发育在方正断陷方 3 井，为 0.39m。

表 4－1　东北地区东部盆地群含油气盆地中新生代直接盖层厚度统计表

地层	盆地（断陷）	直接盖层厚度/m
白垩系	鸡西盆地	0.20～12.20 4.85（24）
	方正断陷	1.10～4.70 2.10（5）
	延吉盆地	0.90～11.50 2.68（80）
古近系	汤原断陷	0.50～24.10 3.10（16）
	方正断陷	0.39～9.46 2.06（71）
	虎林断陷	1.00～9.00 3.75（4）
	莫里青断陷	0.50～525.00 11.17（170）
	岔路河断陷	0.70～236.00 14.6（99）
	鹿乡断陷	0.82～100.00 7.63（96）

进一步数理统计分析表明（图 4－1，图 4－2），各含油气盆地白垩系和古近系直接盖层的厚度主要分布在小于 5.00m 的厚度范围内，古近系直接盖层厚度比白垩系较厚，在 5.00～15.00m 的厚度分布区间也占较多比例。由此可见，厚度较小的泥岩就具有较好的封闭能力，可以封闭油气，阻止逸散，这一统计结果与邓宗淮等（1990）的测试分析结果一致。

二、直接盖层的岩性

根据岩性的差异，盖层可分为膏盐类盖层、泥质岩类盖层和碳酸盐类盖层。H. P. 克莱

姆对世界334个大油气田统计结果表明（转引自庞雄奇等，1993b），泥质岩盖层占65.0%以上，膏盐类盖层占30.0%，致密碳酸盐类盖层占3.0%。本书的统计结果表明，东北地区东部盆地群的白垩系和古近系封闭油气的盖层岩石类型单一，主要为泥岩，少数为粉砂质泥岩和泥质粉砂岩（图4-3，图4-4）。各含油气盆地中新生代泥岩盖层频率在70.0%～100.0%之间分布，粉砂质泥岩盖层频率分布在<20.0%，泥质粉砂岩盖层所占的比例小于10.0%。

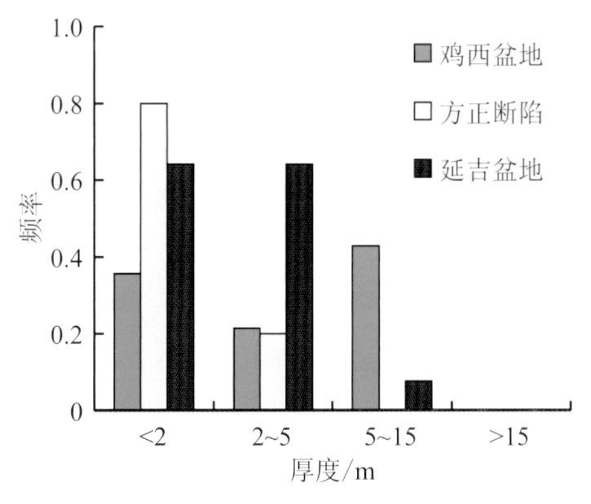

图4-1　含油气盆地白垩系直接盖层厚度

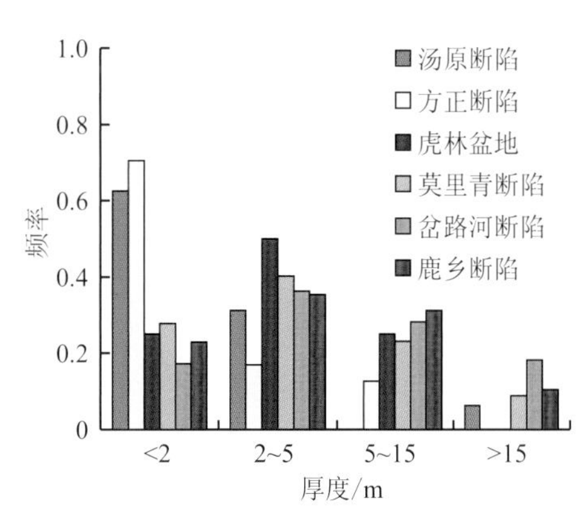

图4-2　含油气盆地古近系直接盖层厚度

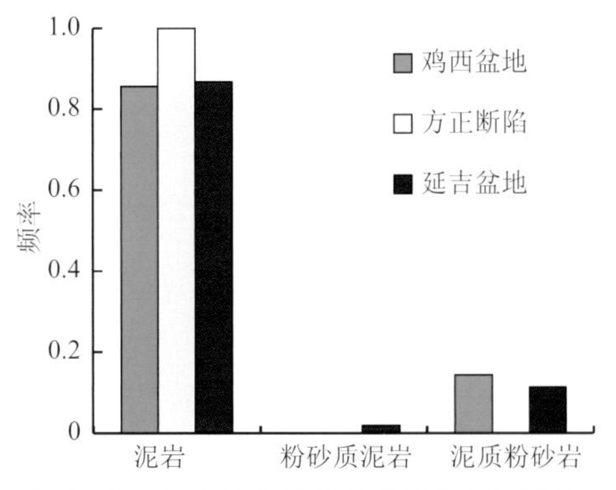

图4-3　含油气盆地白垩系直接盖层岩性

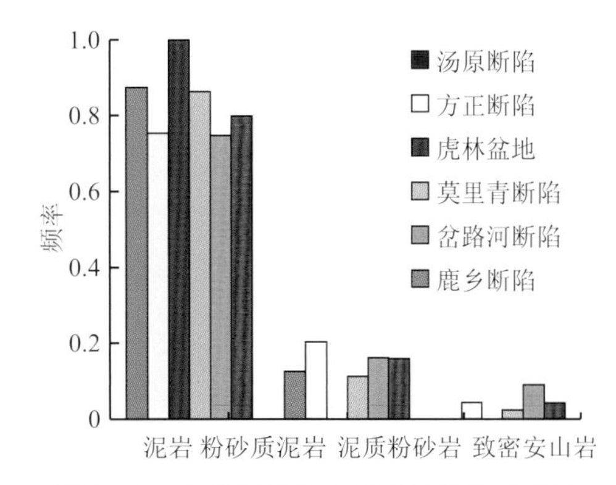

图4-4　含油气盆地古近系直接盖层岩性

根据泥页岩在泥质岩类盖层中所占的比例多少，可将盖层分为均质盖层、较均质盖层和非均质盖层（转引自庞雄奇等，1993b）。均质盖层的泥页岩在泥质岩类盖层中所占的比例大于75%。较均值盖层的泥页岩在盖层中所占的比例为75%～50%。非均质盖层的泥页岩在盖层中所占的比例小于50%。统计结果表明（表4-2），研究区含油气盆地的盖层都属于均质盖层，直接盖层中泥页岩含量在77.13%～94.46%之间。

表4-2　东北地区东部盆地群含油气盆地中新生代直接盖层均质性

地层	盆地（断陷）	直接盖层中泥页岩含量	盖层类型
白垩系	鸡西盆地	91.12%	均质盖层
	方正断陷	87.7%	均质盖层
	延吉盆地	85.6%	均质盖层
古近系	汤原断陷	87.6%	均质盖层
	方正断陷	78.0%	均质盖层

续表

地层	盆地（断陷）	直接盖层中泥页岩含量	盖层类型
古近系	虎林断陷	85%	均质盖层
	莫里青断陷	94.46%	均质盖层
	岔路河断陷	90.1%	均质盖层
	鹿乡断陷	77.13%	均质盖层

三、直接盖层的沉积环境

无论是盖层的厚度、质量、分布，还是盖层的岩石类型都是由沉积环境所决定的。因此，沉积环境影响着盖层的封闭能力（表4－3）（陈丽华等，1999）。

表4－3　沉积相与盖层质量的关系

沉积相		局部盖层	区域性差异
陆相	湖相	滨浅湖相泥质岩	深湖相以深灰、灰黑色和黑色泥岩、油页岩、泥灰岩、钙质页岩等岩性为主； 浅湖相以灰、浅灰、绿灰、褐灰色泥岩为主，有的夹有盐岩及泥质白云岩； 滨浅湖相以泥岩、粉砂岩、泥岩与粉砂岩互层为主； 湖湾相以黑色或灰色泥岩为主，并夹有碳质页岩和煤层； 盐湖相以盐岩和膏盐为主，夹有泥岩，页岩和碳酸盐
	沼泽相	湖沼相泥岩、碳质泥岩、粉砂质泥岩及粉砂岩和泥岩互层； 海湾－潟湖沼泽相以泥质岩类为主，夹有碳质泥岩、粉砂质泥岩、含粉砂泥岩、含鲕含灰砂泥岩、泥岩及泥质粉砂岩等	
		支流间湾沼泽相泥岩	
	河流相	河漫滩相泥质岩 泛滥平原相棕红、灰绿色泥质岩、 陆上冲积平原相泥质岩、砂泥岩、 辫状河道间沉积泥岩、含粉砂泥岩	泛滥平原、棕红、灰绿色泥岩
海陆过渡相	三角洲相	分支间湾砂泥互层沉积 近端浊流相泥质岩 水下滑坡相泥质岩	前三角洲相灰色、深灰色和黑色泥质岩、粉砂质泥岩 湖底扇泥质岩 扇三角洲主体部位泥质岩
	潟湖相	潟湖相以沉积膏盐岩和泥岩为特征，有微晶云岩、暗色泥岩、泥云岩、硬石膏和盐岩	
	潮坪相	潮坪相沉积的泥质岩、微晶云岩、颗粒云岩和含膏云岩	
海相	滨外相 浅海陆鹏相 局部台地相 盆地相	滨外相泥岩	浅海陆棚相泥岩 局限台地相泥晶粉晶白云岩，石膏质泥岩 蒸发台地相硬石膏、盐岩、石膏质白云岩 盆地相泥页岩

为了研究沉积环境与盖层质量的关系，本书统计了东北地区东部盆地群各含油气盆地中新生代各油气藏不同含油层段直接盖层的沉积相。结果表明，研究区含油气盆地白垩系直接盖层主要发育于深湖－半深湖沉积环境（图4－5）；古近系直接盖层主要发育于深湖－半深湖以及滨浅湖沉积环境（图4－6）。其原因是陆相沉积环境中，半深湖相和深湖相沉积环境

的水动力弱，沉积面积广阔，泥质含量高，突破压力大（图4－7）（李学田和张义刚，1992），封闭性能较好，既能形成分布广泛、连续性和稳定性好的区域性盖层（上覆盖层），也能形成良好的局部盖层（直接盖层）。如：松辽盆地发育于半深湖－深湖相的青山口组泥岩盖层，分布广泛，厚度大，一般大于370m。滨浅湖相和泛滥平原等沉积环境中，水动力能力相对较强，沉积场所有限，泥岩质量不纯，泥岩的石英和长石含量高、中值半径 R_m 大、突破压力 P_A 相对较小（图4－7）（李学田和张义刚，1992），封闭性能较弱，常形成厚度较薄、连续性和稳定较差的局部盖层。

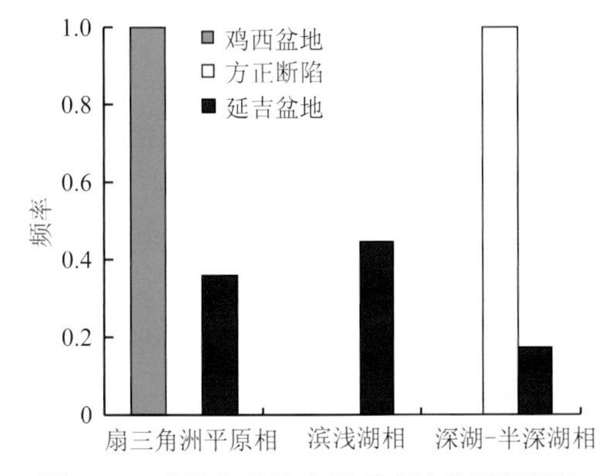

图4－5 含油气盆地白垩系直接盖层沉积相

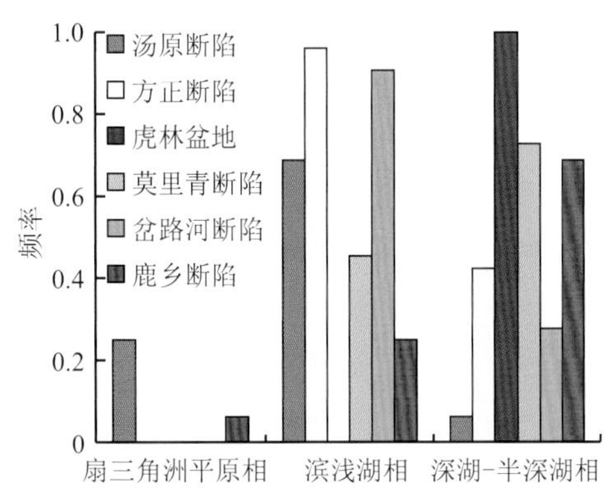

图4－6 含油气盆地古近系直接盖层沉积相

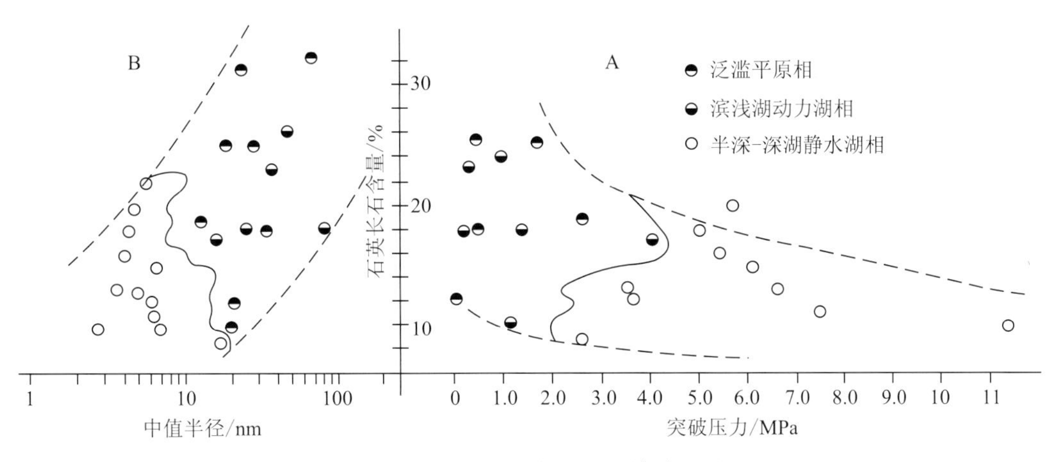

图4－7 突破压力与沉积环境关系图

（据李学田和张义刚，1992）

四、直接盖层所处的成岩阶段

盖层的封闭能力与成岩作用密切相关。泥质盖层并不是刚沉积下来就具有封闭能力的，刚沉积下来的泥质沉积物，孔隙度与含水量比砂质沉积物还要高，近代海洋和湖底淤泥通常具有70%～90%的孔隙度，相应的含水量为50%～80%，因其毛细管渗滤能力强，所以封闭能力弱，难以对油气形成封闭。随着埋深增加，在上覆沉积载荷和地温的作用下，泥岩通过压实失水，导致结构、密度和矿物成分发生变化，压实成岩程度增强。其矿物颗粒排列紧密，使得孔隙度降低，孔喉半径减小，造成毛细管渗流能力减弱，排替压力增大，封闭能力增强。

特别是当地层中出现欠压实时，就形成超压封闭。而且随着深度和温度的增加，干酪根降解生烃，逐渐形成烃浓度封闭。几种封闭机理的叠加使其封闭能力越来越强；另一方面，随成岩强度的增加，黏土矿物中可塑性和膨胀性较强的蒙皂石转化为可塑性和膨胀性较差的伊利石和绿泥石。与此同时，泥岩在蒙皂石向伊利石转化的过程中，还排放大量 Si^{4+}、Ca^{2+}，使盖层的硅质和钙质含量增加，脆性增大，容易产生裂缝，盖层封盖能力随之变小。

东北地区东部盆地群中新生代直接盖层目前所处的成岩阶段统计结果表明，研究区含油气盆地白垩系直接盖层的 R_o 介于0.44～1.04%（表4-4），主要处于半成熟-成熟演化阶段，成岩阶段介于早成岩阶段B期-中成岩阶段 A_2 亚期；研究区含油气盆地古近系直接盖层的 R_o 分布在0.22～1.32%之间（表4-4），有机质热演化阶段从未成熟-成熟阶段都有，成岩阶段处于早成岩阶段A期-中成岩阶段 A_2 亚期。

表4-4　东北地区东部盆地群含油气盆地中新生代直接盖层所处成岩阶段统计表

地层	盆地（断陷）	R_o/%	有机质演化阶段	成岩阶段
白垩系	鸡西盆地	0.80～1.10 / 0.90（3）	成熟阶段	中 A_2
	方正断陷	0.54	低熟阶段	中 A_1
	延吉盆地	0.44～1.04 / 0.62（13）	未成熟-成熟阶段	早B-中 A_2
古近系	汤原断陷	0.80～0.83 / 0.82（2）	成熟阶段	中 A_2
	方正断陷	0.52～0.72 / 0.597（15）	低成熟-成熟阶段	中 A_1-中 A_2
	虎林盆地	0.70～0.75 / 0.72（5）	成熟阶段	中 A_2
	莫里青断陷	0.22～1.25 / 0.70（48）	未熟-成熟阶段	早A-中 A_2
	岔路河断陷	0.85～1.32 / 1.03（15）	成熟-高成熟阶段	中 A_2
	鹿乡断陷	0.50～0.97 / 0.65（14）	低成熟-成熟阶段	早B-中 A_2

研究区含油气盆地白垩系和古近系直接盖层 R_o 最小值分别为0.44%和0.22%，二者所处的成岩阶段都主要集中在中成岩阶段 A_1-A_2 亚期（图4-8，图4-9）。由此可见，在早成岩阶段A期的中后期，泥质盖层就具有封闭能力，可以形成工业性油气藏；盖层发育最好的时期是中成岩阶段A期。此时，烃源岩处于低熟-成熟阶段（R_o=0.5～1.3），以生成液态烃为主，黏土矿物处于有序混层带，具有较好的可塑性，盖层既有毛管封闭，又有烃能度封闭，以及超压封闭，封闭能力最强。

综合考虑各种地质因素，在前人研究成果的基础上（庞雄奇等，1993b；付广等，1997c；吕延防等，1997；郝石生，1990），参考国内有关盖层分级标准，将盖层的封闭能力分为四个级别（表4-5）。

在早成岩阶段A期至早成岩阶段B期，泥岩处于正常压实阶段，上覆沉积物重荷引起机械压实。黏土矿物中蒙皂石的含量大于50%，处于蒙皂石带-无序混层带，泥岩的可塑性较大。地层流体压力基本属于静水压力。随埋藏深度增加，孔隙度减小，盖层突破压力逐

渐增高，封闭条件逐渐由差变好。这一阶段泥岩以毛细管压力封闭油气为主，盖层封闭能力差－中。

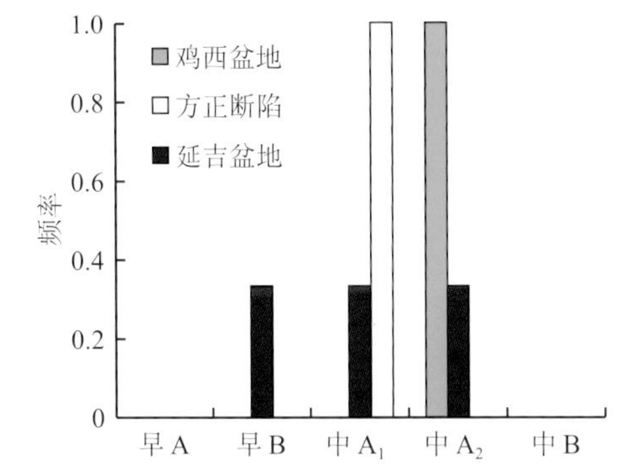

图4－8　含油气盆地白垩系直接盖层所处成岩阶段

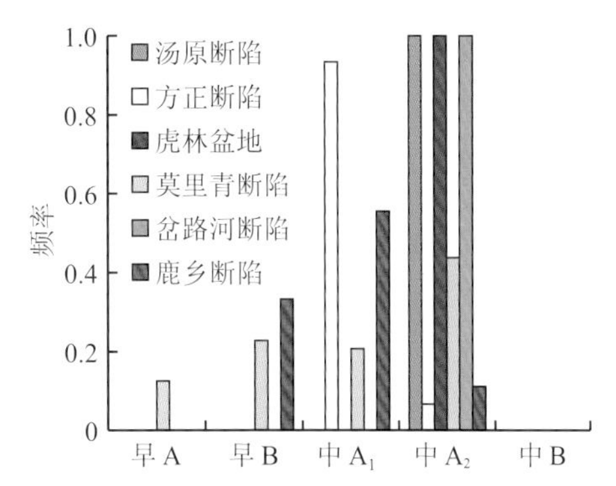

图4－9　含油气盆地古近系直接盖层所处成岩阶段

在中成岩阶段 A_1 亚期到中成岩 A_2 亚期，烃源岩进入生油门限，生成油气，形成烃能度封闭。生成的油气随温度增高发生膨胀，增加地层压力，常常出现超压。更重要的是，泥岩经过正常压实阶段后，变得比较致密，造成大量新生流体排出受到阻滞，压实成岩速度变缓。在这种情况下，泥岩中的孔隙水因骨架颗粒－膨胀性黏土的可塑性和体积收缩而承受上覆地层的一部分负荷，从而产生了较正常泥岩内部孔隙流体高的异常压力，形成超压封闭。泥岩中的蒙脱石含量从50%减少到15%，大量转换成伊利石，由无序混层带演化到有序混层带，在黏土矿物转化的过程中，释放大量的 Si^{4+}、Ca^{2+}、Mg^{2+} 等离子，可塑性由大变中。但整体上来看，随着埋深进一步加深，孔隙度整体变小，封闭条件好－中。在这一阶段，盖层的封闭能力最强，同时发育毛细管封闭、超压封闭和烃浓度封闭三种封闭机理。

在中成岩阶段 B 期，烃源岩进入高成熟阶段，生成的油气被裂解成凝析油气和湿气，天然气的扩散作用增强，具有较高的烃浓度封闭能力。与此同时，泥岩开始进入紧密压实阶段。随着泥岩内欠压实作用的进行，内部流体压力增高，当地层压力超过了泥岩弹性限度时，便产生微裂隙。微裂隙的产生使泥岩中高压流体排出，岩层密度增大，地层欠压实消失，泥岩层内流体压力降低，邻近砂层中流体压力升高，两者之间的压力逐渐趋于平衡。尽管沉积岩内仍具相对较高的地层压力系数，但由于砂泥岩之间不具压力差或压力差很小，也就不存在欠压实阶段的那种压力封闭。此外，泥岩中大部分蒙皂石转化为伊利石或绿泥石，蒙皂石含量 $<15\%$，处于超点阵有序混层带，泥岩可塑性变差，脆性增加，容易出现裂缝，泥岩中垂直微裂缝的产生使泥岩封闭性由中变差，盖层封闭能力下降，属于差－中。

在晚成岩阶段，泥岩压实接近极限，进入“不可压缩”阶段。泥岩中的蒙皂石消失，处于伊利石带，泥岩脆性进一步增强，微裂缝更加容易形成，泥岩封闭性变得越来越差。

五、直接盖层的排替压力

1. 排替压力计算的基本原理

排替压力是指岩石中润湿相流体被非润润湿相流体排替所需要的最小压力，是目前盖层封闭能力评价众多参数中最直观、最重要的参数。以往人们主要是通过取心样品在实验室内测试，来获取其排替压力值的大小。由于大量测试排替压力费用太高，加上受钻井取心、井点数及分布不均等因素的限制，使得某些地区和层位根本无法获取实测的排替压力值（付广

表 4－5　盖层成岩阶段与盖层质量的关系

成岩阶段		封闭性	可塑性	孔隙度	密度	泥岩黏土矿物组成		泥岩压实阶段			R_o	成熟阶段	烃类演化	封闭方式
阶段	期					I/S中的S含量	I/S混层分带	正常	混合	紧密				
早成岩阶段	A	差—中	中	20%	1.32g/cm³	>70%	蒙皂石带				0.4%	未成熟	生物气	毛细管
早成岩阶段	B	中—好	大	20%—10%	—2.28g/cm³	70%—50%	无序混层带				0.5%	半成熟	生物气	毛细管
中成岩阶段	A	好	大—中	10%—8%	2.28g/cm³—2.4g/cm³	<50%—15%	有序混层带				0.64% 1.0%	低成熟—成熟	原油为主	毛细管 超压
中成岩阶段	A	好—中	中	8%—5%	2.4g/cm³—2.57g/cm³						1.15%			
中成岩阶段	B	中—差	中—小	<5%		<15%	超点阵有序混层带				1.3% 2.0%	高成熟	凝析油-湿气	毛细管 超压 烃浓度
晚成岩阶段						消失	伊利石带					过成熟	干气	

等，1997c）。而用有限个实验数据或其他地区或层位的实验数据，代表一个地区甚至一个盆地内的盖层封闭能力，这种以点代面的研究方法势必给盖层评价带来很大风险。此外，东北地区东部盆地群的勘探程度较低，盖层的排替压力实测数据很少，难以满足对盖层评价的需要。镜质组反射率是评价泥岩中有机质热演化程度的一个常用的指标，在这些盆地中的实测数据相对较多。此外，镜质组反射率主要受到地温和时间的控制，在一个盆地或一个地区随深度具有规律性的变化，即与埋深之间具有正相关关系。利用此种关系，便可获取大量的泥岩镜质组反射率值。因此，若能建立起镜质组反射率与排替压力之间的对应关系，利用镜质组反射率便可计算出大量的泥岩排替压力值，对于大区域内，详细研究盖层封闭能力在空间上的变化规律，具有重要意义。

付广等（1997c）的研究表明，有机质演化程度的高低，即镜质组反射率的大小，可以反映泥岩压实成岩程度的强弱，而泥岩的封闭能力（排替压力）又是随其压实成岩程度的增加而增大。由此可得泥岩排替压力与镜质组反射率之间应存在对应关系，即泥岩的排替压力随镜质组反射率的增大而增大，反之则减小（付广等，1997c）。由我国几个含油气盆地泥岩排替压力与镜质组反射率之间关系，付广建立了泥岩排替压力与镜质组反射率之间的关系：

$$P_d = AR_o + B \tag{4-1}$$

式中：P_d为泥岩排替压力，MPa；R_o为泥岩镜质组反射率，%；A、B为与地区有关的常数。

A值大小反映了泥岩排替压力随镜质组反射率增大的变化率。A值越大，泥岩排替压力随镜质组反射率增加越快，反之则越慢。由于不同沉积盆地泥岩的形成时间、压实成岩历史、受热演化史以及所含矿物成分等差异，使各A、B值也就不同（表4－6）。由表4－6可见，盆地（或坳陷）时代越老，泥岩的压实成岩程度越高，A值越大，如陕甘宁盆地、塔里木盆地、延吉盆地、松辽盆地和海拉尔盆地。而时代相对较新的盆地（或坳陷），泥岩的压实成岩程度相对较低，A值越小，如琼东南盆地和济阳坳陷。

表4－6　我国几个主要含油气盆地（或坳陷）的A、B值

盆地（或坳陷）	琼东南盆地	济阳坳陷	塔里木盆地	松辽盆地	海拉尔盆地	陕甘宁盆地	延吉盆地
A	13.16	23.00	45.45	47.62	44.00	58.82	71.43
B	-5.66	-3.20	-35.45	-28.57	-16.04	-97.65	-18.5

（据付广等，1997c）

为了计算东北地区东部盆地群盖层的排替压力，前人测试了白垩系和古近系的排替压力（表4－7，表4－8）。

表4－7　延吉盆地泥岩实测排替压力数据表

层位	井号	深度/m	饱和煤油实测排替压力/MPa	饱和水后排替压力/MPa
铜佛寺组	延2	1415	20.84	42.51
	延2	1346	7.58	15.98
	延参1	1660.4	16	30.08
	延参1	1850.7	14.83	26.29
大砬子组	延参2	1186.8	3.99	8.73
	延参2	1514.7	10.54	20.16
	延参2	1554	12.57	20.11
	延参2	1788.8	1.96	3.59
	延参2	2050.3	8.98	32.12
	延参1	1286	15.22	32.28

（据王世辉等，1995）

利用上面实测数据，建立了延吉盆地镜质组发射率与排替压力之间的相关模型：

$$P_d = 56.355R_o - 11.27 \tag{4-2}$$

式中：P_d为泥岩排替压力，MPa；R_o为泥岩的镜质组反射率，%。

表 4-8 汤原断陷泥岩实测排替压力数据表

层位	井号	深度/m	饱和煤油实测排替压力/MPa	饱和水后排替压力/MPa
宝泉岭组	汤参 2	1080	0.8	2.08
达连河组	汤参 2	1189	0.9	2.34
	汤参 2	1192.5	1.18	3.07
	汤参 2	1411	1.0	2.6
	汤参 2	1412	1.1	2.86
乌云组	延参 1	3251	1.6	4.16
	延参 1	3253	1.4	3.64

（据付广等，1995）

此外，我们还根据汤原断陷古近系排替压力与 R_o 的实测数据，建立了镜质组发射率与排替压力之间的相关模型：

$$P_d = 8.0486R_o - 1.6 \quad (4-3)$$

式中：P_d为泥岩排替压力，MPa；R_o 为泥岩的镜质组反射率,%。

2. 直接盖层排替压力的计算结果

应用各盆地的镜质组反射率实测数据，根据上面 R_o 与排替压力的关系式（4-2）和式（4-3），本书分别计算了东北地区东部盆地群白垩系和古近系直接盖层的排替压力值（表 4-9）。结果表明，研究区含油气盆地白垩系直接盖层的排替压力主要分布在 23.88～33.81MPa 之间；古近系排替压力主要分布在 3.21～5.21MPa 之间（表 4-9），研究区含油气盆地白垩系排替压力比古近系排替压力高。

表 4-9 东北地区东部盆地群含油气盆地中新生代直接盖层成岩阶段统计表

地层	盆地（断陷）	排替压力/MPa	盖层封闭能力
白垩系	鸡西盆地	$\frac{28.17 \sim 39.45}{33.81\ (6)}$	好
	方正断陷	19.16	好
	延吉盆地	$\frac{13.53 \sim 47.34}{23.88\ (13)}$	好
古近系	方正断陷	$\frac{2.56 \sim 4.19}{3.21\ (15)}$	较好
	莫里青断陷	$\frac{0.17 \sim 8.48}{4.05\ (48)}$	较好
	岔路河断陷	$\frac{1.12 \sim 9.00}{5.21\ (15)}$	好
	鹿乡断陷	$\frac{2.38 \sim 6.20}{3.66\ (14)}$	较好
	虎林断陷	$\frac{4.03 \sim 4.44}{4.19\ (5)}$	较好

人们常常根据排替压力的大小，评价盖层封闭能力。由表 4-10 可见，白垩系的直接盖层达到好盖层的等级，古近系盖层等级达到较好-好的级别。

表 4－10　盖层封闭能力等级划分表

评价参数	等级划分			
	好	较好	中等	差
排替压力/MPa	>5	5～3	3～1	<1
累计厚度/m	>300	300～150	150～50	<50

（据吕延防等，1996）

第二节　中新生代区域盖层的地质特征

区域性盖层是指遍布在含油气盆地或坳陷中大部分地区，厚度大、面积广且分布较稳定的盖层（庞雄奇等，1993b），是影响油气聚集的重要因素之一。它可以阻止已生成的油气向上逸散，形成大型油气田。一个沉积盆地主要的含油气层段和大部分油气资源均位于区域盖层之下，例如：松辽盆地的油气就主要聚集在嫩江组区域盖层之下（翟光明等，1993a）。在本节我们将通过盖层厚度、均质性、排替压力、油气柱高度和成岩阶段，对区域盖层质量进行综合评价。

一、区域盖层的厚度

区域盖层的厚度是影响盖层封闭能力的一个重要因素，尽管几厘米厚度的泥岩盖层就可形成油气藏，但要形成大规模的油气聚集仍需较厚的盖层。从油气保存的角度来看，盖层厚度越大，对油气的保存越有利。这主要是因为，厚度大的盖层一般在分布上比较稳定，易形成大面积分布的盖层；厚度大的盖层不易被小断层错断或断穿，不易形成连通的微裂缝；厚度大的盖层减小了盖层孔隙连通的机会，使油气不易穿透盖层；厚度大的泥岩盖层易于形成超压，使封闭能力增强。有效盖层对厚度的要求还与盖层的类型有关。若直接作为油气藏盖层的局部盖层和直接盖层，其厚度有几十米甚至几米就可以了；但要作为对盆地或盆地内的大部分地区的油气起保护作用的区域性盖层，仅有几米甚至几十米远远不够。区域盖层的厚度往往需要百余米甚至数百米，只有这样才能保证其在区域上的稳定分布，在构造运动频繁的盆地中，大量的油气才不至于散失掉（柳广第，2009）。

统计结果表明，东北地区东部盆地群各含油气盆地白垩系泥质盖层厚度主要分布在54.5～1466.0m（图4－10），研究区北部泥质盖层厚度变化较大，厚度最大能达到千余米，如松江盆地；研究区北部泥质盖层厚度变化较小，厚度变化范围在54.5～700m之间。东北地区东部盆地群各含油气盆地古近系泥质盖层厚度在93.5～840m之间（图4－11），整体厚度变化均匀，比白垩系厚度薄。而且，从北到南泥岩的纯度增加，粉砂含量减小（孟元林等，2015），盖层的封闭能力增加。

总之，东北地区东部盆地群的泥质盖层厚度较大，具有较好的封闭能力，满足了形成中小型油气田封闭条件的需要。

二、区域盖层的岩性

东北地区东部盆地群白垩系区域性盖层的岩性主要为泥岩、页岩、含粉砂泥岩、粉砂质

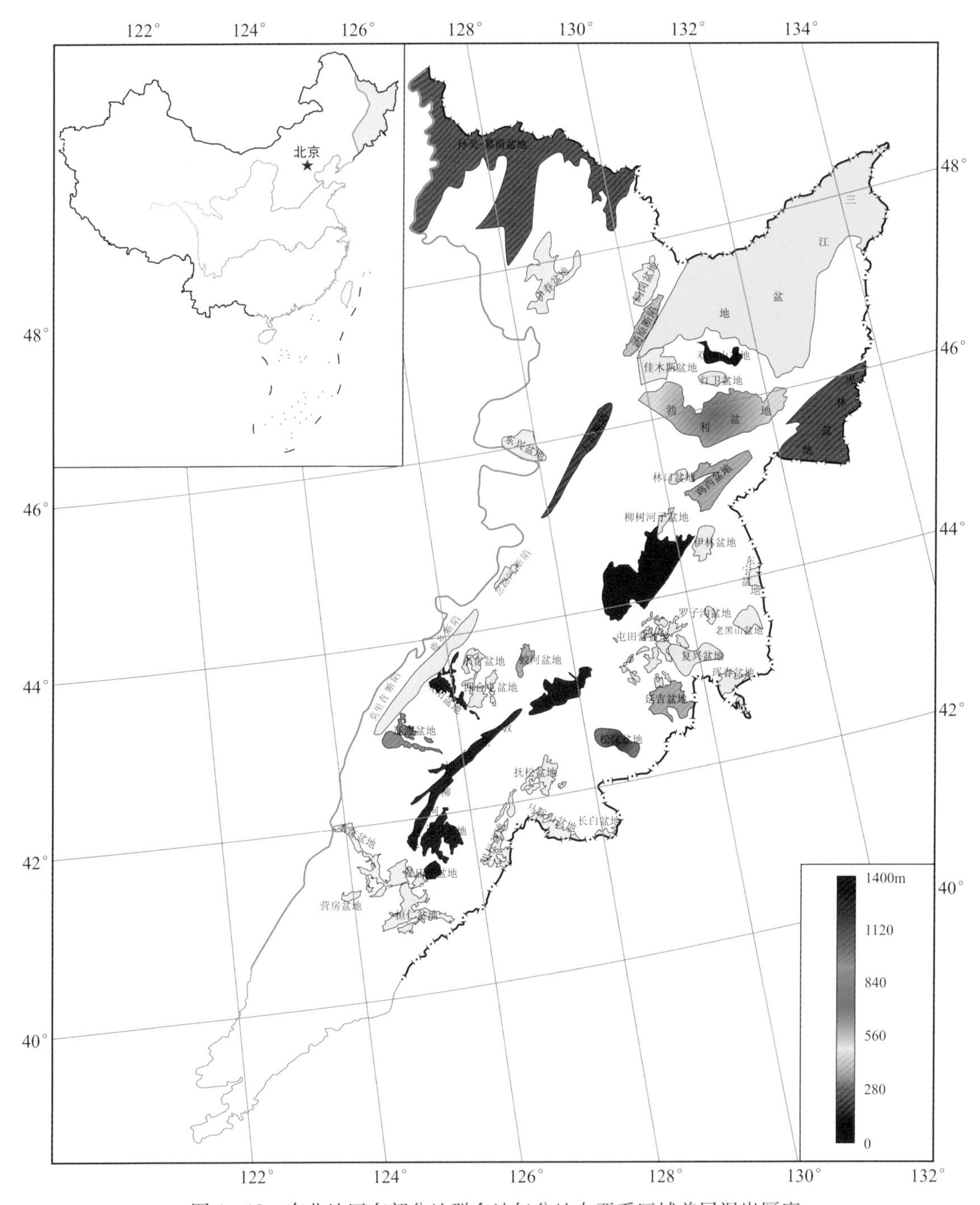

图4－10　东北地区东部盆地群含油气盆地白垩系区域盖层泥岩厚度

泥岩以及泥质粉砂岩。在有些盆地含煤盆地，例如：孙吴嘉荫盆地、鹤岗盆地、方正断陷、三江盆地、勃利盆地、虎林盆地、鸡西盆地、宁安盆地、双阳盆地、辽源盆地、敦化盆地、松江盆地、蛟河盆地和果松盆地，还发育碳质泥岩（表2－20，表2－21），但碳质泥岩的分布范围不广，而且在实际工作中其分布也不易预测，所以将碳质泥岩盖层归入泥岩盖层。油页岩也存在类似的情况，其封闭性能良好，但分布局限，且不易预测。少数盆地区域盖层中还夹有凝灰岩，例如：鸡西盆地鸡D1井、三江盆地滨参1井下白垩统区域盖层中夹有厚度不大的凝灰岩，这些凝灰岩或凝灰质泥岩和泥岩一道也可构成良好的区域盖层。

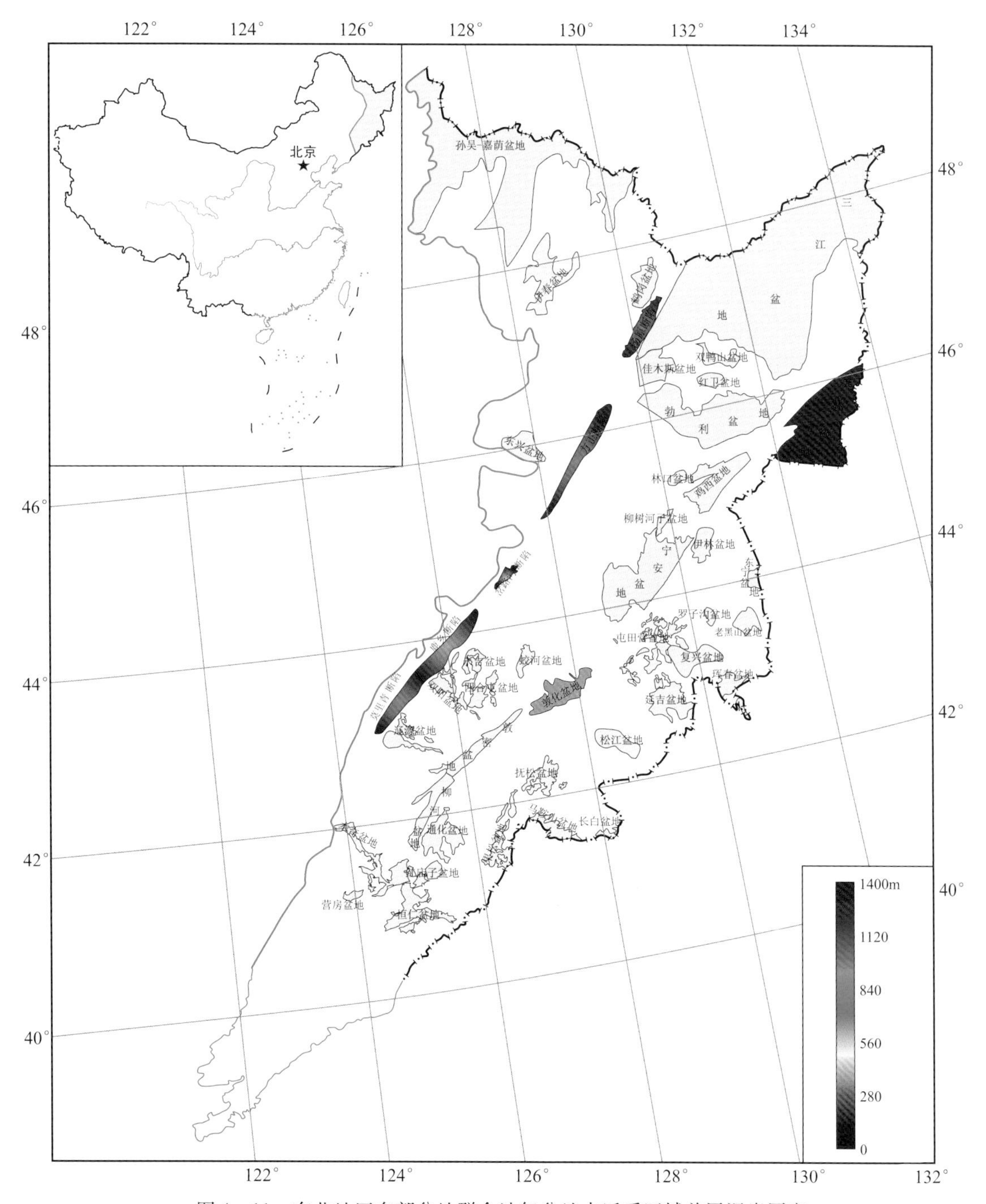

图4-11 东北地区东部盆地群含油气盆地古近系区域盖层泥岩厚度

古近系区域性盖层的岩性相对比较单一，主要为泥质、页岩、含粉砂泥岩、粉砂质泥岩以及泥质粉砂岩，还有少量碳质泥岩和油页岩（表2-23）。

三、区域盖层的沉积环境

东北地区东部盆地群白垩系区域盖层发育的沉积环境主要为湖相、三角洲（扇三角洲、辫状河三角洲）相，其次为近岸水下扇相、沼泽相以及海陆交互相（图1-12，图1-15）。

从北到南水体逐渐加深，研究区北部地区白垩系区域盖层发育的沉积环境为滨浅湖相和三角洲相，水动力较强，泥岩不纯，含有粉砂，突破压力相对较小，形成稳定性较差、厚度较大的区域盖层；研究区南部各盆地发育的沉积环境多为深湖－半深湖相和沼泽相，水动力较弱，泥岩较纯，粉砂含量较低，突破压力较大，形成稳定性好、连续性好的区域盖层。但无论是南部地区还是北部地区，各盆地下白垩统均发育良好的区域盖层。

古近系区域盖层的沉积环境多数都为为湖相、扇三角洲相、辫状河三角洲相，其次为湖底扇相、沼泽相（图1－16），盖层沉积环境的水动力较弱，泥岩较纯，突破压力较大，形

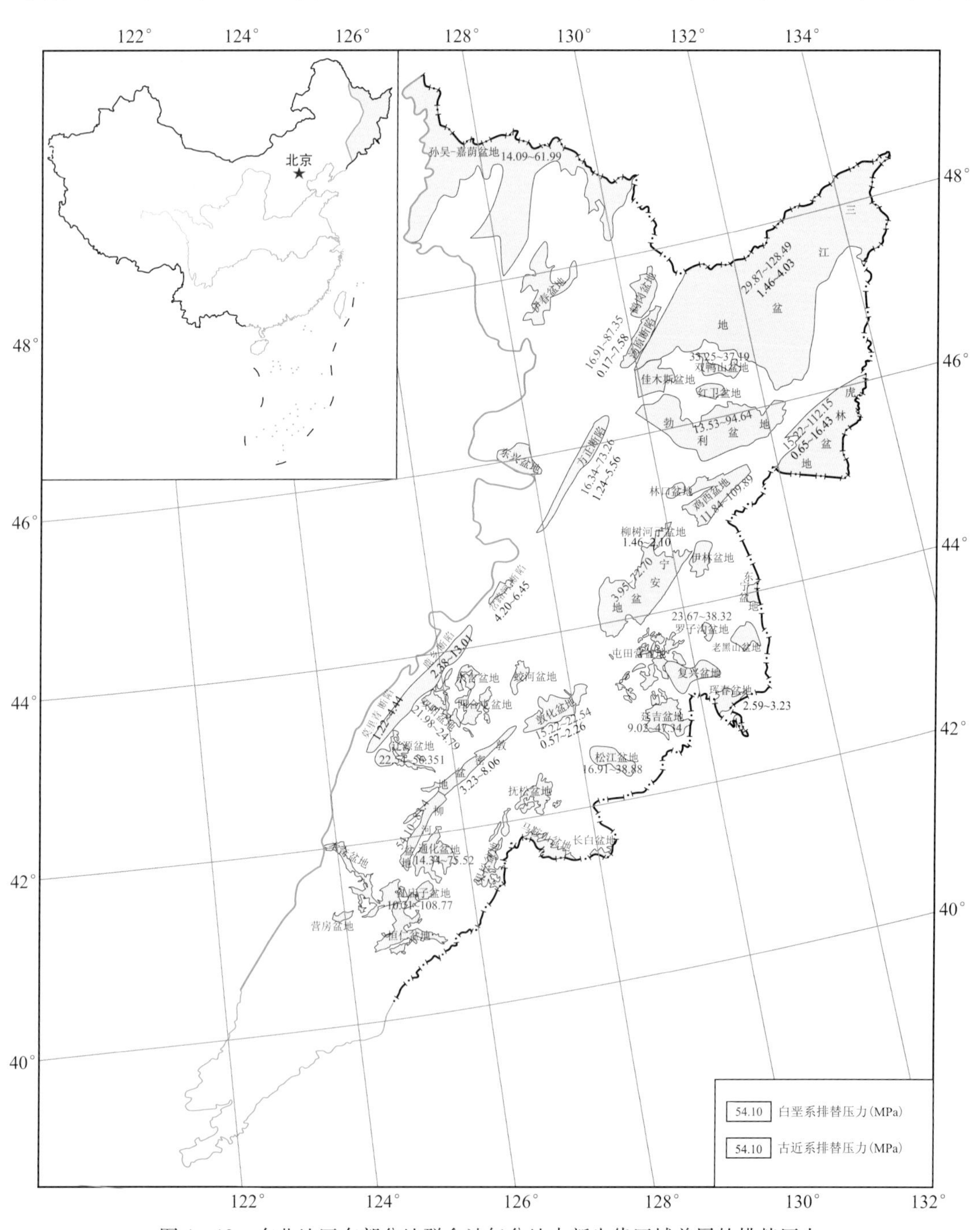

图4－12 东北地区东部盆地群含油气盆地中新生代区域盖层的排替压力

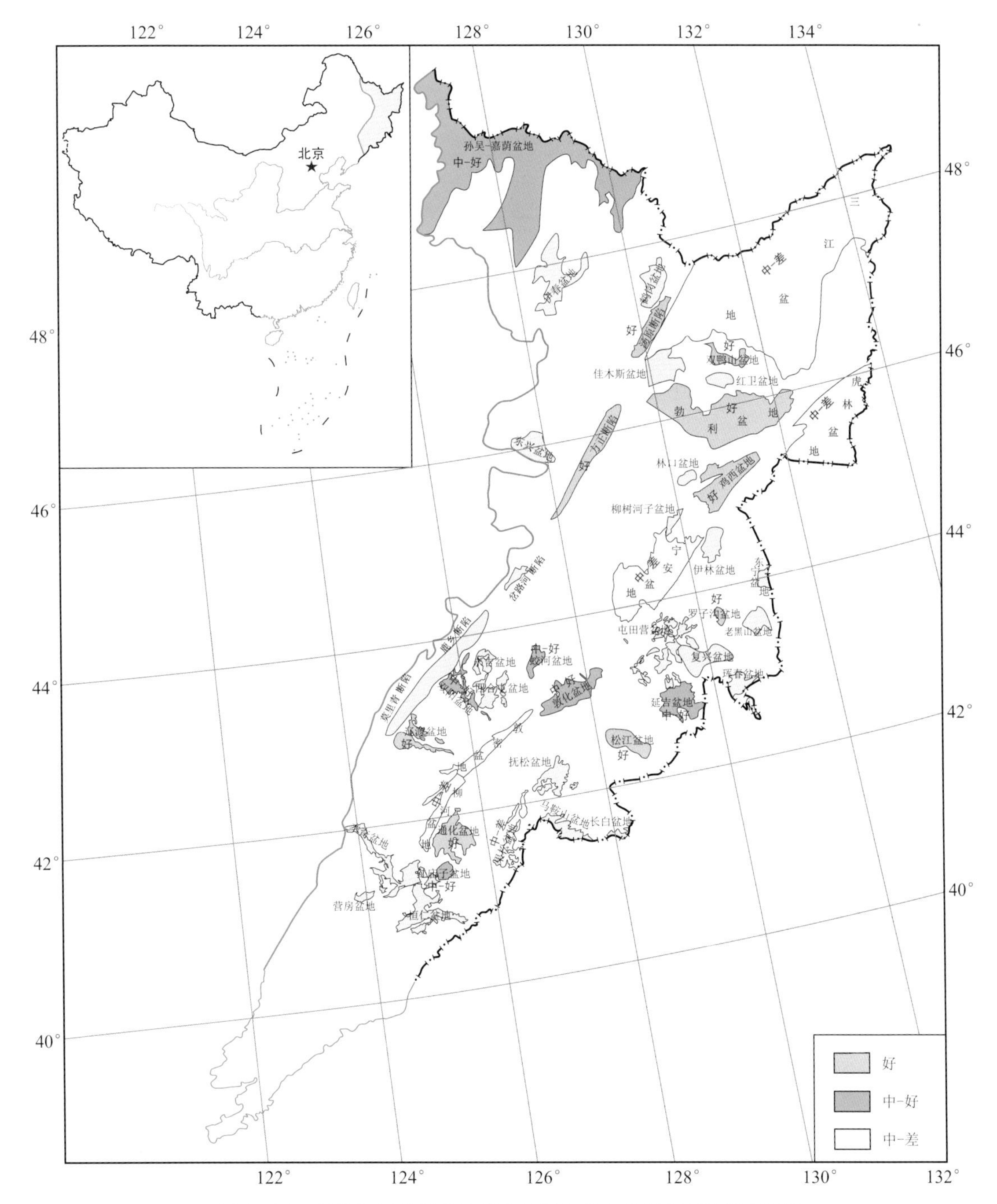

图4-13 东北地区东部盆地群含油气盆地白垩系区域盖层封闭性

成了稳定性较好的区域盖层。

四、区域盖层的排替压力

在直接盖层排替压力计算的基础上，本书进一步计算了白垩系和古近系区域盖层的排替压力（图4-12）。由图可见，研究区白垩系区域盖层计算的排替压力高于古近系。研究区北部白垩系区域盖层的排替压力在3.95~128.49MPa之间，南部地区白垩系区域盖层的排

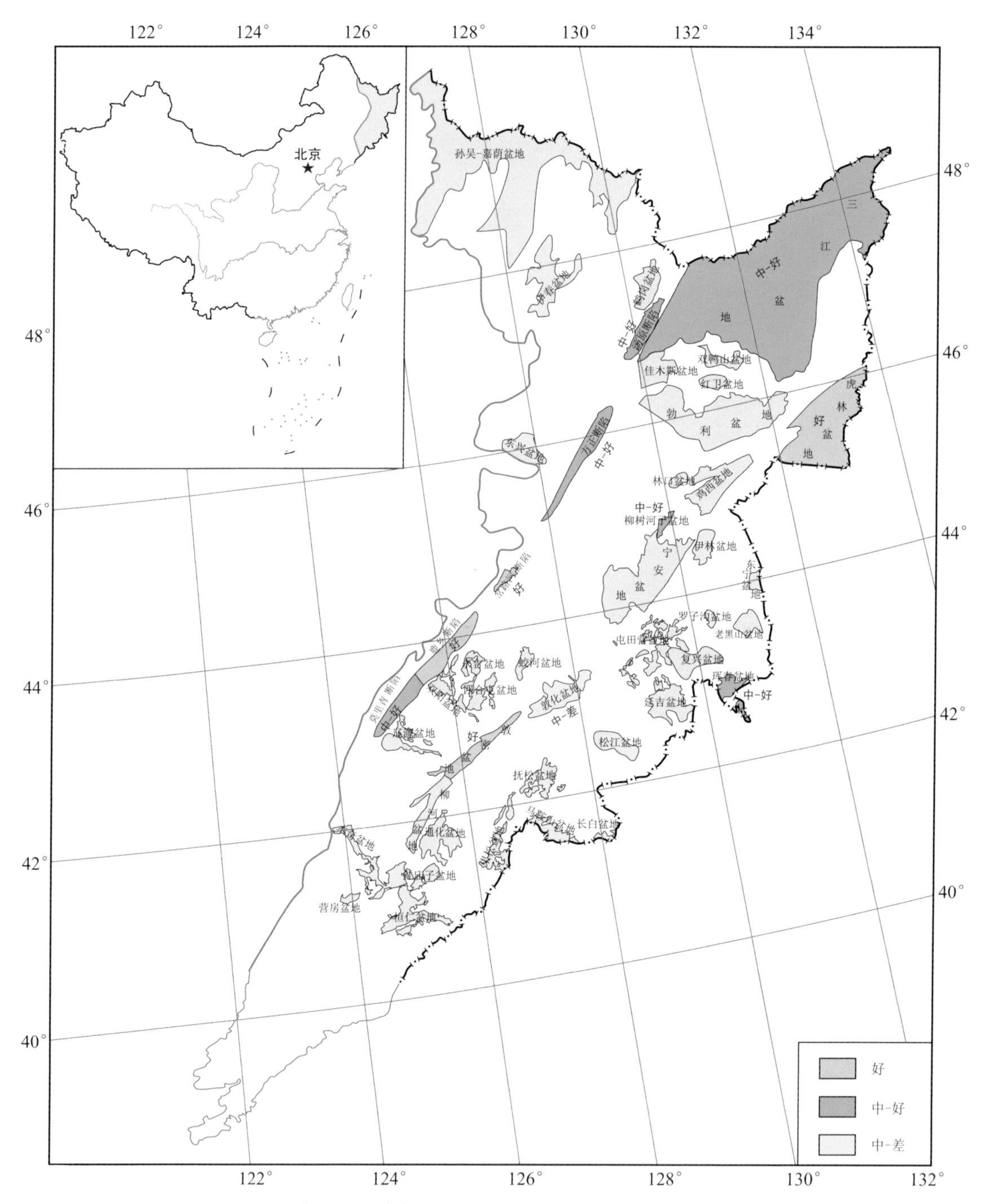

图 4-14 东北地区东部盆地群含油气盆地古近系区域盖层封闭性

替压力在9.02～108.77MPa之间。根据吕延防（1996）盖层等级的划分标准（表4-10），研究区白垩系区域盖层的排替压力均达到了好盖层的排替压力标准。

研究区北部古近系区域盖层的排替压力在0.17～16.43MPa之间，南部地区古近系区域盖层的排替压力在0.57～13.01MPa之间。根据吕延防（1996）盖层等级的划分标准（表4-10），研究区古近系区域盖层的排替压力主要处于较好和中等两个等级。

五、成岩阶段与封闭性评价

从微观的角度看，泥岩埋藏越深，压实程度越高，R_o 越高，排替压力越高。但从宏观的角度看，随着埋深和地温的增加，成岩作用增强，黏土矿物中蒙皂石转化为伊利石和绿泥石，脆性增加，容易出现裂缝，盖层的封闭能力下降。尽管排替压力是评价盖层封闭能力的最佳微观参数之一，但存在明显的缺陷。于是，本书试图根据成岩作用与盖层的关系，研究与评价区域盖层的发布能力。根据统计的泥岩有机质成熟度，结合修订的成岩阶段与盖层质量关系（表4－5），将东北地区东部盆地群盖层划分成不同等级，进而对区域盖层进行综合评级。研究区各含油气盆地白垩系和古近系区域盖层大部分属于中－好和好两个等级，只有少数盆地盖层属于中－差（图4－13，图4－14）。因此，研究区具有发育良好的区域盖层。

第三节　生储盖组合

丰富的油源、有利的生储盖组合和有效的圈闭是油气藏形成的三大必要条件（张万选和张厚福，1989）。在前面生、储、盖层研究的基础上，本书进一步研究东北地区东部盆地群的生储盖组合特征，为油气聚集规律的研究提供科学的依据。

一、北部地区发育四套生储盖组合

以前的研究表明，研究区北部地区存在上、中、下三套生储盖组合（吴河勇等，2008）。我们在野外石油地质调查中发现，那丹哈达地体的上三叠统－下侏罗统海相硅质岩是一套潜在的烃源岩，有机质丰度较高，属于Ⅱ－Ⅲ型干酪根；目前处于高－过成熟阶段（表2－11）。这样就又在北部地区形成一套新的生储盖组合——深部组合。由此看来，在研究区北部，总共有上部生储盖组合、中部生储盖组合、下部生储盖组合和深部生储盖组合共四套生储盖组合（表4－11，图4－15）。

表4－11　北部地区生储盖组合特征

生储盖组合	生油层	储层	盖层
上部组合	达连河组（E_2d）、新安村组（E_1x）暗色泥岩及煤层	达连河组（E_2d）及新安村组（E_1x）砂岩	达连河组（E_2d）、新安村组（E_1x）和宝泉岭组（E_3b）泥岩
中部组合	城子河组（K_1c）、穆棱组（K_1m）暗色泥岩及煤层	城子河组（K_1c）及穆棱组（K_1m）砂岩	城子河组（K_1c）及上覆泥岩
下部组合	绥滨组（J_1s）和东荣组（J_3d）泥岩	绥滨组（J_1s）和东荣组（J_3d）砂岩	东荣组（J_3d）及上覆地层泥岩
深部组合	大架山组（J_1d）和大岭桥组（T_3d）硅质岩、硅质泥页岩	大架山组（J_1d）和大岭桥组（T_3d）粉细砂岩、硅质岩	大架山组（J_1d）和大岭桥组（T_3d）泥岩、上覆地层泥岩

1. 深部生储盖组合的烃源岩

深部生储盖组合的烃源岩为大架山组（J_1d）和大岭桥组（T_3d）的硅质泥岩和硅质岩。在那丹哈达地体，这套硅质烃源岩的有机质丰度较高、类型较好、成熟度较高，富含放射虫

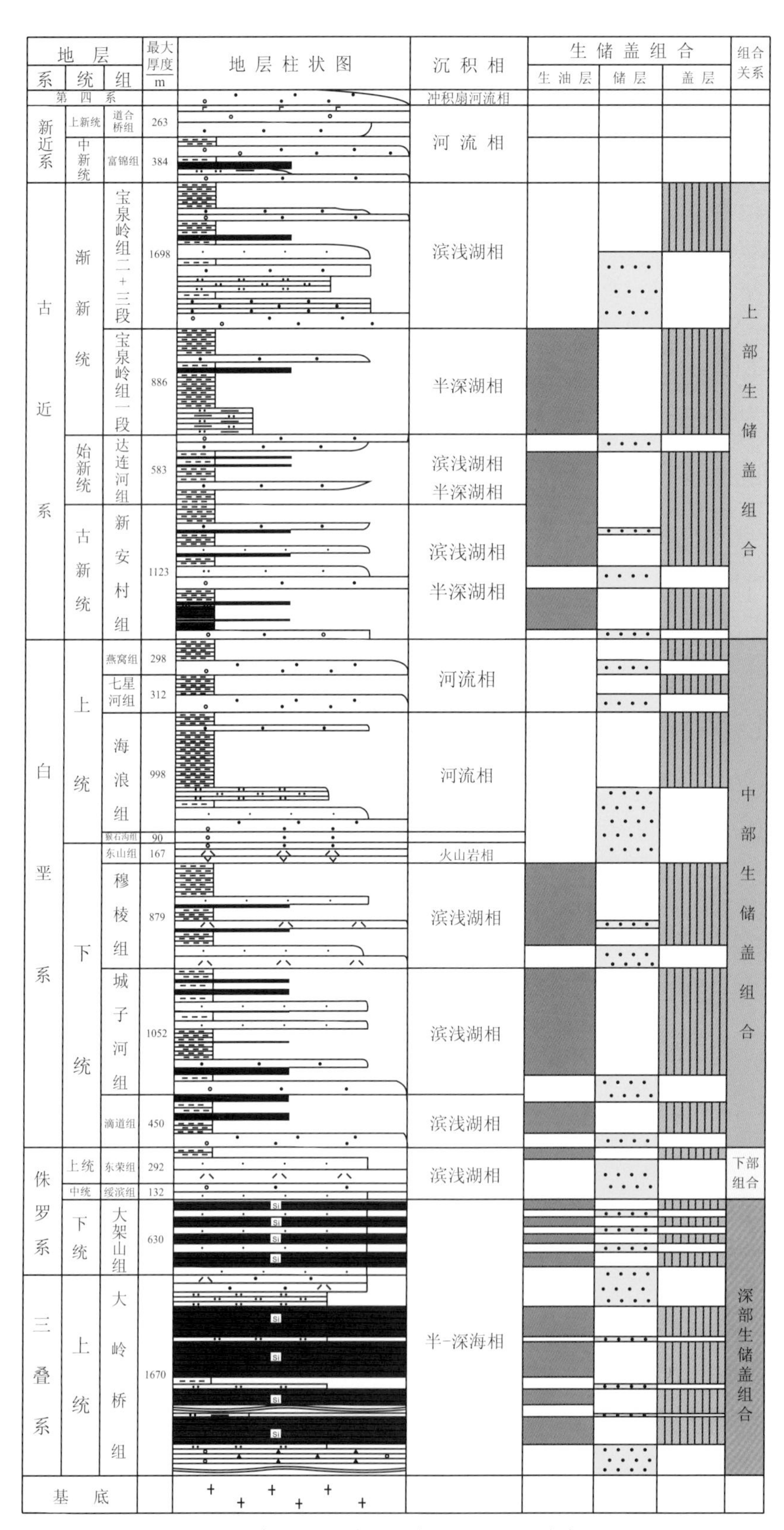

图4-15 北部地区生储盖组合与石油地质综合柱状图

和黄铁矿，属于半-深海沉积，有机质来源为水生生物，陆源有机质很少。在野外露头有些硅质烃源岩样品较差的有机质类型和较低的有机质丰度是由于较高的成熟度和风化作用造成的。一方面，当烃源岩在地表遭到风化时，C、H元素减少，O元素增加，从而导致有机质丰度降低、有机质类型变差；另一方面，过高成熟度的烃源岩，在地史时期曾经发生过油气生成与运移的过程，C、H元素大量减少，从而导致有机质丰度较低、类型变差。此外，在研究区的地温梯度由北向南逐渐降低，在那丹哈达地体南部的虎林地区，仍可能存在高-过成熟的烃源岩。此外，现今这套深海-半深海相的烃源岩成熟度较高，但在地史时期已生成过油气（图版6-1~图版6-6），在适当的地区聚集成藏，国外已经有这样的例子。

2. 深部生储盖组合的储层

深部生储盖组合的储层大架山组（J_1d）和大岭桥组（T_3d）粉细砂岩、硅质岩。其中的硅质岩硅质成分含量很高，脆性矿物的含量高达42%~75%（表2-10），可以形成非常规页岩气储层。

3. 深部生储盖组合的盖层

深部生储盖组合的盖层为大架山组（J_1d）和大岭桥组（T_3d）泥岩、上覆地层的泥岩。既可以形成自生自储自盖的生储盖组合，也可以形成顶生式生储盖组合（表4-11，图4-15）。

二、南部地区的四套生储盖组合

在我们野外石油地质调查和综合研究的基础上，建立了研究区南部地区的四套生储盖组合，分别为上部生储盖组合、中部生储盖组合和下部生储盖组合和深部生储盖组合（表4-12，图4-16）。深部生储盖组合是新发现的一套生储盖组合。

表4-12　南部地区生储盖组合特征

生储盖组合	生油层	储层	盖层
上部组合	桦甸组（E_1h）暗色泥岩、煤层、油页岩	桦甸组（E_1h）砂岩	桦甸组（E_1h）暗色泥岩
中部组合	鹰嘴砬子组（K_1y）、林子头组（K_1l）、石人组（K_1s）、小南沟组（K_1x）暗色泥岩及煤层	果松组（K_1g）、鹰嘴砬子组（K_1y）、林子头组（K_1l）、石人组（K_1s）、小南沟组（K_1x）暗色砂岩	鹰嘴砬子组（K_1y）、林子头组（K_1l）、石人组（K_1s）、小南沟组（K_1x）暗色泥岩泥岩
下部组合	义和组（J_1y）和侯家屯组（J_2h）泥岩及煤层	义和组（J_1y）和侯家屯组（J_2h）砂岩	侯家屯组（J_2h）泥岩
深部组合	小河口组（T_3x）、大酱缸组（T_3d）泥岩、碳质泥岩	长白组（T_3ch）、小河口组（T_3x）、大酱缸组（T_3d）、卢家屯组（T_1l）砂岩、砂砾岩以及粉砂岩	长白组（T_3ch）、小河口组（T_3x）、大酱缸组（T_3d）泥岩

1. 深部生储盖组合的烃源岩

南部地区深部生储盖组合的烃源岩为小河口组（T_3x）和大酱缸组（T_3d）煤系泥岩、碳质泥岩以及煤，主要发育在双阳盆地、四合屯盆地、果松盆地、抚松盆地和马鞍山盆地，是一套河流-沼泽相含煤地层，一般厚2~3m，最大厚度50m，累积厚度176m。烃源岩有

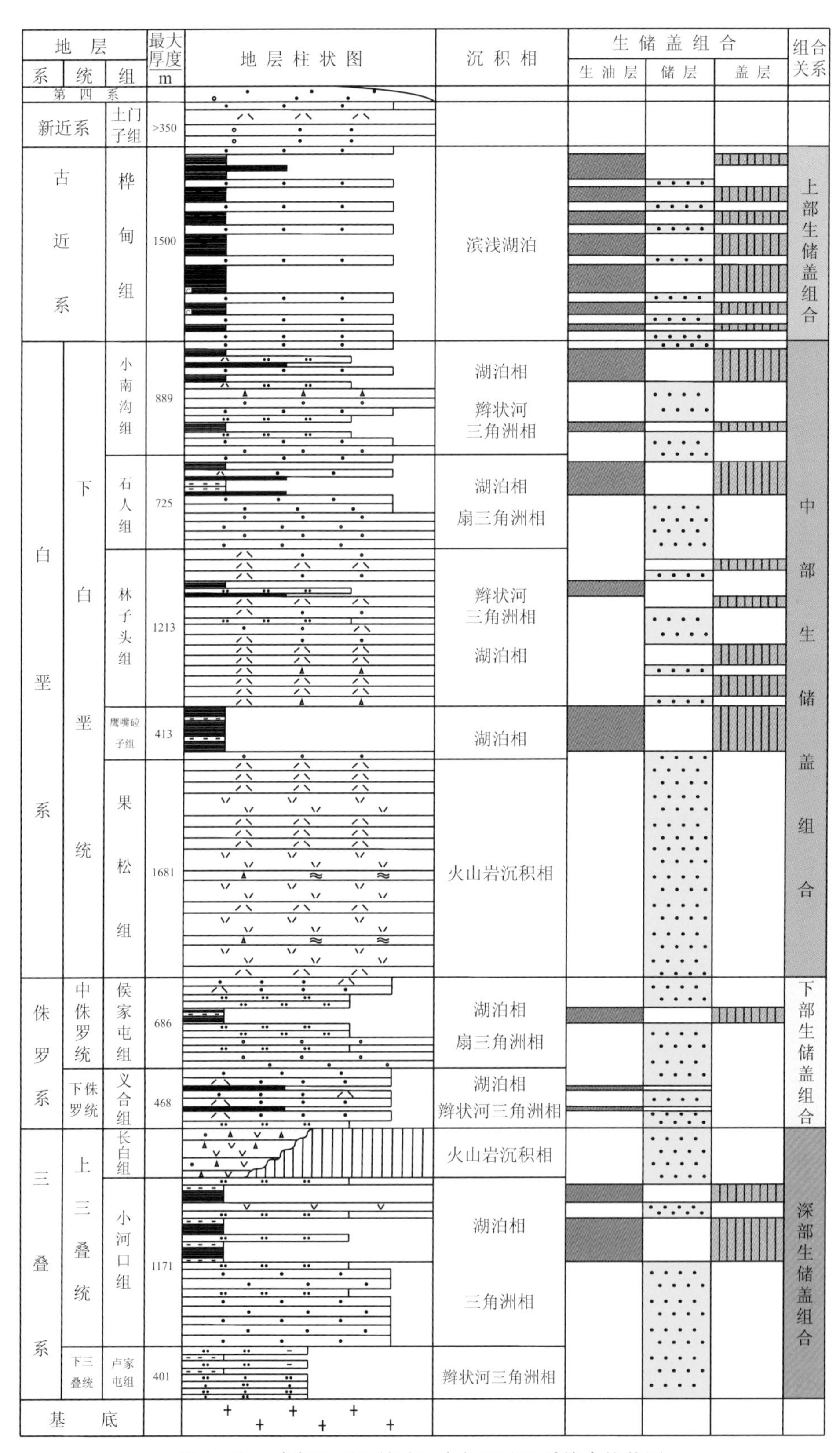

图4-16　南部地区生储盖组合与石油地质综合柱状图

机质丰度达到中等－差的标准，属于Ⅲ型干酪根，目前处于高成熟阶段。

2. 深部生储盖组合的储集层

南部生储盖组合的储层为卢家屯组（T_1l）、小河口组（T_3x）、大酱缸组（T_3d）和长白组（T_3ch）砂岩、砂砾岩、粉砂岩、火山碎屑岩。三叠系的储层物性很差，属于超低孔隙度的致密储层，双参1井三叠系大酱缸组储层的孔隙度在0.43%～1.31%之间，平均0.86%。

3. 深部生储盖组合的盖层

深部生储盖组合的盖层主要是长白组（T_3ch）、小河口组（T_3x）、大酱缸组（T_3d）组的煤系泥岩。双参1井揭示三叠系大酱缸组盖层为泥质岩类，岩性为泥岩、粉砂质泥岩，地层颜色以灰色为主，见绿灰色，为河湖相沉积环境，沉积物处于弱还原－还原环境。盖层总厚度38.1m，占本组地层厚度的19.4%。单层厚度最大5.0m，最小1.5m。盖层不发育。处于中成岩阶段A期，岩石半固结－固结，泥岩质较纯，岩性较硬，吸水性中等、可塑性中等，呈团块状或松散状，盖层较差，封堵烃类流体能力弱。

第四节　各类盆地保存条件分析

本书将东北地区东部盆地群分为四种类型（表1－2，图1－4）：叠合盆地－Ⅰ、叠合盆地－Ⅱ（残留叠合盆地）、单型盆地－Ⅰ和单型盆地－Ⅱ（单型残留盆地），不同类型盆地的保存条件各异。

一、叠合盆地－Ⅰ

叠合型盆地的保存条件优越。属于叠合盆地－Ⅰ的汤原断陷、方正断陷，生、储、盖层发育俱佳，成油条件优越，保存条件优越，已发现了工业油气流。孙吴－嘉荫盆地面积大，烃源岩发育，生、储、盖层俱佳，圈闭发育，保存条件良好，是下一步勘探的重点。三江盆地的前进坳陷只发育东山组以上的地层，烃源岩有机质成熟度偏低，R_o最高为0.78%，含油气远景欠佳。绥滨坳陷的面积为6640km^2，生、储、盖层发育，圈闭落实，具有良好的含油气远景，是下一步油气勘探的重点。

二、叠合盆地－Ⅱ

叠合盆地－Ⅱ属于残留叠合盆地，研究区大部分盆地属于这类盆地，这类盆地曾遭受过严重的抬升剥蚀，存在区域不整合，保存条件欠佳，但如果后期的抬升剥蚀没有引起主要勘探目的层的破坏，仍可形成油气藏，如延吉盆地、鸡西盆地和虎林盆地。研究区南部的通化盆地、柳河盆地和红庙子盆地面积较大，烃源岩发育，保存条件相对较好，是南部地区油气勘探的重点盆地。通化盆地通D1井、红庙子盆地红D1井和辽新地1井下白垩统良好的油气显示就证明了这一观点，尽管这两个盆地属于残留叠合盆地，上覆地层被严重剥蚀，但在地下埋深小于500多米的浅层仍见到了良好的油气显示。

三、单型盆地 - Ⅰ

单型盆地 - Ⅰ只有伊通盆地的岔路河断陷、鹿乡断陷和莫里青断陷，生、储、盖层俱佳，保存条件好。目前，已在古近系发现工业油气流，并投入开采。这类盆地只要发育优质烃源岩，生成足够量的油气，就能形成中小型油气田。

四、单型盆地 - Ⅱ

单型盆地 - Ⅱ属于残留单型盆地，这类盆地的保存条件差，目前未发现工业油气流，含油气远景较差。但有些面积较大，烃源岩发育的盆地仍有一定勘探前景，如辽源盆地。

综上所述，四类沉积盆地中，叠合盆地 - Ⅰ和单型盆地 - Ⅰ类盆地的保存条件最好，在这两类盆地中已发现了工业油气流，并投入开发，含油气远景最好。残留叠合盆地保存条件较差，但如果主要勘探目的层没有遭到破坏，仍可形成中小油气田。残留单型盆地保存条件不好，含油气远景较差，至今未发现工业油气流。

第五章 成藏动力学与油气聚集规律

在传统石油地质学理论指导下的常规油气田勘探，主要是通过生、储、盖、运、圈、保的评价和研究，寻找油气聚集的有利地区和有效的圈闭，基本是一种静态的研究方法。但随着勘探难度的增加，现在人们越来越注重油气生成、运移和聚集过程的动态研究，用成藏动力学的理论指导油气田勘探（龚再升和李思田，2004），通过各成藏要素的动态研究和相互之间匹配关系的探讨，确定有效的圈闭，以进一步提高勘探成功率，例如：应用盆地模拟技术，通过生、排烃时间和圈闭形成时间匹配关系的研究，确定探区内各圈闭的有效性。然而，即使生、排烃期和圈闭形成期匹配良好的圈闭，如果成岩作用太强，圈闭内储层的物性也会很差，甚至失去工业价值；而盖层也会出现微裂缝，封闭能力降低，导致圈闭丧失了有效性。渤海湾盆地黄骅坳陷深层常压地层就常常出现这种情况，该坳陷深层有利的勘探目的层位是超压地层（压力系数 K 为 1.2 ~ 1.7）（肖丽华等，2014）。另一方面，当泥岩盖层内的超压太强（如 $K>2.0$）超过地下条件下岩石的机械强度时，盖层就会破裂，形成超压泄漏，圈闭中的油气就会散失。事实上，油气藏的形成与破坏是地史时期各成藏要素动态演化和匹配的最终结果。而致密油气和页岩油气藏的形成与常规油气又有所不同（贾承造，2017），这些非常规油气的分布不受圈闭条件的控制，在凹陷区和斜坡带连续或准连续分布（邹才能，2013）。因此，为了提高勘探的成功率、降低风险性，更深入地研究常规油气藏和非常规油气藏的形成机理与油气聚集规律，指导研究区内其他中小断陷盆地的油气勘探，必须研究各成藏要素的动态演化过程及其匹配关系。

第一节 成藏动力学过程模拟的数学模型

成藏动力学过程模拟，亦即成藏史数值模拟，是在盆地模拟、含油气系统研究、成岩作用数值模拟基础上发展起来的一项定量研究新技术，但它研究得更精细，更能揭示石油地质学的本质、指导油气田勘探。然而，迄今为止，国内还没有统一的技术规范。本书试图通过成藏温度、压力和成藏要素生、储、盖、运、圈、保的数值模拟（A. S. Mckenzie & D. P. Mckenzie，1983；Huang et al.，1993；Meng et al.，1997a，1997b；Carr，1999；Walderhaug，1996，2000；李泰明，1989，1991；孟元林等，1989，1994，1996b，2003，2005，2007，2008，2009，2011，2012，2013，2014，2015，2016；侯创业等，2004；肖丽华等，2004，2011，2014；秦勇，2001；杨俊生等，2002；庞雄奇等，2003，2005；石广仁，1994，1999，2004；Hantschel & Kauerauf，2015），研究油气藏形成的动力学过程和油气聚集规律，确定成藏主控因素，为油气田勘探提供科学的依据。

本书的成藏史数值模拟系统包括埋藏史、地热史、成岩史、生烃史、排烃史、盖层发育史和成藏史模型。所谓数学模型，是将地质问题加以概括和总结，归结为相应的数学问题，并在此基础上利用数学的概念、方法和理论进行深入的分析和研究，从定量的角度来刻画实际地质问题，为解决实际地质问题提供精确的数据和可靠的指导。根据研究区具体地质条件，本书对模拟系统进行了相应的修改和完善。

一、埋藏史与构造发育史模型

1. 正常压实

在正常压实的情况下，地层沉积后，随上覆沉积物的增加，其孔隙度和厚度不断减小。在地史时期，地层的古厚度和孔隙度随时间的变化规律如下（李泰明，1989；石广仁，1994，2004；Meng et al.，1997a，1997b，2001）：

$$H(t,z) = H_0(1-\phi_0)/[1-\phi(t,z)] \tag{5-1}$$

$$\phi(t,z) = \phi_0\exp(-C\cdot z) \text{ 或 } \phi(t,z) = \phi_0\exp(-C_f f) \tag{5-2}$$

$$f = \int_0^z [1-\phi(t,z)] \times \rho_s \mathrm{d}z \tag{5-3}$$

式中：z 为埋藏深度，m；t 为时间，Ma；H_0 为埋深为零的地层厚度，m；ϕ_0 为埋深为零时的地层孔隙度，小数；$H(t,z)$ 为 t 时刻 z 深度的地层厚度，m；$\phi(t,z)$ 为 t 时刻 z 深度的地层孔隙度，小数；C_f 为质量压缩系数，cm^2/kg；f 为有效应力，kgf/cm^2（1kgf = 9.8N）；C 为深度压缩系数，m^{-1}；ρ_s 为地层骨架密度，g/cm^3。

在沉积埋藏的过程中，地层压力（孔隙流体）随时间的变化可以用下列方程式来计算（郭秋麟等，1998；石广仁，1999）：

$$P(t,z) = \bar{\rho}_f gh/(1.01\times10^6) + P_a(t,z) \tag{5-4}$$

$$\bar{\rho}_f = \rho_{f0}[1-\beta_T(\bar{T}-T_s)] \tag{5-5}$$

式中：$P(t,z)$ 为在 t 时刻 z 深度的地层压力，atm（$1atm\approx10^5Pa$）；g 为重力加速度，cm/s^2；h 为该层上覆地层的总厚度，m；$\bar{\rho}_f$ 为厚度 h 中孔隙流体的平均密度，g/cm^3；ρ_{f0} 为孔隙流体的地面密度，g/cm^3；β_T 为流体热膨胀系数，$℃^{-1}$；$\bar{T}$ 为该层上覆地层的平均温度，℃；T_s 为古地表温度，℃；$P_a(t,z)$ 为超压，atm。

2. 超压技术

研究表明，我国含油气沉积盆地的超压主要由欠压实和生烃作用形成（郝芳，2005），因此，本书在超压方程中重点讨论了这两种因素。

对于粗碎屑岩，式（5-4）中的古超压 $P_a(t,z)=0$。对于泥质岩类，常常出现超压，其值可以通过解下列超压方程求得（石广仁，1994，1999，2004）：

$$\frac{\partial P_a(t,z)}{\partial t} = G_\sigma\frac{\partial h}{\partial t} + \frac{G_\sigma}{C}\times\frac{1}{H_s}\times\frac{[1-\phi(t,z)]^2}{\phi_1}\times\frac{\partial H(t,z)}{\partial t} \tag{5-6}$$

$$G_\sigma = [\bar{\rho}_s(1-\bar{\phi}) + \rho_f\bar{\phi} - \rho_f]g \tag{5-7}$$

$$\rho_f = \rho_{f0}[1-\beta_T(T(t,z)-T_s)] \tag{5-8}$$

$$H_s = \int_{z_1}^{z_2}[1-\phi(t,z)]\mathrm{d}z \tag{5-9}$$

式中：G_σ 为骨架有效应力梯度，dyn/cm^3（$1dyn=10^{-5}N$）；$\bar{\rho}_s$ 为厚度 h 中骨架的平均密度，g/cm^3；$\bar{\phi}$ 为厚度 h 的平均孔隙度，小数；ρ_f 为孔隙流体密度，g/cm^3；$T(t,z)$ 为 t 时刻 z 深度的古地温，℃；H_s 为地层的骨架厚度，m；z_1、z_2 为地层的顶底埋深，m；ϕ_1 为该地层的顶界孔隙度，小数；C 为平均压缩系数，m^{-1}；$H(t,z)$ 为 t 时刻 z 深度的地层厚度，m。

在超压方程中，$\frac{\partial H(t,z)}{\partial t}$这一项为负值，反映了地层厚度的变化和流体从地层中排出的量，由达西定律可得如下超压地层的古厚度方程（郭秋麟等，1998；石广仁，1999，2004）：

$$\frac{\partial H(t,z)}{\partial t} = -\left[\frac{K_1}{\mu_1} + \frac{K_2}{\mu_2}\right] \times \frac{P_a(t,z)}{0.5H(t,z)} \tag{5-10}$$

式中：K_1、K_2 为地层顶、底的渗透率，D（达西）（$1\text{D} = 1\mu\text{m}^2$）；$\mu_1$、$\mu_2$ 为地层顶、底处的流体黏度，cP。

地下流体的渗透率（K）是孔隙度的函数，可用经验公式（郝石生等，1994）或 Kozeny－Carman 公式计算：

$$K = \begin{cases} \dfrac{0.2\phi_e^3}{9.87 \times 10^{-13} S_a^2 (1 - \phi_e)^2} & \phi_e \geqslant 0.1 \\ \dfrac{20\phi_e^5}{9.87 \times 10^{-13} S_a^2 (1 - \phi_e)^2} & \phi_e < 0.1 \end{cases} \tag{5-11}$$

式中：S_a 为骨架的颗粒比表面，m^2/m^3；ϕ_e 为有效孔隙度，小数。

温度对地下流体黏度的影响，可用下式校正：

$$\mu = (5.3 + 3.8AT - 0.26AT^3)^{-1} \tag{5-12}$$

$$AT = (T - 150)/100 \tag{5-13}$$

式中：T 为温度，℃；μ 为流体黏度，cP。

另外，泥岩中有机质在热演化过程中产生大量的烃类没有及时排出，亦会由于体积膨胀而引起超压。因此生烃引起的超压不能忽视。生成气态烃体积膨胀更大，可以忽略液态烃体积膨胀的影响。

总生烃量可用式（5－14）和式（5－15）表示（庞雄奇等，1993a）：

$$Q_p = \frac{1}{100} R_p (1.22C - A)\rho_r \tag{5-14}$$

式中：Q_p为 1m^3 岩石的生烃量，kg/m^3；R_p为有机母质的油气发生率，kg/t；C 为岩石中有机碳质量分数，%；A 为岩石中氯仿沥青抽提物质量分数，%；ρ_r 为岩石密度，g/cm^3。

$$Q_p = \rho_r C K_p \tag{5-15}$$

式中：Q_p为 1m^3 岩石的生烃量，kg/m^3；ρ_r 为岩石密度，g/cm^3；C 为岩石中有机碳质量分数，%；K_p为总液态烃产率，mg/g，详见生烃史模型。

残留液态烃临界饱和量可用下式表示：

$$Q_{rm} = \rho_0(\phi_n + \Delta\phi) S_{0m} \tag{5-16}$$

$$S_{0m} = f(C) \frac{1}{1 - B_k} e^{-\frac{\phi_n}{D}(R - R')^2} \tag{5-17}$$

$$f(C) = A_0 + A_1 C + A_2 C^2 \tag{5-18}$$

$$B_k = 0.81 - 0.65R + 0.18R^2 \tag{5-19}$$

式中：Q_{rm}为单位体积烃源岩残留液态烃临界饱和量，m^3/m^3；ϕ_n、$\Delta\phi$ 为烃源岩正常压实的孔隙度、欠压实时的剩余孔隙度，%；S_{0m}为烃源岩残留烃临界饱和量，kg/m^3；$f(C)$ 为烃源岩残留烃饱和量与有机母质丰度的相关因子；B_k为轻烃组分占液态烃组分的百分数，%；C、R 分别为烃源岩有机母质丰度、镜质组反射率，%；ρ_0为烃源岩残留液态烃密度，g/cm^3；D、

R'、A_0、A_1、A_2 为与研究区有关的常数。

吸附烃残留气态烃临界饱和量可用下式表示：

$$Q_{bg} = \sum \left[K_i \rho_r K(C) \frac{K(R)}{K_w} \frac{a_i b_i P}{1 + b_i P} e^{-n(T-20)} \right] \tag{5-20}$$

式中：

$$n = \frac{0.02}{0.993 + 0.0017P} \tag{5-21}$$

$$K(R) = 0.836 + 0.68R + 0.498R^2 \tag{5-22}$$

$$K(C) = A_0 + A_1 \times C \tag{5-23}$$

$$K_w = 1 + 0.445e^{1-P} \tag{5-24}$$

水溶残留气态烃临界饱和量可用下式表示：

$$Q_{wg} = \sum [q_{wi} \phi (1 - S_o)] \tag{5-25}$$

式中：Q_{wg}为水溶残留气态烃临界饱和量，m^3/m^3；q_{wi}为水中 i 组分烃的溶解量，m^3/m^3；S_o为岩石孔隙中液态残留烃饱和量，小数

油溶残留气态烃临界饱和量的计算公式为：

$$Q_{og} = q_{og} \phi S_o \tag{5-26}$$

式中：Q_{og}为单位体积岩石的油溶气态烃量；q_{og}为单位体积油中气态烃的溶解量。

天然气扩散量的计算可以表示为（李景坤等，1999）：

$$Q_{gf} = \frac{D(\varphi_0 - \varphi_2)}{h} t - \sum_{n=1}^{\infty} \frac{2h[\varphi_1 - \varphi_0 + (\varphi_2 - \varphi_1)(-1)^n]}{n^2 \pi^2} (1 - e^{-n^2\pi^2 Dt/h^2}) + \sum_{n=1}^{\infty} \frac{2Bh^3[1 - (-1)^n]}{n^4 \pi^4 D} (1 - e^{-n^2\pi^2 Dt/h^2}) - \sum_{n=1}^{\infty} \frac{2Bh[1 - (-1)^n]}{n^2 \pi^2} \tag{5-27}$$

式中：Q_{gf}为天然气通过盖层下界面的扩散量，m^3/m^2；D 为扩散系数，$10^{-6} m^2/s$；φ_0 为盖层底界天然气体积分数；φ_1 为天然气初始体积分数；φ_2 为盖层顶界天然气体积分数；h 为盖层厚度。

最终形成超压的气态烃量 Q_{pa}

$$Q_{pa} = Q_p - Q_{rm} - Q_{bg} - Q_{wg} - Q_{og} - Q_{gf} \tag{5-28}$$

最后可以根据理想气体的状态方程：

$$PV = nRT \tag{5-29}$$

计算气体体积膨胀引起的超压 $P_{a气}(t,z)$。泥岩中的总超压等于欠压实引起的超压与生烃引起的超压之和。

当泥岩中的超压超过地层压力的 0.85 倍时，岩石会产生破裂，其内大量孔隙流体排出，压力降低；当压力下降至静水压力的 1.2～1.3 倍时，孔隙流体压力释放作用停止。之后，随着埋深的增加，在压实和生烃等因素作用下，超压继续增大，直到下一次破裂（付广和苏玉平，2006）。

二、地热史模型

1. 古地温恢复模型

地热场方程有热传导方程和 Stallman 方程两种，由于地史时期地下水的流速不易取准，

因此一般采用热传导方程恢复古地温（孟元林等，1989，2012b；侯创业等，2004；林长松等，2016）：

$$T(t,z)=T_0(t)+\int_{z_0(t)}^{z}\frac{0.1[Q(t)+Q_a(t)]}{K(t,z)}dz \qquad (5-30)$$

$$K(t,z)=K_s^{1-\phi(t,z)}\times K_f^{\phi(t,z)} \qquad (5-31)$$

式中：$T_0(t)$ 为恒温带温度,℃；$z_0(t)$ 为恒温带深度，m；$Q(t)$ 为古大地热流，HFU；$Q_a(t)$ 为附加古大地热流，HFU；当有热流体活动时，$Q_a>0$，当有大气水注入时，$Q_a<0$；$K(t,z)$ 为 t 时刻 z 深度的古热导率，TCU；K_s、K_f 分别为岩石骨架热导率和流体热导率，TCU；$\phi(t,z)$ 为 t 时刻 z 深度的古孔隙度，小数。

在恢复埋藏史的基础上，再根据各地史时期构造运动的相对强弱，给古热流赋以初值，酌情考虑附加大地热流，结合古气候的研究成果，进一步确定 $T_0(t)$ 和 $Z_0(t)$，连同热导率一起代入地热场方程，即可求得每一层不同地质时期的古地温（孟元林和吕延防，1989）。

2. 镜质组反射率计算的化学动力学模型

Domine（1992）和姜峰（1998）的研究表明，有机质的热演化和成岩作用可用化学动力学方程的通式描述：

$$\frac{dx_i}{dt}=A\exp[-E/RT](x_0-x_i) \qquad (5-32)$$

式中：A 为频率因子；E 为活化能；R 为气体常数；T 为绝对温度；x 为反应物浓度；t 为时间。

但温度恒定时，压力升高，反应活化能升高，有机质的反应速率随压力的增加而呈对数减小，即压力升高抑制了有机质的成熟作用，实质是增加了反应的活化能（Hao et al.，1995）。因此，以前描述镜质组反射率、黏土矿物转化和石英自生加大的化学动力学方程都可以通过加入相应的压力因子加以校正。例如：在 EASY% R_o 模型中（Sweeny & Burham，1990）加入超压因子，即可用于超压条件下的镜质组反射率的计算（肖丽华等，2005）：

$$\frac{dW_i}{dt}=-W_iA\exp(-\lambda_R^{P_a}E_i/RT) \qquad (5-33)$$

式中：W_i 为第 i 组分的反应物浓度,%；A 为频率因子，s^{-1}；E_i 为第 i 组分的活化能，kcal/mol（1cal = 4.18J）；R 为气体常数，R = 1.987kcal/(mol · K)；T 为古地温，K；P_a 为超压，MPa；λ_R为超压校正系数，$\lambda_R>1.00$。

其转化因子 F 与镜质组反射率 R_o 有如下关系：

$$R_o=\exp(-1.6+3.7F) \qquad (5-34)$$

这里

$$F=\frac{W}{W_0}=\sum_{i=1}^{20}P_i\left(\frac{W_i}{W_{i0}}\right) \qquad (5-35)$$

式中：W_i 为第 i 组分的反应物浓度,%；A 为频率因子，s^{-1}；E_i 为第 i 组分的活化能，kcal/mol；R 为气体常数，R = 1.987kcal/(mol · K)；T 为古地温，K。

在 j 时刻第 i 组分的转化率$\frac{W_i}{W_{i0}}$，可用下式计算：

$$\frac{W_i}{W_{i0}}=1-\exp(-\Delta I_{ij}) \qquad (5-36)$$

这里

$$\Delta I_{ij} = (I_{ij} - I_{ij-1})/H_{ij} \tag{5-37}$$

$$I_{ij} = T_j A\exp(-U)\left(1 - \frac{U^2 + a_1U + a_2}{U^2 + b_1U + b_2}\right) \tag{5-38}$$

$$H_{ij} = \frac{(T_j - T_{j-1})}{(t_j - t_{j-1})} \tag{5-39}$$

$$U = E_i/RT_j \tag{5-40}$$

式中：T_j 为 j 时刻的温度，K；$a_1 = 2.334733$；$a_2 = 0.250621$；$b_1 = 3.330657$；$b_2 = 1.681534$。

由于 $\lambda_R > 1.00$，所以在静水压力条件下（$P_a = 0$），$\lambda_R^{P_a} = 1$，与 EASY% R_o 模型完全相同。在异常高压条件下，$P_a > 0$，$\lambda_R^{P_a} > 1$，反应活化能增加，反应速率降低，有机质热演化由此受到超压的抑制。

三、储层成岩演化史模型

成岩史模型主要包括地热场方程、镜质组反射率的计算、甾烷异构化反应的模拟、黏土矿物转化的化学动力学模型及石英次生加大的化学动力学模型五个部分（孟元林等，1989，1996a，2003，2005，2012a，2013；肖丽华等，2005；Perry & Hower，1970；A. S. Mckenzie & D. P. Mckenzie，1983；Sweeny & Burham，1990；Walderhaug，1996，2000）。该模型的功能是模拟古地温 T、镜质组反射率 R_o、黏土矿物 I/S 混层中蒙皂石层的含量 S、甾烷异构化率 SI（甾烷 $C_{29}S/R+S$）、自生石英含量 V_q等成岩指标在地史时期随时间的变化规律，计算成岩指数 I_D，然后由计算机自动划分成岩阶段、模拟成岩演化史（孟元林等，2003，2012b；Meng et al.，2001）：

$$I_D = \sum_{i=1}^{n} P_i \times Q_i/Q_i^{\max} \tag{5-41}$$

式中：I_D为成岩指数；n 为成岩指标的个数，$n=5$；Q_i为第 i 个成岩指标模拟计算的结果，如镜质组反射率、古地温等；$Q_i^{\max}$ 为第 i 个成岩指标在中成岩阶段 B 末期的最大值；古地温 T、镜质组反射率 R_o、黏土矿物 I/S 混层中蒙皂石层的含量 S、甾烷异构化率 SI、自生石英含量 V_q在中成岩阶段 B 期末的值分别为 175℃、2.0%、0.56、5%、12%；P_i为第 i 个成岩指标的权值，以上 5 个参数的权值分别为 0.2、0.6、0.1、0.05、0.05，其和为 1.0。

各成岩阶段的 I_D界限值，用下式计算：

$$L_k = \sum_{i=1}^{n} L_{Q_i}/\max Q_i \times P_i \tag{5-42}$$

式中：L_k为第 k 个成岩阶段的成岩指数界限值；n 为成岩参数的个数，$n=5$，分别为早成岩阶段 A 期、B 期、中成岩阶段 A_1 亚期、A_2 亚期、B 期；L_{Q_i}为第 i 个成岩指标的界限值，如 R_o 早成岩阶段 A 期、B 期，中成岩阶段 A_1、A_2 亚期、B 期 R_o 的界限值分别为 0.35%、0.5%、0.7%、1.3%、2.0%。

根据我国石油与天然气行业标准《碎屑岩成岩阶段划分》（SY/T 5477—2003）、陆相烃源岩评价方法中有关有机质热演化阶段的划分（黄飞和辛茂安，1996），根据所研究具体盆地的分析化验数据，进行成岩作用研究，即可制定出该盆地不同成岩阶段所对应的各成岩参数值，表 5－1 是延吉盆地不同成岩阶段所对应的成岩参数和生、储、盖层特征。

表 5-1　延吉盆地不同成岩阶段所对应的成岩参数和生、储、盖层特征

T/℃	R_o/%	SI	I/S 中 S 含量/%	V_q/%	I_D	成岩阶段		有机质热演化	孔隙演化	盖层封闭能力
						阶段	期			
65	0.35	0.2	>65	<1	0.24	早成岩	A	未成熟	原生孔为主	差-中
85	0.5	0.28	45	1~2	0.35		B	半成熟	原生孔及少量次生孔	中-好
100	0.7	0.4	35	2~3	0.45	中成岩	A_1	低成熟	次生-原生孔	
140	1.3	0.56	20	3~5	0.71		A_2	成熟		好-中 好
175	2.0	0.56	5	5~12	1.00		B	高成熟	次生孔-裂缝	中

由表 5-1 可见，当 $I_D=0.00$ 时，成岩作用刚刚开始；$I_D=1.00$ 时，对应于中成岩阶段 B 期的结束；当 $I_D>1.00$ 时，进入晚成岩阶段。

1. 黏土矿物转化的化学动力学模型

在成岩压实过程中，随埋深和地温的增加，黏土矿物中的蒙皂石不断析出层间水，从介质中吸取钾、铝等金属离子，致使晶体结构发生重排，形成伊利石/蒙皂石（I/S）混层，转化为伊利石，从而使得蒙皂石层在 I/S 混层中所占的比例 S 越来越小。蒙皂石向伊利石的转化主要受温度、时间、压力、沉积环境以及蒙皂石的原始组成特征等因素的影响（Huang，1993；孟元林等，1996a）。孟元林（2004）和 Colten-Bradley（1987）的成岩物理模拟实验均表明，超压对黏土矿物的转化有抑制作用。超压背景下的黏土矿物转化可用下列方程描述（孟元林等，2006）：

$$-\frac{dS}{dt}=A\exp[-(E+E_{P_a})/RT][C]S^2 \tag{5-43}$$

$$E_{P_a}=R\cdot\ln(1+\lambda\cdot P_a) \tag{5-44}$$

式中：S 为伊/蒙混层中蒙皂石的摩尔分数；$[C]$ 为钾离子摩尔浓度，mol/L；A 为频率因子，$8.08\times10^4 s^{-1} mol^{-1}$；$E$ 为活化能，28kcal/mol；R 为理想气体常数，1.987cal/(mol·K)；$T(t,z)$ 为 t 时刻 z 深度的古地温，K；P_a 为超压，MPa；λ 为超压校正系数，$\lambda>1.00$。

在恢复埋藏史和地热史的基础上，用龙格-库塔法或积分法解上述常微分方程，即可求得各层在不同地质时期 I/S 混层中蒙皂石的含量。

2. 甾烷异构化反应的化学动力学模型

这一模型是由 Mackenzie（1983）等人最早提出的，他们认为在埋藏成岩的过程中，随深度和温度的增加，$\alpha\alpha\alpha$-20RC_{29}甾烷在 C_{20}发生异构化反应，由 R 构型（右旋）转化为 S 构型（左旋），同时也有逆反应发生，这些反应服从化学动力学的一级反应。用下列方程组描述：

$$\frac{dA}{dt}=K_1B-K_2A \tag{5-45}$$

$$\frac{dB}{dt}=K_2A-K_1B \tag{5-46}$$

$$K_1=A_1\exp[-E_1/RT(t,z)] \tag{5-47}$$

$$K_2=A_2\exp[-E_2/RT(t,z)] \tag{5-48}$$

式中：A、B 为 R 构型和 S 构型异构体的浓度；K_1、K_2 为异构化逆反应和异构化反应速度常数，s^{-1}；A_1、A_2 为正、逆反应的指前因子，$A_2 = 9.2 \times 10^{-3} s^{-1}$，$A_1 = 6.58 \times 10^{-3} s^{-1}$；$E_2$、$E_1$ 为正、逆反应的活化能，$E_2 = 91.17 kJ/mol$，$E_1 = 91 kJ/mol$；$T(t, z)$ 为古地温，K。

用龙格－库塔法或积分法解上述方程组，即可求得各层在不同地质时期的甾烷异构化指数（SI）：

$$SI = \frac{B}{B + A} \tag{5-49}$$

3. 自生石英形成的化学动力学模型

（1）静水压力条件下的化学动力学模型

研究表明（Walderhaug，1996，2000），自生石英随着埋深和地温的增加而逐渐形成，自生石英的形成除了受时温的影响之外，还与石英颗粒的粒径、含量、黏土包壳有关。

在恒定温度下，t 时间内沉淀在表面积为 Q_A 的石英颗粒上的自生石英体积 V_q 可用下式计算：

$$V_q = MRQ_A t/\rho \tag{5-50}$$

$$r = a10^{bT(t,z)} \tag{5-51}$$

式中：M 为石英的摩尔质量，60.09g/mol；r 为石英沉淀速率，$mol/(cm^2 \cdot s)$；ρ 为石英的密度，$2.65g/cm^3$；Q_A 为石英颗粒表面积，cm^2；$T(t, z)$ 为温度，℃；a 为常数，一般取 $a = 1.98 \times 10^{-22} mol/cm^2$；$b$ 为常数，一般取 $b = 0.022/℃$；t 为时间。

t_0 到 t_m 时间内沉淀在单位体积石英颗粒表面的自生石英体积 V_q 可用下式计算：

$$V_q = \int_{t_0}^{t_m} V_q dt = \int_{t_0}^{t_m} \frac{aM}{\rho} Q_A \cdot 10^{bT(t,z)} dt \tag{5-52}$$

当 V_q 体积的石英胶结物沉淀在石英颗粒表面后，石英颗粒的表面积 Q_A 可由下式得到：

$$Q_A = Q_{A_0}(\phi_0 - V_q)/\phi_0 \tag{5-53}$$

式中：ϕ_0 为石英胶结作用开始时的孔隙度。

Q_{A_0} 为自生石英开始形成时，石英颗粒原始表面积，可用下式计算：

$$Q_{A_0} = 6fV/D \tag{5-54}$$

式中：D 为石英颗粒粒径；f 为石英含量，小数；V 为单位体积。

当考虑黏土包壳对石英胶结作用的影响时，式（5－53）变为：

$$Q_A = (1 - C)Q_{A_0}(\phi_0 - V_q)/\phi_0 \tag{5-55}$$

式中：C 为黏土包壳系数。

（2）超压背景下的化学动力学模型

由于超压抑制有机酸的生成，必然导致长石溶蚀作用的滞后，Si^{4+}、Na^+、K^+、Ca^{2+} 和 Al^{3+} 的减少；同时超压带抑制黏土矿物的脱水，也引起 Si^{4+} 的排放量减小。而由于超压可以减轻石英颗粒之间的压力，使压溶作用减弱，从而使石英次生加大所需的 Si^{4+} 减少。正是由于超压引起的一系列化学反应使流体中的 Si^{4+} 减小，从而抑制了硅质增生（孟元林等，2013）。

基于以上讨论，孟元林等（2013）考虑超压对自生石英形成的抑制作用，在传统化学动力学模型的基础上，将 Walderhaug（1996，2000）的时－温双控模型加以改进，建立了适合超压背景下自生石英形成的时－温－压多控化学动力学模型：

$$r_{P_a}=a\cdot(1-\omega\ln k)10^{bT(t,z)} \tag{5-56}$$

$$V_q=Mr_{P_a}Q_A t/\rho \tag{5-57}$$

$$V_q=\int_{t_0}^{t_m}\frac{a\cdot(1-\omega\ln k)\cdot M}{\rho}Q_A\cdot 10^{bT(t,z)}\mathrm{d}t \tag{5-58}$$

式中：r_{P_a}为超压背景下石英沉淀速率，mol/(cm^2·s)；ω 为超压抑制因子，$\omega \geqslant 0$；k 为压力系数。其他参数同上。

由式（5－56）～式（5－58）可见，在正常压实条件下，地层压力属于静水压力系统，$k=1$，$\ln k=0$，此时，$r_{P_a}=r$，我们的模型与 Walderhaug（1996）的经典模型完全相同。在超压背景下，即 $k>1$ 时，$1-\omega\ln k<1$，$r_{P_a}<r$，石英沉淀速率 r_{P_a}降低，由此实现了超压对石英胶结的抑制。

（3）异常低压背景下的化学动力学模型

研究表明，异常低压促进自生石英的形成和硅质胶结作用（孟元林等，2015），如果考虑异常低压对自生石英形成的促进作用，可用下式计算异常压力背景下自生石英形成的速率：

$$r_P=a(1-\beta\ln k)10^{bT(x,y,z,t)} \tag{5-59}$$

式中：r_P为异常低压背景下自生石英的沉淀速率，mol/(cm^2·s)；β 为超压抑制因子，$\beta \geqslant 0$；k 为压力系数。

由式（5－59）可见，在异常低压背景下，即压力系数 $k<1$ 时，$1-\beta\ln k>1$，$r_P>r$，石英沉淀速率加快，由此表征了异常低压对石英胶结的促进作用。

在时间 t，形成自生石英的体积为：

$$V=Mr_PQ_A t/\rho \tag{5-60}$$

式中：V 为超压背景下 t 时刻的自生石英体积，cm^3；M 为石英矿物的摩尔质量，60.09g/mol；Q_A为石英碎屑颗粒的表面积，cm^2；ρ 为石英矿物的密度，2.65g/cm^3。

在 $t_0 \sim t_m$时间内，异常低压背景下自生石英形成的体积为：

$$V_q=\int_{t_0}^{t_m}\frac{a(1-\beta\ln k)M}{\rho}Q_A 10^{bT(x,y,z,t)}\mathrm{d}t \tag{5-61}$$

式中：V_q为超压背景下 $t_0 \sim t_m$时间内自生石英体积，cm^3。

四、生烃史模型

生烃史是指生烃量（单位烃源岩中烃含量，用 kg/t 表示）或生烃率（单位有机碳中的烃含量，用 mg/g 表示）随时间的变化规律，它是成藏动力学和油气资源评价的基础。生烃史恢复的常用方法有化学动力学模型（Tissort et al.，1978；肖丽华和孟元林，1995）、烃产率曲线法和物质平衡法（庞雄奇等，1993a）。本书主要采用了烃产率曲线法，应用盆地模拟技术恢复各井在不同地质历史时期的 R_o，根据各井暗色泥岩的生烃率曲线（图 5－1，图 5－2），恢复各井在不同地质历史时期的生烃量。

五、盖层排替压力史恢复模型

目前评价盖层封闭能力的参数主要有排替压力、孔隙度、渗透率、孔径、突破压力等，但排替压力是众多参数中最直接、最根本的参数。

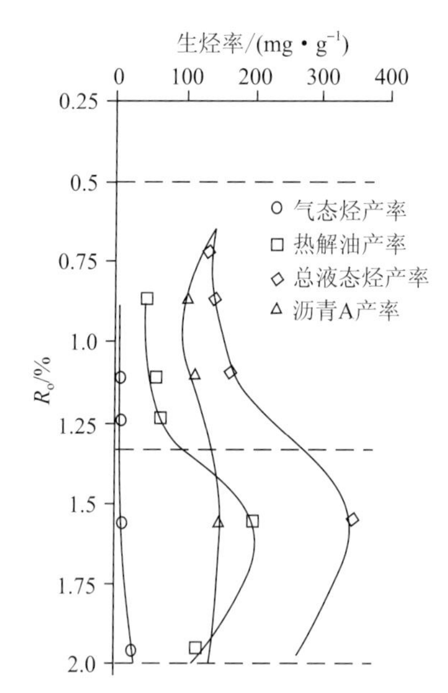

图5-1 延吉盆地延参2井暗色泥岩热压模拟曲线

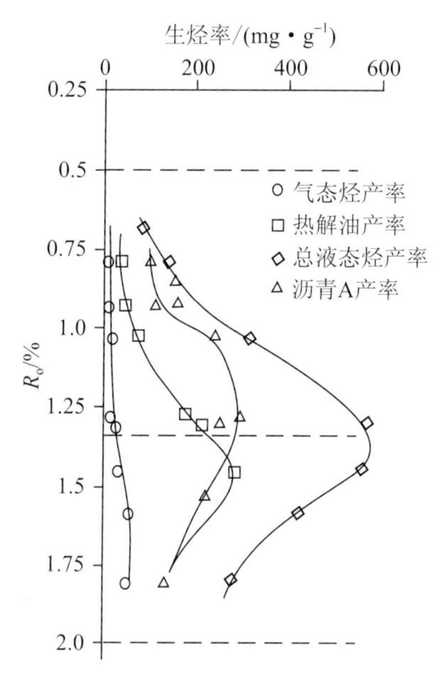

图5-2 延吉盆地延4井暗色泥岩热压模拟曲线

由于松辽盆地外围中小盆地群的泥岩盖层分析化验资料较少，但镜质组反射率资料较多，所以本书采用泥岩盖层排替压力与镜质组反射率之间的相关模型（见式4-2，式4-3），在恢复地热史、计算地史时期 $R_o(t)$ 的基础上，计算出盖层在地史时期任意时刻的排替压力 $P_d(t)$。

六、排烃史模型

松辽盆地以北及以东外围盆地群油气运移分为初次运移和二次运移。初次运移也叫排烃。确定排烃时间的常见方法有流体包裹体显微测温、自生伊利石测年等，但研究区内大部分盆地的勘探程度较低，仅在少数盆地中发现了工业油流和低产油流，以上方法的应用受到限制。本书试图在用有机地球化学方法确定排烃门限的基础上，应用盆地模拟技术确定各盆地在地史时期的排烃时间和排烃期。

1. 排烃门限基本原理

排烃门限理论认为，烃源岩中生成的烃量只有满足了自身吸附、孔隙水溶、孔隙油溶和毛细管封闭等多种残留形式的需要后，才能从源岩中排出，成为实际的烃源岩（庞雄奇，1995）。近年来，石油地质的最新研究成果表明，烃源岩生成的油气只有达到并超过某一临界饱和量（度）后才能开始大量排出。Dickey & Parke（1975）研究了这一临界饱和量后得出的临界值为1%～10%；陈发景等研究了江汉、大港、泌阳等凹陷烃源岩的排烃条件后得出的临界值为1%；孟元林和肖丽华（1992）应用泥岩的压汞资料，求得泥岩的临界排烃饱和度为1%左右。

对含有同样类型有机质的烃源岩来说，不论其成熟度如何，也不论源岩中的有机母质是以何种方式、何种机理成烃（可溶有机质早期生物降解或干酪根晚期热降解），在源岩中生成的烃类满足自身的各种残留需要之前，基本没有排烃，它的生烃势指数（$(S_1+S_2)/TOC$）应该基本保持不变。因此，对同一源岩层的同一有机相，若由分析所得的（$(S_1+S_2)/TOC$）对成熟度（或埋深）作图，如果该参数随埋深减小，最可能的原因只能是排烃作用。开始

减小的点对应着排烃门限，减小的幅度即定量指示了排烃量的大小（图5-3）：

$$Q_e = Q_p - HCI \quad (5-62)$$

式中：Q_e为排烃量，mg/g；Q_p为烃源岩最大生烃势指数，mg/g；HCI 为生烃势指数，HCI 用(S_1+S_2)/TOC 表示，mg/g。

事实上，(S_1+S_2)/TOC－埋深关系图上，多数地质剖面上都会在排烃（或生烃）门限之前出现早期随埋深增大，生烃势指数不降反升的变化趋势，这与两方面的原因有关：①有机质演化的早期，CO_2等非烃产物从干酪根中优先脱去，使生烃势指数增高；②对同一烃源岩，埋藏较浅的源岩往往位于生烃凹陷的边缘，有机质的性能要差一些，因此生烃势指数稍低（卢双舫和张敏，2011）。

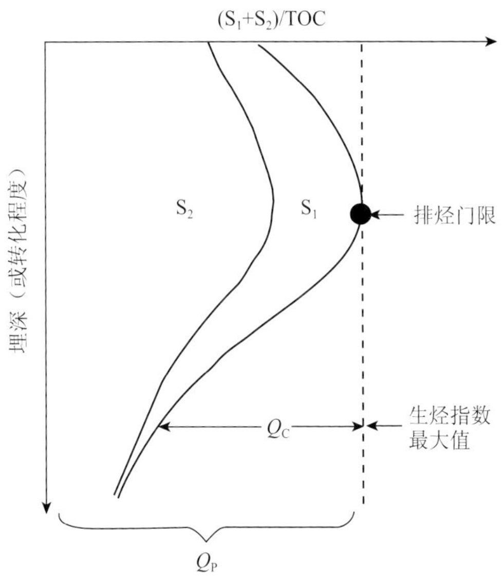

图5-3　排烃门限的确定原理模型
（庞雄奇，2003）

2. 排烃门限和排烃时间的确定

根据上述排烃门限理论，应用生烃势指数(S_1+S_2)/TOC与深度的关系图，即可计算出排烃时间。例如：延吉盆地的排烃门限深度为1010m，对应的排烃门限R_o值为0.60%（图5-4）。在延吉盆地延参1井有机质热演化史图上，烃源岩排烃门限$R_o=0.60\%$对应的排烃时间为102.6Ma（图5-5），属于早白垩世早期的大砬子组沉积期（K_1d^3）。

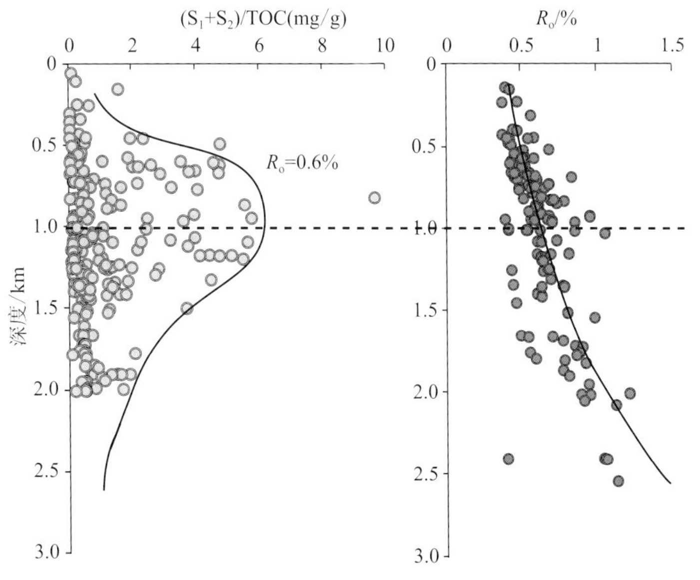

图5-4　延吉盆地排烃门限深度、门限R_o

3. 排烃史的恢复

根据图5-3中排烃量Q_e相同深度所对应的R_o，即可得出地史时期排烃量与R_o的关系曲线（图5-6）。这样，在地热史恢复的基础上，即可根据地史时期的R_o，计算出对应的排烃量。

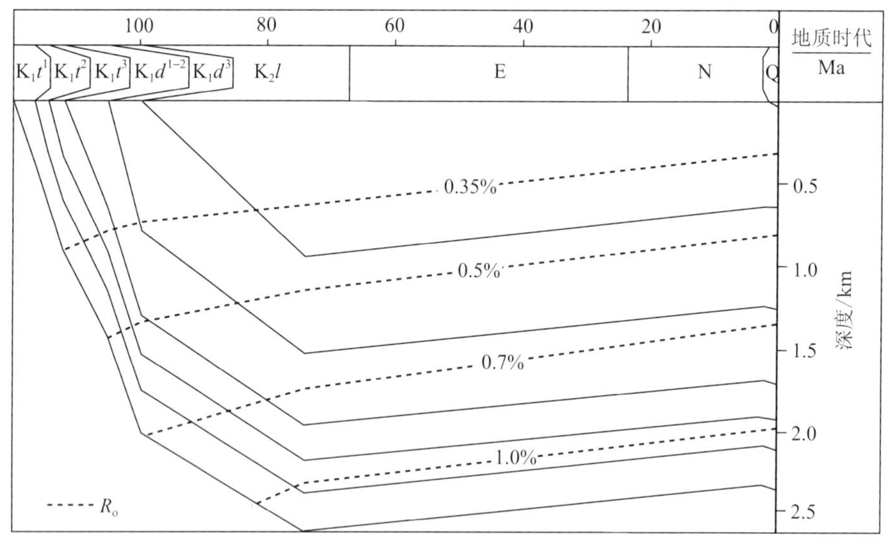

图5-5　延吉盆地延参1井有机质热演化史

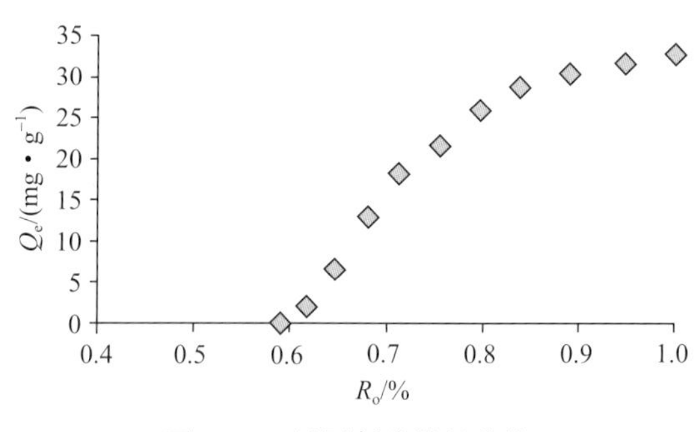

图5-6　汤原断陷排烃曲线

第二节　典型含油气盆地解剖与成藏动力学分析

研究区内，发现了工业油气流的新生代盆地（或断陷）有依舒地堑的汤原断陷、方正断陷、岔路河断陷、鹿乡断陷、莫里青断陷和虎林盆地七虎林坳陷，发现了工业油气流的中生代盆地有延吉盆地以及鸡西盆地。本书将选取延吉盆地和汤原断陷这两个中新生代盆地，进行解剖，研究其成藏动力学过程与成藏史，确定成藏主控因素，建立成藏模式，进一步探讨油气聚集规律，以指导研究区内其他中小盆地的勘探。

一、延吉盆地

1. 地质背景

延吉盆地位于我国东北地区吉林省延边朝鲜族自治州境内，地理坐标为东经129°14′~129°46′，北纬42°32′~43°04′之间，盆地东西宽约50km，南北长约55km，总面积约1670km^2。盆地属于较大的中生代断陷盆地。

（1）*地层层序*

延吉盆地的基底为石炭－二叠系褶皱变质岩或海西晚期花岗岩，基底埋深最大可达

3400m。自下而上盆地依次充填下白垩统屯田营组（K_1tn）、长财组（K_1c）、头道组（K_1td）、铜佛寺组（K_1t）、大砬子组（K_1d），上白垩统龙井组（K_2l）、古近系始新－渐新统的珲春组（$E_{2-3}h$）及覆于其上的新近系玄武岩和第四系（图5－7）。主要勘探目的层是下白垩统铜佛寺组。本组是该盆地烃源岩和储层发育的主要层段，按岩性可分成三段，铜佛寺一段（简称铜一段K_1t^1）为灰－灰黄色砂砾岩或砾岩、黑色泥页岩、灰绿色泥质粉砂岩和砂岩；铜佛寺二段（简称铜二段K_1t^2）为黑色泥岩与灰色细、粉砂岩不等厚互层；铜佛寺三段（简称铜三段K_1t^3）为黑色泥岩、灰色细砂岩、少量杂色砂砾岩。

烃源岩主要发育在铜佛寺组以及大砬子组，是一套半深湖－深湖相沉积的暗色泥岩（图5－7）。储集层为铜佛寺组和大砬子组的砂岩、砾岩和砂砾岩，其沉积相为扇三角洲平原相、扇三角洲前缘相、滨浅湖相和近岸水下扇相。盖层主要为铜佛寺组和大砬子组的泥页岩。目前，已发现的工业油气流主要集中于铜佛寺组。

（2）构造特征

1）构造单元划分：延吉盆地具有下断上坳的双层结构，早白垩世早期为盆地的裂陷演化阶段，早白垩世后期为盆地的坳陷期。依据①基底的岩性、断裂、结构、时代和起伏特点，②岩浆活动的时期、性质、规模、次数，③区域地质发育史，④区域地层层序、厚度、分布及变化规律，⑤盖层构造的形态、发育特点、形成时间、分布规律及构造成因类型，张吉光等（2014）将延吉盆地划分为4个二级构造单元、7个亚二级构造单元（图5－8）。4个二级构造单元分别为细鳞河断坡、朝阳川凹陷、龙井凸起、清茶馆－德新凹陷，其中清茶馆－德新凹陷可进一步分为清茶馆次凹、德新次凹和开山屯次凹。

2）构造发育史：本书应用我们具有自主知识产权的盆地模拟系统和成岩作用数值模拟系统（孟元林等，2003，2005，2012b；Meng，1997a，1997b，2001），模拟了各典型盆地的埋藏史、构造发育史、地热史以及生烃史。延吉盆地的构造发育史如下（图5－9）：

①初始断陷阶段（K_1tn-K_1c）：受燕山运动的影响，在赤峰－开源断裂和鸭绿江－东宁断裂及其次级断裂的作用下，该盆地开始裂陷沉积了白垩系的屯田营组火山碎屑岩和长财组含煤地层。

②断陷阶段（K_1td-K_1t）：受区域东西向拉张作用的影响，断裂区差异性升降剧烈，朝阳川凹陷大规模下降，沉积范围扩大，从而表现出塌陷的性质并形成了半深湖相沉积。东部地区，在总体下降的背景下，规模小一些，以滨浅湖相沉积为主，所以此时形成了两个沉积中心。在铜佛寺组沉积末期，构造已具雏形。

③断坳过渡阶段（K_1d）：在大砬子组沉积时期，延吉盆地总体下沉，龙井凸起此时也表现为水下隆起，其上沉积大砬子组地层，从而使东西部水体连为一体，进入了湖盆沉积的极盛时期，但相对而言东部水体较深较广，有半深湖相发育，西部地区水体相对浅，半深湖相不发育，此时盆地仍受东西向拉张力的作用。

④坳陷阶段（K_2l^{1-2}）：大砬子组沉积后，与全球气候相一致转为干燥炎热阶段，此期拉张应力减弱，断裂活动趋于停止，在延盆地沉积了龙井组氧化条件下的杂色、紫红色泥岩、砂砾岩为主的一套地层。

⑤萎缩上升阶段（K_2l^3-Q）：燕山运动后期，在龙井组沉积晚期，盆地进一步整体上升，再一次发生断块活动，结束了白垩系沉积史，构造圈闭基本定型。盆地北部由于断裂活动剧烈，抬起幅度更高遭受了明显的剥蚀。据延D5井资料推测，西北地区剥蚀量在500m左右，个别地区龙井组剥蚀殆尽，而在东部清茶馆局部地区尚有古近系沉积。

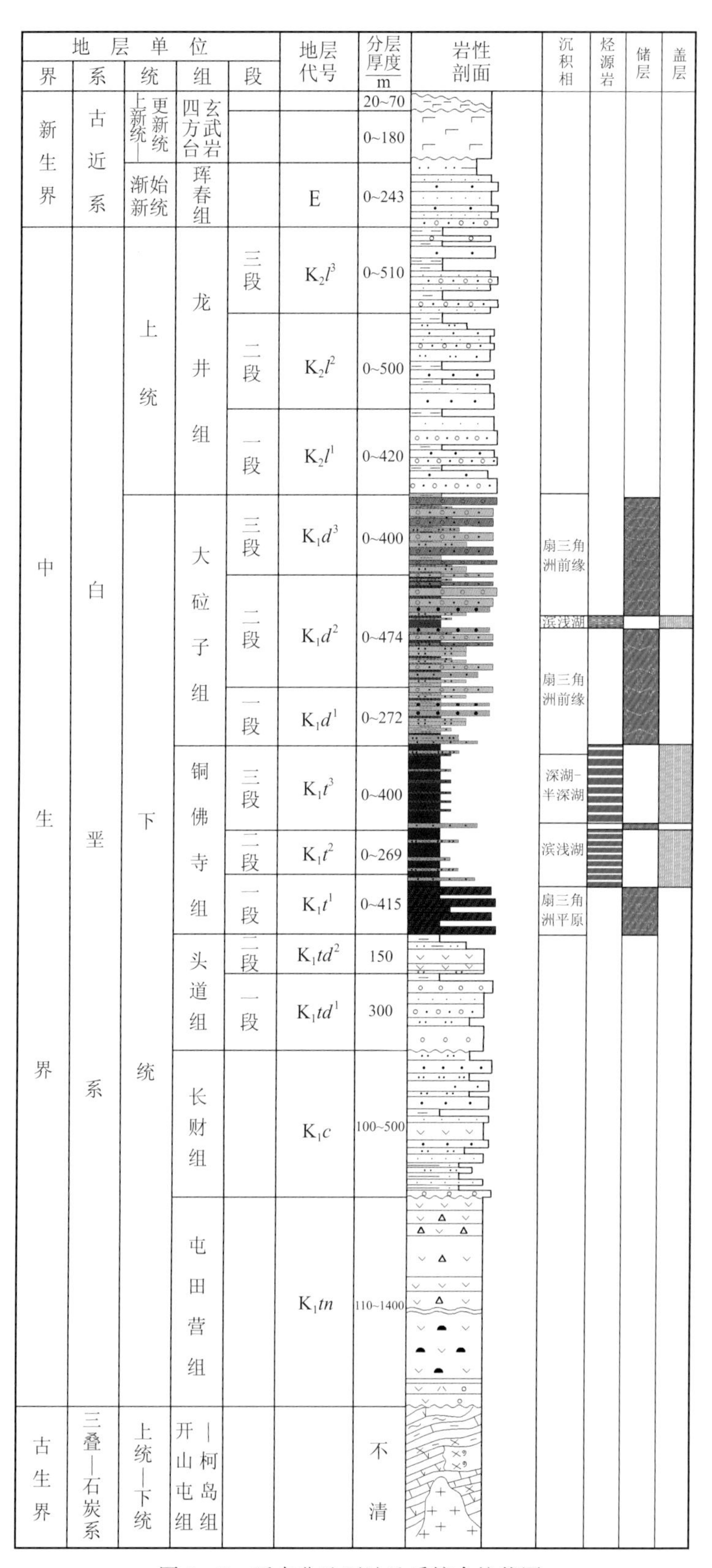

图5-7　延吉盆地石油地质综合柱状图

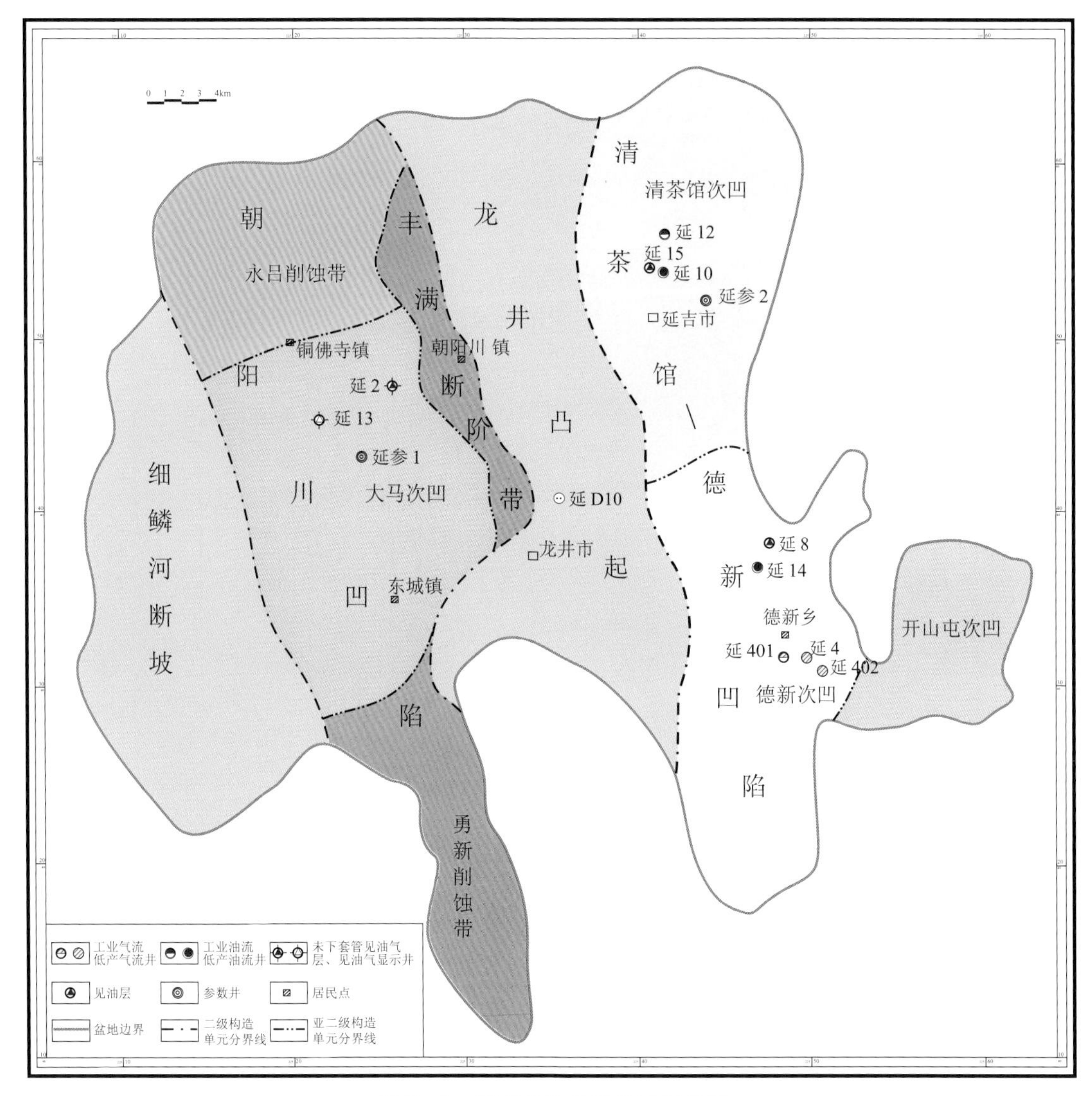

图5－8　延吉盆地构造单元划分图

（据张吉光，2014）

延吉盆地油气保存条件主要受龙井组末期构造运动的影响，这期构造运动使研究区南北两侧背斜部位的地层遭受抬升剥蚀，剥蚀严重地区铜佛寺组地层被剥蚀殆尽。而中间向斜部位地层则保存较好，相对来说，这一位置的油气保存条件较好。由上可见，延吉盆地是一个叠合盆地，发育上、下白垩统和古近系地层，但遭到后期的破坏，整体上属于叠合残留型盆地。因此，分析延吉盆地的油气聚集规律，可以为研究区其他叠合残留型盆地的油气勘探提供借鉴，至少可以起到抛砖引玉的作用。

（3）沉积特征

延吉盆地的沉积充填过程经历了头道组沉积时期的局部断陷发育阶段、铜佛寺组沉积时期的大面积大量沉降断陷阶段和大砬子组沉积时期的逐步充填夷平阶段。坡折带对沉积相带的展布具有明显的控制作用。

头道组沉积时期，处于裂陷初始发育阶段，区域性伸展断裂刚刚开始活动，形成了清茶

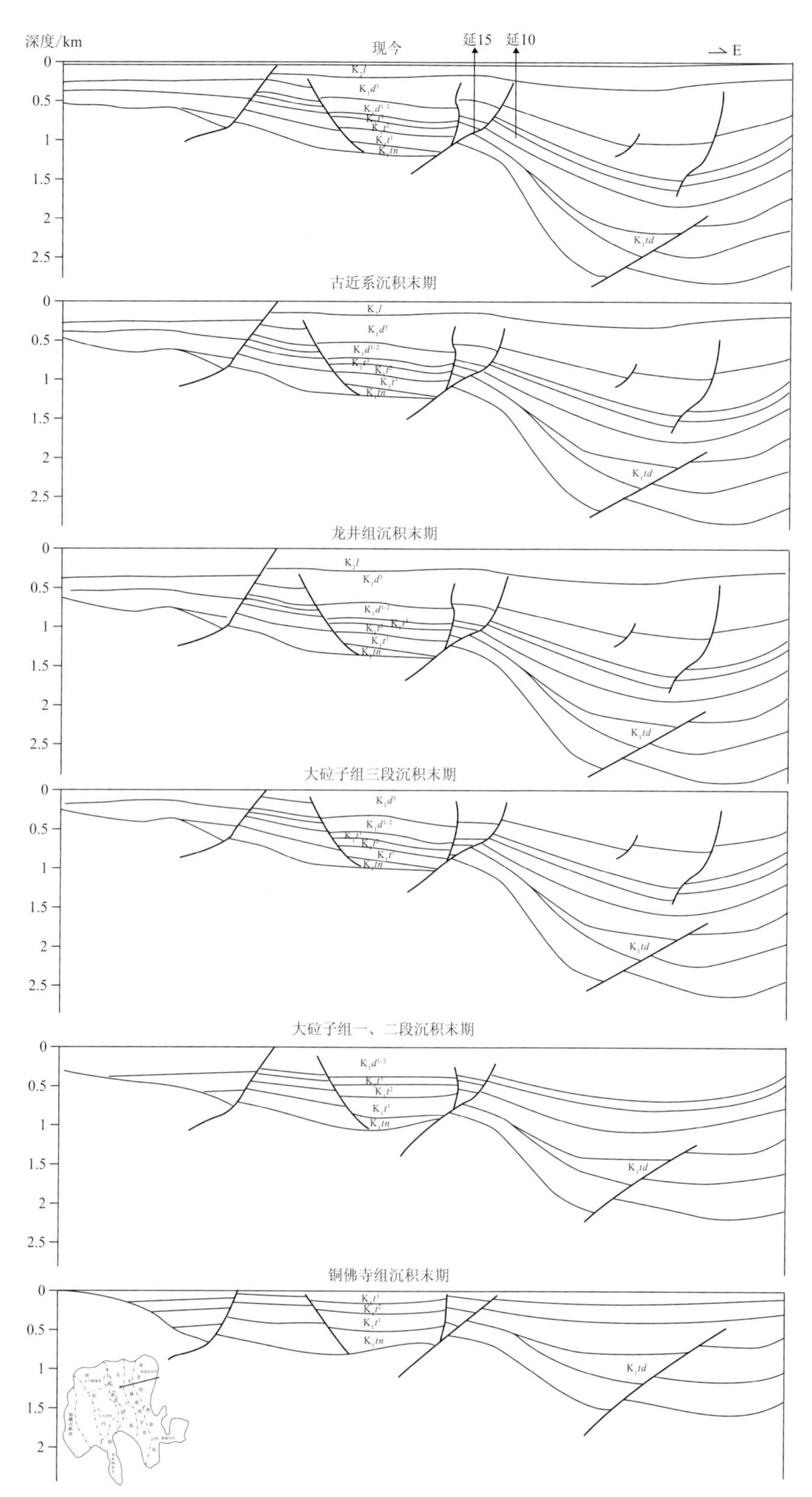

图 5－9　延吉盆地清茶馆次凹构造发育史

馆－德新凹陷和朝阳川凹陷的雏形。朝阳川凹陷近南北走向的派生断裂使朝阳川凹陷的结构复杂化，在东深西浅的背景下形成了几个次级沉降带。古地貌高差较小，盆地发育规模很小，这一时期湖平面很低，基本上处于低位域沉积阶段。头道组沉积时期，断裂活动刚刚开始，来自西侧的物源向东延伸范围有限，在靠近断裂附近，盆地基本上属于欠补偿沉积区域，所以沉积厚度变薄。在清茶馆－德新凹陷，由于东侧物源的供给，沉降中心也成为了沉积中心。

铜佛寺组沉积时期，为断陷湖盆发育鼎盛阶段，区域性伸展断裂活动剧烈，湖盆范围急剧扩展，古地貌反差拉大，地层厚度变化相对较快。随着次级断裂的派生，清茶馆－德新凹陷的次级沉降带的形成。近岸水下扇和扇三角洲体系广泛发育，河湖相充填物快速沉积，形成了延吉盆地的主要生油层和主力储集层。这一时期，水体加大，朝阳川凹陷由西侧物源补给发育了大规模的扇三角洲沉积，向凹陷中心逐渐过渡发育了滨浅湖、半深湖－深湖沉积（图5－10）。在清茶馆－德新凹陷，沉积相类型相对较多，既有龙井凸起提供物源发育的扇三角洲沉积，还有东侧延断层根部发育的近岸水下扇。地层厚度由西向东增大，边界大断裂

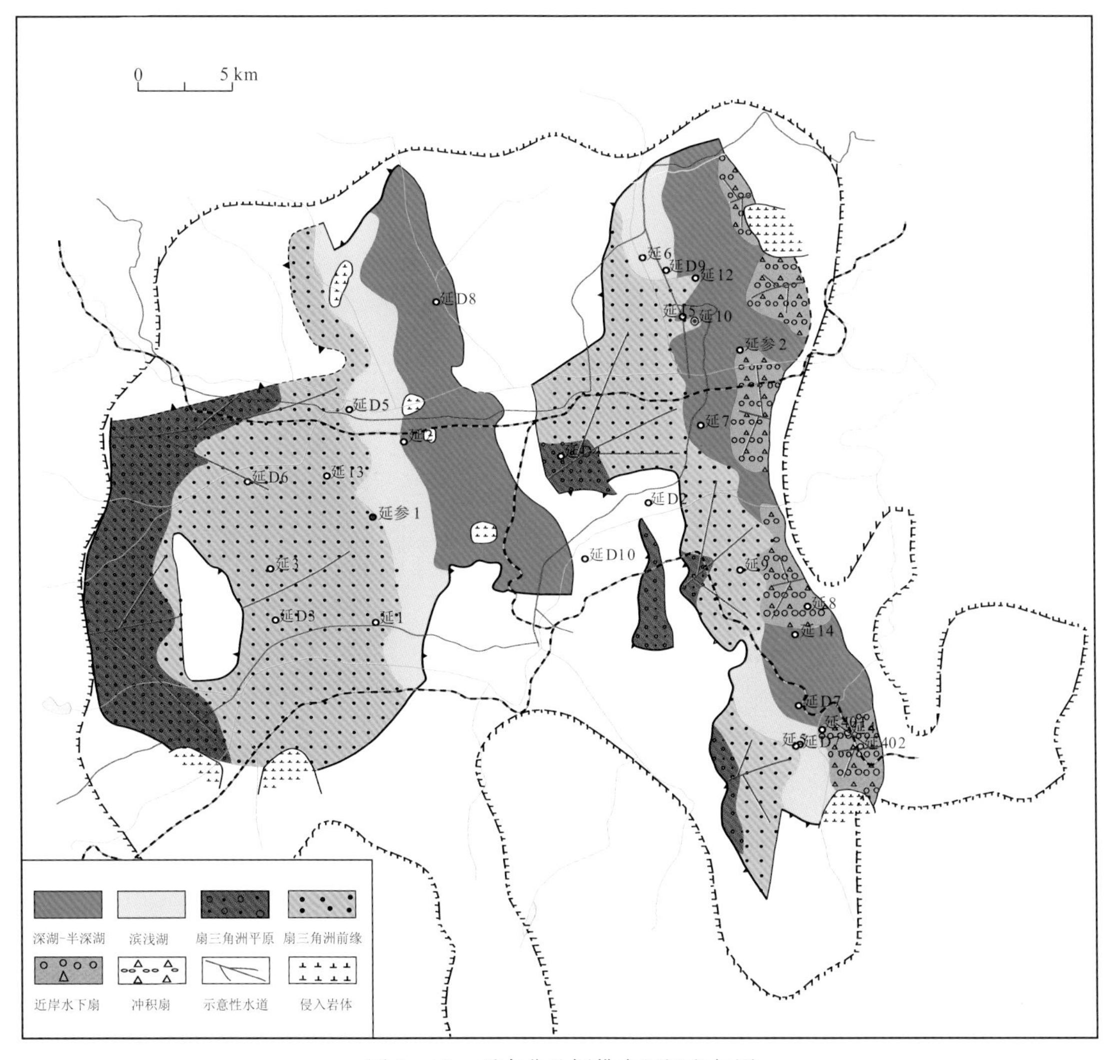

图5－10 延吉盆地铜佛寺组沉积相图
（据大庆勘探事业部修改，2013）

控制了沉降中心，也控制了沉积中心。

大砬子组沉积时期，控凹断裂活动逐渐减弱，古地貌反差变小，水体逐渐变浅，水动力能量也相对减弱，为高位体系域沉积阶段。在朝阳川凹陷，西侧物源发育的扇三角洲沉积体系继续向前推进，发育范围增大，到大砬子组下段沉积时期，断裂活动减弱，再加上物源供给充足，基本无半深湖－深湖沉积。在清茶馆－德新凹陷，由于断裂活动明显减弱，东侧物源发育的近岸水下扇扇根迹象明显减少，只在个别地方小范围发育。到大砬子组上段沉积时期，同沉积断裂的沉降进一步减弱，箕状断陷逐渐被填平补齐。断裂活动减弱，坡度变缓，物源供给充足而形成的近岸水下扇范围增加，大砬子组上段沉积时期，清茶馆－德新凹陷半深湖－深湖相沉积范围很小，地层厚度从西向东逐渐增厚。

1. 油气地质特征

（1）烃源岩评价

1）烃源岩厚度分布：延吉盆地主要发育铜佛寺组和大砬子组两套烃源岩（王世辉等，1995；冯子辉等，1998；冯昌寿，2002；许岩等，2004）。铜佛寺组和大砬子组泥岩厚度相近，清茶馆次凹可达1000m以上，朝阳川凹陷和德新次凹可达600～800m（图5－11）。

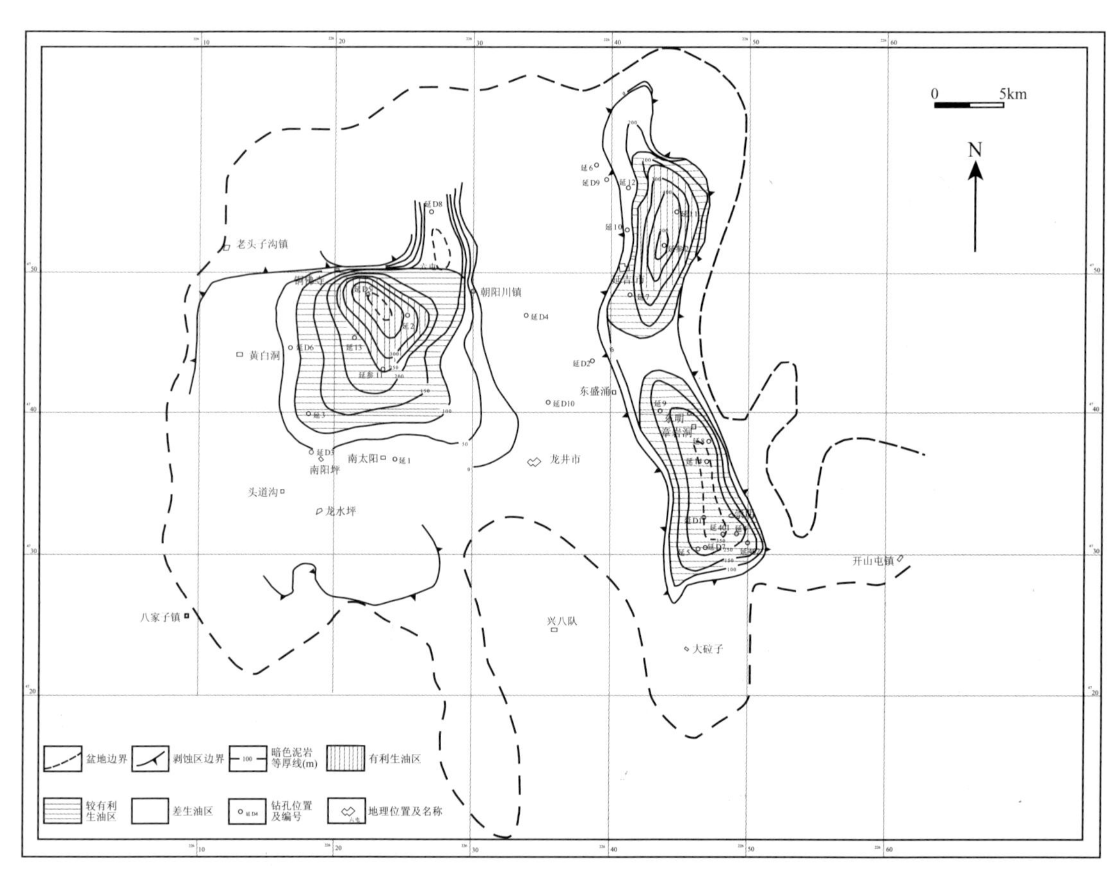

图5－11　延吉盆地同佛寺组烃源岩等厚图

（据大庆勘探事业部修改，2013）

2）有机质丰度：延吉盆地三个凹陷烃源岩丰度的各项指标均表现为铜佛寺组优于大砬子组（表5－2，图5－12）。

表 5-2 延吉盆地烃源岩有机质丰度统计表

层位	TOC/%	S_1+S_2/(mg·g^{-1})	HC/10^{-6}	氯仿沥青"A"/%
大砬子组	0.158~5.089 0.767 (154)	0~20.78 0.66 (152)	302	0.0004~0.8907 0.04 (65)
铜佛寺组	0.144~5.946 1.885 (191)	0.01~357.58 6.25 (221)	70~1414 579 (18)	0.0017~1.5818 0.136 (236)

铜佛寺组烃源岩发育较好，有机质丰度高，191 块样品 TOC 的平均值为 1.885%，221 块样品 S_1+S_2 的平均值为 6.25mg/g，236 块样品氯仿沥青"A"平均为 0.136%，18 块样品 HC 平均值为 579×10^{-6}，整体上达到了"好-最好"烃源岩的有机质丰度水平（图 5-12）。

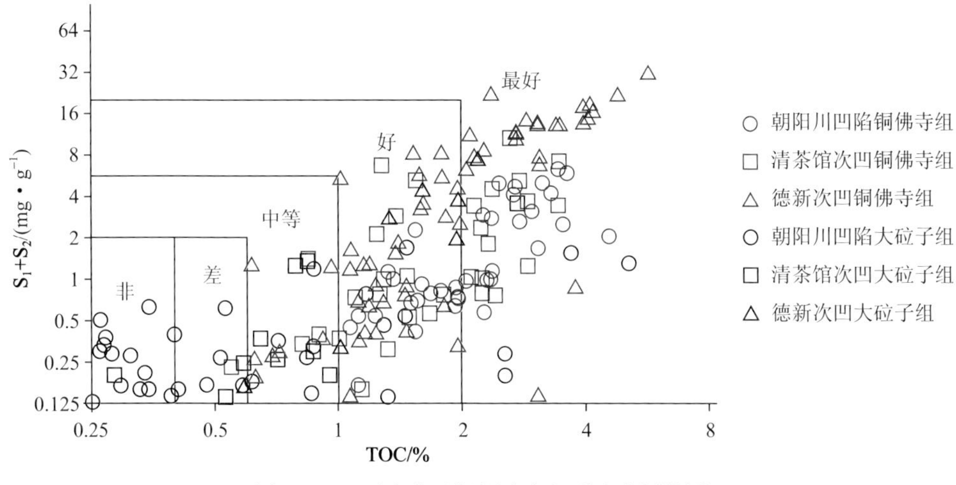

图 5-12 延吉盆地烃源岩有机质丰度评价图

大砬子组有机质丰度较铜佛寺组明显降低，TOC 平均为 0.767%，S_1+S_2 平均为 0.66mg/g，氯仿沥青"A"为 0.04%，整体上表现为"差-中等"有机质丰度的烃源岩。

3）有机质类型：延吉盆地烃源岩的有机质类型以混合型为主（图 5-13）。有机质类型受沉积相的控制，半深湖-深湖和近岸水下扇沉积水体较深，水生生物较多，还原性较强，烃源岩主要发育 $Ⅱ_1$ 型和 $Ⅱ_2$ 型干酪根；扇三角洲前缘沉积环境的水体相对较浅，陆源有机质含量较高，还原性较差，主要发育Ⅲ型干酪根（图 5-14）。

铜佛寺组有机质类型 $Ⅱ_1$ 型、$Ⅱ_2$ 型和Ⅲ型均有（图 5-13）。德新次凹以 $Ⅱ_1$-$Ⅱ_2$ 型有机质为主，部分为Ⅲ型。清茶馆次凹和朝阳川凹陷有机质类型以Ⅲ型为主，部分为 $Ⅱ_1$ 型和 $Ⅱ_2$ 型。

大砬子组的有机质类型主要为Ⅲ型。德新次凹烃和清茶馆次凹源岩以 $Ⅱ_1$-$Ⅱ_2$ 型为主，部分Ⅲ型；朝阳川凹陷烃源岩有机质类型主要为Ⅲ型，部分为 $Ⅱ_2$ 型。

4）有机质热演化：原始有机质伴随其他矿物质在盆地中沉积后，随着埋深逐渐增大，地温不断升高，在缺氧的还原环境下，有机质逐渐发生一系列的变化，生成油气。延吉盆地烃源岩现今埋深在 550m 左右时，R_o 达到 0.5%，T_{max} 达到 435℃，S_1/TOC 达到 0.15，进入生烃门限，开始生烃；埋深在 1300m 左右时，R_o 达到 1.0%，T_{max} 达到 448℃，S_1/TOC 达到 0.55，达到生油高峰（图 5-15）。

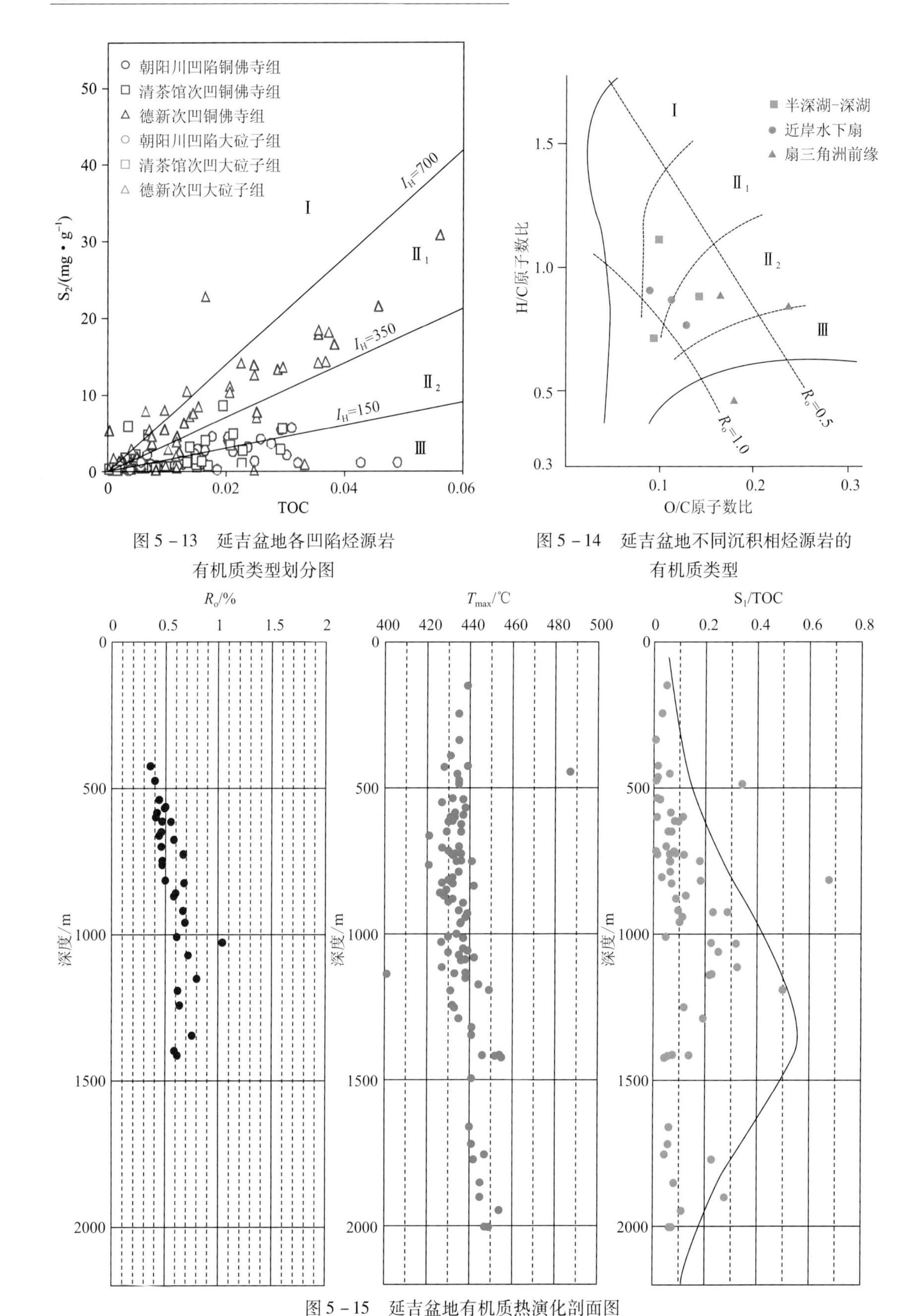

图5-13　延吉盆地各凹陷烃源岩有机质类型划分图

图5-14　延吉盆地不同沉积相烃源岩的有机质类型

图5-15　延吉盆地有机质热演化剖面图

延吉盆地朝阳川凹陷和清茶馆次凹地层厚度大，埋藏深，朝阳川凹陷铜佛寺组有机质已进入成熟阶段；清茶馆次凹铜一段和铜二段也进入成熟阶段，铜三段为低熟－成熟阶段。德新次凹埋深较浅，铜佛寺组只达到未熟－低熟阶段。

相对来说，大砬子组地层埋藏较浅，只有清茶馆次凹大一二段有机质达到低熟－成熟阶段，其他均未达到成熟阶段。

同一层位烃源岩有机质成熟度在平面上的变化规律主要受埋深的控制，朝阳川凹陷和清茶馆次凹 R_o 值较高，最深处为0.8%以上，德新次凹 R_o 值整体较低，为0.5%～0.6%。

（2）储集条件研究

储层主要发育于与烃源岩相邻的铜佛寺组和大砬子组砂岩，少量火山岩和基岩（王世辉等，1995；冯昌寿，2002；许岩等，2004）。

铜佛寺组有利储层集中于凹陷边部，在清茶馆次凹西部和德新次凹的西部及北部也有分布。大一、二段有利储层位于延D5井、延参1井和延D3井区，太平隆起的延D4、延D2井和德新次凹的延D1至延401井一带。大砬子组三段有利储层位于延D3、D5井一带，太平隆起的延D4、延D2井及龙井市一带和德新次凹的延D1井一带（王世辉等，1995）。

1）岩石学特征：延吉盆地储层的砂岩岩石类型以岩屑长石砂岩为主（图5－16），约占70%；长石砂岩次之，约占30%。从砂岩中端元组分含量来看，组成延吉盆地中白垩系砂岩碎屑成分最大特点是贫石英、富长石、低岩屑。反映了以长英质为主的结晶岩物源。

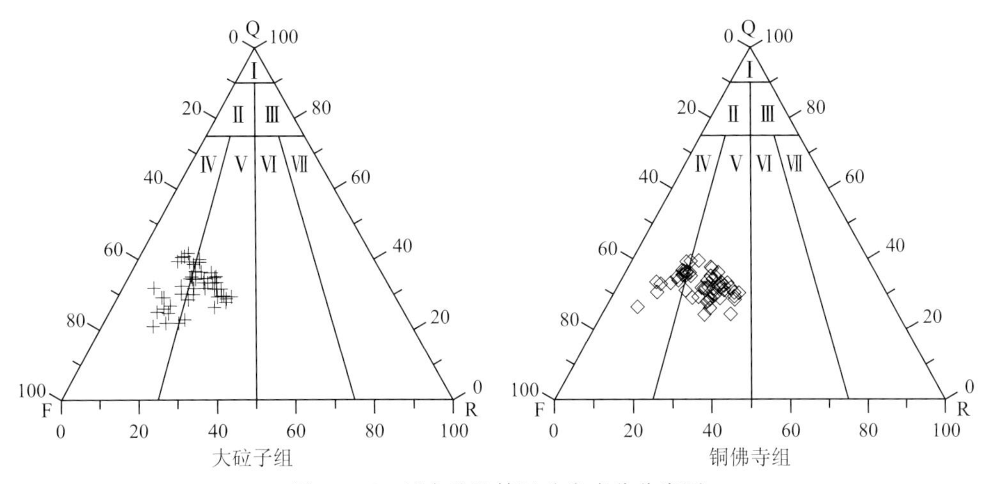

图5－16　延吉盆地储层砂岩成分分类图

砂岩粒度结构以中－粗粒砂状结构为主，微－细粒砂状结构次之，碎屑物分选以中等的为主，分选差的次之，分选好的占少量。碎屑颗粒磨圆程度以次棱角－棱角为主，次圆少量，说明碎屑物在搬运－沉积过程中被机械改造程度不强。普遍具有成分成熟度低、结构成熟度低的特点。

2）成岩阶段划分与平面预测：在有机质成熟度和砂、泥岩研究的基础上，本书将中成岩阶段进一步细划为中成岩阶段 A_1 和 A_2 两个亚期。同时，应用我们的成岩作用数值模拟技术，预测了延吉盆地铜佛寺组的成岩阶段（图5－17）。由图可见，在朝阳川凹陷和清茶馆次凹，烃源岩有机质成熟度较高，目前处于低成熟－成熟阶段，可以生成重质油和中质油；储层处于中成岩阶段 A_1 亚期－A_2 期，原生孔隙和次生孔隙发育。在德新次凹，烃源岩有机质成熟度相对较低，目前处于未－低成熟阶段，可以生成天然气和重质油；储层进入中成岩

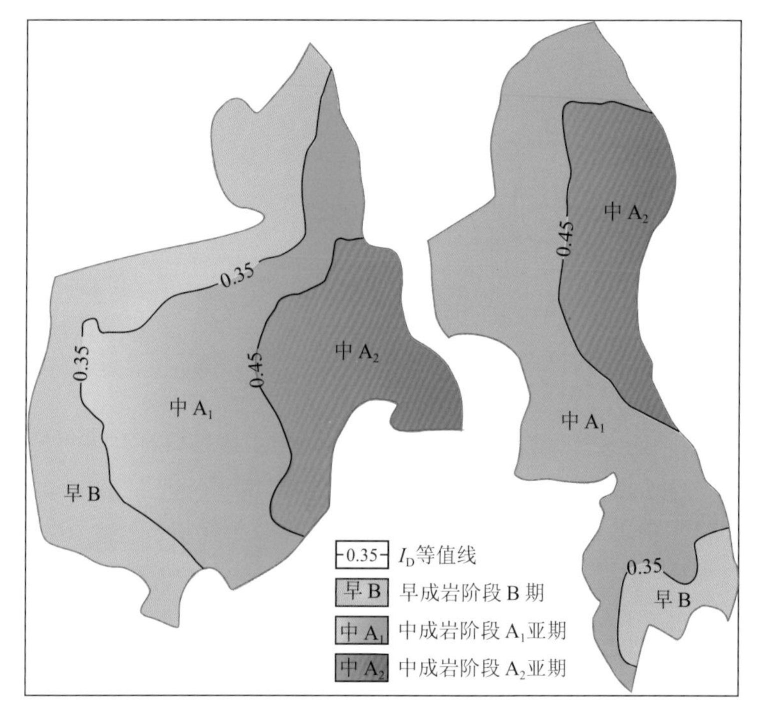

图5－17　延吉盆地铜佛寺组成岩阶段平面预测图

阶段A_1亚期，主要发育次生孔隙。

3）储层储集特征研究：延吉盆地大砬子组、铜佛寺组是一套陆相沉积。目前所钻探井显示较好的段均为砂岩，储层物性变化较大。延吉盆地13口井、484个数据的统计结果表明（表5－3，图5－18），大砬子组储层的孔隙度平均值为9.35%，渗透率平均值为$8.49\times10^{-3}\mu m^2$，整体上属于超低孔特低渗储层；铜佛寺组的孔隙度平均值为6.57%，渗透率平均值为$13.28\times10^{-3}\mu m^2$，总体上属于特低孔低渗储层。纵向上，随埋深的增加，机械压实作用增强，储层孔隙度减小，铜佛寺组储层的孔隙度小于大砬子组，储层的孔隙度主要受成岩作用的控制；但铜佛寺组储层的渗透率比大砬子组高，其原因是铜佛寺组储层的粒度较粗，喉道较粗，渗透率高，储层的渗透率主要受沉积相的影响。

表5－3　延吉盆地下白垩统孔隙度和渗透率统计表

层位	朝阳川凹陷		德新次凹		清茶馆次凹		全盆地	
	孔隙度/%	渗透率/$10^{-3}\mu m^2$	孔隙度/%	渗透率/$10^{-3}\mu m^2$	孔隙度/%	渗透率/$10^{-3}\mu m^2$	孔隙度/%	渗透率/$10^{-3}\mu m^2$
大砬子组	1.32～15.27 / 9.24（160）	0.02～66.5 / 5.36（161）	/	/	5.02～22.32 / 10.72（13）	0.02～266 / 47.05（13）	1.32～22.32 / 9.35（173）	0.02～266 / 8.49（173）
铜佛寺组	0.82～13.89 / 6.08（167）	0.01～38.8 / 1.37（167）	1.84～16.23 / 9.32（79）	0.02～1859 / 49.29（79）	1.11～8.35 / 4.51（65）	0.01～1.36 / 0.12（65）	0.82～16.23 / 6.57（311）	0.01～1859 / 13.28（311）

（3）盖层特征

铜佛寺组和大砬子组内发育的泥岩是延吉盆地的主要盖层（王世辉等，1995；冯昌寿，2002；许岩等，2004）。铜佛寺组泥岩平均累积厚度为285.15m，最大单层厚度可达到92m，平均泥地比为58.8%。其泥岩排替压力为3.59～42.51MPa，平均为23.23MPa，其在朝阳川

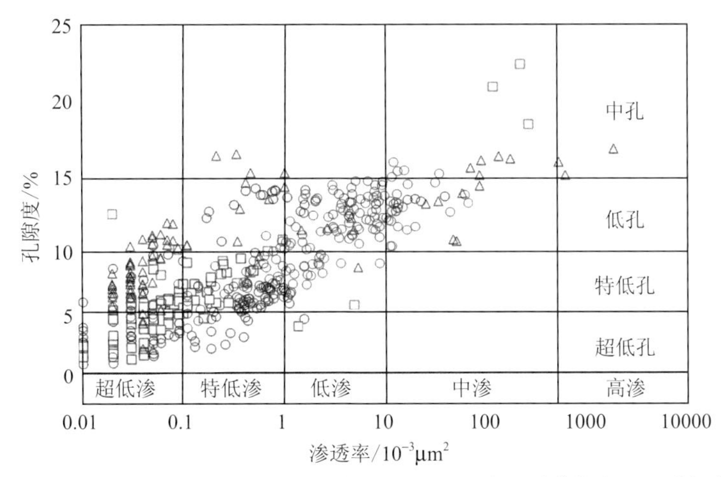

图 5－18　延吉盆地下白垩统储层物性分布图

凹陷、清茶馆次凹、德新次凹发育，可成为其各自凹陷的区域性盖层。在龙井凸起上缺失，而不能成为盆地盖层。

大砬子组泥岩平均累积厚度为 509.35m，最大单层厚度可达到 86m，泥地比平均为 44.15%。本组泥岩横向分布稳定，可形成区域盖层（姚新民，1991），但在龙井凸起的最高处因地层缺失而缺失（王世辉等，1995）。

（4）圈闭条件

根据现有地震资料解释（张吉光等，2014），延吉盆地发育三级局部构造 24 个，层圈闭 67 个，圈闭面积约 219.0km^2（表 5－4）。四级构造类层圈闭 38 个，构造类层圈闭面积 184.4km^2。构造类圈闭主要为背斜、断块、断鼻；另发育有地层超覆圈闭。

表 5－4　延吉盆地层圈闭统计表

层名	构造类		非构造类		鼻状构造		重查		发现	
	个	km^2	个	km^2	个	km^2	个	km^2	个	km^2
大二段顶	1	6.5							1	6.5
大一段顶	11	55	4	31.5	2	5.1	8	72.2	9	20.1
铜二段顶	15	54.5	9	33	2	10	10	54.5	16	43
头道阻顶	1	3	7	28			3	5.3	5	25.7
屯田营组顶	2	10.1	2	20.8			2	10.1	2	20.8
基岩顶面	8	53.5					6	36.5	2	17
合计	38	184.4	22	113.3	4	15.1	29	179.7	35	133.1

背斜、断块和断鼻类构造均与断层活动有关，主要是在早白垩世伸展断陷期发育形成。而由于早白垩世侵入岩体在上倾方向遮挡形成了岩性圈闭，它们均在龙井后期发生挤压褶皱构造运动中受到不同程度的改造。盆地中心基本保持原有的构造形态，但南北两端的构造圈闭变动幅度较大。

（5）油气运移

根据排烃门限理论（庞雄奇，1995），应用生烃势指数 $(S_1+S_2)/TOC$ 与深度的关系图

（图5-4），计算出延吉的排烃门限深度为1010m，对应的排烃门限 R_o 值为0.60%，

在排烃门限研究的基础上，应用盆地模拟技术，恢复了汤原断陷的埋藏史、地热史，确定了相应的排烃时间（图5-5）。图中 $R_o \geq 0.60\%$ 的时空域，就是油气初次运移的时空域，对应的排烃时间为102.6Ma，相当于早白垩世早期的大砬子组沉积期（K_1d^3）。

1. 成藏动力学过程与成藏史模拟

（1）油藏地质基本特征

最新的地震资料解释成果表明，清茶馆次凹主要发育构造圈闭（张吉光等，2014）。在兴安断块圈闭已发现工业油流，主要含油层段位于铜佛寺组，被断层遮挡成藏（图5-19，图5-20），断块内的延10井在铜佛寺组827.4～1024.6m段试油，压后提捞日产原油

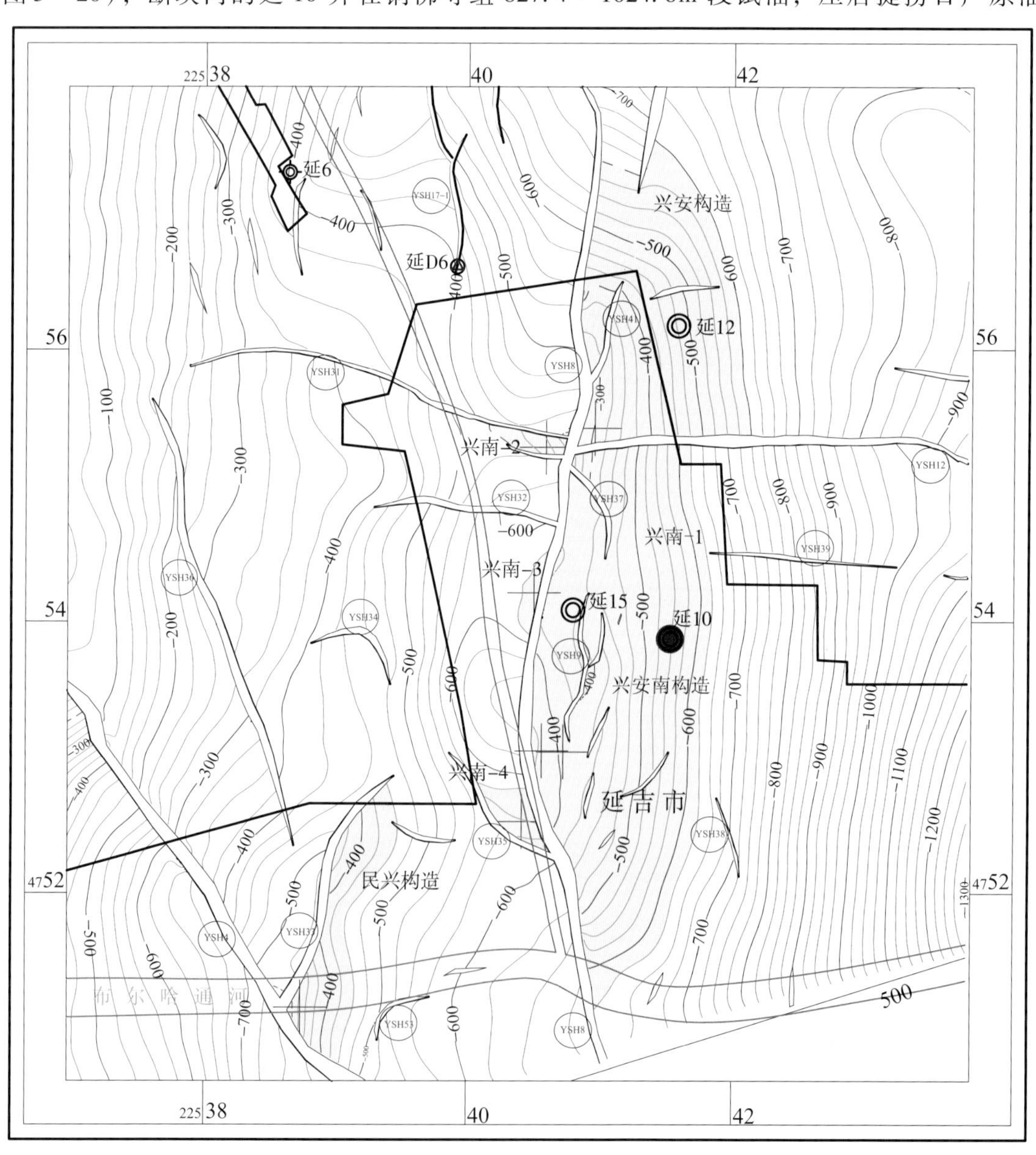

图5-19　清茶馆次凹T2-2反射层顶面构造图
（据张吉光等，2014）

1.11t；压后 MFE Ⅰ 测试，日产原油 2.24t。该断块位于清茶馆次凹中部，延吉市区以北，是延吉盆地主要的含油气构造之一。

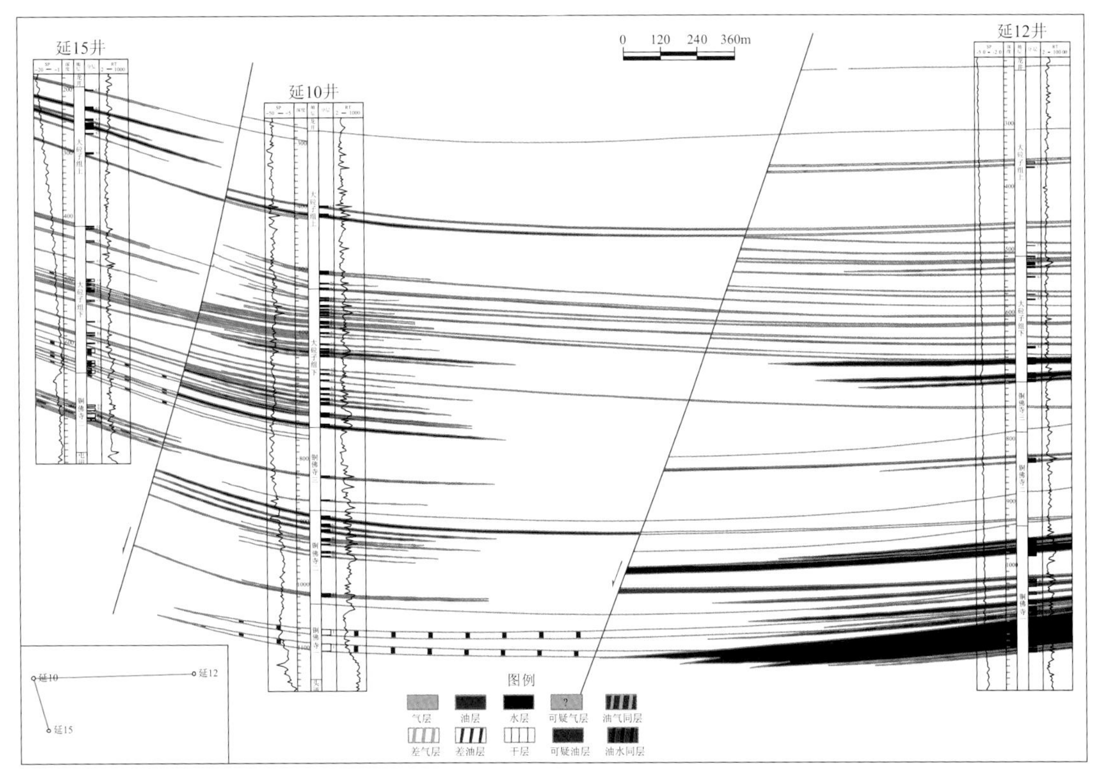

图 5-20 清茶馆次凹过延 15-延 10 井油藏剖面图

（2）成藏动力学过程与成藏史模拟

本书应用我们自己的成藏史模拟软件（孟元林等，2005；肖丽华，2004），模拟了延吉盆地的成藏史（图 5-21 ~ 图 5-28）。

1）铜佛寺组沉积时期：延吉盆地处于断陷阶段。在铜佛寺组沉积末期，断块构造已具雏形。烃源岩有机质尚未成熟，R_o 在 0.35% 左右（图 5-21），没有进入生烃门限（图 5-22）；成岩指数 I_D 在 0.24 左右，储层处于早成岩阶段 A 期 - B 期（图 5-23），干酪根开始脱羧排酸，溶蚀储层，形成次生孔隙；盖层排替压力达到 10MPa 左右，下部地层的泥岩已具封闭能力（图 5-24）；由于埋藏太浅，烃源岩尚未进入排烃门限（图 5-25），没有开始成藏（图 5-26）

2）大一、二段沉积时期：断裂活动减弱，发育少量的小型西倾正断层，断距较小（图 5-9）。在深洼区铜一段烃源岩已进入低成熟阶段，$R_o > 0.5\%$（图 5-21），开始生烃，生烃率 >10mg/g（图 5-22）。铜佛寺组储层主要处于早成岩阶段 B 期 - 中成岩阶段 A_1 亚期（图 5-23），原生孔隙为主，兼有次生孔隙，物性较好。铜佛寺组上段泥岩的排烃压力 P_d >10MPa，具有一定的封闭能力（图 5-24）。在洼陷中心仅有小部分区域，铜佛寺组泥岩的 R_o 达到 0.60%，进入排烃门限（图 5-25），生成的油气从深洼区向西部上倾方向运移，被早期发育的西倾同沉积断层遮挡，开始形成油气藏（图 5-26）。包裹体测试资料也支持了这一观点，延参 2 井在 2096.01m 发育的第 Ⅰ 期油气包裹体，均一温度为 80.4℃，对应的成藏时间为 106.8Ma，即油气藏在大一、二时期形成。

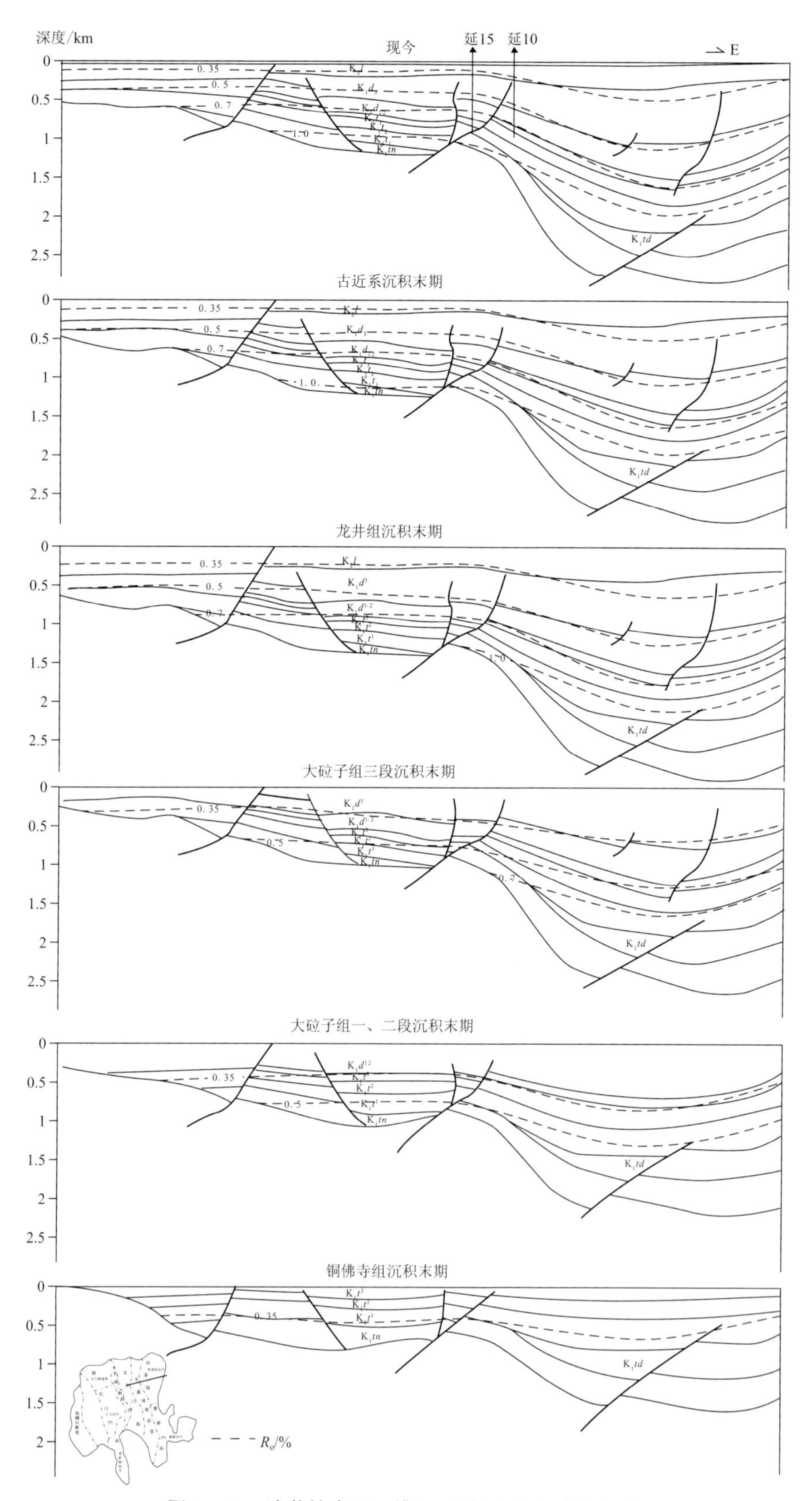

图5-21　清茶馆次凹三维L220剖面有机质演化史

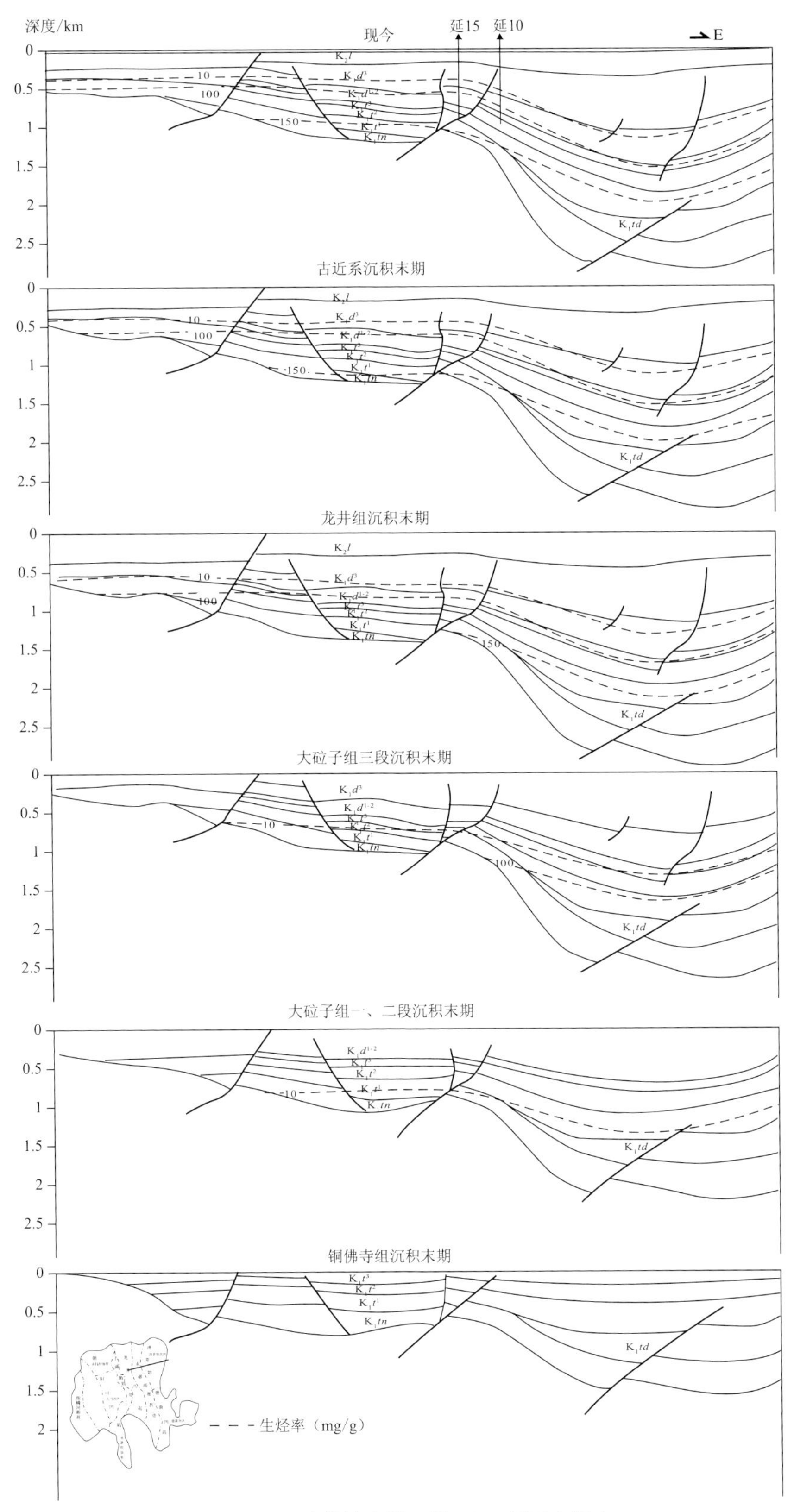

图5－22　清茶馆次凹三维L220剖面生烃史

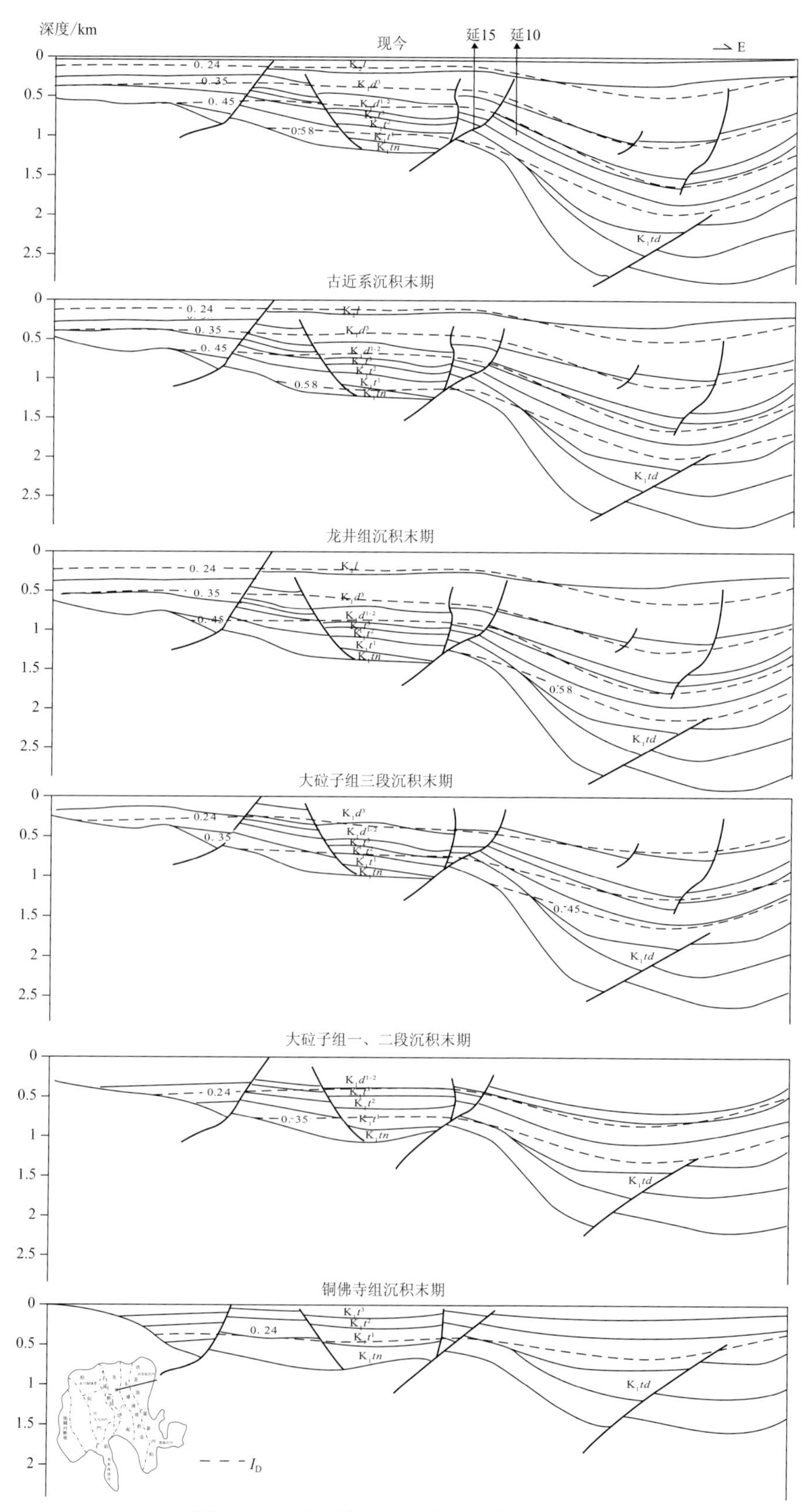

图 5-23　清茶馆次凹三维 L220 剖面成岩史

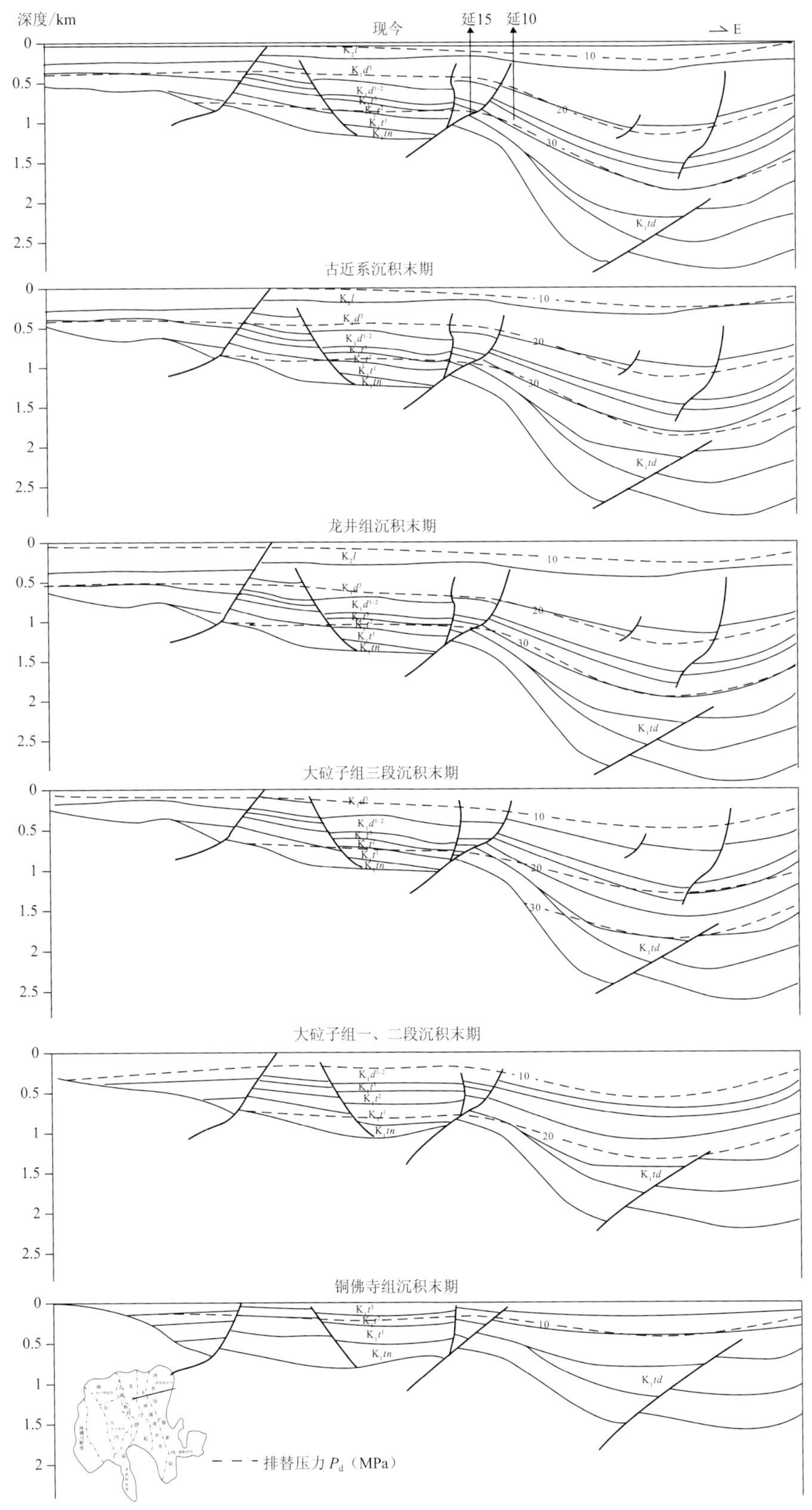

图 5－24　清茶馆次凹三维 L220 剖面盖层发育史

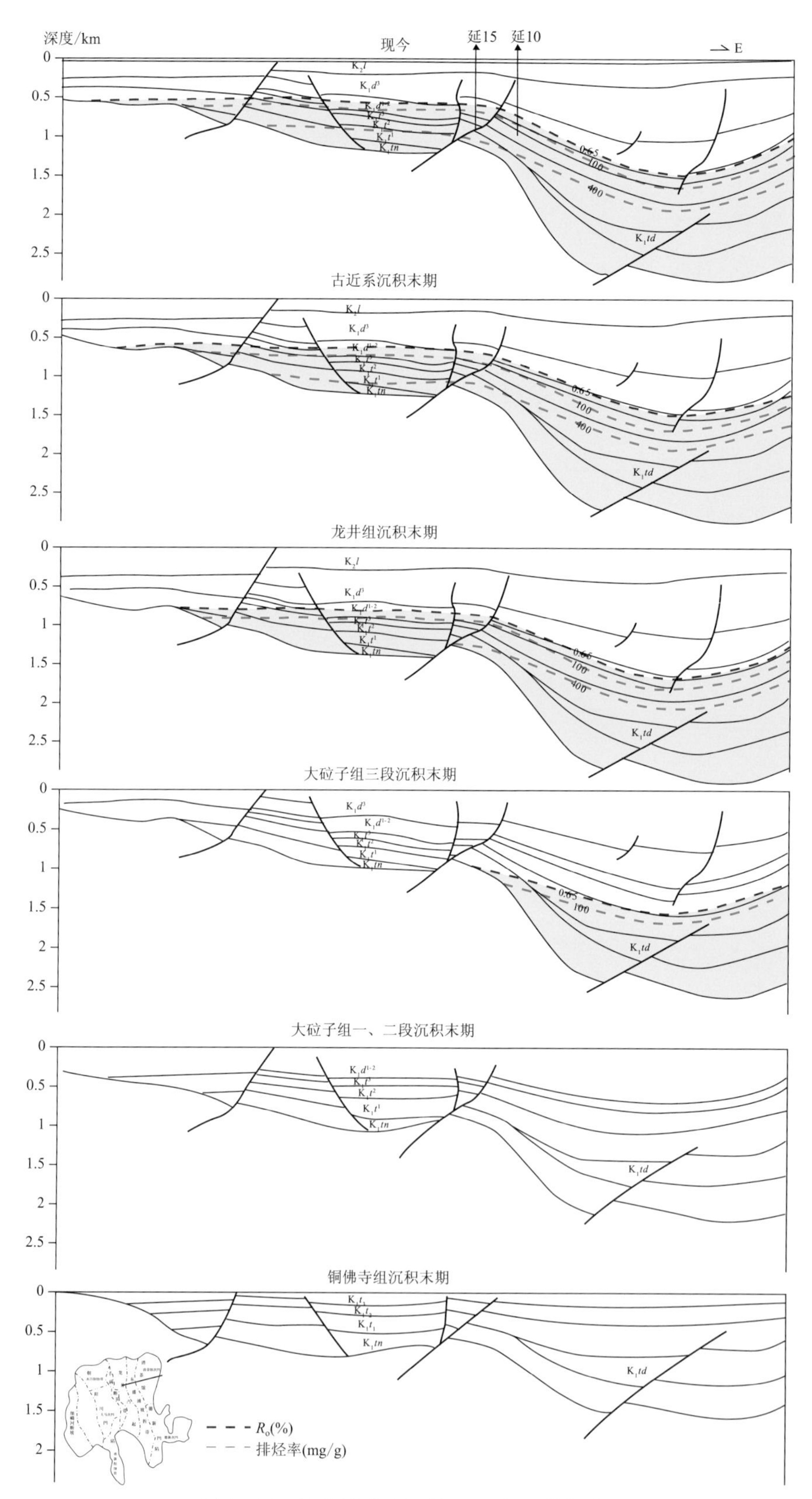

图 5－25　清茶馆次凹三维 L220 剖面排烃史

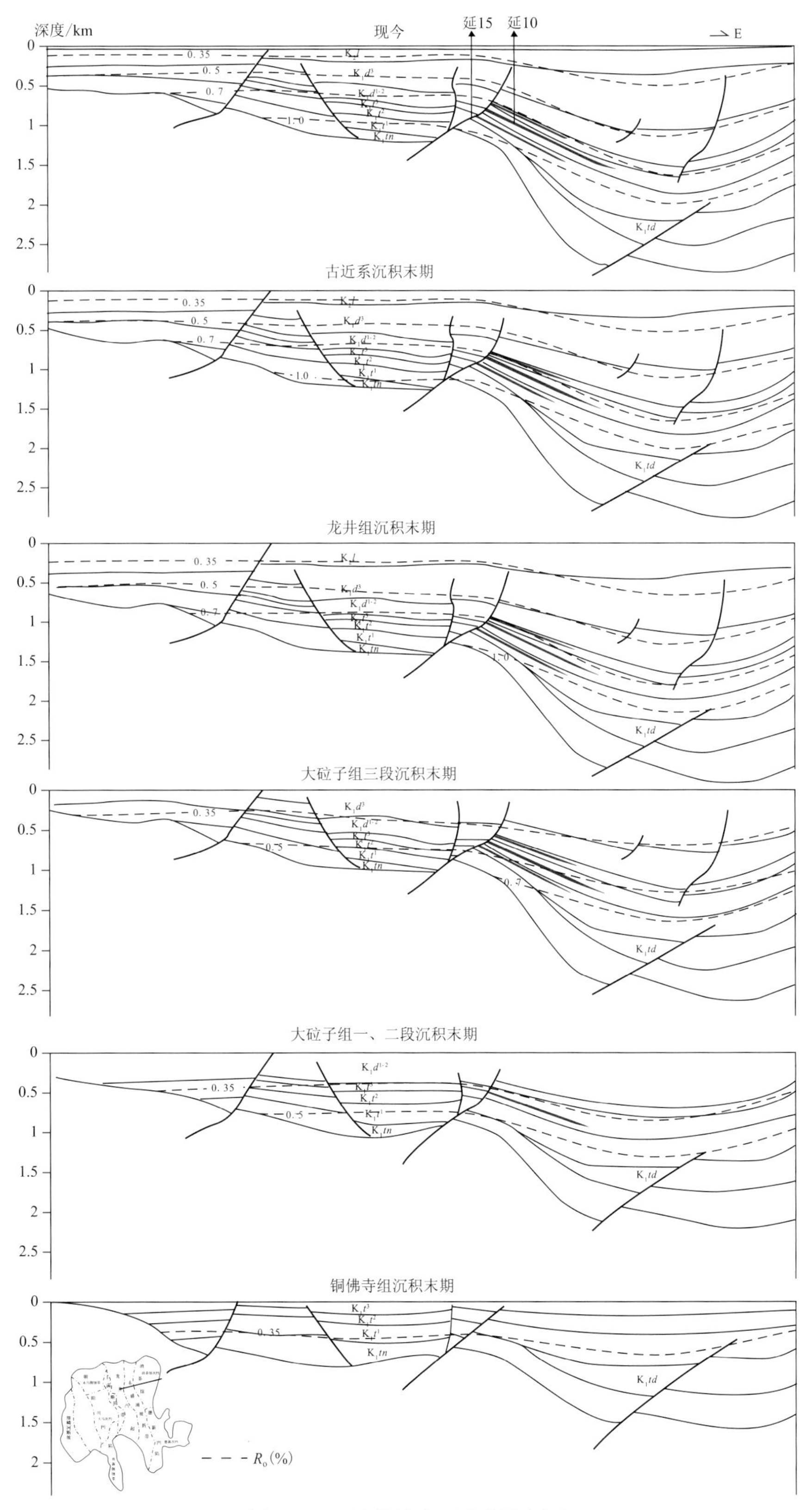

图5-26　清茶馆次凹成藏史剖面

3）大三段沉积时期：断裂活动趋于停止（图5－9），延吉盆地进入断陷萎缩期。此时位于深洼区的大部分烃源岩已进入成熟阶段，$R_o>0.7\%$（图5－21），开始大量生烃，生烃率达到140mg/g（图5－22）。铜佛寺组储层主要处于中成岩阶段A_1亚期，$0.45>I_D>0.35$（图5－23），伴随油气的生成，干酪根脱羧形成大量有机酸和CO_2，进入储层，溶蚀长石和碳酸盐胶结物等，形成次生孔隙；黏土矿物大量脱水，排出H^+，也溶蚀储层，提高储层物性，储层具有良好的储集能力。铜佛寺组上段地层的泥岩排替压力继续增加，高达20MPa（图5－24），封闭性好。烃源岩开始大量排烃，排烃率高达100mg/g（图5－25），油气藏开始大规模形成（图5－26），该时期成为清茶馆次凹油藏的主成藏期。这一模拟结果与包裹体所得出的结果吻合。

4）龙井组沉积时期：延吉盆地进入坳陷时期，断裂活动基本停止（图5－9），只有几条控陷断裂一直活动，次凹缓慢沉降。有机质成熟度和成岩强度缓慢增高，更多的铜佛寺组烃源岩进入成熟阶段（图5－21），总生烃率最高达到150mg/g（图5－22），储层处于中成岩阶段A_2亚期，$I_D>0.45$（图5－23），次生孔隙发育，具有良好的储油能力。铜佛寺组上部泥岩盖层的排替压力最高达30MPa（图5－24），封闭性能良好，烃源岩排烃率达到100～400mg/g（图5－25），油藏保存完好（图5－26）。油气的运移、聚集持续进行。

在龙井组沉积末期，因区域褶皱运动导致该次凹抬升剥蚀，但剥蚀量较小，为300～750m，因油藏上部沉积地层厚度大，最厚达2000m左右，所以剥蚀并未破坏油藏的完整性。龙井组沉积末期的这次构造运动使地层倾斜，引起油气的二次运移。

5）古近纪：延吉盆地大部分时间处于抬升剥蚀状态，深洼区生成的油气仍在向圈闭运移，聚集成藏，一直保存至今。

（3）成藏动力学过程与油气成藏模式

在埋藏史、地热史、生烃史、储层成岩演化史、盖层发育史、排烃史和成藏史模拟的基础上，本书进一步分析了成藏动力学过程（图5－27），总结了成藏模式（图5－28）。

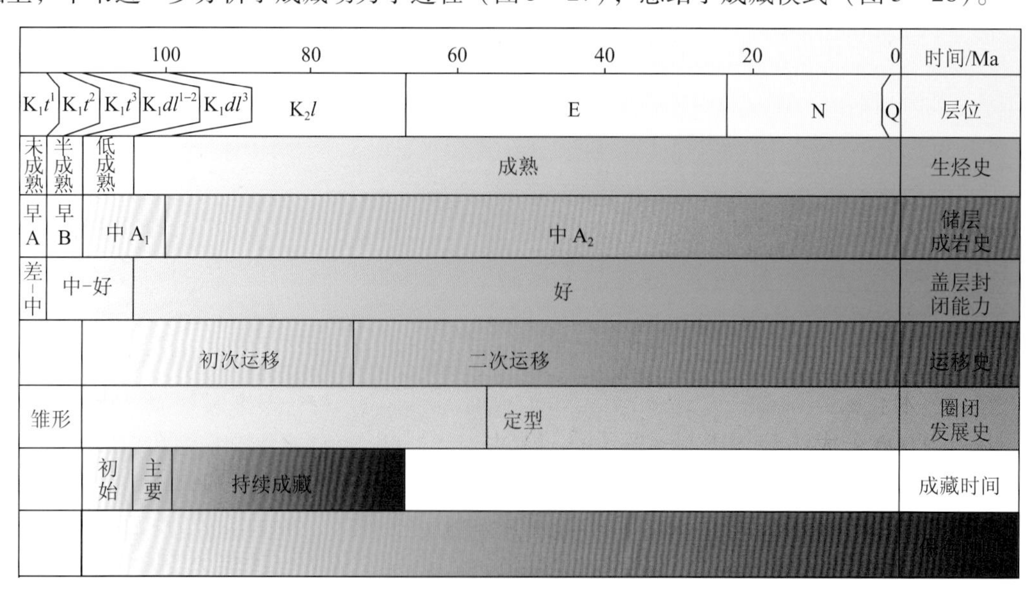

图5－27　清茶馆次凹油藏形成事件与成藏动力学过程

由图5－27可见，大砬子组沉积时期，铜佛寺组和大砬子组烃源岩处于低熟－成熟阶段，油气开始大量生成；这两套地层处于中成岩阶段A期，次生孔隙发育，物性较好，盖

层封闭能力强，生、储、盖层发育俱佳；在这一时期，大范围的烃源岩成熟，开始排烃，形成了有效烃源岩，为油气的运移聚集成藏提供了充足的油源条件，而且圈闭已具雏形，排烃时间和圈闭形成时间匹配良好；此时，油气藏开始形成。龙井组沉积之后，延吉盆地发生了一次大规模的构造运动，这次构造运动的区域挤压应力方向与早期伸展断陷期形成的断裂走向呈小角度夹角，使断层开启，为油气的运移提供了良好的通道条件，二次运移大规模进行。此时，圈闭也逐渐定型，油气通过断层的输导发生近距离运移，在圈闭中聚集形成油气藏。在凹陷区，保存条件较好，油气藏在大砬子组形成后，没有遭到后期构造运动的破坏，一直保存至今。

延吉盆地的油气成藏模式可简要概括为深凹生油→断层运移→背斜、断层遮挡、岩性油气藏（图5－28）。

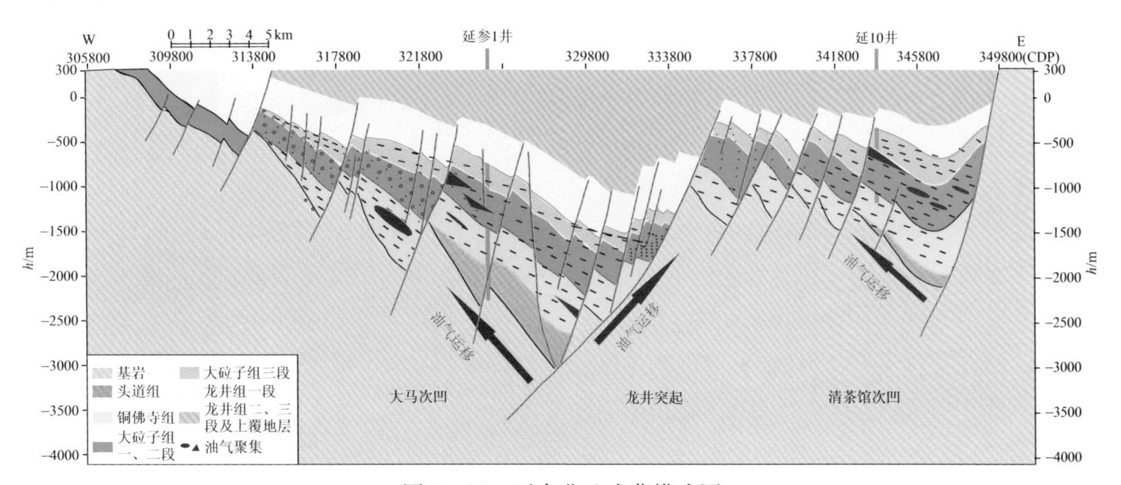

图5－28　延吉盆地成藏模式图

二、汤原断陷

1. 地质背景

汤原断陷位于黑龙江省鹤岗市、汤原县、萝北县及桦川县境内，南到正阳林场至立新村一带，北至宝泉岭农场，西起鹤立河农场、石场角一带，东到松花江沿岸，在东经127°10′～131°20′、北纬44°35′～47°40′之间，南北长120km，东西宽5～24km，一般18～20km，总面积约3320km^2。区域构造上，汤原断陷是北东向条带状展布的依舒地堑最北部的一个次级负向构造单元，其西北侧为鹤岗盆地，东南为佳木斯盆地，东邻三江盆地。

（1）地层层序

基底为前寒武系麻山群和黑龙江群的古老变质岩系。汤原断陷的基底形态为受基底断块的差异性升降所控制的垒堑式的构造组合。其基底埋深差异很大，海拔－6000m至－2000m不等。

根据对汤原断陷所钻各井，特别是钻达基底的井所揭示的地层分析，并综合前人研究成果可知，该断陷在古生界变质岩基底之上，共充填了4套沉积序列（包括第四系）。各序列间均以不整合或假整合面为界。由这些序列的岩性与古生物组合特征，将它们划分为8个组（第四系未建组，除外）。自下而上发育白垩系，古近系古新统乌云组、始新统新安村组和达连河组、渐新统宝泉岭组，新近系中新统富锦组、上新统道台桥组和第四系（图5－29）。

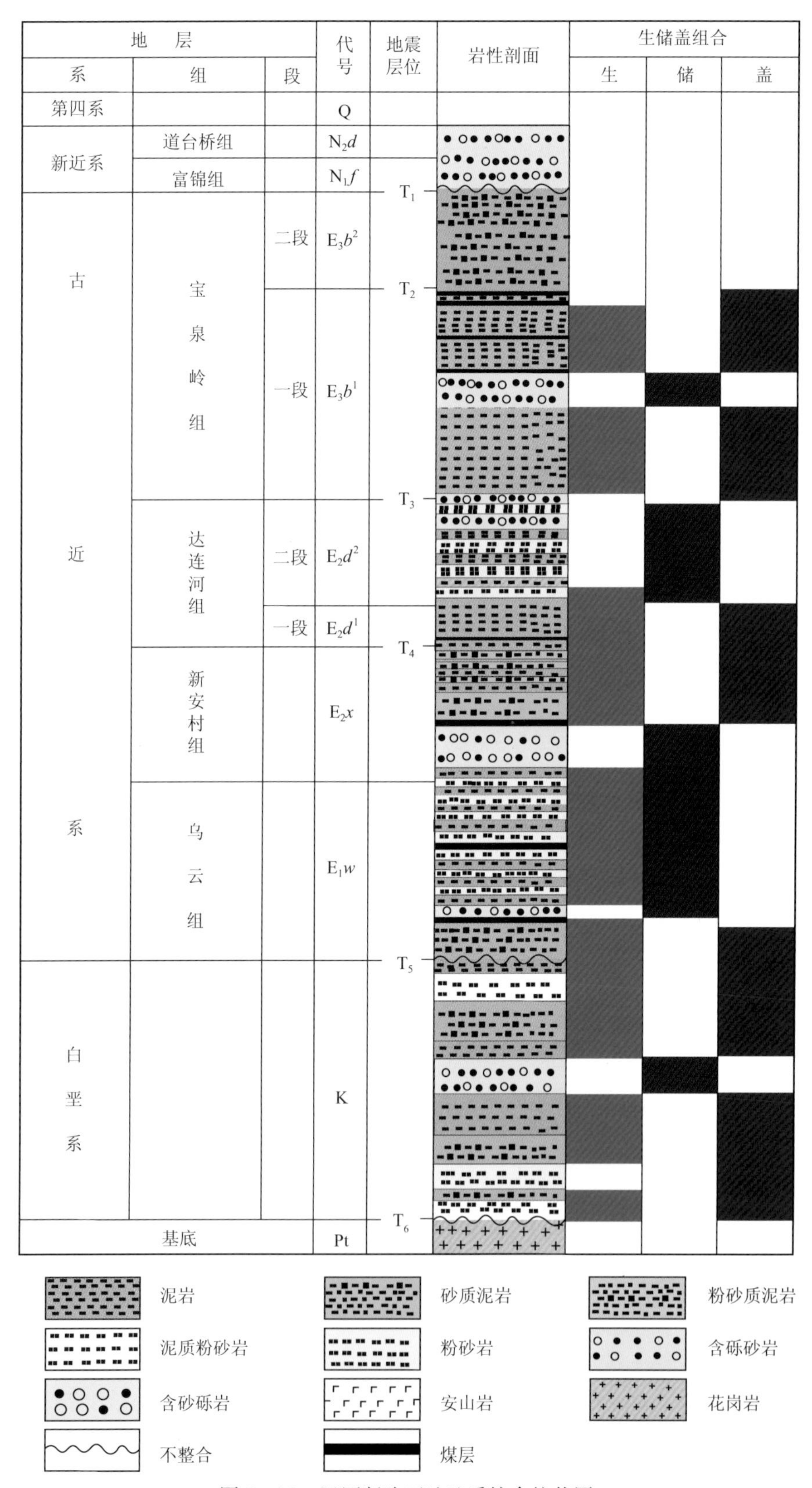

图 5-29　汤原断陷石油地质综合柱状图

（2）构造特征

1）构造单元划分：根据基底结构特点和断陷内部 NE 向大断裂强烈活动特点，将汤原断陷划分为东部凹陷带、中央凸起带、西部凹陷带和西部斜坡带四个次级构造单元（图 5－30），NWW 向的大断裂又将断陷从南到北分割为构造特征有明显差异的五个断块。整个汤原断陷的构造格局主要受 NE 向和 NWW 向两组大断裂的控制，呈现东西分带、南北分块的构造格局，也即“两凹、一凸、一斜坡、五块”，NWW 向的大断裂又将 4 个呈 SE 延伸的二级构造单元进一步分割为若干个三级构造单元（图 5－30）。

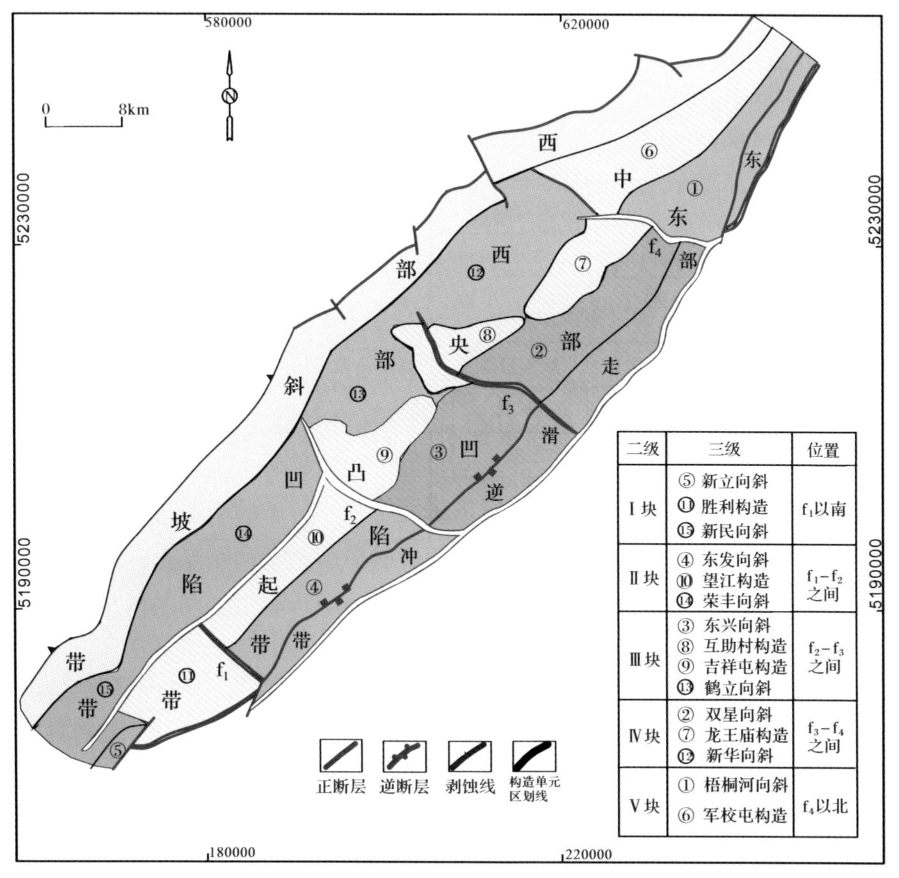

二级	三级	位置
Ⅰ块	⑤ 新立向斜 ⑪ 胜利构造 ⑮ 新民向斜	f_1以南
Ⅱ块	④ 东发向斜 ⑩ 望江构造 ⑭ 荣丰向斜	f_1－f_2之间
Ⅲ块	③ 东兴向斜 ⑧ 互助村构造 ⑨ 吉祥屯构造 ⑬ 鹤立向斜	f_2－f_3之间
Ⅳ块	② 双星向斜 ⑦ 龙王庙构造 ⑫ 新华向斜	f_3－f_4之间
Ⅴ块	① 梧桐河向斜 ⑥ 军校屯构造	f_4以北

图 5－30　汤原断陷构造单元划分图

（据乔德武，2013a）

2）构造发育史：本次研究应用我们具有自主知识产权的盆地模拟系统和成岩作用数值模拟系统（孟元林等，2003，2005，2012b；Meng，1997a，1997b，2001），模拟了各典型盆地的埋藏史、地热史以及生烃史。汤原断陷的构造发育史如下（图 5－31）：

①新安村＋乌云组沉积时期：在古新世，盆地开始进入初始断陷期，依次沉积了乌云组和新安村组，乌云组主要以扇三角洲－滨浅湖相沉积为主，发育砂砾岩，夹少量灰－深灰色泥岩和泥质粉砂岩。在新安村组沉积时期水体变深，主要发育半深湖相沉积，岩性为暗色泥岩夹灰白色砂砾岩，形成一套优质烃源岩。

②达连河组沉积时期：在达连河组沉积时期，盆地边界断层持续发育，基底快速下沉，水体不断加深，凹陷进入持续断陷期，沉积了一套以深湖－半深湖相为主的厚层暗色泥岩，构成了汤原断陷主力烃源岩。在达连河组沉积末期，汤原断陷发生了第一期构造反转，地层

遭受抬升剥蚀，形成构造的雏形。

③宝泉岭组沉积时期：在宝泉岭组一段沉积时期，盆地进入断凹转化阶段，断裂活动减弱，宝一段主要以半深湖－深湖相为主，发育灰黑－深灰色泥岩夹粉砂质泥岩，形成本区的区域盖层。在宝泉岭组二段沉积时期，断陷萎缩，盆地进入坳陷期，水体变浅，宝二段主要以滨浅湖相沉积为主，发育暗色泥岩、粉砂质泥岩、泥质粉砂岩、砂岩和砂砾岩，局部夹煤层。在宝泉岭组二段沉积末期，汤原断陷发生了第二期构造反转，在挤压作用下，地层抬升剥蚀，构造基本定型。

④新近纪－现今：盆地进入断陷消亡期，断层基本不活动，断陷逐渐消亡，以一套粗碎屑快速堆积为主，其岩性为杂色砂砾岩与灰绿或灰色泥岩互层，夹玄武岩。

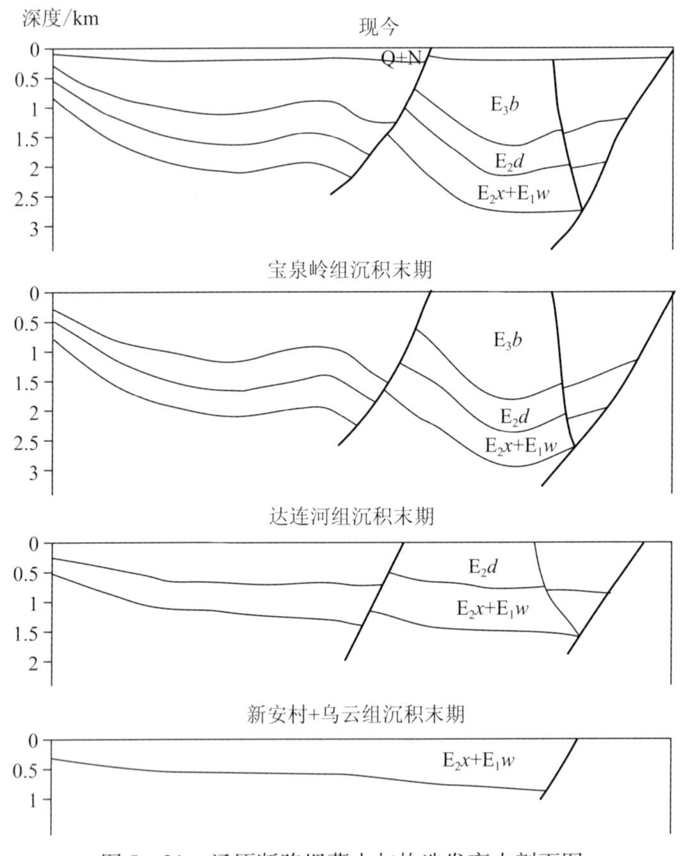

图 5－31　汤原断陷埋藏史与构造发育史剖面图

(3) 沉积特征

汤原断陷古近系发育扇三角洲－湖泊沉积体系（图 5－32），沉积相类型比较多，有湖底扇相、扇三角洲相、湖泊相等。达连河沉积时期是汤原断陷湖盆最发育的时期，湖盆范围大，水体深，已有了较多的半深湖－深湖区，该区暗色泥质岩占 75% 以上，形成了本区最好的一套烃源岩。

深湖区周围为滨浅湖泊分布区，其泥质岩一般占 50% 以上。湖盆东侧边缘，发育有 5 个扇三角洲砂体，以军 1 井－汤 D6 井一带的一个规模最大。西北侧识别出 3 个扇三角洲体系，它们呈长条状延伸至近深湖区。扇三角洲两侧及由三角洲前缘往上游，分布着三角洲平原至泛滥平原砂泥质沉积。

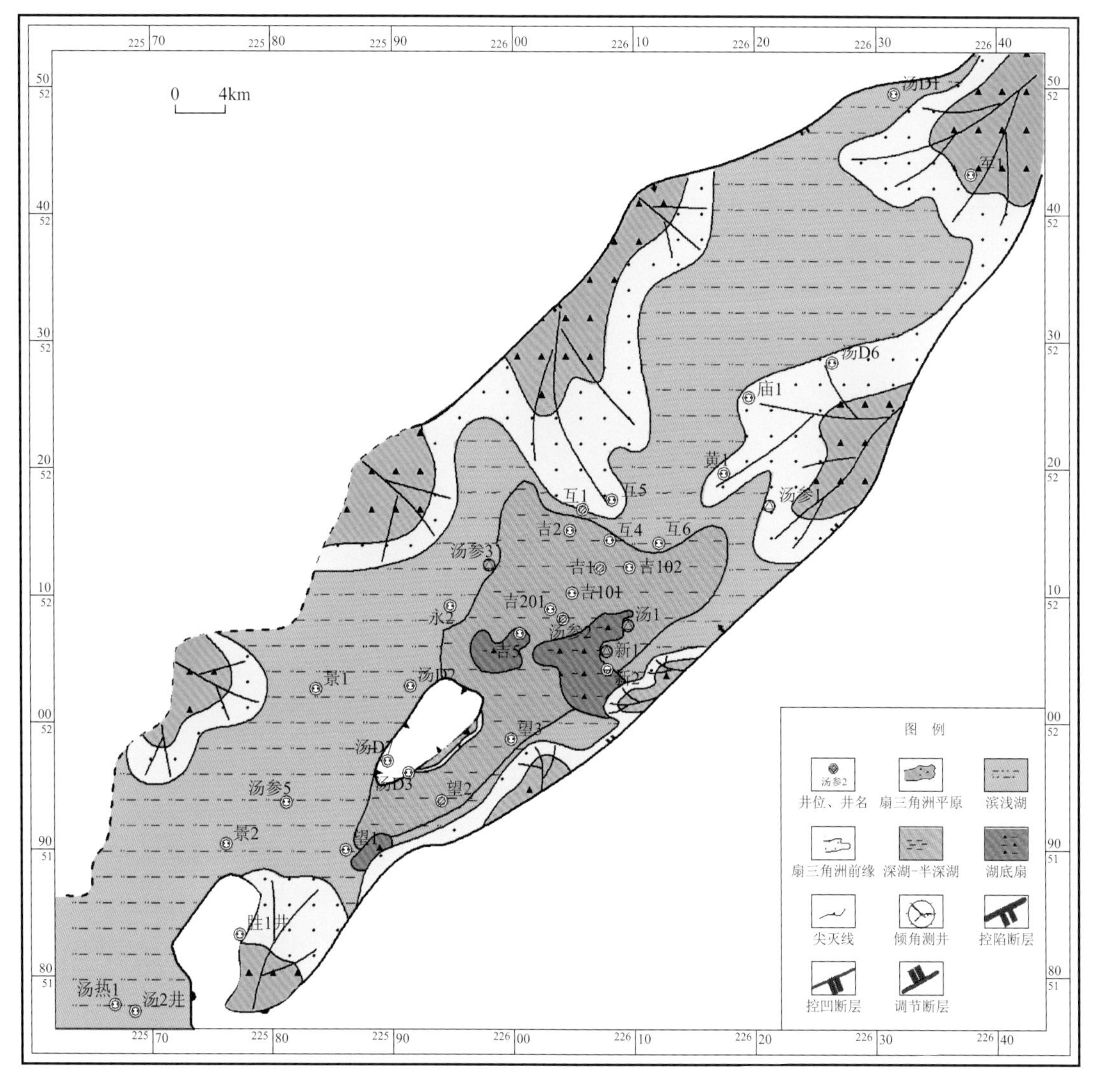

图 5－32 汤原断陷达连河组沉积相图

（据王宇航，2017）

渐新世宝泉岭沉积时期，汤原断陷在经历了达连河晚期的略微收缩之后，至本期又是一个发展期，湖泊范围有所扩大，湖水显著加深因而半深湖－深湖范围分布很广（图 5－33），该相区内暗色泥质岩所占比例极大，普遍在 90% 以上，泥岩中产丰富的介形类化石。半深湖区周围为滨浅湖相。宝一段的湖相泥岩分布范围广，可以形成良好的区域盖层。

由于半深湖－深湖相区所占面积广，致使滨浅湖相带变得相当窄。滨浅湖泊之外，东南侧发育湖底扇沉积，以新 1 井－新 2 井区的扇体最大。断陷西北侧，发育扇三角洲前缘砂、砾岩沉积，其中能具体识别出的扇体有 2 个，一为互 1 井之西的扇体，另一个为汤参 5 井周围的扇体。在汤原断陷的东北部，还发育 2 个大型扇三角洲，分别位于汤 D1 井－军 1 井区和汤参 1－互 5 井区。

2. 油气地质特征

（1）烃源岩评价

1）有机质丰度：由表 5－5 可见，汤原断陷各组段有机碳含量 TOC 平均值均大于 >

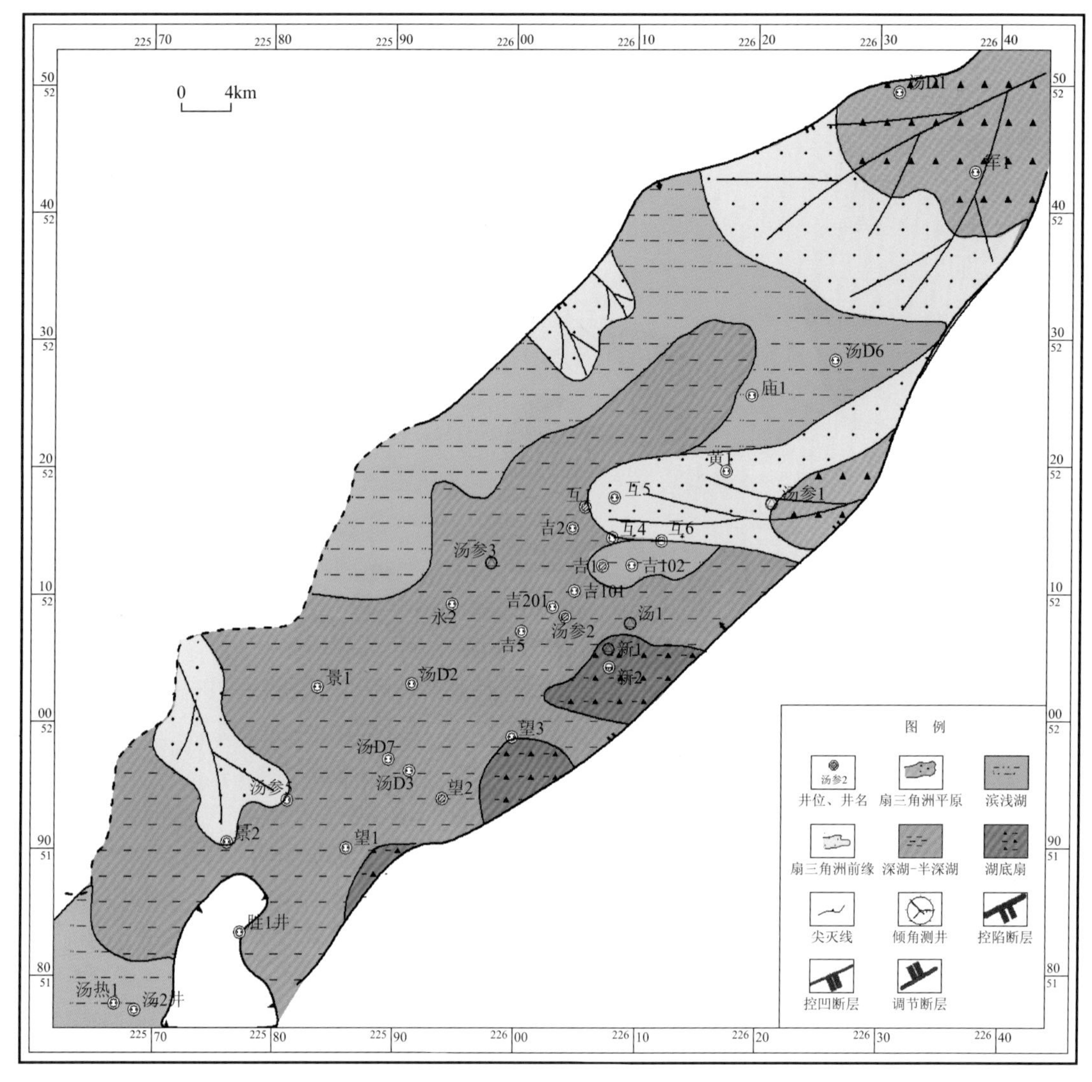

图 5－33 汤原断陷达宝泉岭沉积相图

（据王宇航，2017）

1%，平均值在 1.3%～1.43%之间，含量较高，达到了好烃源岩的有机质丰度标准。氯仿沥青“A”的含量就出现了很大的差异，宝泉岭组仅 0.031%，仅达到差烃源岩的丰度标准；达连河组达到了 0.127%，达到好烃源岩的丰度标准；新安村组甚至达到了 0.222%，烃源岩的类型最好；乌云组氯仿沥青“A”的含量也达到了0.0936%，属于中等烃源岩。氯仿沥青“A”的含量与有机质成熟度有关，在液态窗（R_o＝0.5%～1.3%）的烃源岩具有较高的氯仿沥青“A”的含量，总烃含量也有类似的变化规律。但汤原断陷各组段生烃势 S_1+S_2 整体较低，只有新安村组达到了 2.18mg/g，能被评为中等丰度的烃源岩，其余各组均小于 2mg/g，属于差烃源岩。总之，汤原断陷古近系烃源岩整体上属于中－好烃源岩的有机质丰度标准。

2）有机质类型：由古近系氢指数 I_H 和 T_{max} 关系图可见（图 5－34），古新统乌云组、始新统新安村组和达连河组、渐新统宝泉岭组烃源岩具有陆相烃源岩的有机质特征，干酪根Ⅰ、Ⅱ、Ⅲ型均有，但总体上为 $Ⅱ_B$－Ⅲ型，$Ⅱ_B$ 型为主。比较而言，达连河组和新安村组中

$Ⅱ_B$型的稍多。宝泉岭组烃源岩Ⅲ型干酪根为主。

表5－5　汤原断陷古近系泥岩有机质丰度

层段	TOC/%	氯仿沥青"A"/%	$HC/10^{-6}$	$S_1+S_2/(mg\cdot g^{-1})$	评价
宝泉岭组	5.85～0.27 1.43（319）	0.222～0.0048差 0.031（286）	1482～65中 415（38）	9.34～0.05 1.123（432）	中
达连河组	5.9～0.28 1.37（288）	0.58～0.0014好 0.127（308）	1261～85中 274（42）	14.72～0.04 1.722（418）	中－好
新安村组	4.57～0.33 1.35（93）	0.269～0.0013 0.222（88）	746～33中 347（16）	23.6～0.04 2.18（139）	好
乌云组	4.1～0.33 1.3（158）	0.2644～0.003中 0.0936（126）	456～40中 350（12）	13.36～0.05 1.8（241）	中－好

3）有机质热演化特征：烃源岩有机质成熟度是油气生成的关键，只有进入生烃门限的烃源岩才能生成油气。由图5－35可见，汤原断陷生烃门限在1350m左右，宝泉岭组下部的烃源岩进入了生油门限，但上部烃源岩没有成熟。达连河组和新安村烃源岩目前主要低成熟－成熟阶段，可以生成重质油和轻质油。乌云组及其下伏的白垩系烃源岩 $R_o\geqslant0.7\%$～1.3%，目前处于成熟－高成熟阶段，以生成轻质油和凝析油气为主。

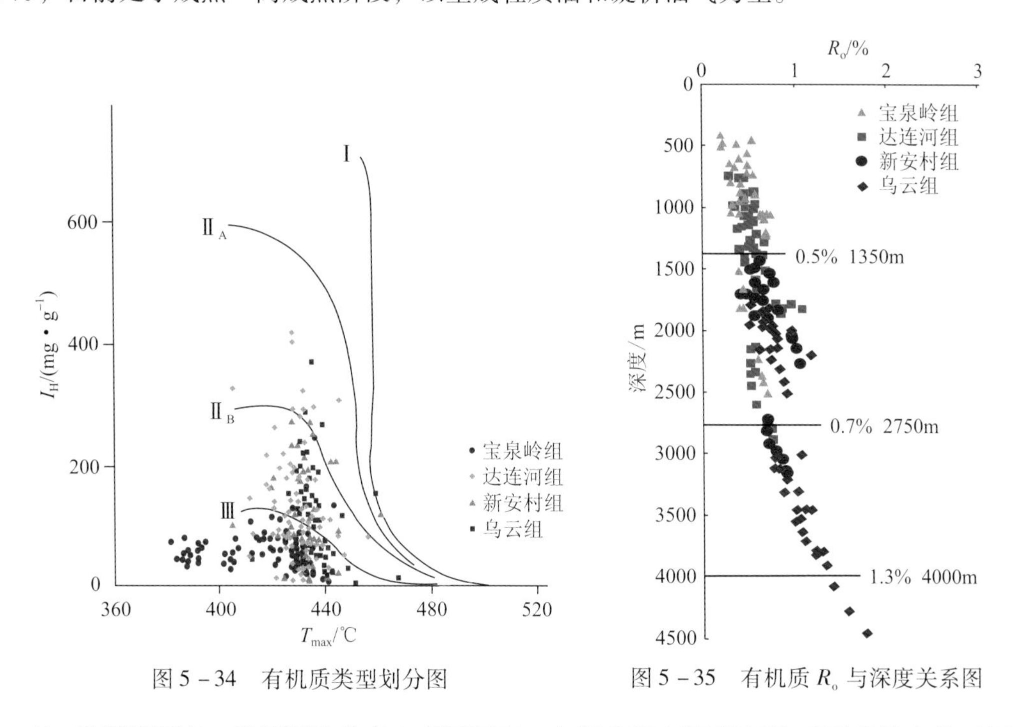

图5－34　有机质类型划分图

图5－35　有机质 R_o 与深度关系图

4）烃源岩厚度：汤原断陷发育5套烃源岩，它们为湖相沉积环境下形成的产物（图5－32），其厚度较大，各层的累积厚度在200m以上（图5－36）。

（2）储层特征

1）岩石学特征：砂岩岩石类型以岩屑长石砂岩为主，长石岩屑砂岩次之。石英碎屑颗粒的含量在10%～30%之间，单晶石英为主，偶见多晶石英。长石颗粒在68%～42%之间，钾长石为主，中酸性斜长石次之，钾长石中以条纹长石、正长石为主，微斜长石、文象长石少量。岩屑含量为22%～28%，主要为中基性火山岩、变质岩屑。杂基含量一般大于15%，

图 5－36　汤原断陷达连河组烃源岩等厚图
（据冯志强等，2007）

杂砂岩为主，净砂岩次之。胶结物主要为泥质、硅质、碳酸盐和浊沸石。中－粗粒砂岩为主，极细砂岩－细粒砂岩次之。碎屑颗粒分选中等－差，分选好者少量，碎屑颗粒磨园度以次棱角－棱角为主，砂岩的结构成熟度低。

2）储层分布：汤原断陷在宝泉岭组、达连河组、新安村组和乌云组均发育储层，但由于达连河组和新安村组的烃源岩发育最好，形成汤原断陷两套主要勘探目的层。达连河组砂岩较发育，除了在汤 D7 井区和胜利构造附近缺失，吉 101 井附近较薄外，在其他地区厚度相差不大，厚度一般为 200～600m。所以达连河组砂岩可作为较好的储层（图 5－37）。

新安村组和乌云组砂岩也比较发育，在靠近断陷东部断层附近和北部梧桐河向斜地区厚度较大，尤其在望江构造带东部，累计厚度最大超过 2000m，在汤参 1 井东部累计厚度最大也可达到 1800m。在工区的中部和西部，该套砂岩较薄，在互助村构造－吉祥屯构造附近和汤 D2 井区，该套砂岩甚至不发育。从全区来说，新安村组和乌云组砂岩厚度较大，可作为较好的储层。

图 5-37 汤原断陷达连河组储层等厚图

（据冯志强等，2007）

3）物性特征：汤原断陷古近系储层物性具有横向、纵向变化大的特点。从上到下，随埋藏深度和成岩作用的增强，储层孔隙度和渗透率变低，由中孔中渗型储层变为低孔特低渗型储层。宝泉岭组储层孔隙度在 1.68～33.63% 之间（表 5-6），平均为 22.707%；渗透率在 0.03×10^{-3}～$2567\times10^{-3}\mu m^2$ 之间，均值为 $396.86\times10^{-3}\mu m^2$，整体上具有中孔中渗的特征。达连河组储层孔隙度 1.57%～32.2% 之间，均值为 19.82%，渗透率在 0.01×10^{-3}～$1543\times10^{-3}\mu m^2$ 之间，均值为 $136.19\times10^{-3}\mu m^2$，平均也属于中孔中渗储层。新安村组储层孔隙度在 2.8%～27.9% 之间，均值为 17.771%，渗透率 0.01×10^{-3}～$2453\times10^{-3}\mu m^2$，均值为 $106.66\times10^{-3}\mu m^2$，属于中孔中渗储层。乌云组储层孔隙度在 2.3%～17.92% 之间，均值为 10.759%，渗透率在 0.01×10^{-3}～$160\times10^{-3}\mu m^2$ 之间，均值为 $5.454\times10^{-3}\mu m^2$，属于低孔特低渗储层。

（3）盖层和生、储、盖组合

汤原断陷大致经历了两次水进-水退的过程，一次由乌云期经新安村期至达连河早期，基本上是一个连续的水进过程，达连河早期达到湖盆最大期。达连河晚期有一个小规模的水退过程。渐新世的宝泉岭早期是第二次水进，很快达到水进最大、湖面最广、最深期。到宝泉岭末期，发生水退，湖面缩小、水体变浅、沉积物变粗。由这两次水进水退形成了多套生、储、盖组合，即：

1）乌云组、新安村组泥岩（生）—乌云组、新安村组砂岩（储）—达连河组下部泥岩（盖）；自生自储组合。

2）新安村、达连河组泥岩中、下部（生）—达连河组中、上部砂岩（储）—宝泉岭组泥岩（盖）；正常生储盖组合。

3）宝一段泥岩（生）—达连河组中、上部砂岩（储）—宝泉岭组泥岩（盖）；顶生式生储盖组合。

4）宝一段泥岩（生）—宝泉岭组砂岩（储）—宝泉岭组泥岩（盖）；自生自储组合。

比较而言，以第二种组合较好，因烃源岩埋藏适中，有机质成熟度可能高一些，而其上的盖层也厚，保存条件也好一些。

图 5－38　汤原断陷宝泉岭盖层等厚图

（据冯志强等，2007）

表5-6　汤原断陷各层段岩心样品孔隙度和渗透率数据表

层位	孔隙度/%	渗透率/$10^{-3}\mu m^2$
宝泉岭组	33.63~1.68 / 22.707（123）	2567~0.03 / 396.86（60）
达连河组	32.2~1.57 / 19.83（580）	1543~0.01 / 136.19（459）
新安村组	27.9~2.8 / 17.771（406）	2453~0.01 / 106.66（386）
乌云组	17.92~2.3 / 10.759（118）	160~0.01 / 5.454（89）

由上可见，汤原断陷古近系存在宝泉岭组、达连河组两套盖层，但最重要的一套盖层发育于宝泉岭组一段（图5-38），泥岩累积厚度在200~600m之间，盖层发育区主要在书半深湖区，可以作为良好的区域盖层。汤原断陷古近系泥岩的封闭能力较强，排替压力在2.08~4.16MPa之间（见表4-8），根据吕延防（1996）的盖层评价标准，属于中等-较好的盖层。

（4）圈闭条件

汤原断陷共发育构造圈闭18个、地层圈闭2个、岩性圈闭1个（表5-7）。圈闭类型以断块为主，且主要分布于达连河组。其原因是在达连河组沉积时期，汤原断陷处于断陷的鼎盛时期，断层非常发育，形成许多与断层遮挡作用有关的圈闭。与此同时，达连河期也是汤原断陷的主要湖侵期，水体最深，在凹陷边缘形成地层超覆圈闭。西部斜坡区达连河组超覆在斜坡上，形成地层圈闭。

表5-7　汤原断陷圈闭统计表

三级构造单元	圈闭名称	地质层位	圈闭类型	圈闭面积/km^2	圈闭幅度/m
东部凹陷带	梧桐河构造	达连河组上段	断块	<15	<100
	新民构造	达连河组上段	地层	15~40	>300
	振兴构造	达连河组上段	断鼻	<15	<100
中央凸起带	军校屯构造	达连河组上段	断块	>40	100-300
	龙王庙构造	达连河组上段	断鼻	>40	100~300
	互助村构造	达连河组上段	断鼻	>40	100~300
	吉祥屯构造	达连河组上段	断块	>40	>300
		达连河组上段	断块	>40	>300
	望江构造	达连河组中段	断块	>40	>300
	胜利构造	达连河组中段	断块	15~40	<100
西部凹陷带	东和胜构造	达连河组上段	断块	15~40	100~300
	永发构造	达连河组上段	断块	>40	100~300
	景阳构造	达连河组中段	断块	>40	100~300
西部斜坡带	葡萄架构造	达连河组上段	断块	>40	>300
	立春屯构造	达连河组上段	地层	<15	100~300

圈闭多分布于中央凸起区，且圈闭面积多大于40km^2，圈闭幅度半数位于300m以上。

其原因是中央凸起区断层较发育，构造活动比较强烈。构造圈闭在达连河组沉积后的第一次构造反转过程中，具雏形，在宝泉岭组沉积后的第二次构造反转期间，圈闭定型。

（5）运移

根据排烃门限理论（庞雄奇，1995），应用生烃势指数 (S_1+S_2)/TOC 与深度的关系图（图5-39），计算出汤原断陷的排烃门限深度为2600m，对应的排烃门限 R_o 值为0.6%。地史时期排烃率与 R_o 值的关系见图5-6。

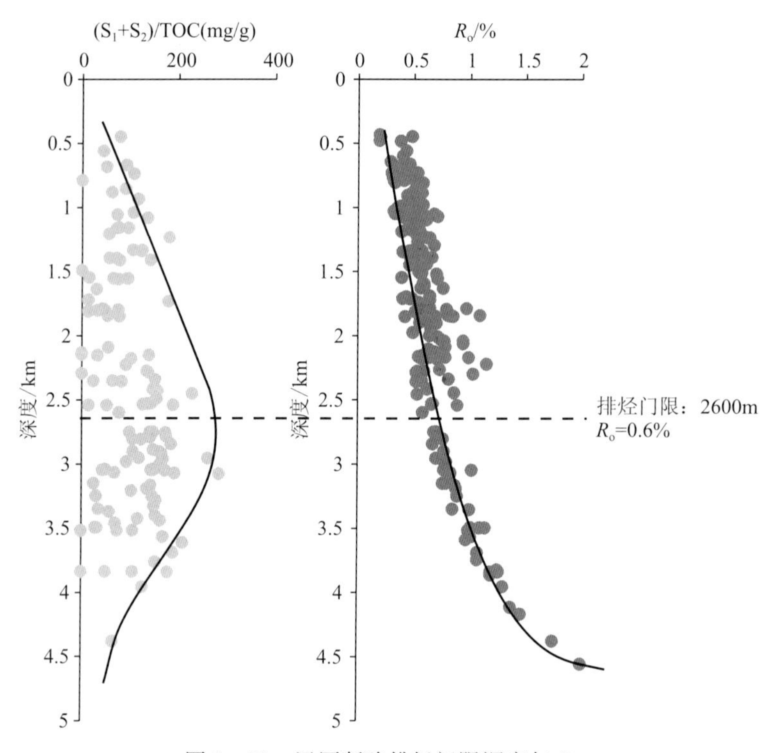

图5-39 汤原断陷排烃门限深度与 R_o

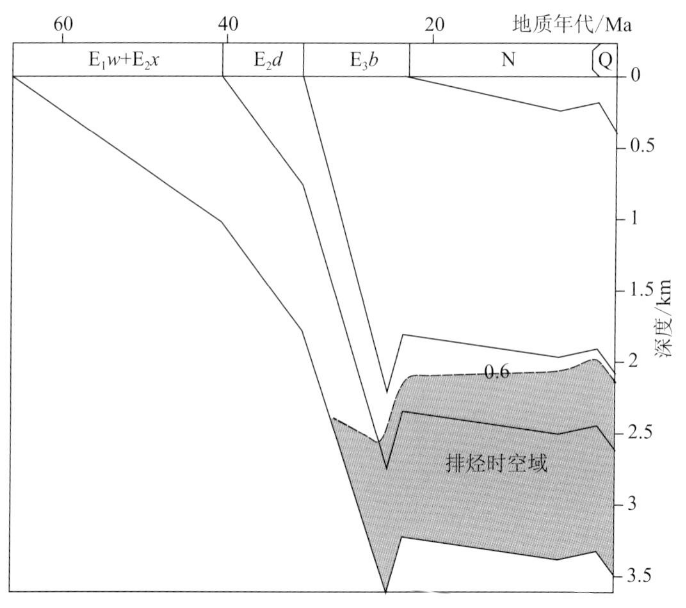

图5-40 汤原断陷汤参1井排烃史图

在排烃门限研究的基础上，应用盆地模拟技术，恢复了汤原断陷的埋藏史、地热史，确定了相应的排烃时间（图5-41）。图5-41中$R_o \geq 0.6\%$的时空域，就是油气初次运移的时空域，汤原断陷在宝泉岭组沉积早期开始排烃。

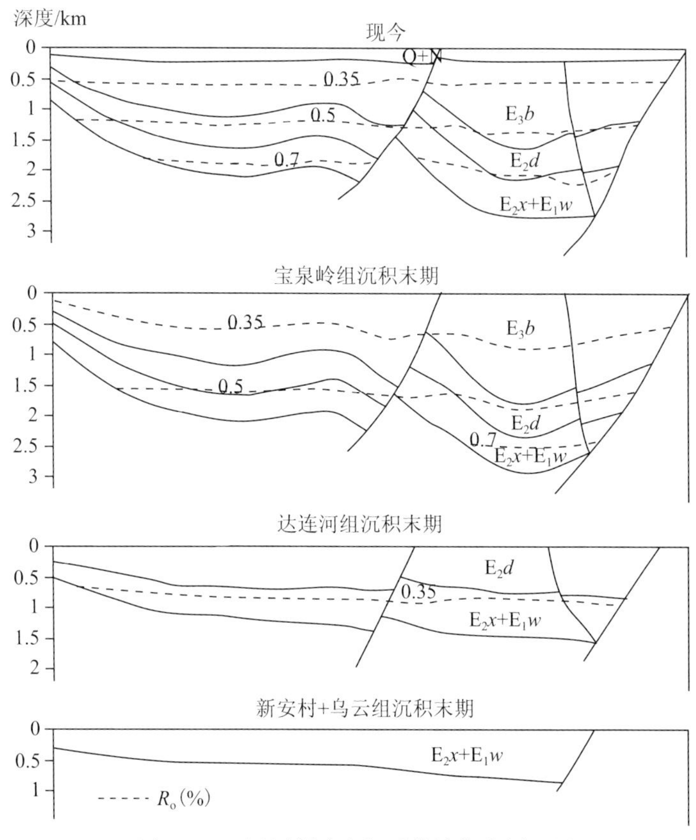

图5-41　汤原断陷有机质热演化史剖面图

3. 成藏动力学研究与油气成藏主控因素分析

（1）地热史、生烃史、成岩史、盖层发育史和成藏史

应用我们自行研发的成藏动力学模拟软件，模拟了汤原断陷的地热史、生烃史、成岩史、盖层发育史和成藏史（图5-41~图5-46），模拟结果如下：

1）新安村组和乌云组沉积时期：整个新安村组和乌云组有机质均未成熟，$R_o<0.35\%$（图5-41）；储层处于早成岩阶段A期（图5-42），发育早期压实相，以原生孔隙为主；盖层埋藏较浅，主要以毛细管封闭为主，排替压力较小（图5-43），封闭能力差-中等。烃源岩没有进入生、排烃门限（图5-44，图5-45），也没有成藏（图5-46）。

2）达连河组沉积时期：乌云组和新安村组下部烃源岩处于半成熟阶段，$R_o=0.35\%\sim0.5\%$（图5-41）；储层处于早成岩阶段A-B期（图5-42），有机酸开始少量生成，形成酸性热流体，溶蚀储层，形成次生孔隙，但成岩作用仍以胶结作用为主，发育早期胶结相；盖层排替压力P_d可达1~2MPa（图5-43），封闭能力较好，封闭机理仍为毛细管封闭。

新安村组上部和达连河组烃源岩仍处于未成熟阶段，$R_o<0.35\%$（图5-41），储层处于早成岩阶段A期（图5-42），发育早期压实相。达连河组下部盖层排替压力P_d为0.5~1MPa（图5-43），盖层封闭能力中等。

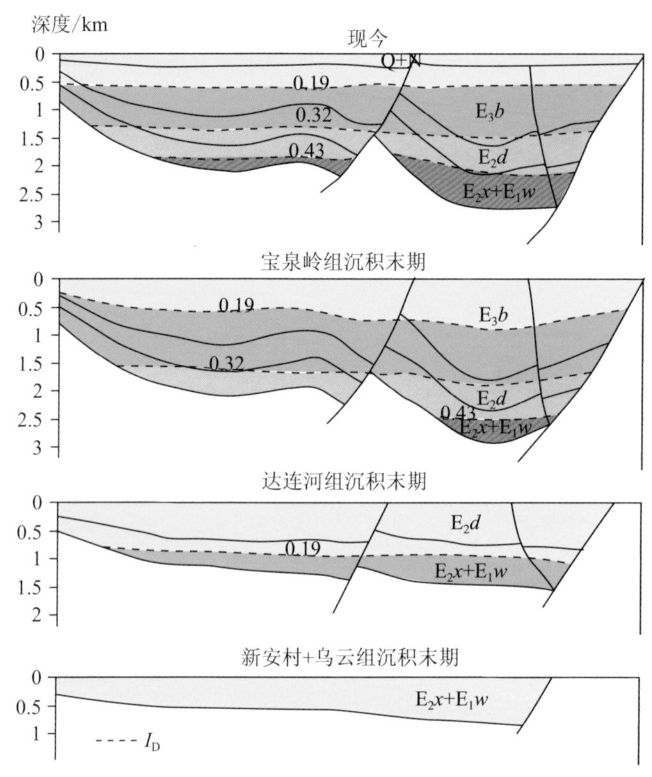

图 5－42　汤原断陷成岩演化史剖面图

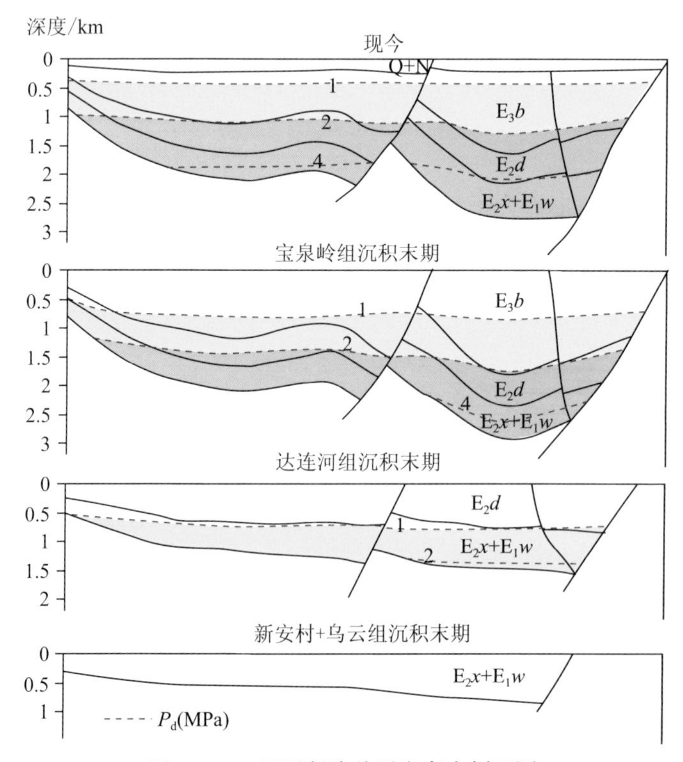

图 5－43　汤原断陷盖层发育史剖面图

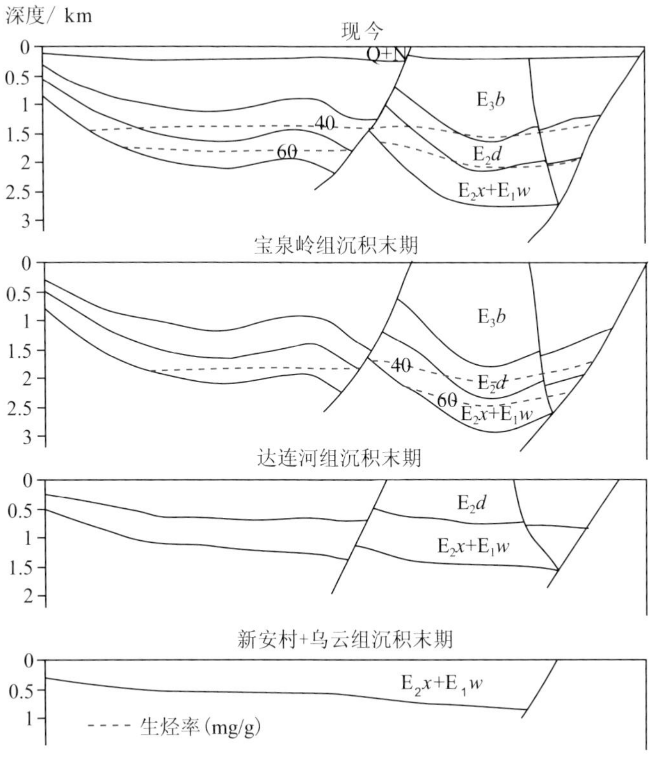

图 5－44　汤原断陷生烃史剖面图

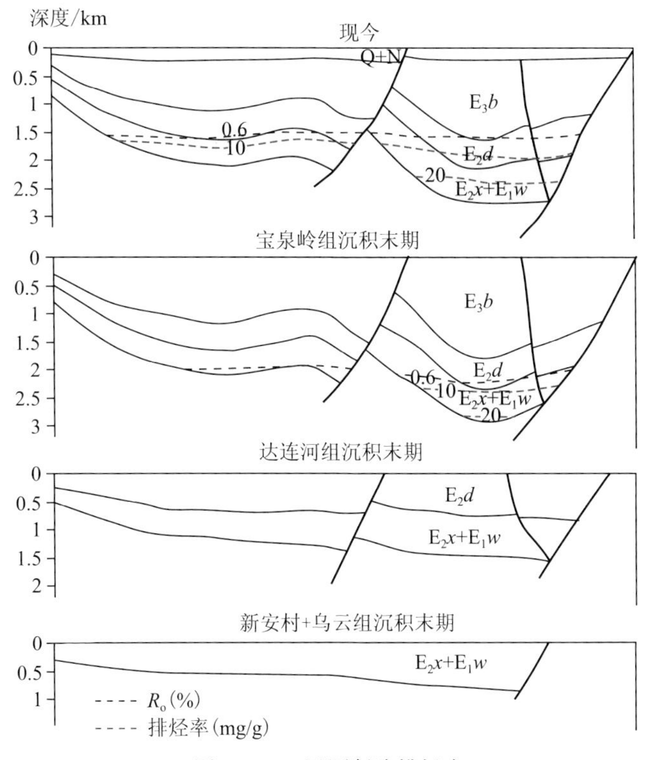

图 5－45　汤原断陷排烃史

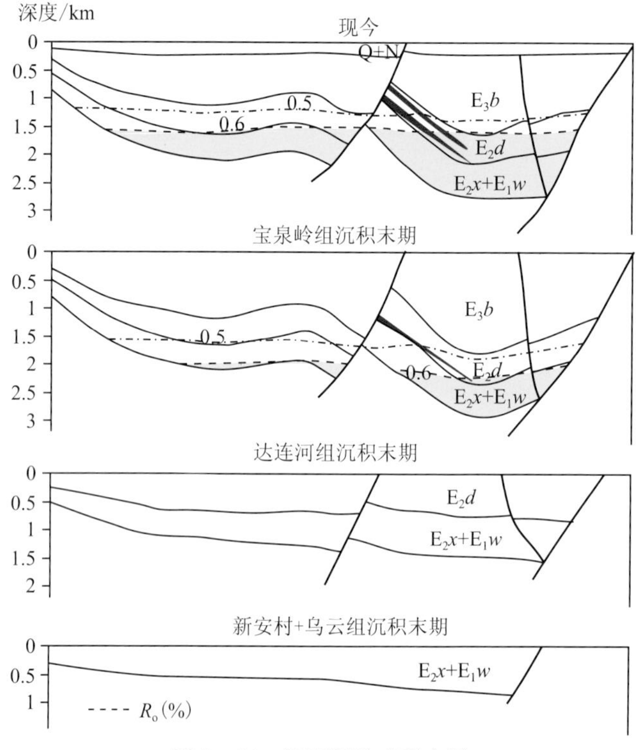

图5-46 汤原断陷成藏史图

3）宝泉岭组沉积时期：宝泉岭组上部地层 $R_o<0.35\%$（图5-41），烃源岩有机质未成熟；储层处于早成岩阶段A期（图5-42），盖层排替压力最高可达1MPa以上（图5-43），已具封闭能力。

宝泉岭组下部地层和达连河组大部分地层有机质处于半成熟阶段，$R_o=0.35\%\sim0.5\%$（图5-41），有机酸开始少量生成，形成次生孔隙，但成岩作用仍以胶结作用为主，发育早期胶结相。宝泉岭组下部地层盖层排替压力 P_d 介于1~2MPa，具备较好的盖层封闭能力。

在凹陷边部，地层埋深相对较浅，新安村组和达连河组底部有机质处于低成熟-成熟阶段，$R_o=0.5\%\sim0.7\%$（图5-41），烃源岩进入生油门限，开始生烃，生烃率>40mg/g（图5-44），成岩强度介于早成岩阶段B期和中成岩阶段 A_1 亚期（图5-42），盖层排替压力 $P_d>2$MPa（图5-43），除了毛细管封闭以外，还具备烃浓度封闭以及超压封闭。乌云组底部地层 $R_o>0.6\%$（图5-41），已达到排烃门限（图5-45），开始排烃，排烃率主要在10~20mg/g之间；圈闭已经定型（图5-31），圈闭形成时间早于油气运移时间，二者匹配甚好。由上可见，在宝泉岭组沉积末期，汤原断陷生、储、盖层发育俱佳，各种成藏要素匹配良好，油气藏开始形成（图5-46）。

在盆地深凹区，新安村组和乌云组的部分烃源岩有机质 $R_o\geqslant0.7\%$（图5-41），进入大量生烃的成熟阶段，生烃率>60mg/g（图5-44）；在油气大量生成的同时，生成有机酸和 CO_2，溶于水，形成酸性热流体，溶蚀储层中的铝硅酸盐长石和碳酸盐胶结物，形成次生孔隙，储层处于中成岩阶段 A_2 亚期（图5-42），主要发育中期溶蚀相；盖层排替压力>2MPa（图5-43），具有良好的封闭能力；烃源岩 $R_o>0.6\%$，处于排烃门限之下，排烃率>10mg/g（图5-45），油气大量排出，排烃时期与构造定型期匹配良好，油气藏开始大规模形成，乌云组和新安村组生成的油气源源不断地充注在附近的岩性圈闭、地层圈闭和构造圈闭中。值得注意的是，在汤原断陷的第二次构造反转过程中，形成了构造圈闭，剥蚀厚度较小，没有破坏主要勘探目的层，保存条件良好，形成的油气保存在已经形成的圈闭中。

4）现今：新近系和宝泉岭组上部地层 $R_o<0.35\%$（图5－41），烃源岩有机质未成熟，储层处于早成岩阶段A期（图5－42），盖层排替压力最高可达1MPa以上（图5－43），已具封闭能力。

宝泉岭组大部分地层和达连河组顶部地层有机质处于半成熟阶段，$R_o=0.35\%\sim0.5\%$（图5－41），有机酸开始少量生成，形成次生孔隙，但成岩作用仍以胶结作用为主，发育早期胶结相。宝泉岭组大部分地层盖层排替压力 P_d 介于1～2MPa，具备较好的盖层封闭能力。

大部分地区的达连河组和深凹区的宝泉岭组有机质 $R_o=0.5\%\sim0.7\%$（图5－41），油气开始生成，生烃率>40mg/g（图5－44），成岩强度处于中成岩阶段 A_1 亚期（图5－42），盖层排替压力 $P_d>2$MPa，除了毛细管封闭以外，还具备烃浓度封闭以及超压封闭；凹陷区达连河组大部分地层 $R_o>0.6\%$，已达到排烃门限，排烃率>10mg/g（图5－45），开始排烃，油气藏可能开始形成。

盆地深凹区的新安村组和乌云村组以及达连河组底部地层有机质 $R_o\geq0.7\%$（图5－41），进入大量生烃的成熟阶段，生烃率>60mg/g（图5－44）；在油气大量生成的同时，生成有机酸和 CO_2，溶于水，形成酸性热流体，溶蚀储层中的长石和碳酸盐胶结物，形成次生孔隙，储层处于中成岩阶段 A_2 亚期（图5－42），主要发育中期溶蚀相；盖层排替压力>2MPa（图5－43），具有良好的封闭能力；生储盖发育俱佳，非常有利于油气藏的形成。烃源岩 $R_o>0.6\%$，处于排烃门限之下，排烃率>20mg/g，油气大量排出，进入圈闭，油气藏大规模形成（图5－46，图5－47）。值得注意的是，自新近纪开始，盆地构造运动逐渐减弱，断裂活动基本停止，保存条件良好，油气藏没有遭到破坏，一直保存至今。

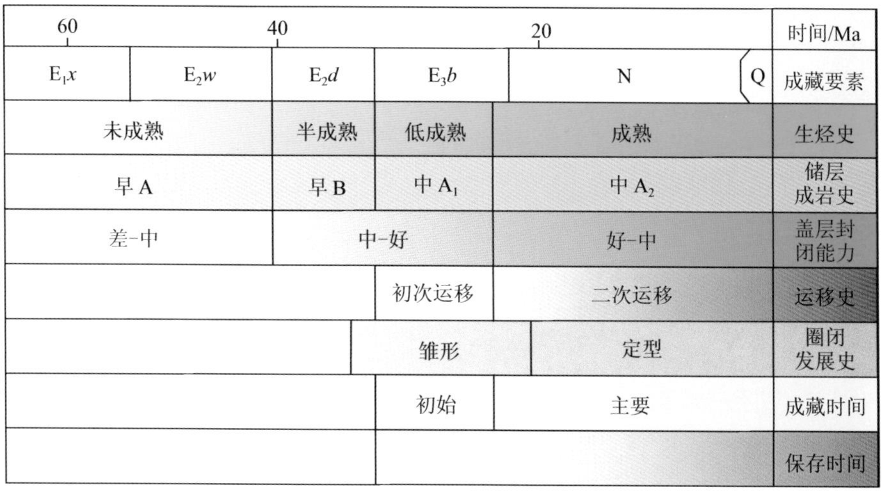

时间/Ma	60		40		20	
成藏要素	E_1x	E_2w	E_2d	E_3b	N	Q
生烃史	未成熟		半成熟	低成熟	成熟	
储层成岩史	早A		早B	中A_1	中A_2	
盖层封闭能力	差-中		中-好		好-中	
运移史				初次运移	二次运移	
圈闭发展史			雏形		定型	
成藏时间				初始	主要	
保存时间						

图5－47　汤原断陷成藏要素发育史

（2）成藏动力学过程分析与成藏模式

在上面埋藏史、地热史、生烃史、储层成岩演化史、盖层发育史、排烃史和成藏史模拟的基础上，本书进一步分析了汤原断陷新生界的生、储、盖、圈、运、保等成藏要素的演化史和成藏动力学过程。由图5－47可见，在达连河组沉积末期，汤原断陷发生第一次构造反转，形成构造圈闭的雏形。在宝泉岭组沉积时期，烃源岩进入生、排烃期，圈闭的形成时期

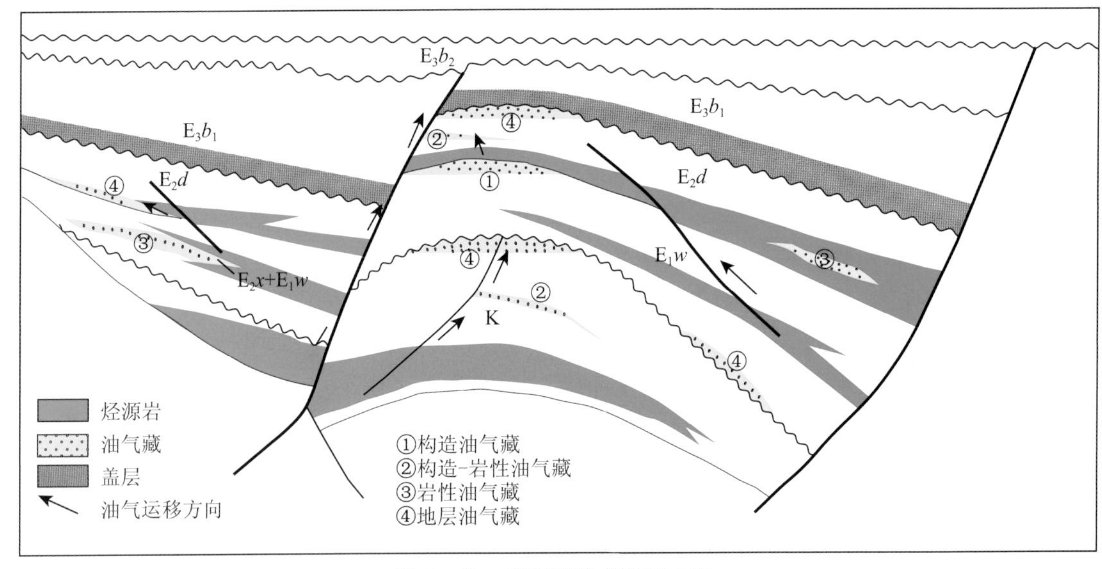

图 5-48　汤原断陷成藏模式图

早于油气运移时期，二者匹配良好。烃源岩排出的油气进入附近的地层圈闭、岩性圈闭和构造圈闭，油气藏开始形成（图 5-48）。在宝泉岭沉积末期，汤原断陷发生了第二次构造反转，构造圈闭逐步定型。这次构造运动使地层发生倾斜，出触发二次运移，油气沿地层上倾方向向上运移，在圈闭中聚集成藏。而此时汤原断陷古近系生、储、盖层发育俱佳，油气开始大规模聚集（图 5-47）。由上可见，油气藏的形成时间主要决定于油气运移时间，油气运移是成藏的主控因素。

由图 5-48 可见，依舒地堑汤原断陷的油气藏类型有构造油气藏、岩性油气藏、构造-岩性油气藏、地层油气藏。然而，由于东部断陷盆地群的断裂活动强烈，构造复杂，所以油气藏类型主要以构造油气藏和构造-岩性油气藏为主，但随着勘探程度的提高，岩性油气藏和地层油气藏会逐渐被发现。

第三节　油气聚集规律

在前面典型含油气盆地解剖和成藏动力学过程研究的基础上，下面进一步探讨松辽盆地以北及以东外围中小型盆地的油气聚集规律，用以指导研究区内其他盆地的油气勘探。

一、烃源灶控制着油气的形成与分布

传统的石油地质学认为，丰富的油源、有利的生储盖组合和有效的圈闭是油气藏形成的三大必要条件（Levorsen，1956；张万选和张厚福，1989）。而在油气田勘探中，油源又是重中之重，如果一个盆地缺乏有效的烃源岩发育，一切都无从谈起。因此，在油气田勘探程序中，把烃源岩的发现与评价作为油气田勘探的首要任务（张一伟和金之钧，2004；庞雄奇，2006；蔡希源，2012）

1. 源控论、相控论与坡折带控油论

中小型断陷盆地面积较小，深湖-半深湖相主要发育在深洼槽，其中烃源岩厚度大、品

质好、埋深大、成熟度高，为有利生油中心。而深断槽周边的浅洼槽以浅湖相为主，所处有机相不利，烃源岩厚度薄、品质差，加之埋藏浅、成熟度低，生烃能力迅速变差。而且中小型盆地生油量相对较小，油气运移距离短，所以油气田主要分布在深洼槽（图5－49）。由图5－49可见，汤原断陷的工业油流井以及低产油流井均分布在深湖－半深湖相的泥质烃源岩发育区，烃源灶控制着油气的形成与分布。

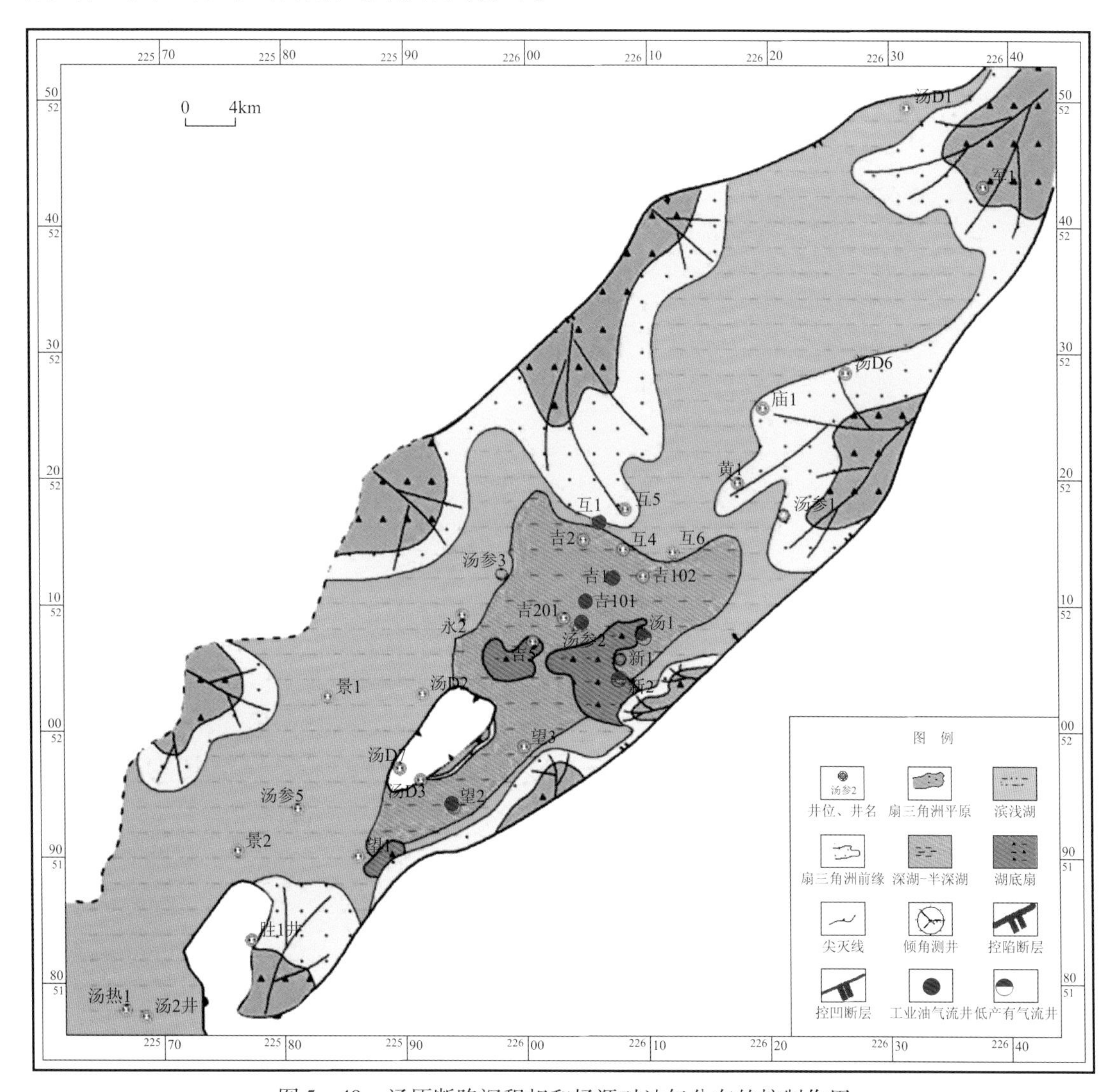

图5－49 汤原断陷沉积相和烃源对油气分布的控制作用

烃源岩对油气藏形成分布的这种作用，在很早就被我国的勘探家们认识到，并不断深入。在我国油气勘探的不同时期有着不同的表述，在我国最大的陆相盆地——松辽盆地，发现大庆油田后，胡朝元等地质学家在1962年率先提出“源控论”，目前松辽盆地的绝大部分油气集中在中央坳陷生烃区，在2005年，胡朝元又进一步讨论了“源控论”的适用范围量化分析（胡朝元，2005）。

后来，我国的地质学家又提出“富油气凹陷”理论（袁选俊和谯汉生，2002；赵文智等，2004）。邹才能等（2005）则提出了“相控论”，各类油气藏的形成和分布普遍具有“相控”的规律性，对油气富集起控制作用的“储集相”主要包括沉积相和成岩相等，在勘探实践中应突出强调“定相”的勘探理念和思想。汤原断陷的油气分布就受沉积相的影响与控制（图5－49）。由图5－49可见，汤原断陷已发现的工业油气流井互1井、吉1井、吉101井、吉201井、汤参2井、望2井和低产油气流井汤1井均位于深湖－半深湖区有利烃源岩发育区，油气藏的分布主要受油气源的控制，而烃源岩主要发育于深湖－半深湖相。

在松辽盆地外围中小断陷盆地的勘探中，人们又提出“坡折带控制油气”的观点，即松辽盆地外围中小型断陷盆地油气藏主要分布在坡折带附近，例如，方正断陷的工业油流井以及低产油流井主要分布在生烃凹陷与斜坡区的坡折带附近（图5－50）。因此，中小断陷盆地的油气勘探思路应该由“圈闭论”转变为“源控论”，由“背斜成藏理论”转变为“向斜成藏理论”，由找构造高点转变为定凹找烃源岩，由找构造油藏转变为找构造－岩性油藏和岩性油藏。大庆油田的勘探人员利用下凹找油，部署了F6井和F4井（图5－50），获得高产工业油流，实现了外围盆地25年来油气勘探的历史性突破。部署在柞树岗向斜的F6井试油压裂获得日产油8.890t的工业油流，F4井下第三系试油压裂获得96m³高产工业油流，石油勘探获得重要进展。

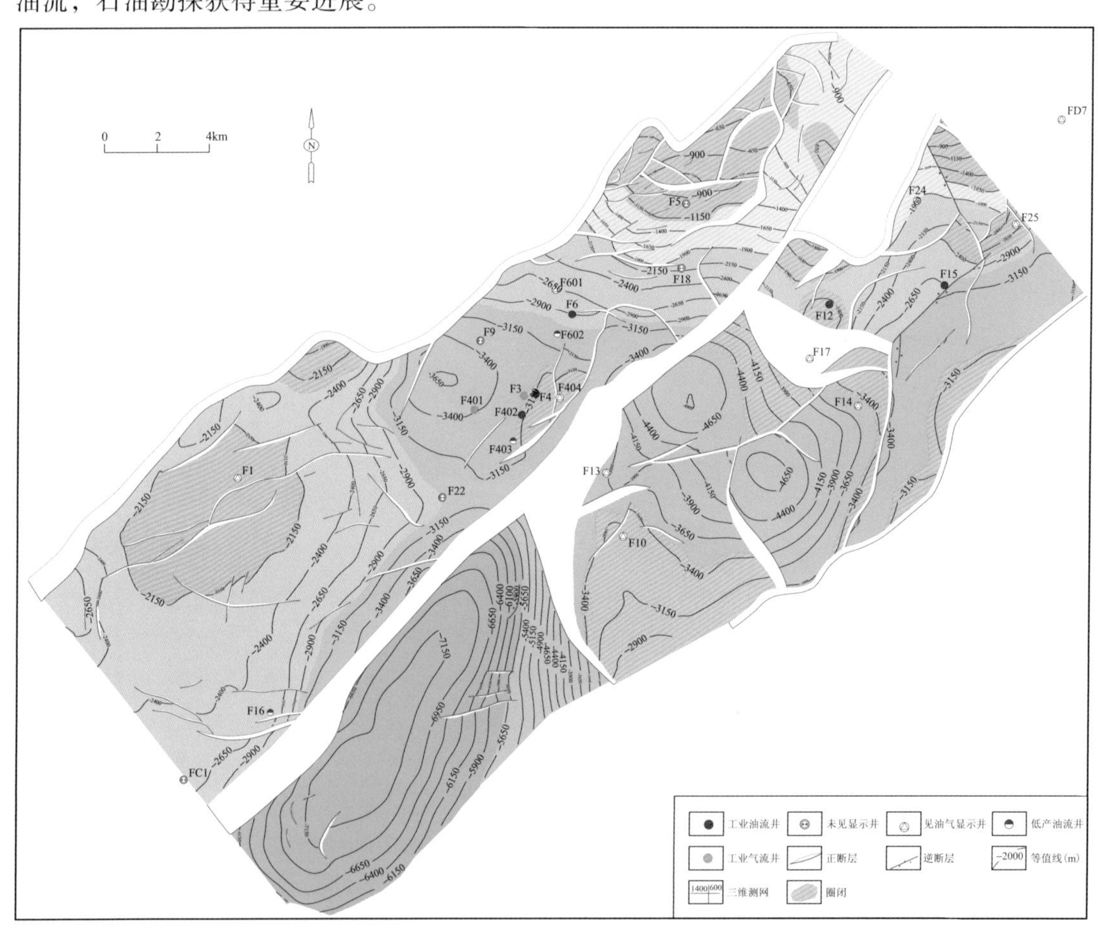

图5－50　方正断陷坡折带对油气藏形成的控制作用

（构造图据大庆油田研究院，2013）

2.“源控论”指导下的油气田勘探部署

研究表明（孟元林等，2016），在早白垩世，东亚地区发育着一个巨大的裂谷系，分布着数以百计的弧后伸展断陷盆地，在我国东北松辽盆地以北及以东地区，下白垩统沉积时期，从北到南各断陷盆地的水体变深，烃源岩颜色变深，粉砂含量减少，纯度增加，有机质丰度升高，类型变好，成熟度降低。北部下白垩统烃源岩达到了差－中的有机质丰度标准，有机质类型主要为$Ⅱ_2$－Ⅲ型，目前处于成熟－高熟阶段；南部烃源岩达到了中－好的有机质丰度标准，发育Ⅰ－Ⅲ型干酪根，处于低熟－成熟阶段。从北到南，烃源岩的质量逐渐变好。基于这一研究成果，应该优先在研究区的南部部署地质调查井和探井。近年来的勘探实践也证实了我们的观点，中国地质调查局在研究区北部部署的钻井油气显示不好，而在研究区南部通化盆地部署的通 D1 和红庙子盆地部署的红 D1 井在下白垩统致密砂岩和泥岩裂缝中，见到了良好的油气显示，既有致密油气，又有页岩油气，显示了良好的勘探前景。

基于以上认识，松辽盆地中小断陷盆地的油气勘探思路应该由“圈闭论”转变为“源控论”，由找构造高点转变为定凹找烃源岩，由此确定进一步勘探部署：①如果在深凹陷的钻探见到好的烃源岩和发现油气，继续对深凹陷周围的高部位进行探井部署；②如果钻探在深凹陷见到好的烃源岩但没有发现油气，也应继续对深凹陷周围的高部位进行探井部署；③如果钻探在深凹陷没有见到好的烃源岩，则应暂时放弃部署。

二、储集条件决定了含油气的丰度

1. 常规储层与非常规储层含油气性的差异

储层的物性决定了含油气的丰度，在含油段储层物性较差是没有获得工业油气流的主要原因。松辽盆地外围断陷盆地古近系砂岩、砂砾岩储层物性较好，孔隙度一般大于10%，渗透率一般大于$1\times10^{-3}\mu m^2$，属于常规油气储层，常常产出工业油气流。但对于沉积条件较差和/或成岩作用较强的砂、砾岩，其成分成熟度和/或结构成熟度的砂、砾岩，物性较差，孔隙度一般小于10%，渗透率小于$0.1\times10^{-3}\mu m^2$，属于非常规储层，只能产出低产油气流。例如：汤原断陷的汤 1 井古近系储层的原始沉积条件差，成分成熟度和结构成熟度低，储层中石英平均含量25.8%，长石平均含量42.7%，岩屑平均含量31.5%；分选差，磨圆不好，主要为次圆－次棱状。成岩作用强，已进入中成岩阶段 A_2 亚期，物性差（表5－8），属于超低－特低孔超低渗储层，不利于油气的储存，虽然在其中也发现具有油气显示的井，但产量不高，没有达到低产或工业油气流的水平（图5－51）。录井解释差油层8层，厚36.6m，油水同层2层，厚7m。这样的例子在松辽盆地外围盆地群很多，如虎林盆地虎1井的古近系、方正断陷方10井的古近系、延吉盆地延参1井的下白垩统等。

表5－8　汤原断陷各组段储层物性差

层位	孔隙度/%	渗透率/$10^{-3}\mu m^2$	综合评价
达连河组	$\frac{1.6\sim7.7}{5.688\ (11)}$	$\frac{0.02\sim207}{2.03\ (11)}$	特低孔超低渗
新安村组	$\frac{2.4\sim12.4}{8.16\ (41)}$	$\frac{0.07\sim1.93}{0.68\ (41)}$	特低孔超低渗
乌云组	$\frac{1.5\sim6.5}{4.47\ (13)}$	$\frac{0.07\sim1.09}{0.29\ (13)}$	超低孔超低渗

2. 非常规油气地质理论指导下的勘探部署

由于储层物性的差异，造成油气聚集规律的不同（贾承造等，2017），理应采取不同的

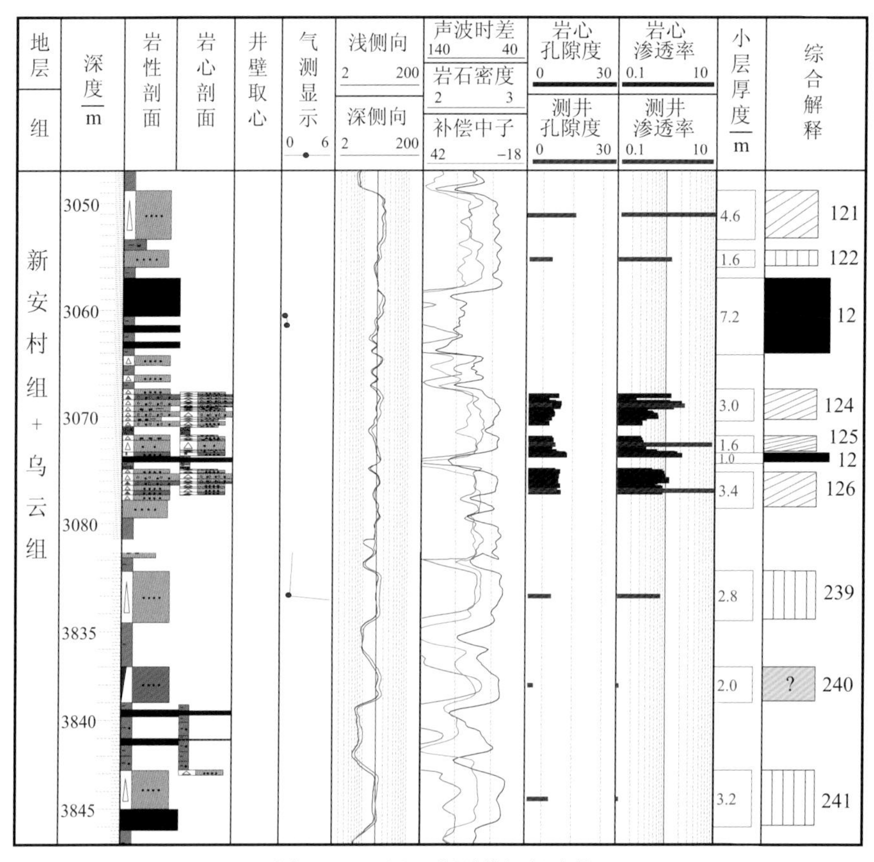

图 5－51　汤 1 井测井解释成果

勘探部署方法。在常规储层中，流体场属于自由流体动力场，流体的流动服从达西定律（贾承造等，2012）。在圈闭中，油、气、水遵循重力分异原理（姜振学等，2006），油气聚集在圈闭的高部位。在常规储层油气勘探中，生、储、盖、圈、运、保六大成藏要素缺一不可，勘探家常常采取的是以寻找有利圈闭为中心的勘探方法，将钻井部署在构造高点（图 5－52）。

然而，致密砂岩油气属于非常规油气，具有与常规油气完全不同的地质特征。因此，在致密油气勘探过程中，应放弃传统的圈闭聚集油气理论，采用非常规油气勘探的思路与方法。一般认为，致密砂岩是孔隙度 $<10\%$，渗透率 $<0.1\times10^{-3}\mu m^2$ 的砂岩，是一种非常规储层。在致密储层中，储层的孔喉较细，以纳米级孔喉为主，流体场属于局限流体动力场，流体的流动不服从达西定律，常常出现气水倒置，致密油气聚集在构造的低部位（姜振学等，2006）。致密油气以“连续型”或“准连续性”在盆地中心或斜坡聚集，其分布不受圈闭的控制（邹才能等，2013；孟元林等，2015）。因此，源储配置是研究核心，在致密油气的勘探中，重点研究烃源岩和储层及其配置关系即可，不必寻找构造高点。

通化盆地通 D1 井的钻探成果和分析化验就支持了这一观点，下白垩统亨通山组砂岩为致密砂岩，在埋深 600m 左右时，砂岩孔隙度仅为 1.86%，属于典型的致密储层，但烃源岩的 R_o 高达 1.31%，砂岩的这种物性特征和泥岩的有机质成熟度与松辽盆地 2400m 相当。由此可以推断，通化盆地下白垩统的剥蚀量在 1800m 左右。通 D1 井下白垩统砂岩粒度较细，以细砂为主，分选、磨圆中等－好，仅发育平行层理和块状层理，粒度概率曲线呈两段式，

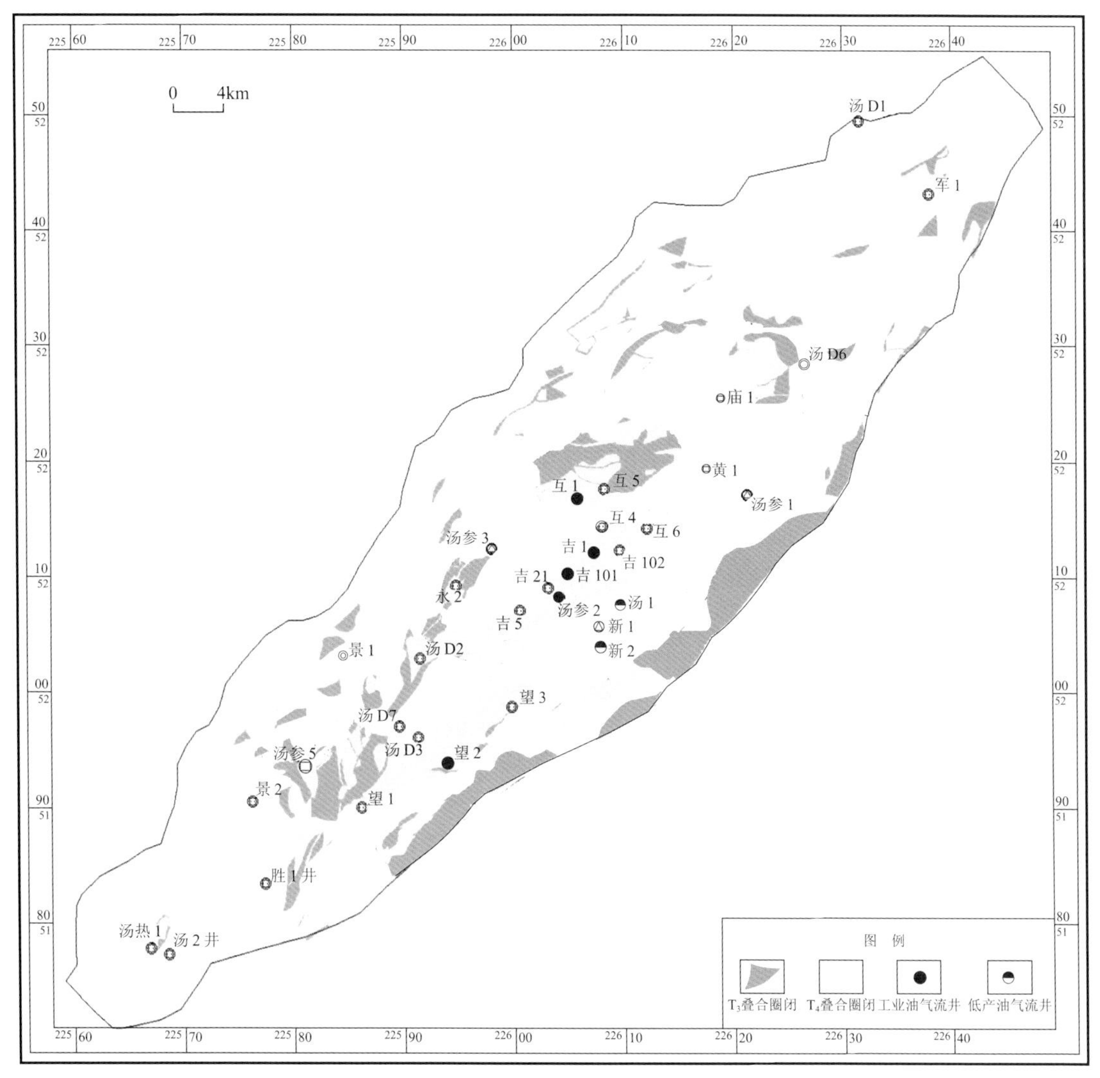

图5-52 汤原断陷构造圈闭对油气分布的控制作用

属于三角洲外前缘水下分流河道沉积。暗色泥岩质纯，发育水平层理，显示了半深湖-深湖相的沉积特征。在下白垩统亨通山组62.18m的砂岩中见到良好的油气显示，致密砂岩裂缝含油，原油以中质油为主。下白垩统下桦皮甸子组15.28m厚的泥页岩裂缝中含油。通地1井水涌时，带大量气泡涌出。由上可见，通化盆地主要发育致密砂岩油气和页岩油气，具有良好勘探潜力和含油气远景。在类似通化盆地这样的致密油气勘探中，应重点研究烃源岩的生烃潜力和储层的储集特征及其配置关系，在此基础上进一步预测“甜点”。

在这种非常规油气地质理论指导下，我们在红庙子盆地又部署了红D1井，同样取得了成功，在下白垩统致密砂岩中发现油气显示31层，厚度共14.36m。事实上，在像通化盆地和红庙子盆地这样的盆地中，致密砂岩油气和页岩油气在凹陷中心和斜坡呈连续或准连续分布，在钻井部署时，重点考虑烃源岩和储层这两个因素即可。

三、有效的圈闭是常规油气藏形成的关键

所谓油气藏是指油气在单一圈闭中的聚集。有效的圈闭则是指圈闭形成时间早于或与油

气运移同时形成的圈闭。在常规油气勘探中，有效的圈闭是油气藏形成的关键，最有利的钻探部位在圈闭的高点。松辽盆地以北及以东外围断陷中小型盆地中，目前已发现工业油气流的盆地均发育有效的圈闭，油气的运移时间与圈闭的形成时间匹配良好（图5－27，图5－47）。延吉盆地最早的初次运移发生在大砬子组沉积时期。构造圈闭具有长期继承性发育的特点，在铜佛寺组沉积末期，构造圈闭已具雏形；龙井组沉积末期，受燕山运动的影响，在区域挤压应力的作用下，构造定型。与此同时，龙井组沉积末期的这次构造运动使地层倾斜，引起油气的二次运移。油气的运移时间晚于圈闭的形成时间，二者匹配良好。

汤原断陷的初次运移最早发生在宝泉岭组沉积期间。构造圈闭具有长期继承性发育的特点，在达连河组沉积末期构造圈闭已具雏形，油气运移的时间晚于圈闭的形成时间。在宝泉岭沉积末期的构造翻转使构造圈闭最终定型，并使地层倾斜，引起二次运移的发生，油气运移与圈闭形成具有良好的匹配关系。汤原断陷目前处于勘探早期阶段，所发现的圈闭以构造圈闭为主。现已发现的工业油气流井互1井、吉1井、吉101井、吉201井、汤参2井、望2井和低产油气流井新2井均位于构造圈闭中，只有低产油气流井汤1井属于地层或岩性油气藏（图5－52）。

四、区域盖层决定了一个二级构造单元油气分布的层位

已有的勘探实践表明，在松辽盆地外围中小型断陷盆地中，区域盖层决定了一个二级构造单元在纵向上的分布，油气藏一般分布在区域盖层之下。在依舒地堑的汤原断陷、方正断陷中，已发现工业油气流井和低产油流井均分布在宝泉岭组区域盖层之下（图5－53）。

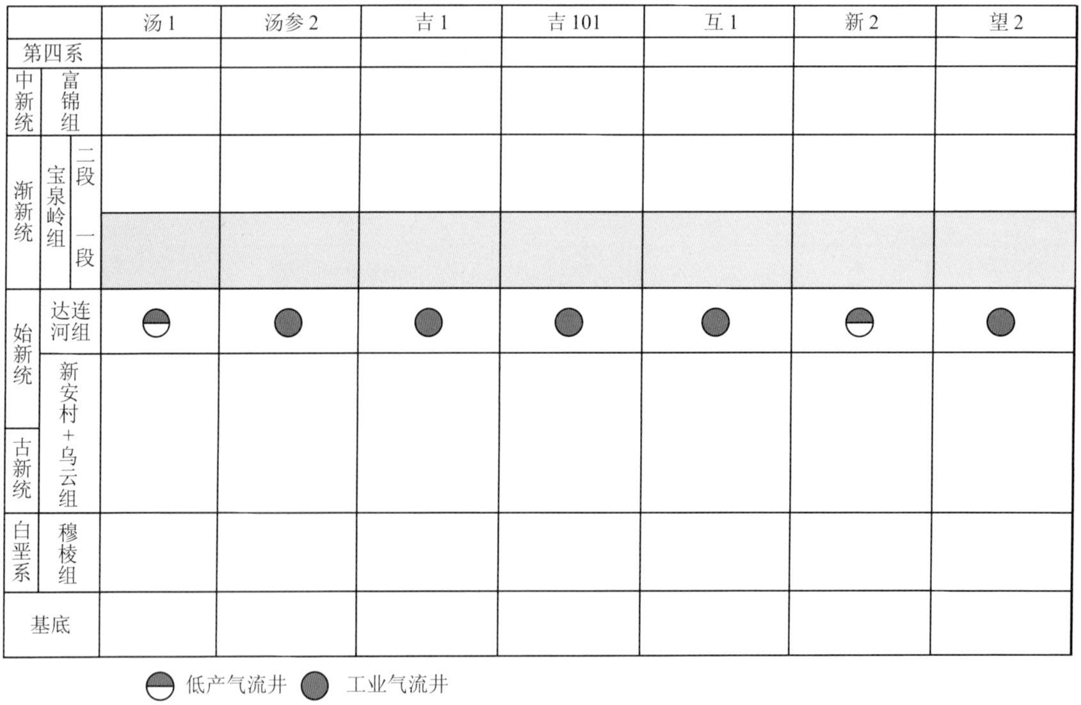

			汤1	汤参2	吉1	吉101	互1	新2	望2
第四系									
中新统	富锦组								
渐新统	宝泉岭组	二段							
		一段							
始新统	达连河组		低产气流井	工业气流井	工业气流井	工业气流井	工业气流井	低产气流井	工业气流井
始新统 古新统	新安村＋乌云组								
白垩系	穆棱组								
基底									

低产气流井　工业气流井

图5－53　汤原断陷区域盖层对油气藏的控制作用

松辽盆地以北及以东外围断陷盆地群中新生界的盖层质量都不错，大多数盆地的盖层具有形成中小型油气田的封闭能力。

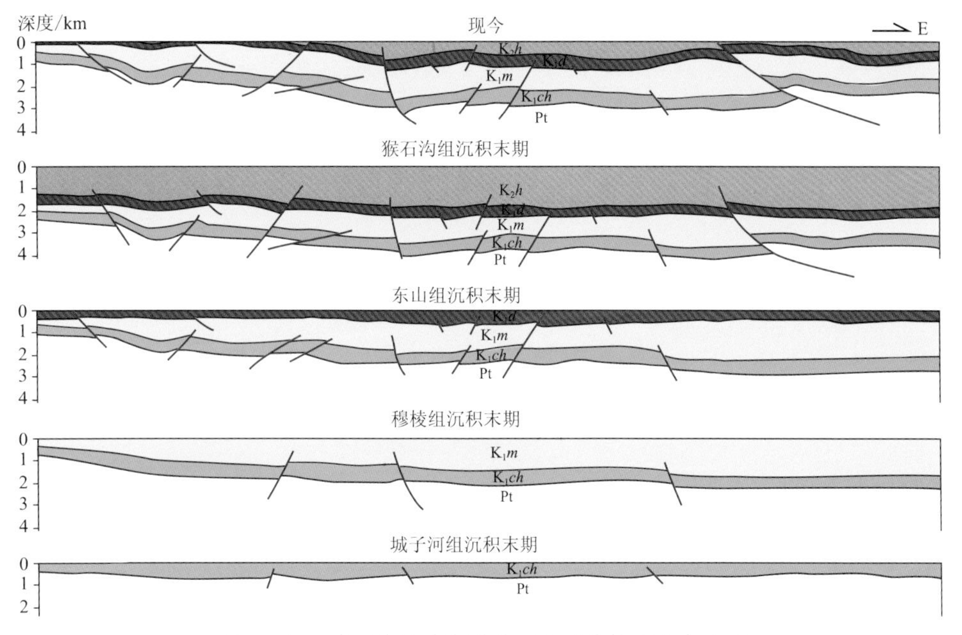

图5-54　鸡西盆地鸡东坳陷120测线构造发育史图

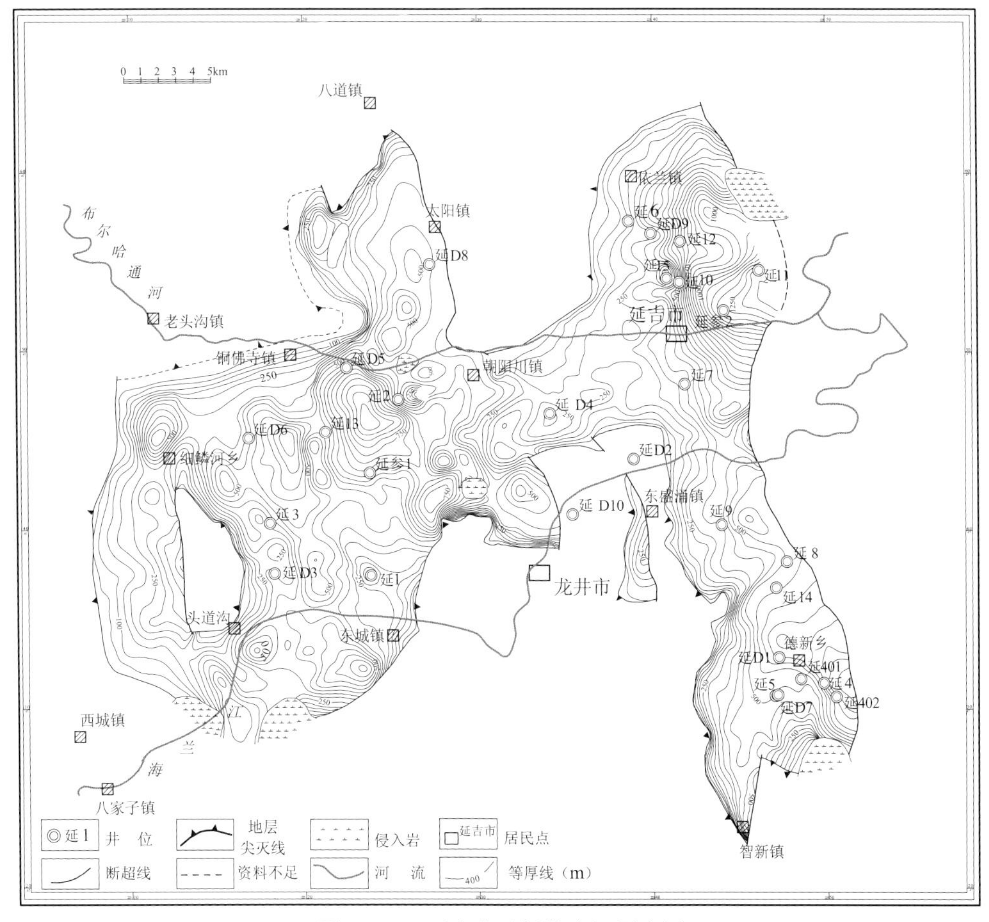

图5-55　延吉盆地铜佛寺组厚度图

（据张吉光，2014）

延吉盆地也是晚白垩世抬升剥蚀后形成的一个残留盆地，上白垩统龙井组沉积末期的构造运动使延吉盆地南北两侧背斜部位的地层遭受抬升剥蚀，在剥蚀严重的地区，铜佛寺组地层被剥蚀殆尽，不可能成藏，即使当时有古油藏形成，也被破坏掉了；而中间向斜部位地层则保存较好（图5－55），相对来说，这一位置的油气保存条件较好，在清茶馆次凹和德新次凹，形成了小型油气田（图5－19，图5－20）。

第六章　盆地排队油气有利目标区优选

东北地区外围盆地有很多改造型叠合盆地，总体勘探程度较低，具有多套烃源岩、多类储盖组合、多次生、排烃和多期成藏特征，推测存在多种油气来源，通常勘探目的层埋深大，经历长期演化，油气藏充注历史复杂，油气分布规律受多种因素制约。叠合盆地油气形成与聚集的复杂性决定了不能用常规的简单指标或规则进行油气远景评价，需要注意：①不能依据氯仿沥青“A”和有机碳含量等实测指标评价烃源岩品质，因为这些指标值高并不能完全表征烃源岩的生、排烃量大；②不要完全依据生、排烃量评价探区勘探前景，因为构造变动强时可以使烃源岩排出的烃量在运移中全部遭到破坏；③不宜套用运聚系数法求取资源量，因为叠合盆地成藏体系聚集油气效率远不如简单盆地（庞雄奇，2002）。

第一节　油气远景评价方法与勘探目标区划分原则

一、评价方法

在充分考虑到大庆探区外围盆地具有叠合盆地特点的基础，本书优选评价采用直接乘法结果评价法对研究区的主要盆地进行筛选排序，优选出具有含油气远景的盆地，为下一步勘探提供可靠的依据。“直接乘法”是《全国含油气盆地（区块）统一标准法》中所采用的一种方法。“直接乘法”通过把各项指标相乘的方式计算排队系数（表6－1），而不考虑各项指标的权重：

$$P = \prod_{i=1}^{k} B_i \tag{6-1}$$

式中：$i=1,2,3,\cdots,11$，表示11项指标；P为排队系数；B_i为各项指标的分值。

表6－1　全国含油气盆地（区块）统一标准法11项参数评分标准表

指标序号	级别与分值	一级	二级	三级	四级
	评价分值	1～0.75	≤0.75～0.50	≤0.50～0.25	≤0.25～0.00
1	盆地或凹陷面积/km^2	≥15000～10000	10000～5000	5000～1000	1000～0
2	盆地或凹陷沉积岩厚度/m	≥6000～3000	3000～2000	2000～1000	1000～0
3	盆地或凹陷有效烃源岩厚度（条件不具备时采用烃源岩厚度，m）	≥1000～500	≤500～300	≤300～100	≤100～0
4	储层厚度/地层厚度	≤0.30～0.25	0.25～0.20	0.20～0.10	<0.1
			0.30～0.40	0.40～0.60	0.6>
5	区域盖层厚度/m	≥1000～500	≤500～300	≤300～100	≤100～0

续表

指标序号	级别与分值	一级	二级	三级	四级
	评价分值	1～0.75	≤0.75～0.50	≤0.50～0.25	≤0.25～0.00
6	区块内最大圈闭（条件不具备可根据勘探程度由专家决定分值，km^2）	≥20～10	≤10～5	≤5～2	≤2～0
7	盆地资源量（石油当量，10^8t）或，凹陷资源量（石油当量，10^8t），尽量采用凹陷资源量	≥20～10	≤10～5	≤5～1	≤1～0
		≥4～2	≤2～1	≤1～0. 5	≤05～0
8	含油气系统配置关系（含油气系统可靠等级，含油气系统不存在时直接取0）	已知含油气系统（!）获高产工业油气流	已知含油气系统（!）获低产工业油气流	假想含油气系统（*）见油气显示或油气苗	推测含油气系统（?）或无显示
9	勘探深度/m	<2000	≥2000～3000	≥3000～4000	≥4000～8000
10	勘探程度	有一定数量的探井	有地震及钻过参数井	有非地震物化探资料，或少量地震大剖面	仅进行过地面地质调查
11	地面条件（根据交通情况确定分数范围）	平原为主	丘陵为主	中低山区－黄土塬	沙漠、滩海、山地

二、勘探目标区划分原则

盆地优选排队的次序取决于它的排队系数（P）的大小。根据排队系数的大小，将盆地（区块）分成Ⅰ、Ⅱ、Ⅲ、Ⅳ等四类（表6－2）。

表6－2　全国含油气盆地（区块）统一标准法排队优选分类标准表

类别	排队系数 P 值
Ⅰ类	1×10^{-2}～4.2235×10^{-2}
Ⅱ类	≤4.2235×10^{-2}～4.8828×10^{-4}
Ⅲ类	≤4.8828×10^{-4}～2.3840×10^{-7}
Ⅳ类	≤2.3840×10^{-7}

第二节　评价结果与不同油气远景类型盆地的分布

一、评价参数选取

根据中国石油股份有限责任公司发布的《盆地分析模拟规范》中的盆地分析模拟阶段划分原则，鉴于外围盆地只进行了野外地质调查、非地震物化探、少量的地震和钻井资料的实际情况。外围盆地处于识别优选含油气盆地阶段。主要应进行盆地分析，初步搞清盆地的基底构造格局、地层层序、沉积岩分布、预测主要的烃源岩系及主要烃源岩分布区、估算远

景资源量，评价盆地的勘探前景，并通过对多个盆地比较，进行分类排队，优选出具有含油气前景的盆地。

为此，研究中评价采用了《中国石油股份有限公司全国中小型盆地新登记区块优选评价报告》中统一确定的盆地或凹陷面积、盆地或凹陷沉积岩厚度、烃源岩厚度、区域盖层厚度、最大圈闭面积、盆地或凹陷资源量、含油气系统配置关系、目的层勘探深度、勘探程度和地面条件等11项指标，依据对外围各盆地边界重新界定，凹陷深度和资源量等参数的重新计算，确定了各盆地所应用的各项参数值（表6-3～表6-8）。

表6-3　盆地优选基础数据表（一）

指标序号	指标名称	勃利盆地	敦化盆地	方正断陷	抚松盆地	虎林盆地
1	盆地或凹陷面积/km^2	10000	4400	1460	1200	6500
2	盆地或凹陷沉积岩厚度/m	4600	6939	6400	2900	3600
3	烃源岩厚度/m	300	1220	240	222	561
4	储层厚度/地层厚度	0.5	0.31	0.2	0.27	0.38
5	区域盖层厚度/m	500～700	92	200	76.5	230
6	最大圈闭面积/km^2	181	14918	92.5		27.1
7	盆地（凹陷）资源量/10^8t	0.52	1.24	2.07		1.08
8	含油气系统配置关系	推测含油气系统	已知含油气系统（!）获工业油气流	获得工业油气流	无油气显示	推测含油气系统
9	勘探深度/m	1500～2500	4000	>4000	2000～3000	2910
10	勘探程度	有少量地震及参数井和地质探井	有一定数量的探井	有地震及钻过参数井	仅进行过地面地质调查	有地震及钻过参数井
11	地面条件	丘陵为主	山地	山地、平原	山地	平原为主

表6-4　盆地优选基础数据表（二）

指标序号	指标名称	辽源盆地	柳河盆地	马鞍山盆地群	宁安盆地	延吉盆地
1	盆地或凹陷面积/km^2	838	1600	550	3430	1670
2	盆地或凹陷沉积岩厚度/m	5000	6576	1000	2000	3400
3	烃源岩厚度/m	440～1334	320		250	750
4	储层厚度/地层厚度	0.27	0.54		0.69	0.33
5	区域盖层厚度/m	3633	238		54.5	509
6	最大圈闭面积/km^2					24.3
7	盆地（凹陷）资源量/10^8t		5.53		0.3～0.8	0.36～1.07
8	含油气系统配置关系	已知含油气系统，获低产油气流	推测含油气系统	推测含油气系统或无显示	推测含油气系统	工业油气流
9	勘探深度/m	3500	1600	700	<2000	3400
10	勘探程度	有地震及钻过参数井	非地震勘探	仅进行过地面地质调查	有地震及钻过参数井	有一定数量探井
11	地面条件	平原	低山丘陵	山地	丘陵	丘陵

表6-5　盆地优选基础数据表（三）

指标序号	指标名称	双阳盆地	松江盆地	孙吴－嘉荫盆地	汤原断陷	通化盆地	红庙子盆地
1	盆地或凹陷面积/km^2	500	750	22810	3320	1418	570
2	盆地或凹陷沉积岩厚度/m	5500	7500	3950	6000	2721	2600
3	烃源岩厚度/m	777	206	1150	1000	393	350
4	储层厚度/地层厚度	0.36	0.17	0.587	0.46	0.62	0.55
5	区域盖层厚度/m		806～1466	250	500		
6	最大圈闭面积/km^2			311.4	299		
7	盆地（凹陷）资源量/10^8t			2.32～6.96	6.26	0.302	
8	含油气系统配置关系	无油气显示	推测含油气系统	推测含油气系统	已知含油气系统（!）获工业油气流	假想含油气系统（*）见油气显示或油气苗	推测含油气系统
9	勘探深度/m	2000～3000	<2000	2419	4950	<2000	<2000
10	勘探程度	有非地震物化探资料及少量地震剖面	仅进行过地面地质调查	有一定数量的探井	有一定数量的探井	仅进行过地面地质调查	仅进行过地面地质调查
11	地面条件	丘陵为主	低山丘陵	山地	山地	丘陵为主	丘陵为主

表6-6　盆地优选基础数据表（四）

指标序号	指标名称	罗子沟盆地	东兴盆地	蛟河盆地	四合屯盆地	永吉盆地
1	盆地或凹陷面积/km^2	325	1170	550	1625	920
2	盆地或凹陷沉积岩厚度/m	1700	500	2750	4230	4230
3	烃源岩厚度/m	600		409.26	0	0
4	储层厚度/地层厚度	0.577	0.2	0.7	0.27	0.27
5	区域盖层厚度/m		100			
6	最大圈闭面积/km^2					
7	盆地（凹陷）资源量/10^8t		0.0652～0.1655			
8	含油气系统配置关系	已知含油气系统（!）获工业油气流	推测含油气系统	假想含油气系统（*）见油气显示或油气苗		
9	勘探深度/m			≥2000～3000		
10	勘探程度	有一定数量的探井	仅进行过地面地质调查	仅进行过地面地质调查	仅进行过地面地质调查	仅进行过地面地质调查
11	地面条件	山地	平原	丘陵为主	丘陵为主	丘陵为主

表6-7 盆地优选基础数据表（五）

指标序号	指标名称	鸡西盆地	双鸭山盆地	辉桦盆地	伊通盆地	果松盆地
1	盆地或凹陷面积/km^2	3780	600	1900	2400	1180
2	盆地或凹陷沉积岩厚度/m	3700	1900	1426	5230	4392.34
3	烃源岩厚度/m	600~800	375	112	1166	430.22
4	储层厚度/地层厚度	0.5	0.25	0.41	0.41	0.445
5	区域盖层厚度/m	400	150	112	863	
6	最大圈闭面积/km^2	21				
7	盆地（凹陷）资源量/10^8t	1.74	0.21~0.23		7.4	
8	含油气系统配置关系	见到含油显示	推测含油气系统	推测含油气系统或无显示	已知含油气系统	已知含油气系统（!）获工业油气流
9	勘探深度/m	2000~3500	2000	<2000	3000~4000	
10	勘探程度	有一定数量探井	有一定数量探井	仅进行过地面地质调查	有一定数量的探井	有一定数量的探井
11	地面条件	山地	丘陵-平原	山地-丘陵	中低山区	山地

表6-8 盆地优选基础数据表（六）

指标序号	指标名称	伊春盆地	东宁盆地	鹤岗盆地	珲春盆地	三江盆地
1	盆地或凹陷面积/km^2	2200	1310	1200	630	33730
2	盆地或凹陷沉积岩厚度/m	1400	1000	2000	2000	3800
3	烃源岩厚度/m	30	50	200	500	308.5
4	储层厚度/地层厚度	0.1	0.1	0.2	0.2	0.212
5	区域盖层厚度/m	30	50	50	100	517
6	最大圈闭面积/km^2	2	2	2	2	383.8
7	盆地（凹陷）资源量/10^8t	0.01	0.02	0.4	0.15	4.66
8	含油气系统配置关系	推测含油气系统（?）	推测含油气系统（?）	推测含油气系统（?）	推测含油气系统（?）	假想含油气系统（*）见油气显示或油气苗
9	勘探深度/m	900	800	1000	1100	3500
10	勘探程度	有非地震物化探资料	有非地震物化探资料	有少量地震和非地震物化探资料及地质井	有非地震物化探资料及地质井	有一定数量的探井
11	地面条件	山地	平原为主	丘陵为主	山地	平原为主

二、评价结果与分析

按照上述方法和参数，对外围盆地进行了优选（表6-9），其中有9个盆地均已达到Ⅱ

类盆地级别，它们分别是伊通盆地、方正断陷、汤原断陷、延吉盆地、鸡西盆地、虎林盆地、三江盆地、孙吴－嘉荫盆地、勃利盆地（图6－1），其中8个分布在研究区的北部地区和依舒地堑。南部地区的通化盆地、柳河盆地、红庙子盆地、辽源盆地四个盆地排队系数位于Ⅲ类盆地前列，它们具有面积大、埋藏深、发育较好烃源岩和资源量大等特点，是下步勘探重点。

表6－9　东北地区东部盆地群盆地排队、分类参数表

序号	1	2	3	4	5	6
盆地名称	伊通盆地	方正断陷	汤原盆地	延吉盆地	鸡西盆地	虎林盆地
评价值	0.0117	0.008	0.00791	0.007509	0.00494	0.00453
类别	Ⅱ类	Ⅱ类	Ⅱ类	Ⅱ类	Ⅱ类	Ⅱ类
序号	7	8	9	10	11	12
盆地名称	三江盆地	孙吴－嘉荫盆地	勃利盆地	果松盆地	宁安盆地	通化盆地
评价值	0.00314	0.00211	0.00178	0.00007495	0.00006866	0.0000601
类别	Ⅱ类	Ⅱ类	Ⅱ类	Ⅲ类	Ⅲ类	Ⅲ类
序号	13	14	15	16	17	18
盆地名称	柳河盆地	红庙子盆地	辽源盆地	敦化盆地	双阳盆地	抚松盆地
评价值	0.00005859	0.000052	0.000051	0.00004883	0.0000468	0.000046
类别	Ⅲ类	Ⅲ类	Ⅲ类	Ⅲ类	Ⅲ类	Ⅲ类
序号	19	20	21	22	23	24
盆地名称	松江盆地	马鞍山盆地	双鸭山盆地	辉桦盆地	罗子沟盆地	蛟河盆地
评价值	0.0000459	0.00003466	0.00002652	0.00002158	0.00002051	0.00001075
类别	Ⅲ类	Ⅲ类	Ⅲ类	Ⅲ类	Ⅲ类	Ⅲ类
序号	25	26	27	28	29	30
盆地名称	伊春盆地	东宁盆地	鹤岗盆地	珲春盆地	长白盆地	四合屯盆地
评价值	0.000001	0.000001	0.000001	0.000001	0.000001	0.000001
类别	Ⅲ类	Ⅲ类	Ⅲ类	Ⅲ类	Ⅲ类	Ⅲ类
序号	31	32				
盆地名称	永吉盆地	东兴盆地				
评价值	0.000001	0.00000072				
类别	Ⅲ类	Ⅲ类				

Ⅲ类盆地主要分布在东北盆地群的南部，这些盆地一般面积小，勘探程度也较低，目前未见工业油气流，但随着未来勘探水平和地质新认识的逐渐深入，这些盆地将来也有可能成为盆地勘探的接替区。

三、钻探成果分析

1. 钻井部署思路

由前面的研究结果可见，研究区内Ⅱ类盆地主要分布在依舒地堑和研究区的北部（图6－1），这些盆地的综合石油地质条件较好。然而，研究区南部下白垩统烃源岩的质量

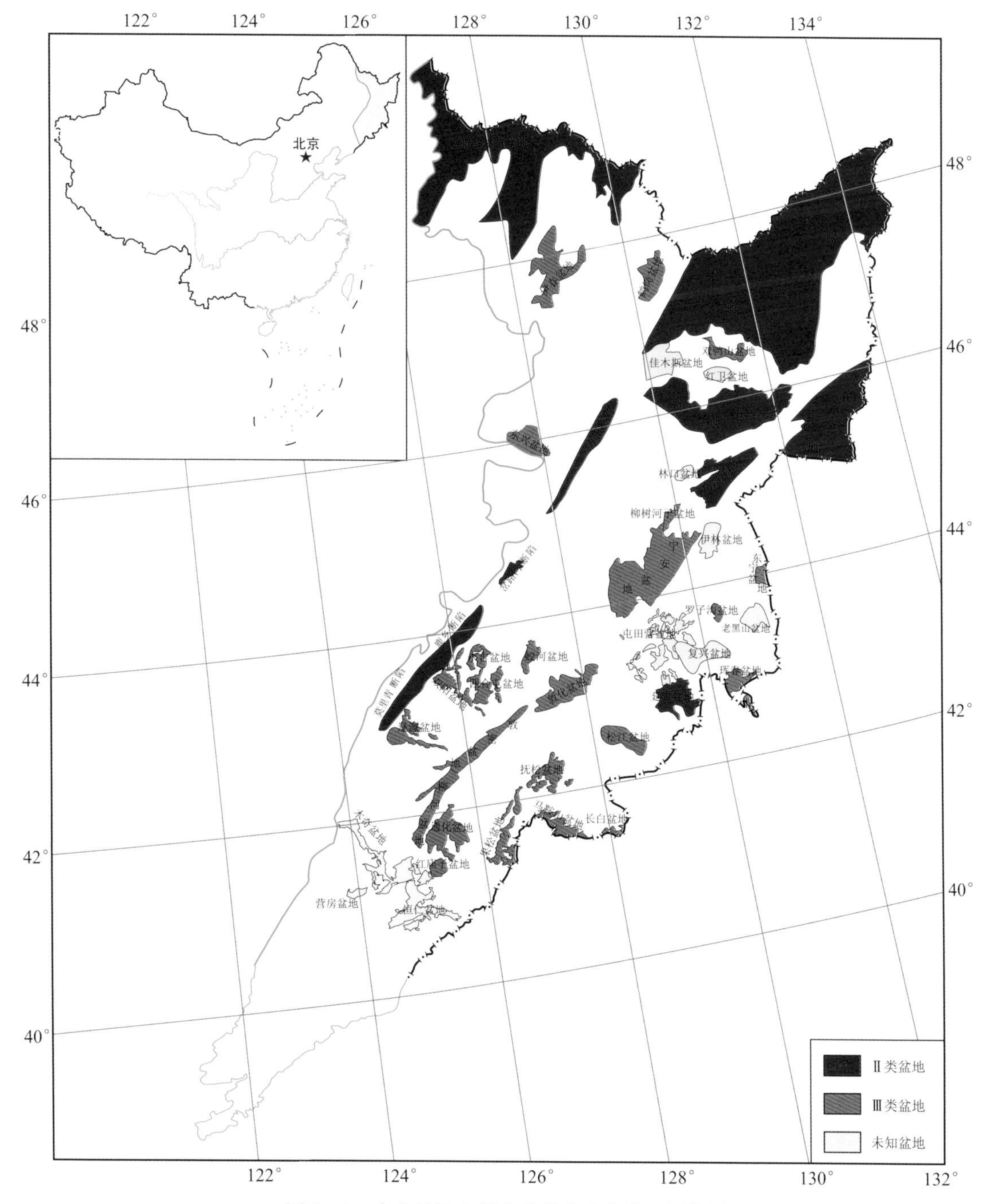

图6－1　东北地区东部盆地群盆地分类、评价图

比北部好。早白垩世，从北到南各盆地的沉积水体变深，暗色泥岩的单层厚度增加，泥岩纯度增高，有机质丰度升高，有机质类型变好，有机质成熟度降低。北部下白垩统烃源岩达到了差－中的有机质丰度标准，有机质类型主要为$Ⅱ_2$－Ⅲ型，目前处于成熟－高熟阶段；南部烃源岩达到了中－好的有机质丰度标准，发育Ⅰ－Ⅲ型干酪根，处于低熟－成熟阶段。由于在中小盆地内，油气生成量相对较小，油气运移距离较短，所以油气一般就近聚集在生油凹陷或生油凹陷周围的圈闭中，烃源岩对油气藏的形成具有最重要的控制作用。基于这一认识，在前面石油地质综合研究的基础上，首次在野外石油地质调查中发现了优质烃源岩的通

化盆地和红庙子盆地，部署了红 D1 井和通 D1 井（图 6－2），在下白垩统中，见到了良好的油气显示。

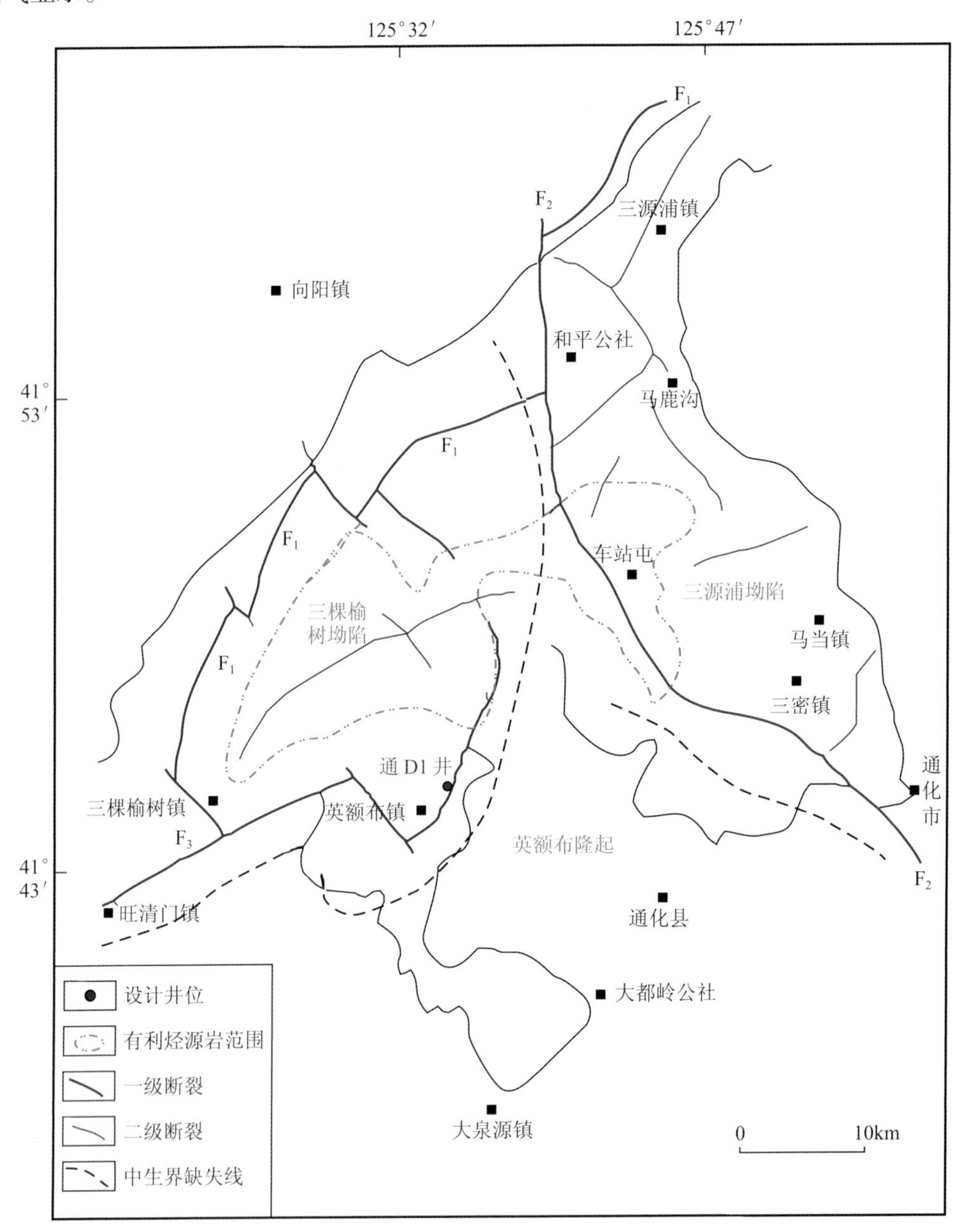

图 6－2　通化盆地构造单元划分与有效烃源岩分布

（据韩欣澎，2013，略改）

2. 钻探效果

（1）通化盆地通 D1 井

1）地质概况：通化盆地位于吉林省东南部，面积 1417.5km^2，为一个发育在前中生代基底之上发育的断陷盆地（图 6－2）。进一步可分为三棵榆树坳陷、三源浦坳陷和英额布隆起三个二级构造单元。基底为太古宇、元古宇和古生界。沉积盖层从下到上依次发育中侏罗统侯家屯组（J_2h），下白垩统果松组（K_1g）、鹰嘴砬子组（K_1y）、林子头组（K_1l）、下桦皮甸子组（K_1x）、亨通山组（K_1h）和三棵榆树组（K_1s），上白垩统黑崴子（K_2hw）和第四系（图6-3）。在中侏罗世侯家屯组沉积时期，通化盆地进入裂陷初期阶段，发育一套砂泥岩和火山岩建造，属于断陷盆地早期的沉积。在冲积扇-湖泊体系中夹有滨浅湖-浅湖亚相灰、黑色泥岩，具有一定生烃能力。早白垩世早期果松组（K_1g）沉积期间，因受区域应力作用和深部因素的影响，发生了大面积的火山喷发，巨厚的溢流相及爆发相火山岩覆盖了盆地的大部分地区，并且在盆地局部洼地和火山口形成了小型的湖泊。果松组的主要岩性为灰绿色英安质凝灰熔岩，绿灰色厚层熔结火山角砾岩和深灰色致密块状玄武岩。早白垩世中期，通化盆地进入火山喷发期后沉积阶段，鹰嘴砬子组为一套半深湖-深湖相的灰黑色泥岩和粉砂岩。在林子头组沉积时期，火山再次喷发，发育火山爆发相-浅湖相沉积建造。下部为一套较厚的灰褐色玄武安山岩，中部发育灰褐色粉砂岩、粉砂质页岩以及灰绿色细砂岩，上部发育灰白色凝灰岩、灰褐色玄武岩夹黑色页岩和灰黑色粉砂岩。在红D1井的泥岩和砂岩的裂缝中见到了良好的油气显示。

2）成藏条件分析：下白垩统鹰嘴砬子组、亨通山组和下桦皮甸子组生储盖发育，是主要的勘探目的层，它们的有机碳平均含量分别为0.97%、1.14%、1.73%，达到了中-好烃源岩的有机质丰度标准，有机质类型主要为$Ⅱ_1$-Ⅲ型，R_o=0.75%～1.54%，目前主要处于大量生油的成熟阶段。野外露头储层物性较好，亨通山组砂岩的孔隙度为10.8%～21.1%，渗透率为$5.95\times10^{-3}\mu m$。但砂岩井下储层样品的孔隙度为0.3%～5%，平均为2.03%；渗透率在$0.005\times10^{-3}\mu m$～$0.177\times10^{-3}\mu m$之间，平均为$0.024\times10^{-3}\mu m$，属于致密储层。泥岩单层厚度在1～8m之间，最厚可达23.1m，厚度大于20m厚的泥岩占泥岩总厚度的30%左右。亨通山组和下桦皮甸子组泥岩的累积厚度分别为147.51m和44.83m，泥岩占地层总厚度分别为39.2%和29.43%，目前主要处于中成岩阶段A期，同时兼有毛细管力封闭、烃浓度封闭两种封闭机理，具有良好的封闭能力。生储盖层发育俱佳，成藏条件优越。

3）井位部署：在野外石油地质调查已发现优质烃源岩的基础上，于通化盆地三棵榆树组部署了一口地质调查井通D1井，设计井深1500m，勘探目的层为亨通山组、下桦皮甸子组和鹰嘴砬子组。钻探目的如下：①建立凹陷

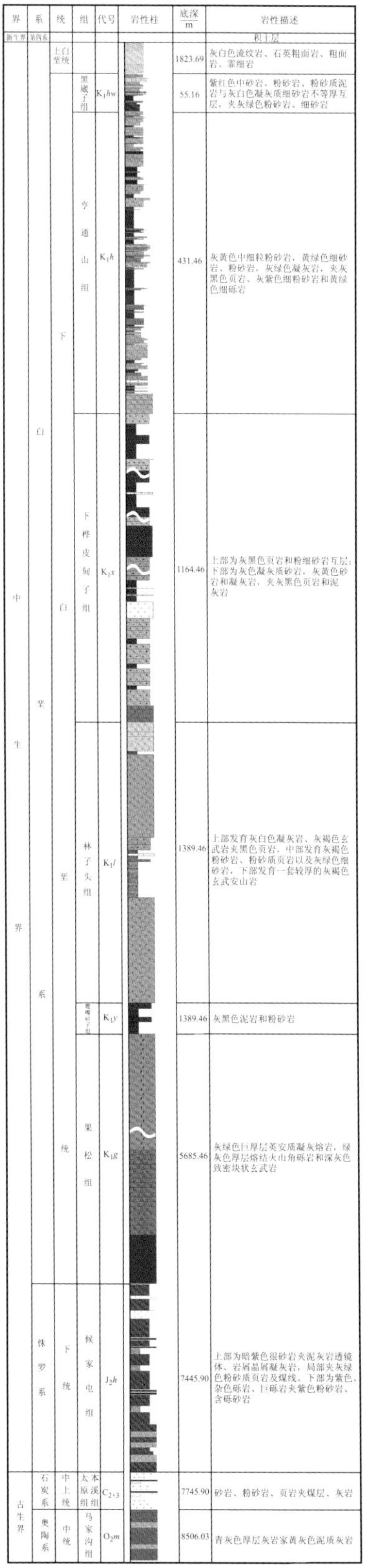

界	系	统	组	代号	岩性柱	底深/m	岩性描述
新生界	第四系						积土层
中生界	白垩系	上白垩统				1823.69	灰白色流纹岩、石英粗面岩、粗面岩、霏细岩
		下白垩统	黑崴子组	K_1hw		55.16	紫红色中砂岩、粉砂岩、粉砂质泥岩与灰白色凝灰质细砂岩不等厚互层，夹灰绿色粉砂岩、细砂岩
			亨通山组	K_1h		431.46	灰黄色中细粒粉砂岩，黄绿色细砂岩、粉砂岩，灰绿色凝灰岩，夹灰黑色页岩、灰紫色细粉砂岩和黄绿色细砾岩
			下桦皮甸子组	K_1x		1164.46	上部为灰黑色页岩和粉细砂岩互层；下部为灰色凝灰质砂岩，灰黄色砂岩和凝灰岩，夹灰黑色页岩和泥灰岩
			林子头组	K_1l		1389.46	上部发育灰白色凝灰岩、灰褐色玄武岩夹黑色页岩，中部发育灰褐色粉砂岩、粉砂质页岩以及灰绿色细砂岩，下部发育一套较厚的灰褐色玄武安山岩
			鹰嘴砬子组	K_1y		1389.46	灰黑色泥岩和粉砂岩
			果松组	K_1g		5685.46	灰绿色巨厚层英安质凝灰熔岩，绿灰色厚层熔结火山角砾岩和深灰色致密块状玄武岩
	侏罗系	下统	候家屯组	J_2h		7445.90	上部为暗紫色很砂岩夹泥灰岩透镜体、岩屑晶屑凝灰岩，局部夹灰绿色粉砂质页岩及煤线。下部为紫色、杂色砾岩、巨砾岩夹紫色粉砂岩、含砾砂岩
古生界	石炭系	中上统	太原组 本溪组	C_{2+3}		7745.90	砂岩、粉砂岩、页岩夹煤层、灰岩
	奥陶系	中统	马家沟组	O_2m		8506.03	青灰色厚层灰岩家黄灰色泥质灰岩

图6-3　通化盆地综合柱状图

地层层序；②揭示白垩统岩性组合特征，查明主要泥岩层位与发育特征；③查明主要泥岩层段有机地球化学特征。遗憾的是，通 D1 井事故完钻，实际钻井深度 670m，完钻层位为下桦皮甸子组。

4）油气显示：在下白垩统亨通山组 62.18m 的砂岩中见到良好的油气显示（图版 17－1，图版 17－2），下桦皮甸子组 15.28m 厚的页岩裂缝中含油（图版 17－3），在井口水涌严重，并伴有油气涌出（图版 17－4）。该盆地既有常规油气，又有非常规页岩油气，显示了通化盆地良好的勘探潜力和含油气远景。

（2）红庙子盆地红 D1 井

1）地质概况：红庙子盆地位于辽宁省新宾县，与通化盆地毗邻，总面积 570km^2（图 6－3）。基底为太古宇、元古宇和古生界。沉积盖层从下到上依次发育中侏罗统侯家屯组（J_2h），下白垩统果松组（K_1g）、鹰嘴砬子组（K_1y）、林子头组（K_1l）、下桦皮甸子组（K_1x）、亨通山组（K_1h）和三棵榆树组（K_1s），上白垩统干沟组（K_2g）和第四系（图 6－4）。

2）成藏条件分析：红庙子盆地下白垩统鹰嘴砬子组（K_1y）、下桦皮甸子组（K_1x）、亨通山组（K_1h）生储盖层发育是主要的勘探目的层。鹰嘴砬子组、林子头组和亨通山组湖相暗色泥页岩和油页岩。有机质丰度中等（表 6－10），发育Ⅱ－Ⅲ型干酪根（图 6－5），有机质处于低熟－成熟阶段（图 6－6），具有很大生烃潜力。

表 6－10　红庙子盆地下白垩统烃源岩有机质丰度

盆地	地层	烃源岩	TOC/%	S_1+S_2/(mg·g^{-1})	氯仿沥青“A”/%	综合评价
红庙子	亨通山组（K_1h）	暗色泥岩	3.39～5.03 4.07（6）	4.48～9.37 5.48（6）	0.0686～0.1736 0.1002（5）	中等－好
		碳质泥岩	6.62～6.68 6.65（3）	11.62～11.90 11.74（3）	0.1182～0.1369 0.2552（2）	好
	下桦皮甸子组（K_1x）	暗色泥岩	0.64～3.92 2.08（4）	0.28～21.18 7.05（4）	0.1058～0.2338 0.1698（2）	中等
	鹰嘴砬子组（K_1y）	暗色泥岩	1.04	0.76	0.0366	差－中

储层发育在亨通山组和鹰嘴砬子组，其岩性主要为中细砂岩（图版 17－5）、火山碎屑岩（图版 17－6）以及凝灰质砂岩（图版 18－1），胶结物成分主要为碳酸盐（图版 18－2）和长英质。储集空间包括粒间孔、次生溶蚀孔。

盖层为层内泥页岩和凝灰岩，目前主要处于中成岩阶段 A 期，兼有毛细管力封闭和烃浓度封闭两种封闭作用，封闭能力良好。生储盖层发育俱佳，成藏条件优越。

3）井位部署：在野外石油地质调查已发现优质烃源岩的基础上，于通化盆地部署了一口地质调查井红 D1 井，设计井深 1322m，勘探目的层为亨通山组、下桦皮甸子组和鹰嘴砬子组。钻探目的如下：①了解红庙子盆地的地层层序；②发现和评价烃源岩，采集样品，评价生烃潜力；③弄清生、储、盖组合和成藏条件；④力争发现油气显示。

4）油气显示：红 D1 井部署于辽宁省新宾满族自治县红庙子乡，是红庙子盆地部署的首口地质调查井，目的层是下白垩统下桦皮甸子组和林子头组，全井段取心。截至 2006 年 6 月 20 日，钻井至 628.6m，发现油气显示 31 层共 14.36m（图版 18－3，图版 18－4）。

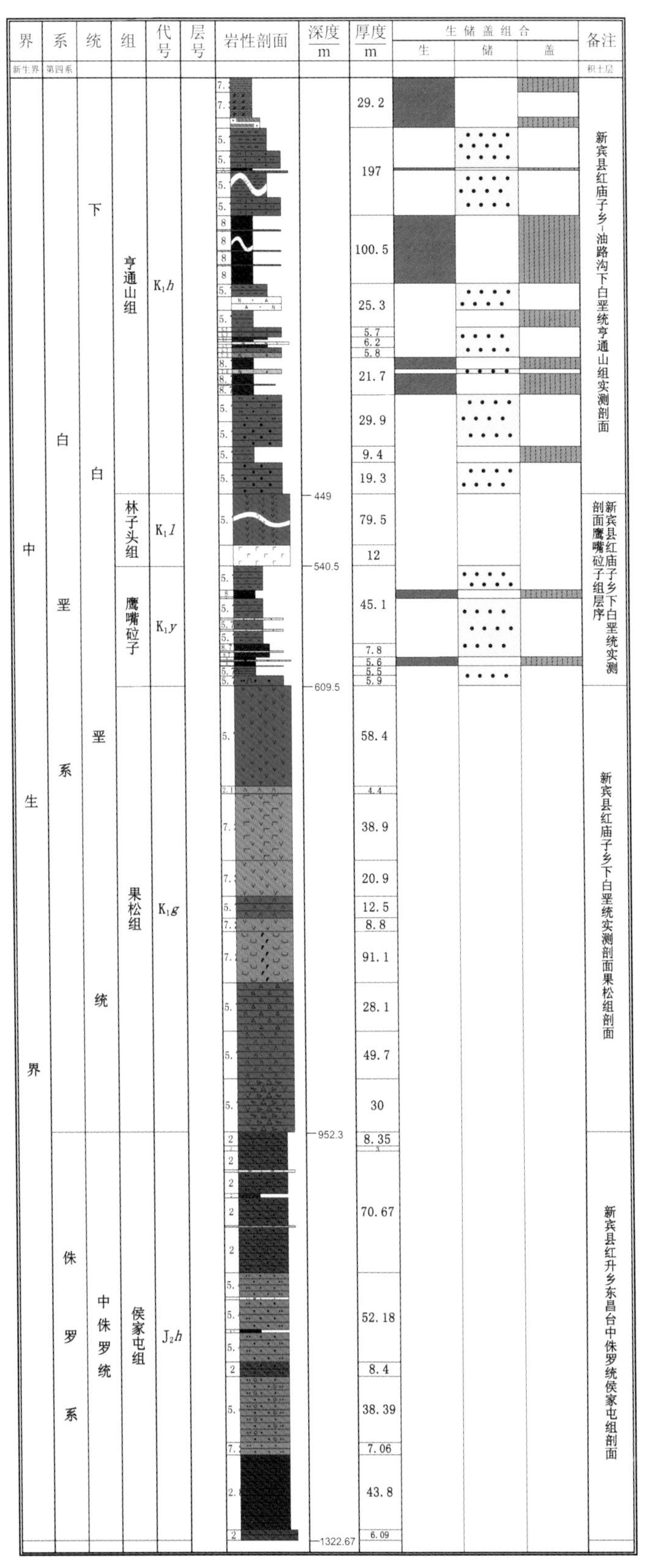

图6-4　红庙子盆地综合柱状图与生储盖组合

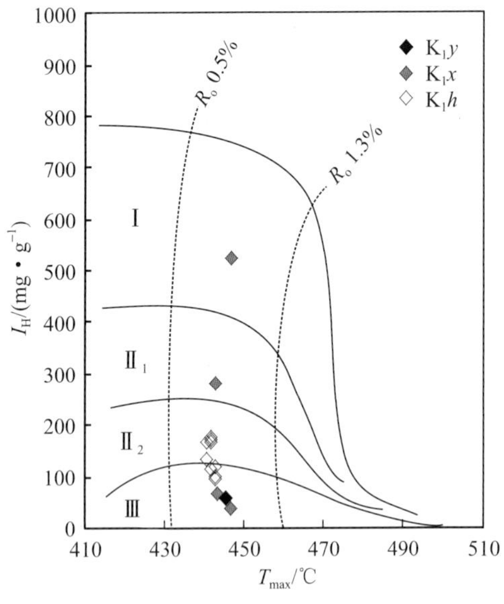

图6-5 红庙子盆地下白垩统烃源岩有机质类型图

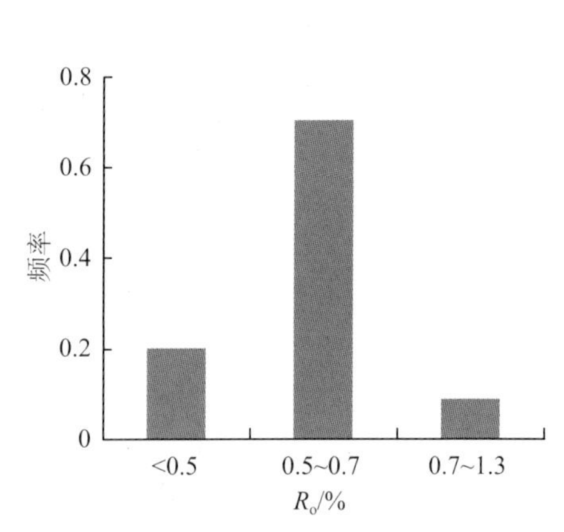

图6-6 红庙子盆地下白垩统烃源岩 R_o 频率分布图

第三节 资源量统计

一、石油资源量

本次研究收集了前人二次资评（1994）、三次资评（2003）、大庆勘探分公司（2003）、新一轮资源评价（2005）和国土资源部（2011，2013）等不同时期的资源量计算结果（表6-11，表6-12）。由表6-11和表6-12可见，北部石油资源量$14.7847\times10^8\sim15.8093\times10^8$t，南部石油资源为$9.4904\times10^8\sim9.4987\times10^8$t，总石油资源量$24.2751\times10^8\sim25.308\times10^8$t。

表6-11 松辽盆地外围中小型断陷盆地群石油资源量统计表

盆地（断陷）	石油资源量/10^8t					
	二次资评（1994年3月）	三次资评（2003年7月）	新一轮资源评价（2005年3月）	大庆勘探分公司（2003年）	国土资源部（2013年）	其他
汤原断陷	1.15~2.4	1.96	4.87	1.94~5.81	3.25	
方正断陷				1.74~5.21	1.85	
绥滨坳陷	1.96~4.98	1.74	4.32	3.80~7.61	2.81	4.22（国土资源部，2011）
虎林盆地	0.25~0.63		0.18	2.76~5.52	1.08	
孙吴-嘉荫盆地	1.18~3.01	1.82	/	2.2~4.41	1.82	
鸡西盆地	0.14~0.37	/	/	0.64~1.93	0.14~0.37	
勃利盆地	/	/	/	/	/	0.52（王伟明，2009）

续表

盆地（断陷）	石油资源量/10^8t					
	二次资评（1994年3月）	三次资评（2003年7月）	新一轮资源评价（2005年3月）	大庆勘探分公司（2003年）	国土资源部（2013年）	其他
宁安盆地	0.30～0.77	/	/	/	0.30～0.77	
鹤岗盆地	0.02～0.06	/	/	2.13～6.38	0.02～0.06	
延吉盆地	1.09～1.22	0.49	1.22	0.33～0.99	1.22	
伊春盆地	0.0605～0.1538	<0.0605～0.1538>		<0.0605～0.1538>		
三江盆地	1.96～4.98	1.74		4.32	2.81	5.67（国土资源部，2011）
双鸭山盆地	0.0078～0.0198	<0.0078～0.0198>		<0.0078～0.0198>		
佳木斯盆地	0.0144～0.0367	<0.0144～0.0367>		<0.0144～0.0367>		
红卫盆地	0.0052～0.0132	<0.0052～0.0132>		<0.0052～0.0132>		
伊通盆地						7.4（吉林油田勘探开发研究院，2008）
东兴盆地	0.0652～0.1655	<0.0652～0.1655>		<0.0652～0.1655>		
林口盆地	0.0031～0.0079	<0.0031～0.0079>		<0.0031～0.0079>		
柳树河子盆地	0.0047～0.0119	<0.0047～0.0119>		<0.0047～0.0119>		
伊林盆地	0.0068～0.0173	<0.0068～0.0173>		<0.0068～0.0173>		
东宁盆地	0.017～0.0432	<0.017～0.0432>		<0.017～0.0432>		
罗子沟盆地						无
老黑山盆地	0.0058～0.01411	<0.0058～0.01411>		<0.0058～0.01411>		
屯田营盆地						
复兴盆地						
珲春盆地				0.15		
松江盆地						无
蛟河盆地						无
永吉盆地						无
四合屯盆地						无
双阳盆地						无
辽源盆地						无
敦化盆地						0.41（国土资源部，2011）
辉桦盆地						
敦密盆地						
柳河盆地						0.0026（吉林油田公司勘探部，2013）

续表

盆地（断陷）	石油资源量/10^8t					
	二次资评（1994年3月）	三次资评（2003年7月）	新一轮资源评价（2005年3月）	大庆勘探分公司（2003年）	国土资源部（2013年）	其他
通化盆地						0.302（韩欣澎，2013）
抚松盆地						无
马鞍山盆地						
长白盆地						
果松盆地						无
红庙子盆地						

表6－12　松辽盆地外围中小型断陷盆地群天然气资源量统计表

盆地（断陷）	天然气资源量/10^8m^3					
	二次资评（1994年3月）	三次资评（2003年7月）	新一轮资源评价（2005年3月）	大庆勘探分公司（2003年）	国土资源部（2008年）	其他油气当量
汤原断陷	330.20～680.20	435.05	967	151～452.99	643	
方正断陷				21.17～63.51	373	
绥滨坳陷	648.5	577.14	1282	358.11～716.22	505.78	4.22（国土资源部，2011）
虎林盆地	/	/	53	41.28～123.83	60.04	
孙吴－嘉荫盆地	/	511.97	/	193.23～579.70	341.31	
鸡西盆地	212.10～368.10	/	/	124.93～374.78	212.10～368.10	
勃利盆地	576.10～1005.10	/	/	1659.33～3318.66	576.10～1005.10	
宁安盆地	/	/	/	/	/	
鹤岗盆地	/	/	/	/	/	
延吉盆地	/	119.03	264	27.11～81.32	264	
伊春盆地						
三江盆地	（+16.6）648.5	577.14	1282	358.11～716.22	1605.78	5.67（国土资源部，2011）
双鸭山盆地	－206.6	－206.6		－206.6		
佳木斯盆地						
红卫盆地						
依兰－伊通盆地						7.4（吉林油田勘探开发研究院，2008）
东兴盆地						
林口盆地						
柳树河子盆地						

续表

盆地（断陷）	天然气资源量/10^8m^3					
	二次资评（1994年3月）	三次资评（2003年7月）	新一轮资源评价（2005年3月）	大庆勘探分公司（2003年）	国土资源部（2008年）	其他油气当量
伊林盆地						
东宁盆地	~40.5	~40.5		~40.5		
罗子沟盆地						无
老黑山盆地						
屯田营盆地						
复兴盆地						
珲春盆地						
松江盆地						无
蛟河盆地						无
永吉盆地						无
四合屯盆地						无
双阳盆地						无
辽源盆地						无
敦化盆地						0.41（国土资源部，2011）
辉桦盆地						
敦密盆地						
柳河盆地						0.0026（吉林油田公司勘探部，2013）
通化盆地						0.302（韩欣澎，2013）
抚松盆地						无
马鞍山盆地						
长白盆地						
果松盆地						无
红庙子盆地						

二、天然气资源量

北部天然气资源量 $4317.11\times10^8\sim4902.11\times10^8m^3$，南部天然气资源量 $264\times10^8m^3$，总天然气资源量 $4581.11\times10^8\sim5166.11\times10^8m^3$。

三、总资源量

综合评价，北部油气当量 $19.19\times10^8\sim20.81\times10^8t$，南部油气当量 $9.76\times10^8\sim9.77\times10^8t$，总油气当量 $28.954\times10^8\sim30.58\times10^8t$。

参考文献

蔡希源．2012．油气勘探工程师手册［M］．北京：中国石化出版社．

陈贵标，郝国丽，田春燕，等．2013．平岗－辽源盆地白垩纪演化及有利勘探区块预测［J］．世界地质，32（1）：105－113．

陈建平，赵长毅，何忠华．1997．煤系有机质生烃潜力评价标准探讨［J］．石油勘探与开发，24（1）：1－5．

陈建平，梁秋刚，张永昌，等．2012．中国古生界海相烃源岩生烃潜力评价标准与方法［J］．地质学报，86（7）：1132－1141．

陈丽华，许怀先，万玉金．1999．生储盖层评价［M］．北京：石油工业出版社．

陈树旺，张健，公繁浩，等．2015．内蒙古突泉盆地侏罗系油气发现及工作展望［J］．地质与资源．24（1）：1－6

陈晓慧，张廷山，谢晓安，等．2011．敦化盆地发育演化及其沉积响应［J］．西南石油大学学报（自然科学版），02：89－94＋13．

陈延哲．2012．吉林东南部大鸭绿江盆地中生代岩相古地理特征［D］．成都：成都理工大学．

陈延哲．2011．通化盆地中生界露头沉积相及储层特征研究［J］．吉林地质，34（02）：24－32．

陈章明，姜贵周，黎文清，等．1989．敦－密断裂带北段与两侧盆地构造过程及其对石油地质条件的控制［R］．大庆：大庆石油学院，82－102．

程克明，王铁冠，钟宁宁，等．1995．烃源岩地球化学［M］．北京：科学出版社．

迟元林，侯启军，蒙启安，等．1999．松辽盆地北部深层石油地质综合研究与目标评价［R］．大庆：大庆油田有限责任公司勘探开发研究院，148－169．

仇谢．2014．莫里青油田层序地层学研究［D］．黑龙江：东北石油大学．

邓宗淮，杨惠民，刘特民．1990．滇黔桂上扬子地区海相碳酸盐岩油气演化与保存条件研究［R］．“七．五”国家重点科技攻关项目成果报告．

董清水，聂辉，陶高强，等．2012．吉林省松江盆地下白垩统烃源岩地球化学特征及油气勘探前景［J］．吉林大学学报（地球科学版），42（1）：52－59．

董清水．2016．松辽盆地东南部油气调查工程追踪评价2016年度工作设计［R］．长春：吉林大学．

冯彩霞，刘家军．2001．硅质岩的研究现状及其成矿意义［J］．世界地质，20（2）：119－123．

冯昌寿，延吉盆地下白垩统铜佛寺组、大砬子组沉积与油气特征［J］．吉林地质，2002，21（3）：33－53．

冯增昭，鲍志东，邵龙义，等．2013．中国沉积学（第二版）［M］．北京：石油工业出版社．

冯志强，何勇，杨建国，等．2007．东北中、新生代断陷盆地群油气资源战略调查及评价［R］．大庆：大庆油田有限责任公司，199－207．

冯子辉，霍秋立，刘世妍．1998．延吉盆地白垩系未熟油的生成与特征［J］．石油勘探与开发，25（6）：8－25．

付广，陈章明，吕延防，等．1996．断层封闭性综合评价方法探讨及其应用［J］．河南石油，10（2）：7－12．

付广，陈章明，王朋岩．1997a．泥岩盖层对扩散相天然气的封闭作用及研究方法［J］．石油实验地质，19（2）：183－187．

付广，姜振学，陈章明．1995．汤原断陷E5段泥岩盖层综合评价及预测［J］．河南石油，9（3）：6－10．

付广，姜振学，庞雄奇．1997b．盖层烃浓度封闭能力评价方法探讨［J］．石油实验地质，18（1）：39－43．

付广，冷鹏华，曹成润．1997c．利用镜质组反射率计算泥岩排替压力［J］．大庆石油地质与开发，16（4）：6－10．

付广，苏玉平．2006．利用声波时差研究异常孔隙流体压力释放次数及深度的方法［J］．石油物探，45（1）：21－24．

龚再升，李思田．2004．南海北部大陆边缘盆地油气成藏动力学研究（精）［M］．北京：科学出版社．

关德师，迟元林，王永春，等．2000．东北地区深层石油地质综合研究［R］．中国石油勘探开发研究院，大庆油田有限责任公司，吉林油田分公司，大庆石油学院．

郭宏莉，张荫本，胡迁勇，等．2000．SY/T 5368－2000岩石薄片鉴定［S］．北京：石油工业出版社．

郭秋麟，米石云，石广仁，等．1998．盆地模拟原来方法［M］．北京：石油工业出版社．

郭占谦，迟元林．1991．依兰－伊通地堑南北两段地质差异及油气勘探前景．大庆石油地质与开发，18（3）：1－12．

韩春花．2005．勃利盆地中生界地质特征及油气资源潜力分析［D］．长春：吉林大学．

韩刚，张文婧，任延广，等．2011. 松辽盆地北部徐家围子断陷火山岩储层成因机制［J］．地球物理学进展，26（6）：2114－2121.

韩欣澎，郝国丽，刘超，等．2013. 通化盆地石油地质特征及油气资源潜力［J］．世界地质，32（2）：337－343.

郝芳．2005. 超压盆地生烃作用动力学与油气成藏机理［M］．北京：科学出版社．

郝石生，高耀斌，张有成，等．1990. 华北北部－中上元古界石油地质学［M］．东营：石油大学出版社．

郝石生，黄志龙，杨家崎，等．1994. 天然气运聚动平衡及其应用［M］．北京：石油工业出版社．

和钟铧，刘招君，陈秀艳，等．2008. 黑龙江省东部残留盆地群早白垩世沉积相特征及演化［J］．古地理学报，10（2）：151－158.

和钟铧，刘招君，张晓冬，等．2009. 黑龙江东部晚中生代盆地群构造层划分及构造沉积演化［J］．世界地质，12（1）：56－62.

黑龙江省地质矿产局．1993. 黑龙江省区域地质志［M］．北京：地质出版社．

侯创业，孟元林，肖丽华，等．2004. 成藏史数值模拟［J］．石油实验地质，26（3）：298－302.

侯仔明，刘明慧，袁桂林，等．2009. 双鸭山盆地下白垩统煤系烃源岩初步评价［J］．吉林大学学报（地球科学版），31（2）：201－204.

胡朝元，2005. 源控论适用范围量化分析［J］．天燃气工业，25（10）：1－7.

胡见义，黄弟藩，徐树宝，等．1991a. 中国陆相石油地质理论基础［M］．北京：石油工业出版社．

胡见义，徐树宝，窦立荣，等．1991b. 烃类气成因类型及其富气区的分布模式［J］．科学发展与研究，16（3）：1－5.

黄飞，辛茂安．1996. 中华人民共和国石油天然气行业标准陆相烃源岩地球化学评价方法（SY/T5735—1995）［S］．北京：石油工业出版社．1－19.

吉林省地质矿产局．1988. 吉林省区域地质志［M］．北京：地质出版社．

贾承造，邹才能，李建忠，等．2012. 中国致密油评价标准、主要类型、基本特征及资源前景［J］．石油学报，33（3）：343－350.

贾承造．2017. 论非常规油气对经典石油天然气地质学理论的突破及意义［J］．石油学报，44（1）：1－11.

姜峰，杜建国，王万春，等．高温高压模拟实验研究 I 温压条件对有机质成熟作用的影响［J］．沉积学报，1998，16（3）：153－155.

姜贵周，陈章明，陈秉麟，等．1986. 依－舒地堑构造格局及其对石油地质条件的控制［R］．大庆：大庆石油学院，89－103.

姜在兴．2003. 沉积学［M］．北京：石油工业出版社．

姜振学，林世国，庞雄奇等．2006. 两种类型致密砂岩气藏对比［J］．石油实验地质；28（3）：210－214.

李东津．1997. 吉林省岩石地层［M］．武汉：中国地质大学出版社．

李景坤，刘伟，宋兰斌，等．1999. 天然气扩散量方法研究［J］．新疆石油地质，50（5）：383－386.

李景坤，宋兰斌，刘伟，等．2005. 松辽盆地北部深层天然气及外围盆地油气资源评价［R］．大庆：大庆油田有限责任公司，29－70.

李朋武，张世红，申宁华．1997. 黑龙江省那丹哈达与日本美浓地区古地磁结果对比及意义［J］．长春科技大学学报，3（1）：62－66.

李泰明，孟元林，肖丽华，等．1991. 汤原断陷盆地模拟研究［R］．大庆：大庆石油学院，18－24.

李泰明．1989. 石油地质过程定量研究概论［M］．山东东营：石油大学出版社．

李学田，张义刚．1992. 天然气盖层质量的影响因素及盖层形成时间的探讨——以济阳坳陷为例［J］．石油实验地质，14（3）：28－289.

李忠权，罗启后，吴征，等．2003. 大庆探区外围盆地含油气性评价与优选［R］．大庆：大庆油田有限责任公司事业部，97－503.

林长城，郝国丽，陈桂标，等．2013. 敦－密断裂带吉林段断陷盆地石油地质条件及勘探方向［J］．世界地质，32（2）：317－324.

林长松等，2016. 盆地与含油气系统模拟基础［M］．北京：石油工业出版社．

李锯源．2013. 东营凹陷泥页岩矿物组成及脆度分析［J］．沉积学报，31（4）：616－620.

刘蕾蕾，郝国丽，王忠辉，等．2013. 罗子沟盆地白垩系大砬子组烃源岩特征及评价［J］．世界地质，32（1）：92－97.

刘维亮，夏斌，蔡周荣，等．2010. 鸡西盆地下白垩统天然气地质条件［J］．天然气工业，30（2）：40－44.
刘招君，杨虎林，董清水，等．2009. 中国油页岩［M］．北京：石油工业出版社．
柳广第．2009. 石油地质学［M］．北京：石油工业出版社．
柳蓉，杨小红，董清水，等．2014. 罗子沟盆地有机质热演化对砂岩物性的改造作用［J］．吉林大学学报（地球科学版），44（2）：460－468.
卢焕章，范宏瑞，倪培，等．2004. 流体包裹体［M］．北京：科学出版社，374－377，241－259，11－230.
卢双舫，胡慧婷，王伟明，等．2011a. 大庆外围盆地致密砂岩气和煤层气成藏条件类比研究［R］．大庆：大庆石油学院，42－49
卢双舫，张敏．2011b. 油气地球化学［M］．北京：石油工业出版社．
路放，刘嘉麒，李亚辉，等．2011. 国外含油气盆地硅质岩储集层主要类型及勘探开发特点［J］．石油勘探与开发，38（5）：628－635.
罗小平，吴飘，赵建红，等．2015. 富有机质泥页岩有机质孔隙研究进展［J］．成都理工大学学报（自然科学版），42（1）：50－59.
吕延防，付广，高大岭．1996. 油气藏封盖研究［M］．北京：石油工业出版社．
吕延防，付广，姜振学，等．1997. 延吉盆地东部坳陷油气运聚模式［J］．天然气工业，17（2）：1－5.
马达德，寿建峰，胡勇，等．2005. 柴达木盆地柴西南区碎屑岩储层形成的主控因素分析［J］．沉积学，04：589－595.
马金萍，张婷婷，薛林福．2008. 黑龙江东部晚三叠世—早侏罗世放射虫硅质岩特征及油气远景［J］．地质与资源，17（4）：312－313.
毛毳．2010. 储层流体包裹体低温原位分析方法及 PVT 模拟［D］．中国石油大学（华东）．
孟卫工，孙洪斌．2007. 辽河坳陷古近系碎屑岩储层［M］．北京：石油工业出版社．
孟元林，吕延防．1989. 地温史和有机质成熟史的一维模型［J］．大庆石油学院学报，13（2）：1－6.
孟元林，李泰明，肖丽华，等．1991. 汤原断陷煤成油初步研究［J］．大庆石油学院学报，9（1）：51－54.
孟元林，肖丽华．1992，石油初次运移史的两相渗流模型及应用［J］．大庆石油学院学报，16（3）：6－10.
孟元林，肖丽华，郭庆福．1993. 原始有机碳含量的恢复及应用［J］．大庆石油地质与开发，12（3）：27－32.
孟元林，肖丽华，李泰明，等．1994a. 盆地模拟在油气勘探初期阶段的应用［J］．天然气工业，14（4）：6－9.
孟元林，肖丽华，滕玉洪．1994b. 初次运移的三相渗流模型及应用［J］．河北省科学院学报，11（3）：31－33.
孟元林，肖丽华，施龙，等．1995. 碎屑岩单层沉积速率和绝对年龄的计算［J］．长春地质学院学报，24（3）：42－49.
孟元林，肖丽华，周书欣，等．1996a. 粘土矿物转化的化学动力学模型与应用［J］．沉积学报，14（02）：112－118.
孟元林，王建国，肖丽华．1996b. 野外露头的盆地模拟与地下烃源岩有机质成熟度预测［J］．中国海上油气，10（1）：58－61.
孟元林，肖丽华，杨俊生，等．1999a. 风化作用对西宁盆地野外露头有机质性质的影响及校正［J］．地球化学，28（1）：42－50.
孟元林，肖丽华，杨俊生，等．2000. 成岩演化数值模拟［J］．地学前缘，7（4），430.
孟元林，肖丽华，杨俊生，等．2002. 渤海湾盆地老爷庙地区深层成岩作用的化学动力学分析［J］．地球科学，27（Suppl.）：275－279.
孟元林，王志国，杨俊生，等．2003. 成岩作用过程综合模拟及其应用［J］．石油实验地质，25（2）：211－215.
孟元林．2004. 歧北凹陷沙河街组超压背景下的成岩作用研究与数值模拟［D］．北京：中国地质大学．
孟元林，牛嘉玉，肖丽华，等．2005a. 歧北凹陷沙二段超压背景下的成岩场分析与储层孔隙度预测［J］．沉积学报，23（3）：185－192.
孟元林，王粤川，罗宪婴，等．2005b. 渤海湾盆地孔西潜山构造带成藏史数值模拟［J］．地质力学学报，11（1）：11－17.
孟元林，黄文彪，王粤川，等．2006. 超压背景下粘土矿物转化的化学动力学模型及应用［J］．沉积学报，24（4）：461－467.
孟元林，王粤川，牛嘉玉，等．2007. 储层孔隙度预测与有效天然气储层确定——以渤海湾盆地鸳鸯沟地区为例［J］．天然气工业，27（7）：42－44.
孟元林，姜文亚，刘德来，等．2008. 储层孔隙度预测与孔隙演化史模拟［J］．沉积学报，26（5）：780－788.

孟元林，赵小庆，黄文彪，等．2009a. 辽河西部凹陷南段油气运移史研究与有利聚集区预测［J］. 矿物岩石地球化学通报，28（1）：12－18.

孟元林，王又春，姜文亚，等．2009b. 辽河坳陷双清地区古近系沙河街组四段孔隙度演化模拟［J］. 古地理学报，11（2）：225－232.

孟元林，王建伟，吴河勇，等．2010a. 松辽盆地北部中浅层成岩作用及其对储层质量的影响［J］. 矿物岩石地球化学通报，29（3）：217－226.

孟元林，王建伟，吴河勇，等．2010b. 松辽盆地北部中浅层成岩作用与孔隙演化［J］. 矿物岩石地球化学通报，29（3）：217－226.

孟元林，焦金鹤，田伟志，等．2011，松辽盆地北部泉三、四段低渗透储层质量预测［J］. 沉积学报，29（6）：36－43.

孟元林，魏巍，王维安，等．2012a，超压背景下粘土矿物转化的优化模型［J］. 吉林大学学报（地球科学版），42（Sup.1）：145－153.

孟元林．2012b. 成岩作用数值模拟与优质储层预测系统 V1.0（编号：2012SR016322）［P］. 中华人民共和国国家版权局．

孟元林．2012c，延吉盆地成藏期研究与成藏史模拟［R］. 大庆：东北石油大学．

孟元林，梁洪涛，魏巍，等．2013a. 浊沸石溶蚀过程的热力学计算和次生孔隙发育带预测［J］. 沉积学报，31（3）：59－66.

孟元林，许丞，谢洪玉，等．2013b. 超压背景下自生石英形成的化学动力学模型及应用［J］. 石油勘探与开发，40（6）：701－708.

孟元林，祝恒东，李新宁．等．2014. 马朗—条湖凹陷芦草沟组白云岩次生孔隙发育带预测［J］. 石油勘探与开发，41（6）：690－696.

孟元林，吴琳，孙宏斌，等．2015a. 辽河西部凹陷南段异常低压背景下的成岩动力学研究与成岩相预测［J］. 地学前缘，22（1）：206－214.

孟元林，肖丽华，曲国辉，等．2015b. 松辽盆地东部外围断陷盆地群油气地质条件研究成果［R］. 大庆：东北石油大学，1－227.

孟元林，肖丽华，曲国辉，等．2016a. 松辽盆地东部外围中小型断陷盆地群油气地质条件研究［R］. 大庆：东北石油大学，1－262.

孟元林，申婉琪，周新桂，等．2016b. 东部盆地群下白垩统烃源岩特征与页岩气勘探潜力［J］. 石油与天然气地质，37（6）：893－902.

孟元林，崔存萧，张凤莲，等．2016c. 辽河坳陷西部凹陷南段异常低压背景下的致密砂岩类型预测［J］. 岩石矿物地球化学通报，35（4）：702－710.

庞雄奇，陈章明，陈发景．1993a. 含油气盆地地史、热史、生留排烃史数值模拟研究与烃源岩定量评价［M］北京：地质出版社．

庞雄奇，付广，万龙贵，等．1993b. 盖层封油气性综合定量评价——盆地模拟在盖层评价中的应用［M］. 北京：地质出版社．

庞雄奇．1995. 排烃门限控油气理论及应用［M］. 北京：石油工业出版社．

庞雄奇，金之钧．2002. 叠合盆地油气资源评价问题及其研究意义［J］. 石油勘探与开发，29（1）：9－13.

庞雄奇．2003. 地质过程定量模拟［M］. 北京：石油工业出版社．

庞雄奇，邱楠生，姜振学，等．2005. 油气成藏定量模拟［M］. 北京：石油工业出版社．

庞雄奇，张树林，吴欣松，等．2006a. 油气田勘探［M］. 北京：石油工业出版社．

庞雄奇．2006b. 油气田勘探［M］. 北京：石油工业出版社．

钱家麟．1980. 世界油页岩加工和利用综合——参加联合国油页岩小组的技术报告［R］. 石油炼制．

乔德武，张兴洲，杨建国，等，2013a. 东北中－新生代盆地油气资源战略调查与选区［M］. 北京：地质出版社．

乔德武，张兴洲，杨建国，等，2013b. 东北地区油气资源动态评价［M］. 北京：石油工业出版社．

谯汉生，方朝亮，牛嘉玉，等．2003. 东北地区深层石油地质［M］. 北京：石油工业出版社．

秦勇．2001. 沉积有机质二次生烃理论及其应用［M］. 北京：地质出版社．50－54.

裘怿楠，薛叔浩，应凤祥，等．1997. 中国陆相油气储集层［M］. 北京：石油工业出版社，147－217.

曲关生．1997. 黑龙江省岩石地层［M］．武汉：中国地质大学出版社．
曲延林，马立军，孙德忠．2011. 黑龙江省油页岩资源分布及勘探开发布局［J］．中国煤炭地质，23（10）：19－21.
任延广，王成，吴海波，等．1996. 中华人民共和国石油天然气行业标准（SY/T6285—2011）［S］．北京：石油工业出版社．
全国矿产储量委员会办公室．2004. 矿产工业要求参考手册［M］．北京：地质出版社．
石广仁．1994. 油气盆地数值模拟方法（第一版）［M］．北京：石油工业出版社．
石广仁．1999. 油气盆地数值模拟方法（第二版）［M］．北京：石油工业出版社．
石广仁．2004. 油气盆地数值模拟方法（第三版）［M］．北京：石油工业出版社．
史基安，晋慧娟，薛莲花，等．1994. 长石砂岩中长石溶解作用发育机理及其影响因素分析［J］．沉积学报，12（3）：67－75.
史基安，王琪．1995. 影响碎屑岩天然气储层物性的主要控制因素［J］．沉积学报，13（2）：128－139.
宋彪，李锦轶，牛宝贵，等．1997. 黑龙江省东部麻山群黑云斜长片麻岩中锆石的年龄及其地质意义［J］．地球学报，18：306－312.
宋土顺，刘立，张吉光，等．2012. 灰色系统理论关联分析法在储层评价中的应用——以延吉盆地大砬子组 2 段为例［J］．断块油气田，06：714－717.
苏飞．2008. 伊通盆地鹿乡断陷双阳组储层特征及综合评价研究［D］．长春：吉林大学．
孙哲，郝国丽，陈贵标，等．2013. 蛟河盆地白垩系石油地质特征及有力勘探区块预测［J］．世界地质，32（1）：84－91.
王多云，郑希民，李风杰，等．低孔渗油气富集区优质储层形成条件及相关问题［J］．天然气地球科学，2003，14（2）：87－91.
王飞宇，关晶，冯伟平，等．2013. 过成熟海相页岩孔隙度演化特征和游离气量［J］．石油勘探与开发，40（6）：764－768.
王建鹏．2013. 莫里青地区伊 59 区块储层特征评价［D］．黑龙江：东北石油大学．
王钧，黄尚瑶，黄歌山，等．1990. 中国地温分布的基本特征［M］．北京：地震出版社，77－84.
王峻．2012. 吉林中南部中生代岩相古地理研究［R］．中国石油吉林油田公司勘探部．
王佩业．2014. 三江盆地中部地区高精度重磁电勘探工程成果报告［R］．江苏华东八一四队．
王权锋，鲍志东，杨玲，等．2012. 伊通盆地莫里青地区双阳组第一段储层特征［J］．成都理工大学学报（自然科学版），39（05）：463－470.
王世辉，唐振海，刘俊峰，等．1995. 延吉盆地石油地质分析［R］．大庆石油管理局勘探开发研究室勘探二室．
王伟涛，刘招君，何玉平，等．2007. 黑龙江省绥滨坳陷下白垩统碎屑岩源区分析及其构造意义［J］．沉积学报，25（2）：201－206.
王永春．2001. 伊通地堑含油气系统与油气成藏［M］．石油工业出版社．
王宇航．2017. 汤原断陷构造演化及沉积充填特征研究［D］．大庆：东北石油大学．
王玉净．2007. 中国西南地区古生代放射虫硅岩地层——一个潜在的油气勘探目标［J］．微体古生物学报，24（3）：243－246.
吴河勇，李子顺，王世辉，等．2008. 大庆外围盆地优选区油气资源战略评价及突破研究［R］．中国石油大庆油田有限责任公司．
鲜本忠，姜在兴，胡书毅，等．2003. 黄河三角洲冰冻沉积构造及其环境意义［J］．沉积学报，21（04）：586－592.
辛仁臣．2001. 漠河、孙吴－嘉荫、根河盆地层序地层、沉积特征研究［R］．大庆石油学院．
肖丽华，高煜婷，田伟志，等．2011. 超压对碎屑岩机械压实作用的抑制与孔隙度预测［J］．矿物岩石地球化学通报，30（5）：400－406.
肖丽华，孟元林，侯创业，等．松辽盆地升平地区深层成岩作用数值模拟与次生孔隙带预测［J］．地质论评，2003，49（5）：544－551.
肖丽华，孟元林，李臣，等．2004. 渤海湾盆地冀中坳陷文安斜坡古生界成藏史分析［J］．石油勘探与开发，31（2）：43－45.
肖丽华，张磊，田伟志，等．2014. 徐家围子断陷深层致密砂砾岩优质储层预测［J］．中南大学学报，45（4）：1174－

1182.
肖丽华，张阳，吴晨亮，等．歧北次凹超压背景下异常高孔带成因分析与有利储层预测［J］．天然气地球科学，2014，25（8）：1127－1134.
肖丽华，孟元林，张连雪，等．2005. 超压地层中镜质组反射率的计算［J］．石油勘探与开发，32（1）：9－12.
肖丽华，孟元林．1995. 生烃史模型中存在的问题［J］．长春地质学院学报，24（3）：87－90.
肖祝胜，于笠．1995. 油气储集层岩石孔隙类型划分（中华人民共和国石油与天然气行业标准 SY/T 6173—1995）［S］．北京：石油工业出版社．
徐汉梁，范超颖，高璇．2013. 吉林东部盆地群早白垩世原型盆地恢复［J］．世界地质，32（2）：263－272.
许欢，柳永清，旷红伟，等．2015. 中国东北部完达山增生杂岩特征及其构造意义［A］//沉积学与非常规资源论文摘要集［C］. 2015 年全国沉积学大会，中国地质学会沉积地质专业委员会、中国矿物岩石地球化学学会沉积学专业委员会，中国湖北武汉．
许岩，刘立，赵羽君．2004. 延吉盆地含油气系统与勘探前景［J］．吉林大学学报，34（2）：227－241.
杨俊生，孟元林，张宏，等．2002. 石英胶结作用化学动力学模型及应用［J］．石油实验地质，24（4）：372－376.
杨树峰，2016. 中国东北中生代盆地演化与区域构造体制转变［R］．浙江大学地球科学学院．
杨献忠．1993. 伊利石的结晶度及其地质意义综述［J］．沉积学报，11（1）：92－98.
姚新民，周志祥，裘军跃．1991. 延吉盆地石油地质特征初探［J］．石油与天然气地质，12（4）：464－471.
姚旭，周瑶琪，李素，等．2013. 硅质岩与二叠纪硅质沉积事件研究现状及进展［J］．地球科学进展，28（11）：1189－1200.
叶松，张文淮，张志坚．1998. 有机包裹体荧光显微分析技术简介［J］．地质科技情报，17（2）：76－80.
伊培荣，于连东，李凤霞．2011. 国内外致密砂岩油气勘探信息调研［R］．辽河油田勘探开发科技信息所．
应凤祥，罗平，何东博等．2004. 中国含油气盆地碎屑岩储集层成岩作用与成岩作用数值模拟［M］．北京：石油工业出版社
应凤祥．2003. SY/T5477 碎屑岩成岩阶段划分规范［S］．北京：石油工业出版社．
于健，郭巍，李少华，等．2015. 饶河地区大岭桥组沉积环境恢复及其地质意义［J］．世界地质，34（1）：113－118.
于文斌，董清水，朱建峰，等．2008. 松辽盆地南部断裂反转构造对砂岩型铀矿成矿的作用［J］．铀矿地质，04：195－200.
于兴河，张道建，郜建军，等．1999. 辽河油田东、西部凹陷深层沙河街组沉积相模式［J］．古地理学报，03：40－49.
袁红旗，平贵东，柳波．2013. 方正断陷油藏保存条件研究［R］．大庆：东北石油大学．
袁选俊，谯汉生．2002. 渤海湾盆地富油气凹陷隐蔽油气藏勘探［J］．石油与天然气地质，23（2）：130－133.
翟光明等．1993a. 中国石油地质志：卷二（上），大庆油田［M］．北京：石油工业出版社．
翟光明等．1993b. 中国石油地质志：卷二（下），吉林油田［M］．北京：石油工业出版社．
翟光明等．1993c. 中国石油地质志：卷三，辽河油田［M］．北京：石油工业出版社．
张吉光，金成志，金银姬，等．2014. 延吉残留断陷盆地油气地质特点及勘探潜力［M］．北京：科学出版社．
张梅生，李晓波、王旖旎，等．吉林中南部中生代地层划分及对比［R］．中国石油吉林油田公司勘探部，2012.
张鼐，田作基，冷莹莹等．2007. 烃和烃类包裹体的拉曼特征［J］．中国科学，D 辑，37（7）：900－907.
张顺，陈世悦，鄢继华，等．2015. 东营凹陷西部沙三下亚段－沙四上亚段泥页岩岩相及储层特征［J］．天然气地球科学，26（2）：320－332.
张万选，张厚福．1989. 石油地质学第 2 版［M］．北京：石油工业出版社．
张兴洲，郭巍．2015. 黑龙江省东部隐伏盆地调查评价［R］．长春：吉林大学．
张一伟，金之钧．2004. 油气勘探工程［M］．北京：中国石化出版社．
张毅．2009. 伊通盆地莫里青断陷伊 59 井区双阳组二段储层精细研究［D］．长春：吉林大学．
张渝金．2010. 虎林盆地七虎林河坳陷油气地质条件分析［D］．长春：吉林大学．
张岳桥，赵越，董树文，等．2004. 中国东部及邻区早白垩世裂陷盆地构造演化阶段［J］．地学前缘，11（3）：123－133.
张哲儒，林传仙．1985. 宁芜型铁矿成矿作用的不可逆过程热力学研究［J］．地球化学，02：169－181.
赵澄林，陈丽华，涂强，等．1997. 中国天然气储层［M］．北京：石油工业出版社．

赵澄林，陈纯芳. 2003. 渤海湾早第三纪油区岩相古地理及储层［M］. 北京：石油工业出版社.

赵国泉. 2003. 吉林油田岔路河断陷下第三系沉积岩石学及含油性研究［D］. 中国地质大学（北京）.

赵文智，邹才能，汪泽成，等. 2004. 富油气凹陷“满凹含油”论的内涵与意义［J］. 石油勘探与开发，31（2）：5－13.

赵锡文. 1992. 古气候学概论［M］. 北京：地质出版社.

赵艳军，陈红汉. 2008. 油包裹体荧光颜色及其成熟度关系［J］. 地球科学——中国地质大学学报，33（1）：91－96.

赵志魁，江涛，贺君玲. 2011. 松辽盆地石炭系—二叠系油气勘探前景［J］. 地质通报，30（2－3）：221－227.

郑浚茂，庞明. 1989. 碎屑沉积岩的成岩作用研究［M］. 武汉：中国地质大学出版社.

钟大康，朱筱敏，王红军. 2008. 中国深层优质碎屑岩储层特征与形成机理分析［J］. 中国科学（D辑：地球科学），S1：11－18.

周荔青，刘池阳，2004. 中国东北油气区晚侏罗世—早白垩世断陷油气成藏特征［J］. 中国石油勘探，(2)：20－25.

邹才能，陶士振，侯连华，等. 2013. 非常规油气地质（第二版）［M］. 北京：地质出版社，93－125.

邹才能，陶士振，薛叔浩. “相控论”的内涵及其勘探意义与开发［J］. 2005，32（6）：7－12.

周书欣，卓胜广，孟元林. 1996. 东北地区下白垩统储层特征研究［R］，大庆石油学院.

朱建峰，2008. 伊通盆地岔路河断陷西南部始新统储层特征研究［D］. 长春：吉林大学.

Hantschel Thomas and Kauerauf Armin Ingo，2015. 江青春，马中振，徐兆辉等（译）. 李明诚和孟元林审校. 盆地与含油气系统模拟基础［M］. 北京：石油工业出版社.

Wilde Simon A，吴福元，张兴洲. 2001. 中国东北麻山杂岩晚泛非期变质的锆石SHRIMP年龄证据及全球大陆再造意义［J］. 地球化学，30（1）：35－50.

Bloch S，Lander R H，Bonnell L. 2002. Anomalously high porosity and permeability in deeply buried sandstone reservoirs：Origin and predictability［J］. AAPG Bulletin，86（2）：301－328.

Bustin R M，Bustin A，Ross D J，et al. 2008. Shale Gas Opportunities and Challenges［C］，AAPG Annual Convention，SanAntonio，Tesas，April 20－23.

Carr A D. 1999. A vitrinite reflectance kinetic model incorporating overpressure retardation［J］. Marine and Petroleum Geology，16（4）：355－377.

Colten－Bradley V A. 1987. Role of pressure in smectitedehydration—effects on geopressure and smectite-to-illite transformation［J］. AAPG Bulletin，71（11）：1414－1427.

Comer J B. Reservoir characteristics and gas production potential of Woodford Shale in the Southern Midcontinent：presentation［EB/OL］.（2007－05－23）［2009－06－01］.

Curtis J B. 2002. Fractured shale-gas system［J］. AAPG Bulletin，86（11）：1921－1938.

Curtis M E，Cardott B J，Sondergeld C H，et al. 2012. Development of organic in the Woodford Shale with increasing thermal maturity［J］. International Journal of Coal Geology，103（3）：26－31.

Dickey，Parke A. 1975. Possible primary migration of oil from source rock in oil phase［J］. AAPG Bulletin，59（2）：337－345.

Domine F，Enguehard F. 1997. Kinetics of hexane pyrolysis at very high pressure—Application to geochemical modeling［J］. Org. Geochem，18（1）：41－49.

Gavin J M. 1924. Oil Shale［M］. Washington：Washington Government Printing Office.

Goldstein R H，Reynolds T J. 1994. Systematics of Fluid inclusions in diagenetic minerals［M］. SEPM short course，31：199.

Hao Fang，Li Sitian，Sun Yongchuan，et al. 1995. Overpressure retardation of organic-matter maturation and hydrocarbon generation：a case study from the Yinggehai and Qiongdongnan basins，offshore South China Sea［J］. AAPG Bulletin，79：551－562.

Helgeson H C. 1981. Theoretical prediction of the thermodynamic behavior of aqueous electrolytes at high pressures and temperatures. Ⅳ. Calculation of activity coefficients，osmotic coefficient，and apparent molal and standard and relative partial molal I properties to 600℃ and 5 kb［J］. American Journal Science，281：1249－1516.

Hou Z M，Deng H W，Liu M H. 2014. Preliminary Source Rock Evaluation of Lower－Cretaceous Coal－Measures Strata in Hulin Basin in Northeastern China［J］. Advanced Materials Research，968（3）：194－197.

Huang W L，Longo J M，Pever D R. 1993. An experimentally derived kinetic model for smectite to illite conversion and its use as a geothmometer [J]. Clays and Minerals, 41 (2): 162 - 177.

Kupecz J A, Gluyas J, Bloch S. 1997. Reservoir Quality Prediction in Sandstones and Carbonates : An overview [A]. AAPG Memoir, 69: vii - xxiv.

Levorsen A I. 1956. Geology of petroleum [M]. San Francisco: W H Freeman and Company.

Li J. Y. 2006. Permian geodynamic setting of Northeast China and adjacent regions: closure of the Paleo - Asian Ocean and subduction of the Paleo - Pacific Plate [J]. Journal of Asian Earth Sciences , 26 (3 - 4): 207 - 224.

Loucks R G, Ruppel S C. 2007. Mississippian Barnett Shale: Lithofacies and depositional setting of a deep-water shale-gas succession in the Fort Worth Basin, Texas [J]. AAPG, Bulletin, 91 (4): 579 - 601.

A. S. Mackenzie , D. P. Mckenzie. 1983. Isomerization and aromatization of hydrocarbon in sedimentary basin formed by extension [J]. Geological Magazine, 120: 417 - 470.

Meng Yuanlin, Xiao Lihua, Zhang Jing, et al. 1997a. Early basin modelling by gravity, megnetics and electrical information [J]. Scientia Geologica Sinica, 6 (4): 413 - 424.

Meng Yuanlin, Xiao Lihua, Zhang Jing. 1997b. Basin modeling by gravity, magnetics and electrical information and its application [A]. In: Liu B J, Li S T, eds. Basin analysis, global sedimentary geology and sedimentology [C]. The Netherlands: VSP, 197 - 207.

Meng Yuanlin, Yang Junsheng, Xiao Lihua, et al. 2001. Diagenetic evolution modeling system and its application [A] // HaoDongheng. ed. Treatises of XIII Kerulien international conference of geology [C]. Shijiazhuang, P. R. China: Shijiazhuang University of Economics, 25 - 27.

Morrison L S. 1980. Oil production from fractured cherts of Woodford and Arkansas novaculite formations, Oklahoma: Abstract. AAPG Bulletin, 64: 754.

Ormiston A R. 1993. The association of radiolarians with hydrocarbon source rocks [C] //Blueford J R, Murchey B. eds. Radiolaria of giant and subgiant fields in Asia [A]. New York: Micropaleontology Press, 9 - 16.

Peter K E, Walters C C, Moldowan J M. 2005. The biomarker guide, volume 2: Biomarkers and isotopes in the petroleum exploration and earth history [M]. Cambridge: Cambridge University Press, 799 - 801.

Perry E A, Hower J. 1970. Burial diagenesis in Gulf coast Pelitic Sediments [J]. Clays and Clay Minerals, 18 ( ): 165 - 177.

Reineck H E, Singh I B. Depositional sedimentary environments with reference toterrigeousclasrtics [M]. Springer - Verlag.

Rogers S M. 2001. Deposition and diagenesis of Mississippian chat reservoirs, north-central Oklahoma [J]. AAPG Bulletin, 85 (1): 115 - 129.

Robert G Loucks, Stephen C Ruppel. 2007. Mississippian Barnett Shale, lithofacies and depositional setting of a deep-water shale-gas succession in the Fort Worth Basin, Texas [J]. AAPG Bulletin, 91 (4): 579 - 601.

Siebert R M, Moncure G K, Lahann R W. 1984. A theory of framework grain dissolution in sandstones//McDonad D A, Surdam R C. Clastic Diagenesis. Tulsa, Oklahoma [J]. American Association of petroleum Geologists Memoir , 37: 163 - 175.

Sweeny J J and Burham A K. 1990. Evaluation of a simple model of vitrinite reflectance based on chemical kinetics [J]. AAPG Bulletin, 74 (10): 1559 - 1570.

Scott L Montgomery, Daniel M Jarvie, Ken A Bowker, et al. 2005. Mississippian Barnett Shale, Fort Worth Basin, north-central Texas: Gas-shale play with multi-trillion cubic foot potential [J]. AAPG Bulletin, 89 (2): 155 - 175.

Tissort B P, Welte D H. 1978, Petroleum formation and occurence [M]. Berlin: Springer.

u M D, Wang P J, Wang R X, et al. 2008. Source rock characteristics and oil-gas resource potential in Dunhua Basin [J]. Geological Science and Technology Information, 27 (5): 67 - 70.

Walderhaug O. 1996. Kinetic modeling of quartz cementation and porosity loss in deeply buried sandstone reservoirs [J]. AAPG Bulletin, 74: 731 - 745.

Walderhaug O. 2000. Modeling quartz cementation and porosity in Middle Jurassic Brent Group sandstones of the Kvitebjrn Field Northern North Sea [J]. AAPG Bulletin, 84 (9): 1325 - 1339.

Wang Xuanming, Meng Yuanlin, Wang Qinghai, Zhou Xingui, Cui Cunxiao, Du Hongbao. 2016. Petroleum Geological Characteristic andFavorable Area Prediction in Sunwu - JiayinBasin [J]. International Journal of Computational Intelligence Systems and Applications. 4 (1): 44 - 51.

Wilde S A, X Zhang, F Wu. 2000. Extension of a newly identified 500Ma metamorphic terrain in North East China further U－Pb SHRIMP dating of the Mashan Complex, Heilongjiang Province, China [J]. Tectonophysics, 328 (1): 115－130.

Yang Jiayi, Meng Yuanlin. 2016. The lithofacies paleogeogtaphic characteristics of Lower Cretaceous in the eastern basin groups of Northeastern China [J]. IOSR Journal of Engineering, 6 (1): 1－5.

Yang Wei, Meng Yuanlin. 2016. Characteristics research of Lower Cretaceous reservoir in the Eastern basin group of Northeast China [J]. IOSR Journal of Engineering, 6 (4): 1－5.

Yu M D, Wang P J, Wang R X, et al. 2008. Source rock characteristics and oil-gas resource potential in Dunhua Basin [J]. Geological Science and Technology Information, 27 (5): 67－70.

Yu Qilin, Meng Yuanlin, Zhou Xingui, Wang Dandan, Zhang Wenhao, Fu Xieyuan. 2016. The reservoir properties and distribution of Paleogene formation in the group of small and medium fault basins, on the periphery of eastern Songliao Basin [J]. Core Journal of Engineering, 2 (2): 78－85.

图版 1

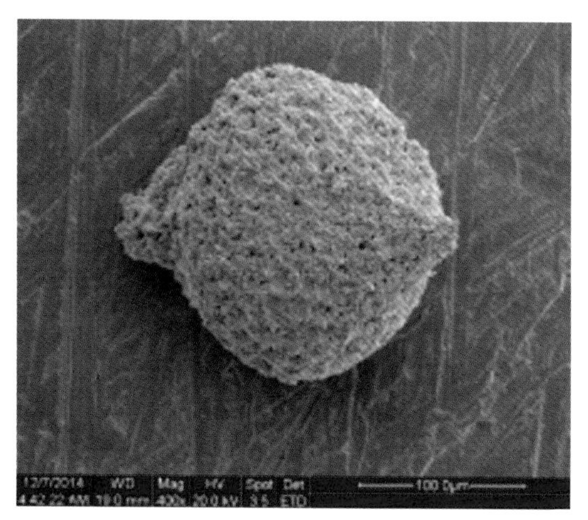

1. 放射虫化石，大架山组（J_1d），三江盆地

2. 放射虫化石，大架山组（J_1d），三江盆地

3. 叶肢介，亨通山组（K_1h），红庙子盆地

4. 狼鳍鱼化石，亨通山组（K_1h），通化盆地

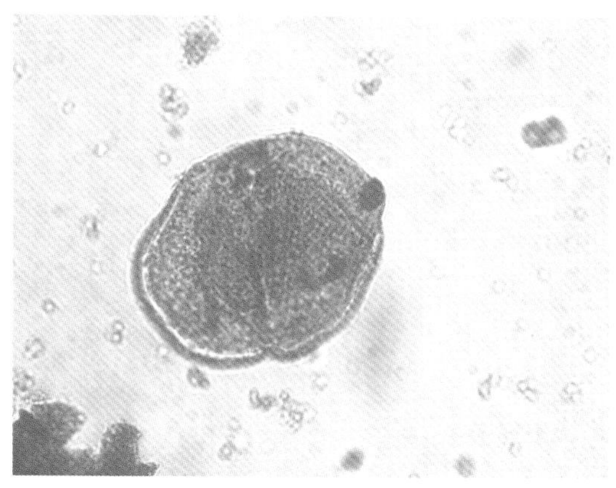

5. 孢粉（*Piceaepollenites*），金家屯组（K_1j），双参 1 井，1109 ~ 1112m

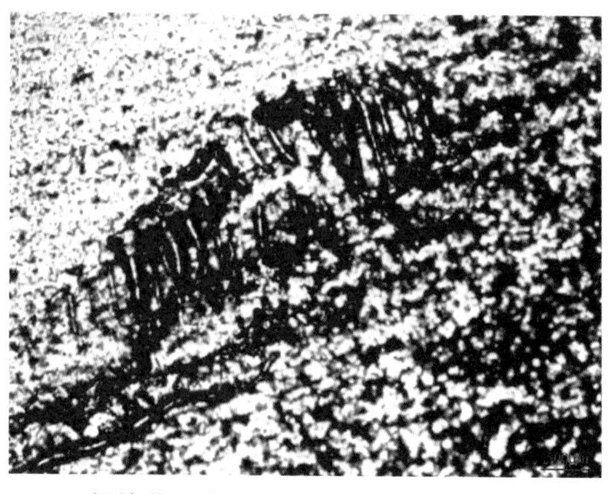

6. 螺旋藻，亨通山组（K_1h），红庙子盆地（据董清水，2016）

图版2

1. 碳质泥岩，含植物化石，小河口组（T_3x），抚松盆地

2. 黑色页岩，小河口组（T_3x），抚松盆地

3. 暗色泥岩与粉砂岩互层，小河口组二段（T_3x^2），果松盆地

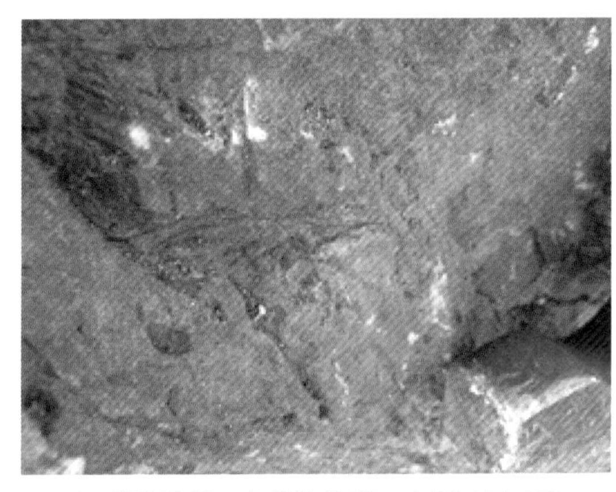

4. 碳质泥岩，含植物化石，小河口组二段（T_3x^2），果松盆地

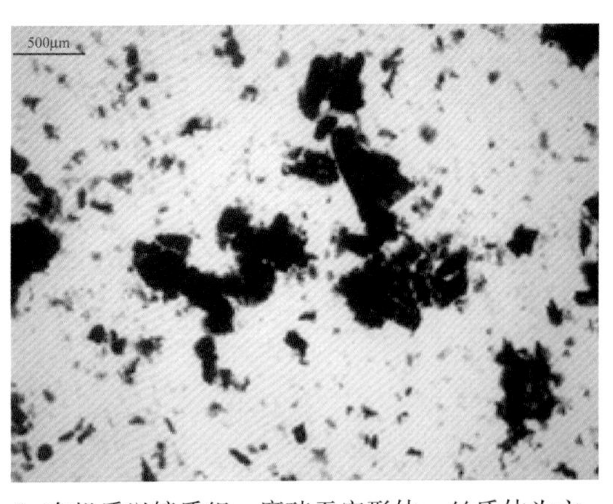

5. 有机质以镜质组、腐殖无定形体、丝质体为主，不具荧光特征，Ⅲ型，小河口组（T_3x），碳质泥岩，抚松盆地

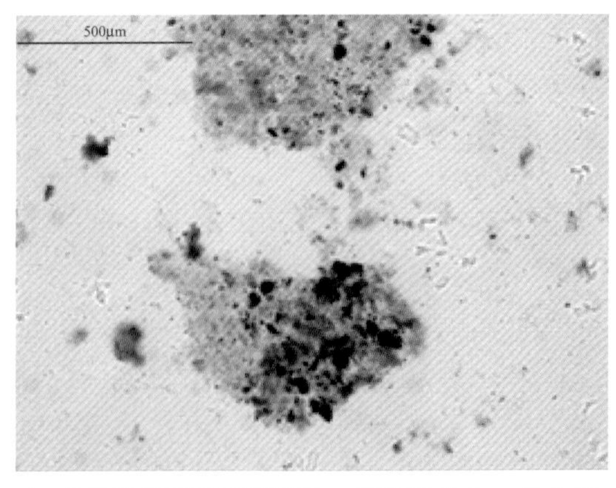

6. 有机质以腐殖无定形体、镜质组为主，见少量丝质体，$Ⅱ_2$型，小河口组（T_3x），灰黑色泥岩，抚松盆地

图版 3

1. 那丹哈达地体，复理石建造，深海浊流沉积，灰黑色泥岩夹灰色硅质岩，深灰色粉砂岩

2. 那丹哈达地体，玄武岩，枕状构造呈椭球状，局部发育杏仁状构造

3. 那丹哈达地体，枕状玄武岩，呈椭球状，局部发育杏仁状构造

4. 那丹哈达地体，玄武岩，枕状构造，局部发育杏仁状构造，构造缝发育

5. 那丹哈达地体，玄武岩，劈理发育，关门咀子村

6. 那丹哈达地体，灰黑色火山岩，风化面呈暗红色，光滑的剪切构造面，关门咀子村

图版 4

1. 那丹哈达地体，饶河，硅质岩，小型断层

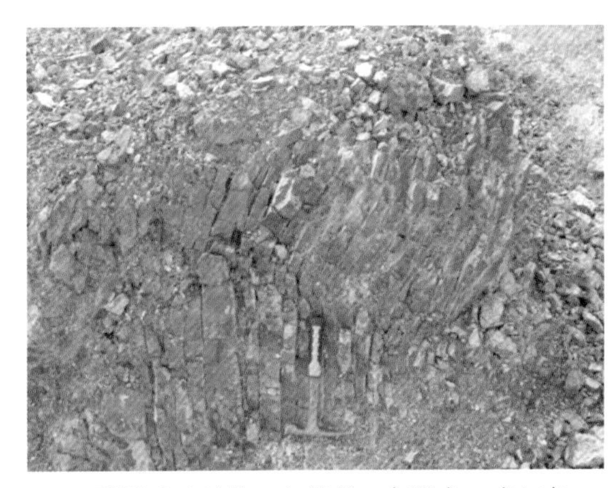

2. 那丹哈达地体，红旗岭，灰黑色－肉红色硅质岩，构造变形强烈

3. 那丹哈达地体，红旗岭，泥岩，褶皱强烈

4. 那丹哈达地体，红旗岭，硅质岩，尖棱褶皱

5. 那丹哈达地体，创业村，碳酸盐岩，见腕足类化石

6. 那丹哈达地体，创业村，碳酸盐岩，见笔石

图版 5

1. 那丹哈达地体，大顶子山，橄榄岩，部分蛇纹石化

2. 那丹哈达地体，大顶子山，辉长岩，堆晶结构，发育斜长石脉

3. 那丹哈达地体，红旗岭，花岗闪长岩体侵入硅质泥岩

4. 硅质岩，岩浆侵入，接触变质，红旗岭

5. 硅质（页）岩，水平层理，大架山组（J_1d），三江盆地

6. 黑色硅质岩，三江盆地，硅质岩发育水平层理，未见明显褶皱

图版 6

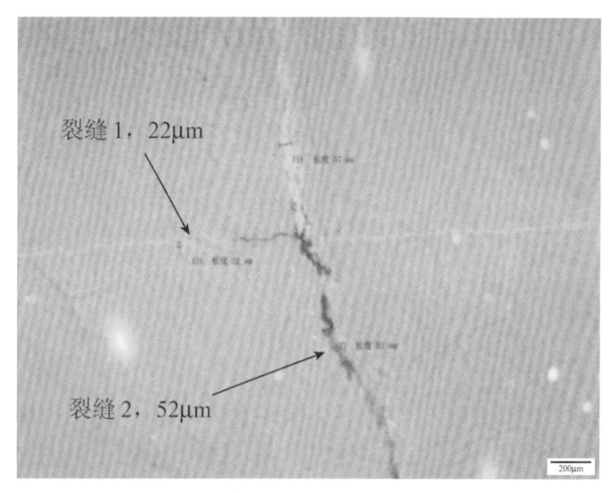

1. 三江盆地，抚远剖面，FY－1－B1，J_1，硅质岩，裂缝 1，2 含油，×50，蓝光激发

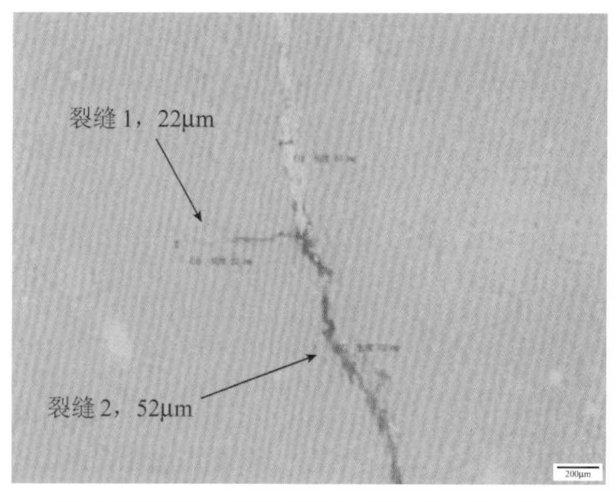

2. 三江盆地，抚远剖面，FY－1－B1，J_1，硅质岩，裂缝 1，2 含油，×50，紫外光激发

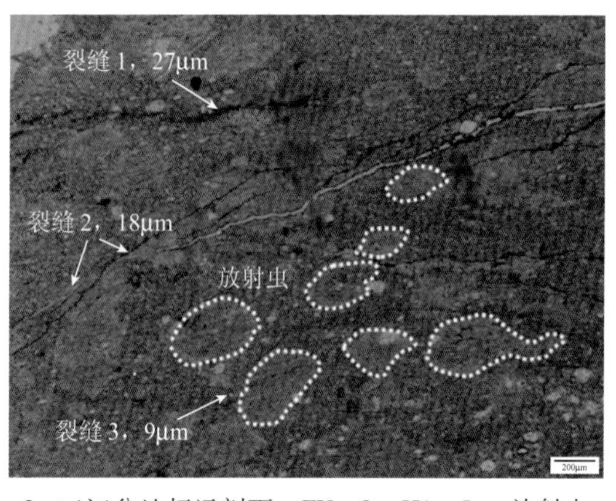

3. 三江盆地抚远剖面，FY－8－H1，J_1，放射虫硅质岩，×50，透射光

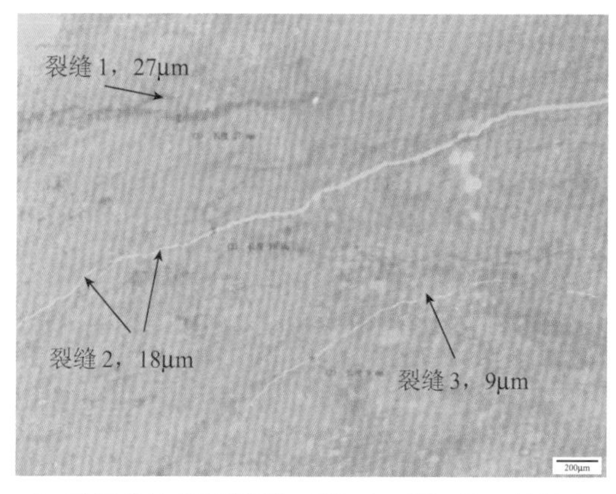

4. 三江盆地抚远剖面，FY－8－H1，J_1，放射虫硅质岩，裂缝 2、3 含油，×50，紫外光激发

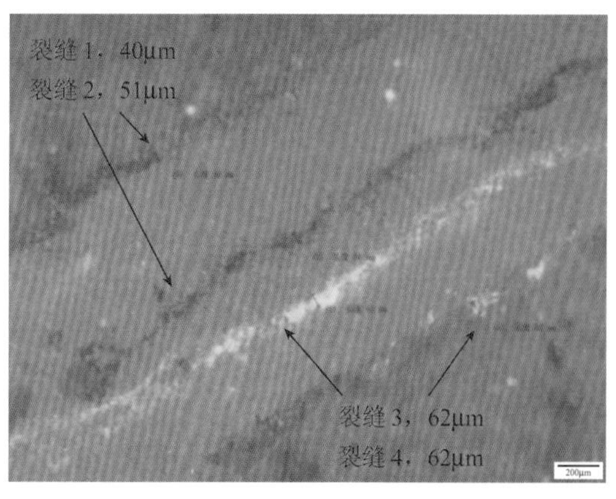

5. 三江盆地，抚远剖面，FY－15－B1，J_1，硅质岩，裂缝 3，4 含油，但裂缝 4 未充满，×50，蓝光激发

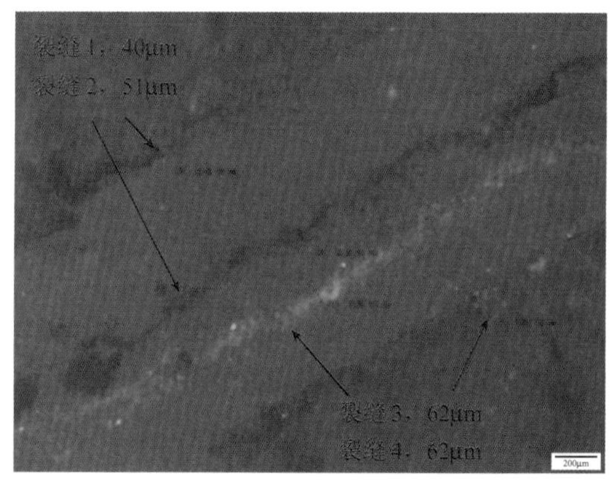

6. 三江盆地，抚远剖面，FY－15－B1，J_1，硅质岩，裂缝 3，4 含油，但裂缝 4 未充满，×50，紫外光激发

图版 7

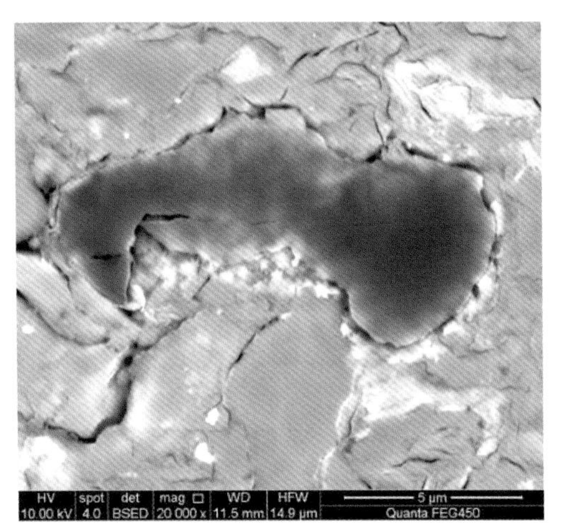

1. 黏土矿物间裂缝、黏土矿物与有机质之间裂缝，泥岩，鹰嘴砬子组（K_1y），Ⅱ型，R_o =0.75%，红庙子盆地

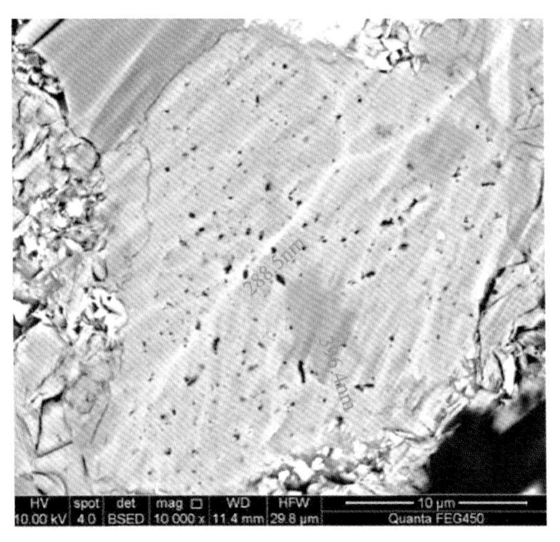

2. 长石内溶蚀孔隙，泥岩，城子河组（K_1ch），鸡西盆地

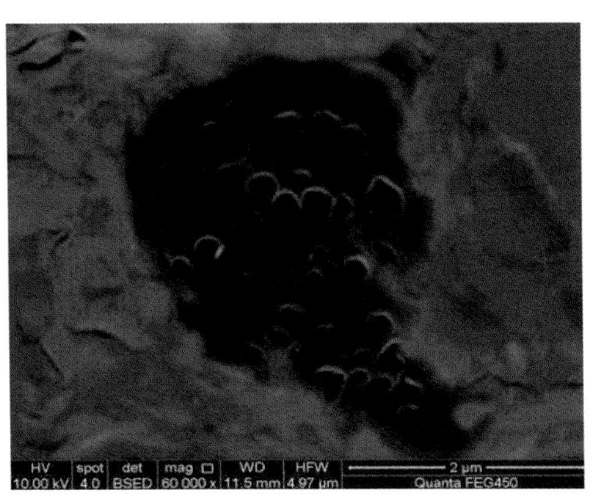

3. 有机质孔发育，页岩，城子河组（K_1ch），Ⅱ型，R_o =0.84%，滨页 1 井，602m，三江盆地

4. 有机质孔发育，泥岩，亨通山组（K_1h），Ⅱ型，R_o =2.0%，通 D1 井，206.3m，通化盆地

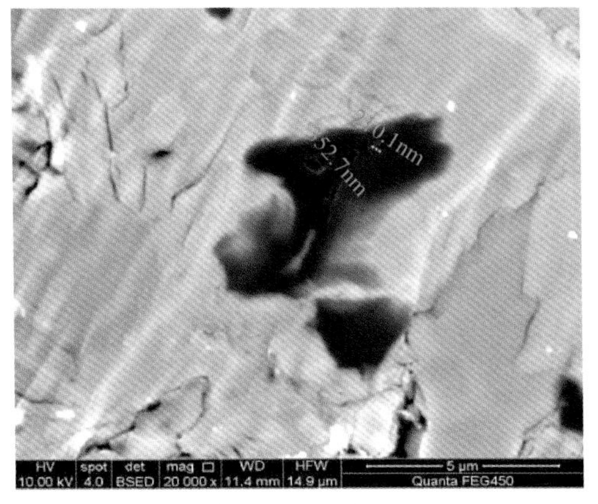

5. 有机质孔发育，泥岩，城子河组（K_1ch），Ⅱ型，R_o =1.56%，鸡西盆地

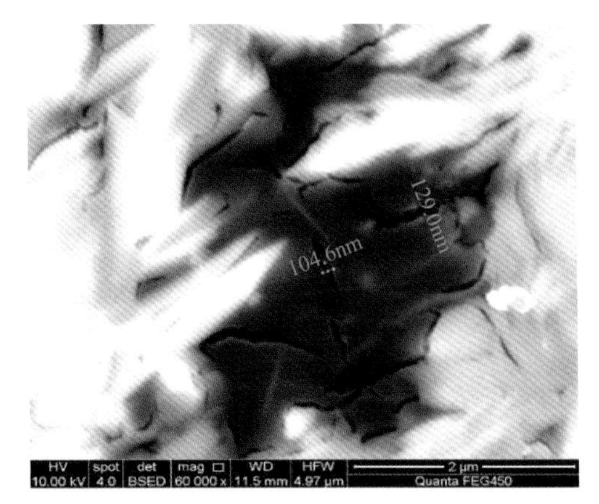

6. 有机质内裂缝发育，泥岩，亨通山组（K_1h），Ⅱ型，R_o =1.1%，通 D1 井，276.9m，通化盆地

图版 8

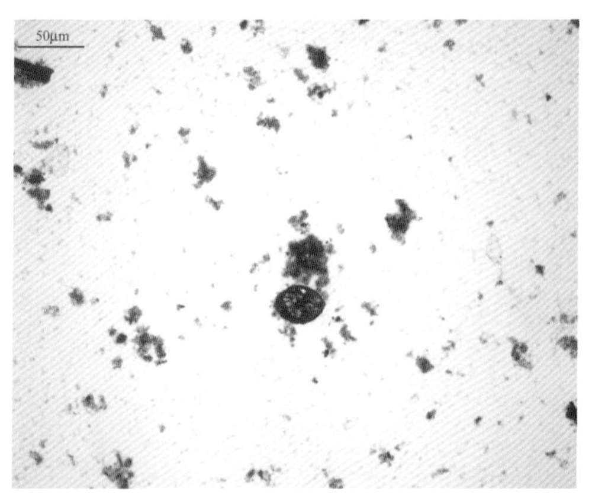

1. 有机质以镜质组和腐殖无定形体为主，见少量丝质体，Ⅲ型，柳河盆地，亨通山组（K_1h），暗色泥岩

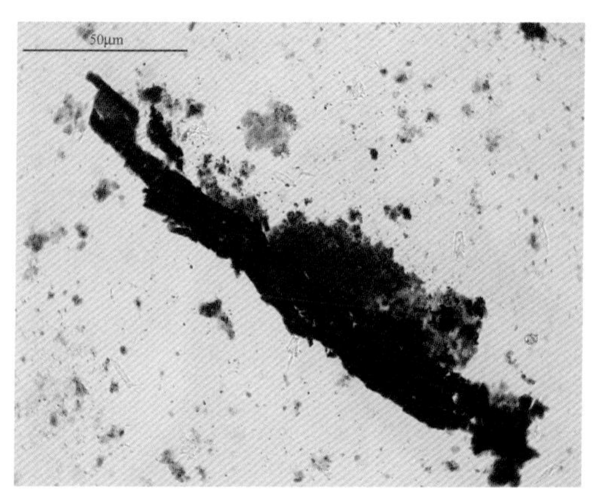

2. 有机质以腐殖无定形体为主，见镜质组，$Ⅱ_2$ 型，柳河盆地，亨通山组（K_1h），暗色泥岩

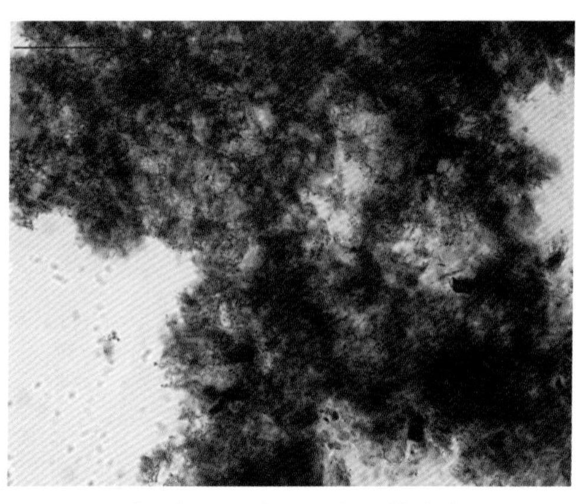

3. 有机质以腐殖和腐泥无定形体为主，可见镜质组，$Ⅱ_1$ 型，通化盆地，鹰嘴砬子组（K_1y），暗色泥岩

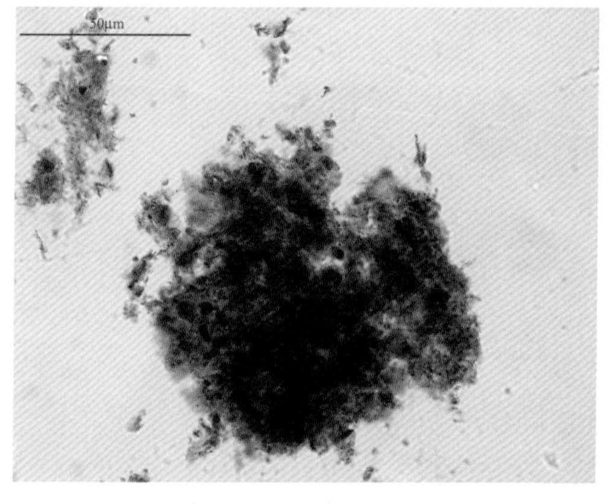

4. 有机质以腐殖无定形体为主，见镜质组和少量丝质体，$Ⅱ_2$ 型，通化盆地，鹰嘴砬子组（K_1y），暗色泥岩

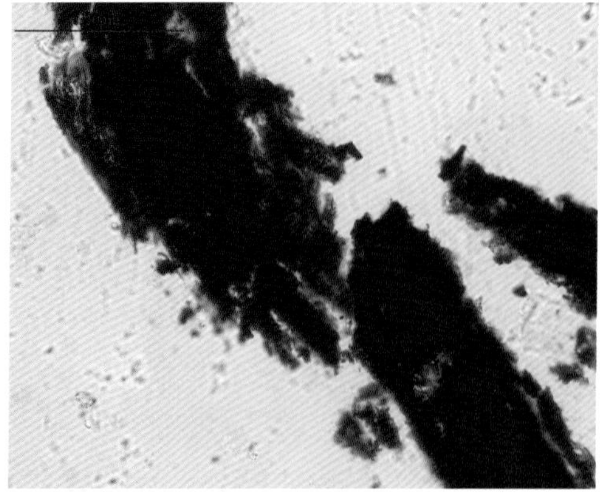

5. 有机质以镜质组为主，见腐殖无定形体和少量角质体，Ⅲ型，通化盆地，鹰嘴砬子组（K_1y），暗色泥岩

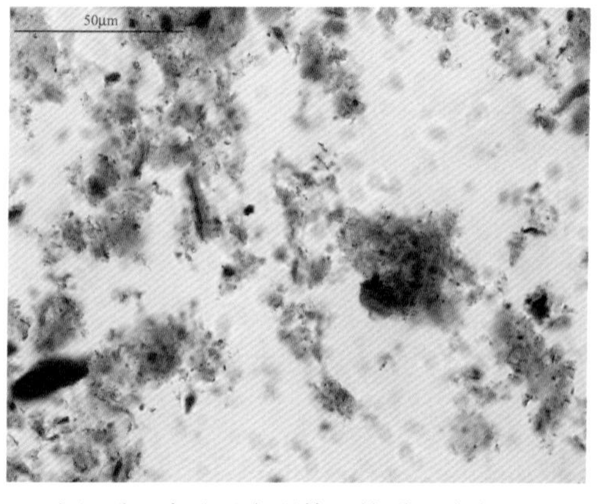

6. 有机质以腐殖无定形体和镜质组为主，可见腐泥无定型体，$Ⅱ_2$ 型，红庙子盆地，鹰嘴砬子组（K_1y），暗色泥岩

图版 9

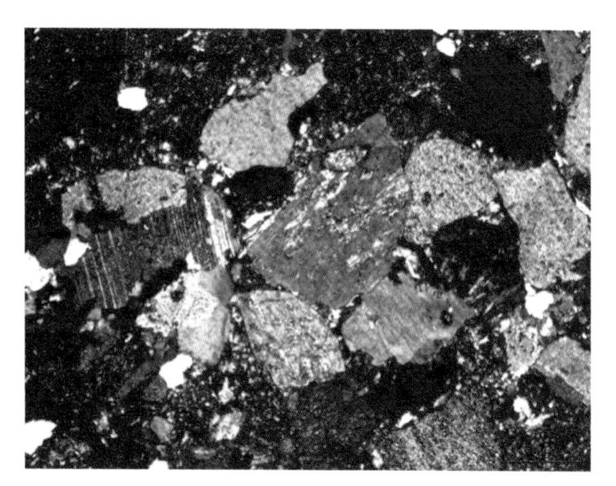

1. 岩屑长石砂岩，K_1，鸡西盆地，城子河路堑剖面，(+)

2. 长石砂岩，鹰嘴砬子组（K_1y），红庙子盆地，新宾县红庙子镇剖面，铸体(+)

3. 长石岩屑砂岩，通化盆地，通地1井，亨通山组（K_1h），237.12～237.27m，(+)

4. 岩屑砂岩，鸡西盆地，K_1，野外采样(+)

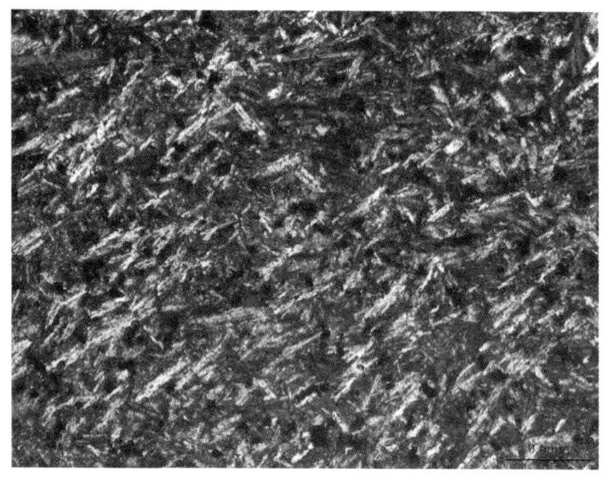

5. 玄武岩，菱铁矿分布均匀，通化盆地，通地1井，下桦皮甸子组（K_1x），572.95～573.08m，(+)

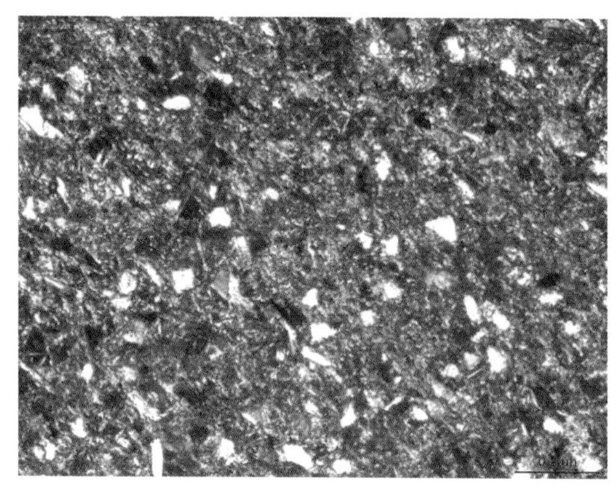

6. 凝灰岩，红庙子盆地，红地1井，K_1，417.25m，(+)

图版 10

1. 火山集块岩，K_1，红庙子盆地，野外照片

2. 分选差、磨圆度差、泥质含量高，三江盆地，滨页1井，城子河组（K_1ch），947m，（+）

3. 分选中等、磨圆度差，三江盆地，滨页1井，城子河组（K_1ch），851.6m，铸体（-）

4. 分选差、磨圆度差，通化盆地，通地1井，亨通山组（K_1h），267.77~267.83m，（+）

5. 颗粒磨圆度次圆状，泥质含量高，通化盆地，通地1井，亨通山组（K_1h），256.26~256.37m，（+）

6. 颗粒磨圆度棱角状，泥质含量高，通化盆地，通地1井，亨通山组（K_1h），413.7~414.15m，（+）

图版 11

1. 平行层理，中粗粒砂岩，通化盆地，K_1

2. 水平层理，泥质粉砂岩，柳河盆地，亨通山组（K_1h）

3. 波状层理，三江盆地，滨页 1 井，K_1，287m

4. 块状层理，块状中砾岩，红庙子盆地，K_1

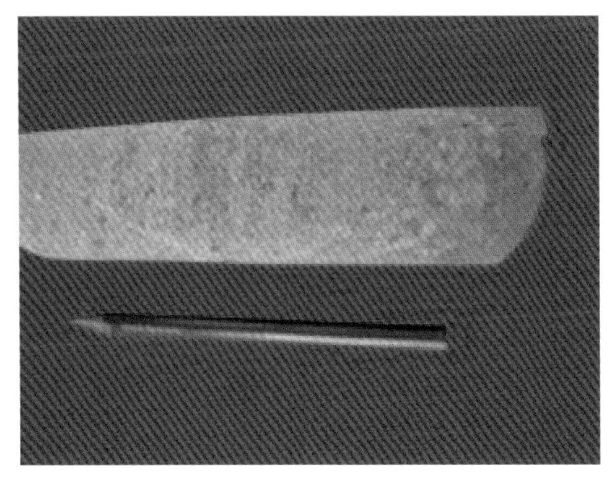

5. 粒序层理，红地 1 井，K_1，200. 25～202. 45m

6. 包卷层理，红地 1 井，K_1，332m

图版 12

1. 交错层理，砂砾岩，K_1，孙吴－嘉荫盆地

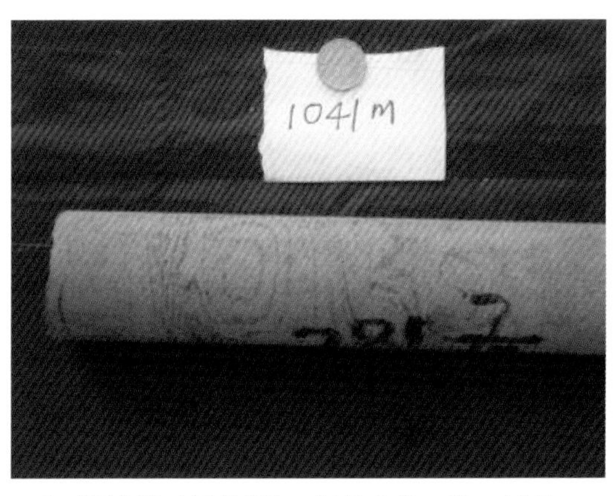

2. 假结核（风化环），红地 1 井，K_1，1041m

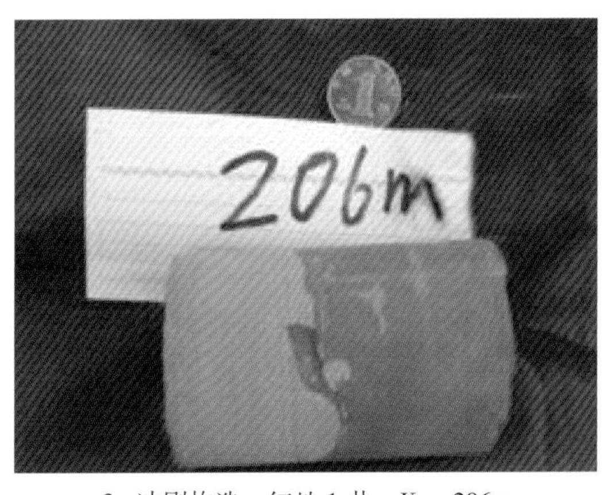

3. 冲刷构造，红地 1 井，K_1，206m

4. 悬浮－点接触，红地 1 井，K_1，845.4m，（+）

5. 线－凹凸接触，红地 1 井，K_1，796.25m（+）

6. 云母压弯，K_1，鸡西盆地，城子河路堑剖面，铸体（+）

图版 13

1. 岩屑、长石颗粒被压裂，鹰嘴砬子组（K_1y），新宾县红庙子镇剖面，铸体（－）

2. 方解石胶结，通化盆地，K_1，野外采样，铸体（－）

3. 方解石白云石化，通化盆地，K_1，野外采样铸体（－）

4. 泥晶方解石胶结，通地1井，亨通山组（K_1h），258.82～258.97m，（石膏试板）

5. 方解石连晶胶结，滨页1井，穆棱组（K_1m），169.5m，（＋）

6. 亮晶方解石胶结，滨页1井，662m，（＋）

图版 14

1. 石英加大后方解石胶结，滨页 1 井，城子河组（K_1ch），562.3m，(+)

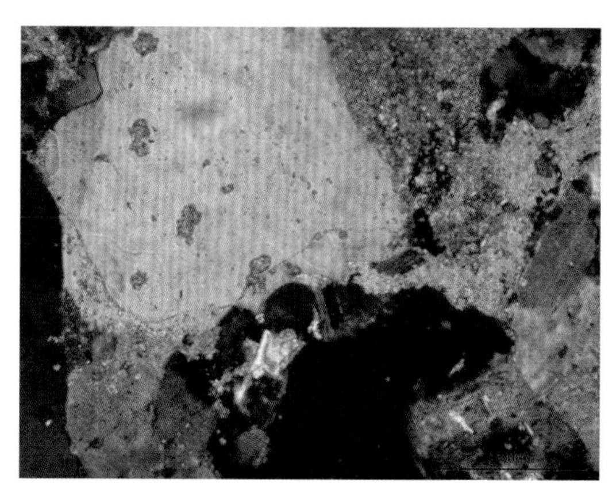

2. 石英次生加大后方解石胶结，方解石交代石英，延 D7 井，714.5m，铜二段，(+)

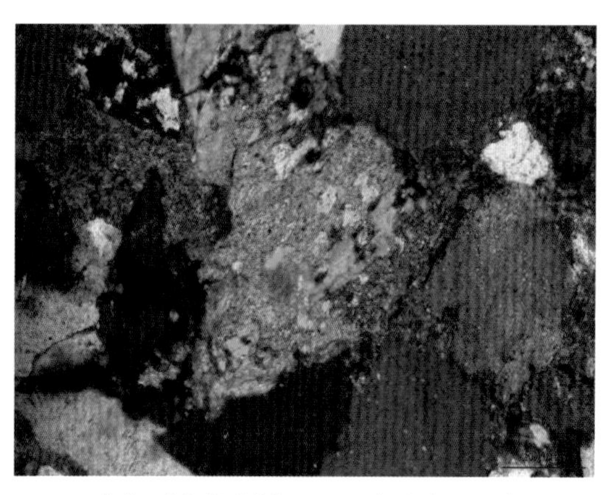

3. 方解石交代岩屑，K_1，鸡西城子河路堑剖面（石膏试板）

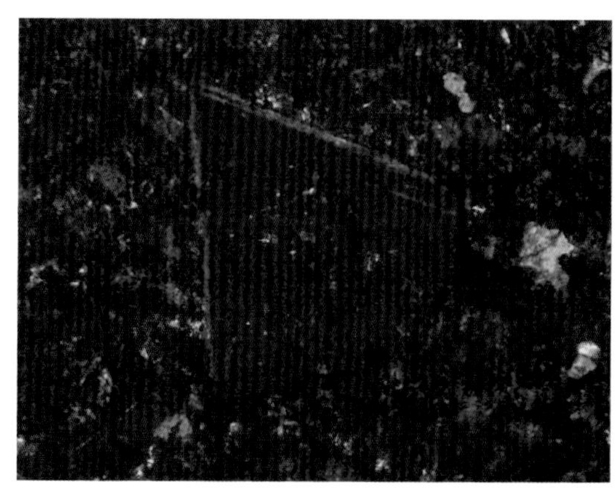

4. 长石加大，方解石交代长石，通化盆地，K_1，（石膏试板）

5. 蠕虫状高岭石，延吉盆地，延 12 井，K_1，835.53m

6. 碎屑颗粒及填隙物溶蚀，K_1 鸡西城子河路堑剖面，铸体（-）

图版 15

1. 粒间溶蚀孔、颗粒溶孔、铸模孔，鹰嘴砬子组（K_1y），新宾县红庙子镇剖面，铸体（－）

2. 碳酸盐（方解石）溶蚀，粒间溶孔，滨页 1 井，穆棱组（K_1m），169.5m，（＋）

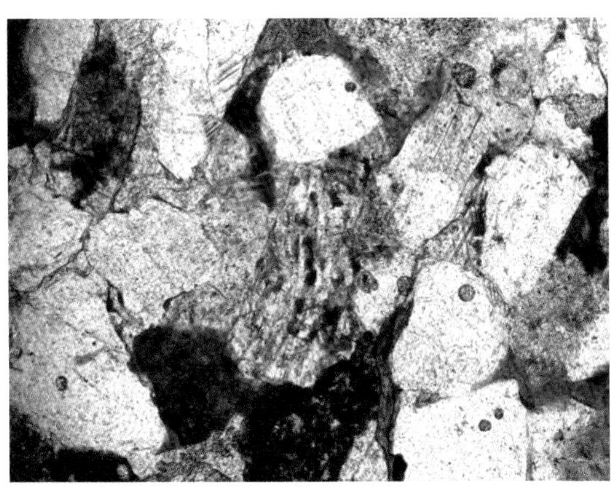

3. 长石粒内溶孔、粒间溶蚀孔，滨页 1 井，城子河组（K_1ch），662m，铸体（－）

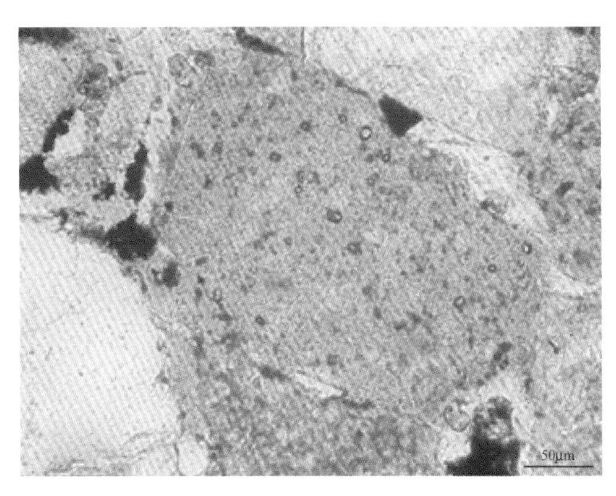

4. 铸模孔隙，延 D3－12，大砬子组（K_1d），750.1m，铸体（－）

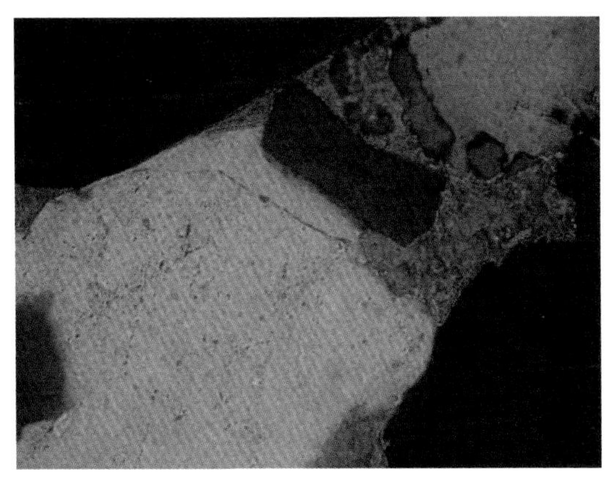

5. 石英加大边先溶蚀后，碳酸盐胶结，延 8 井，大砬子组（K_1d），765.61m，铸体（＋）

6. 不规则状完整原生粒间孔隙，延 D1 井，大砬子组（K_1d），341.2m，铸体（－）

图版 16

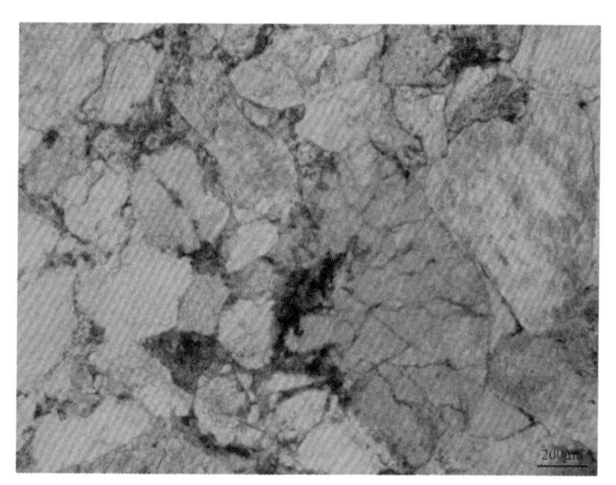

1. 三角形完整原生粒间孔隙，延 5 井，大砬子组（K_1d），496.76m，铸体（-）

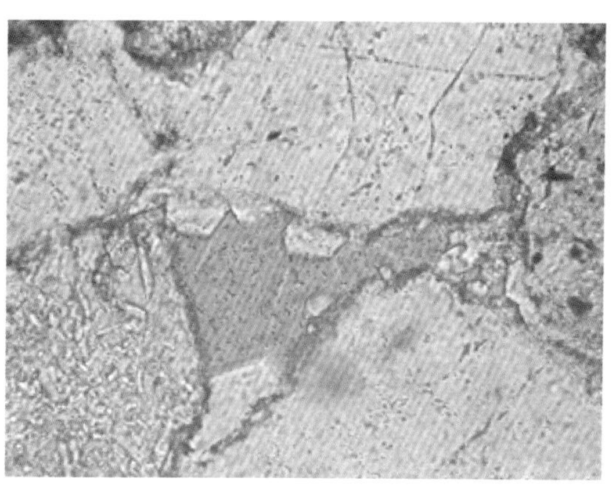

2. 剩余溶蚀粒间孔隙，浊沸石充填，延参 2-3 井，大砬子组（K_1d），1350.97m，铸体（-）

3. 粒内溶蚀孔隙，延 D6 井，827.35m，铜佛寺组（K_1t），铸体（-）

4. 颗粒溶孔，鸡西盆地，K_1，野外采样（-）

5. 溶蚀粒间孔隙，延 D3 井，大砬子组（K_1d），512.29m，铸体（-）

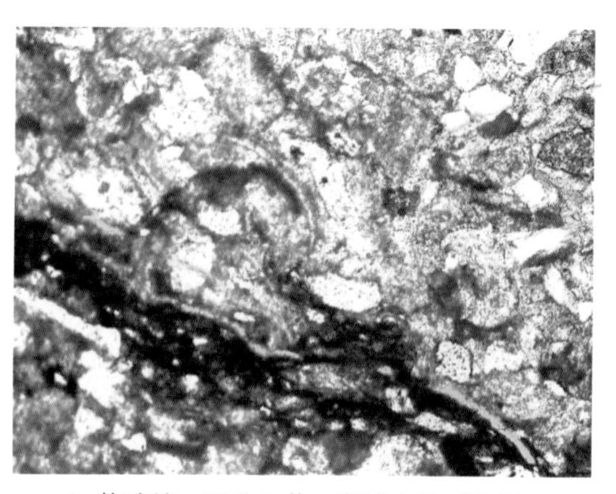

6. 构造缝，通地 1 井，亨通山组（K_1h），256.22~256.27m（-）

图版 17

1. 致密砂岩裂缝含油，通 D1 井，通化盆地

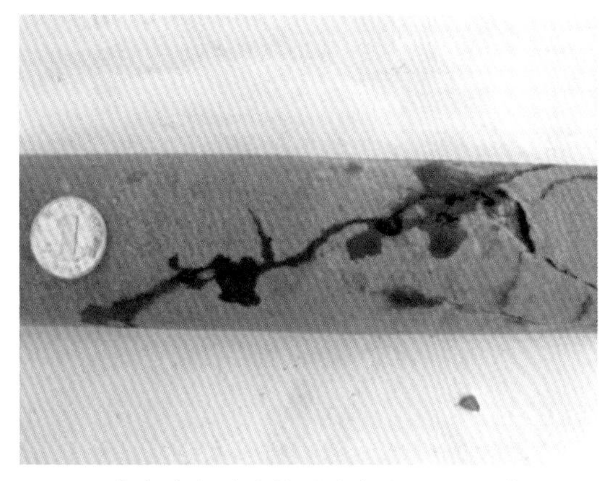

2. 灰色中细砂岩的裂缝含油，通 D1 井，通化盆地

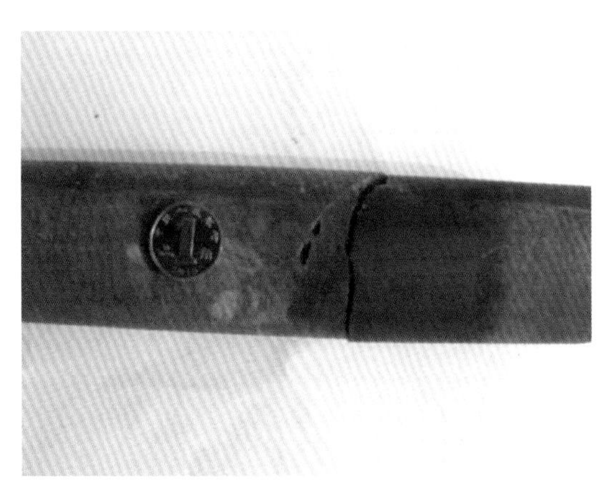

3. 灰黑色泥岩裂缝含油，通 D1 井，通化盆地

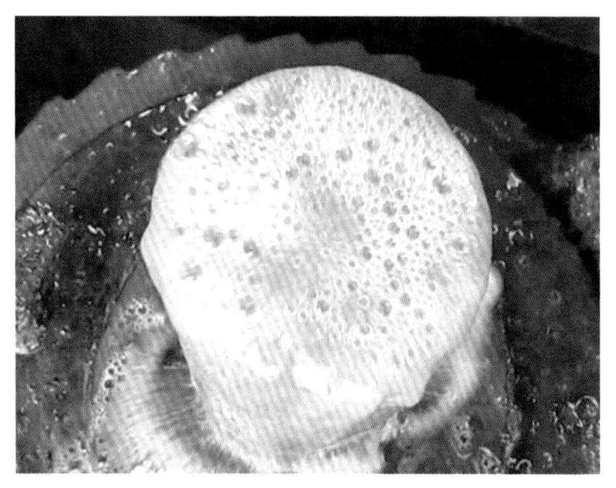

4. 在井口水涌严重，并伴有油气涌出，D1 井，通化盆地

5. 红庙子盆地，油路沟剖面（h－9－b1），K_1，中细砂岩（石膏试板）

6. 红庙子盆地，油路沟剖面（h－16－b1），K_1，凝灰岩（石膏试板）

图版 18

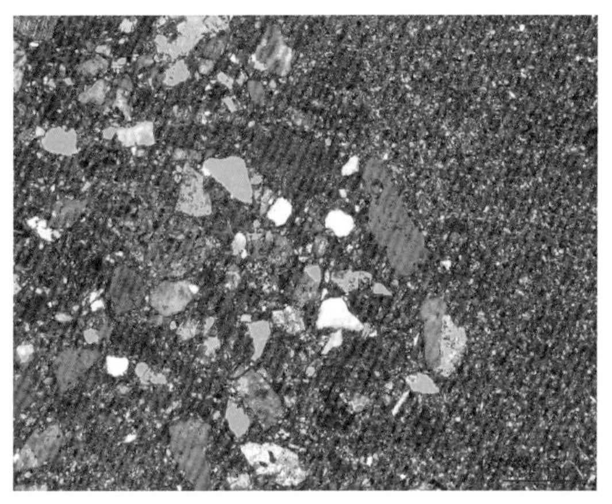

1. 红庙子盆地，油路沟剖面（h-1-b1），K_1，凝灰质砂岩（石膏试板）

2. 红庙子盆地，油路沟剖面（h-9-b1），K_1，中砂岩，碳酸盐胶结物（石膏试板）

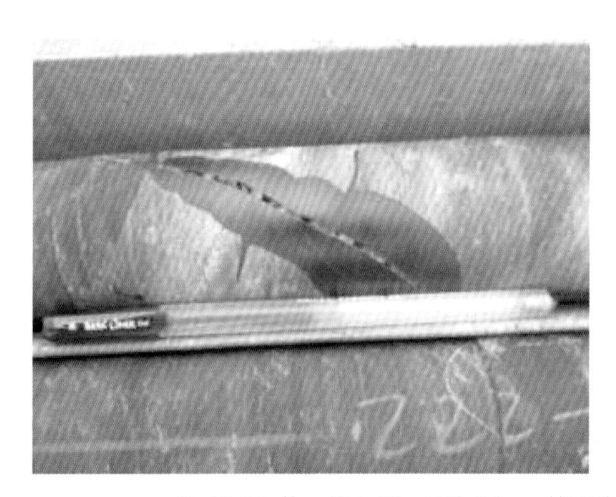

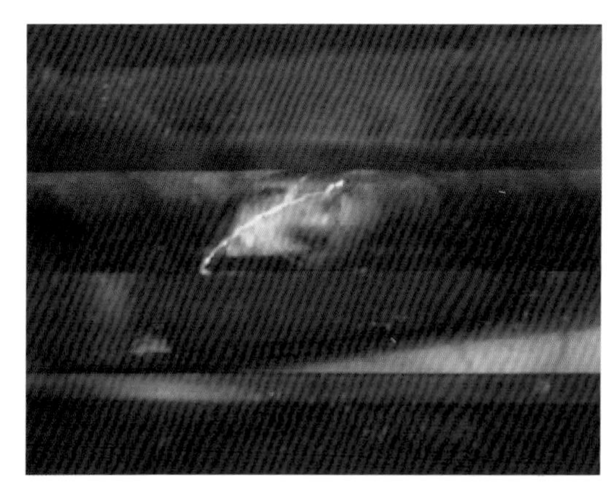

3. 红 D1 井，523.40~523.96m，林子头组黑色粉砂岩裂缝含油，右为荧光照片

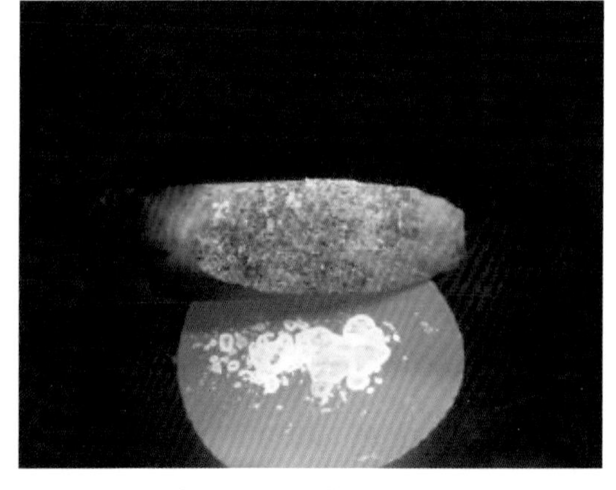

4. 红庙子盆地，321.43~321.71m，林子头组砂岩裂隙含油，右为荧光照片